黑龙江省优秀学术著作出版资助项目

黑龙江西部节水增粮
高效灌溉技术理论与实践

李芳花　张忠学　郑文生　李 梁　王 柏 主编

黑龙江科学技术出版社
HEILONGJIANG SCIENCE AND TECHNOLOGY PRESS

图书在版编目（ＣＩＰ）数据

黑龙江西部节水增粮高效灌溉技术理论与实践 / 李
芳花等主编. -- 哈尔滨：黑龙江科学技术出版社，
2023.3

ISBN 978-7-5719-1695-4

Ⅰ. ①黑… Ⅱ. ①李… Ⅲ. ①农田灌溉 – 节约用水 –
研究 – 黑龙江省 Ⅳ. ①S275

中国版本图书馆 CIP 数据核字(2022)第 221562 号

黑龙江西部节水增粮高效灌溉技术理论与实践

HEILONGJIANG XIBU JIESHUI ZENGLIANG GAOXIAO GUANGAI JISHU LILUN YU SHIJIAN

作　　者	李芳花　张忠学　郑文生　李　梁　王　柏
策划编辑	王　姝
责任编辑	罗　琳
封面设计	林　子
出　　版	黑龙江科学技术出版社
	地址：哈尔滨市南岗区建设街 41 号　邮编：150001
	电话：（0451）53642106　传真：（0451）53642143
	网址：www.lkcbs.cn　www.lkpub.cn
发　　行	全国新华书店
印　　刷	哈尔滨市石桥印务有限公司
开　　本	880 mm×1230 mm　1/16
印　　张	23
字　　数	500 千字
版　　次	2023 年 3 月第 1 版
印　　次	2023 年 3 月第 1 次印刷
书　　号	ISBN 978-7-5719-1695-4
定　　价	98.80 元

本社常年法律顾问：黑龙江博润律师事务所　张春雨

《黑龙江西部节水增粮高效灌溉技术理论与实践》

编委会

主　编　李芳花　张忠学　郑文生　李　梁　王　柏

本书编写分工：

第一章　李芳花　郑文生　刘长荣　刘淑艳　黄　彦

第二章　张忠学　魏永霞　王忠波　于振良　刘　迪　王　柏

第三章　钱春荣　李　梁　王俊河　于　洋　郝玉波　宫秀杰　姜宇博　吕国依
　　　　　杨忠良　于苓涛

第四章　戴长雷　李治军　杜　崇　高淑琴　谢世尧　高　宇　刘长荣

第五章　郑文生　李铁男　刘　潇　李美娟　孙彦君　王　俊　孙艳玲　付俊娥
　　　　　王　柏　于艳梅

第六章　李芳花　张忠学　钱春荣　郑文生　李　梁　王俊河　于　洋　郝玉波
　　　　　宫秀杰　孟　岩　孙雪梅　侯国强　邹贵军

序

　　黑龙江省耕地面积及粮食总产量分别占全国的 1/8 和 1/9 左右，是我国耕地面积第一、粮食总产量第一的农业大省，粮食产量在全国占有举足轻重的地位，是国家粮食安全的压舱石，同时是全国严重缺水的省份之一。黑龙江省多年平均水资源总量为 810 亿 m³，不足全国的 3%；耕地亩均占有水资源量 340 m³，仅相当于全国平均水平的 23%，且水资源时空分布不均匀，东部多、西部少，山区多、平原少。降水量时空分布不均、季节性干旱灾害频发、有效积温不足等状况严重影响了农业的稳产能力和单产水平。黑龙江省现有高效灌溉工程的有效灌溉面积为 3 000 万亩左右，以井灌为主，其中大部分分布在黑龙江省西部的松嫩平原地区。灌溉区地下水资源持续性"用大于补"，地下水位呈不断下降的趋势，全省维持现有粮食产量的灌溉水利用量在 300 亿吨左右，高效节水、优质高产的综合技术应用水平有待进一步研究和提高，水资源约束型开采利用技术模式还需要进一步探讨和确定。

　　因此，为保证粮食安全和提高生产水平，保护地下水平衡及改善田间生态环境，研究黑龙江西部农业的玉米需水规律与灌溉制度、耕作栽培适宜模式、地下水监测与开发利用综合技术、高效灌溉工程发展布局、适宜灌溉模式分区、工程区运行管理机制与管理模式、灌溉效果遥感评价方法与系统研发以及配套设备研发、相关技术标准编制等，是实现区域农业发展"模式可用、水位可控、系统节水、增产增效、生态和谐"的规模化生产的必要保证。

　　《黑龙江西部节水增粮高效灌溉技术理论与实践》一书是基于国家"十二五"科技支撑项目的最新研究成果。该书以黑龙江省水利科学研究院、东北农业大学、黑龙江省农业科学院、黑龙江大学、中国水利水电科学研究院等多家单位的试验研究结果为基础，重点探讨玉米高效灌溉的需水规律及水肥耦合效应、不同栽培方式的土壤水热效应及作物生长特征、覆膜与土壤健康关系评价、地下水变化特征及采补平衡关系等内容。在田块尺度上，研究提出了玉米综合节水与增产增效技术模式；在村镇尺度上，以效率、效益为目标，总结提炼高效灌溉工程运行管理模式；在区域尺度上，基于地下水监测与地质分析，研究了地下水年度、年际变化规律及水位水量双控管理模式，基于高分遥感信息解译，研究建立了玉米耗水量、净初级生产力的遥感模型，开展了灌溉效果评价方法研究并研发了相应的软件系统。在此基础上，编制了黑龙江省农用灌溉机电井管护、玉米膜下滴灌工程、地膜残留调查与评价等地方标准及高效节水灌溉工程设计技术指南等相关政策建议。希望该书的出版能够对促进寒冷地区农田高效灌溉节水增粮综合技术应用与地下水资源开发利用有序管理，带动相关学科的综合研究，提高农业节水增效技术的规模化应用水平有所裨益。

2023 年 2 月 20 日

前　言

现代农业生产受地理环境的影响巨大，具有明显的地域性，尤其是黑龙江省这样一个具有纬度高、积温低、降水不均、季节性干旱、黑土区等突出特征的农业大省，研究区域气候、水、土壤等条件及其相互作用，建立环境资源与生产资源合理利用、优质高产的高效灌溉技术支撑体系，是实现农业可持续发展与环境和谐统一的重要基础。

近些年来，虽然高效灌溉应用技术不断发展和完善，工程保障面积不断扩大，已提高到黑龙江省旱作面积的18%，对黑龙江省粮食产量"十二连增""十七连丰"发挥了重要作用，但随着地下水资源不断减少、水位不断下降，开展以资源保护、环境和谐为目标的高效灌溉、农艺、耕作、地下水管理、灌溉工程运行管理等综合技术集成模式研究与示范推广已成为农业节水研究的必然选择。

针对上述问题与需求，依托国家科技支撑计划课题"黑龙江西部节水增粮高效灌溉技术集成研究与规模化应用"，我们开展了高效灌溉技术灌溉模式研究与示范、高效灌溉农艺配套综合技术集成研究与示范、基于高效灌溉的地下水安全保障模式研究、高效灌溉规模化工程模式及长效运行保障机制研究与示范等研究，系统开展了田间试验、农业调查、数据分析、理论探讨、模型构建、模式集成、示范区验证和应用等大量工作，采用试验观测与理论分析相结合的方式，揭示了寒地黑土区玉米需水规律与水肥耦合增产效应，明确了适宜品种、耕作方式、覆膜管理等农艺栽培的作物生长特性与土壤水热变化规律，建立了区域地下水变化规律与"水位+水量"双控管理开发利用模式，总结提炼了高效灌溉工程适应性分区及规模化应用管理的运行管理模式，构建了宏观尺度的灌溉效果评价方法与模型，取得的主要创新成果如下。

（1）基于覆膜耕作土壤水热效应理论，建立了寒地阶段性覆膜技术应用模式，提出了农田地膜残留调查方法与污染评价标准。

建立了玉米出苗40~60 d后去除覆膜或采用T40~T60降解地膜的阶段性覆膜技术方法，保证了寒区地膜在玉米生长前期增温、保湿和除草的作用，且在地膜尚未达到老化破碎状态时及时揭膜，使土壤残膜量降至最低水平，并提高了丰水期对天然降水的利用率，解决了寒区受春寒、春旱影响的玉米减产减收问题，兼顾了玉米增产与生态效益的平衡。编制了黑龙江省地方标准《农田地膜残留调查方法与污染评价技术规程》（DB23/T 2033—2017），规定了农田地膜残留调查方法和残留地膜统计与评价方法，以单位面积地膜残留量作为污染等级划分指标，将污染等级划分为五级：清洁级（地膜残留量<25 kg/hm²）、轻度污染（地膜残留量25~50 kg/hm²）、中度污染（地膜残留量50~75 kg/hm²）、重度污染（地膜残留量75~100 kg/hm²）和极重度污染（地膜残留量>100 kg/hm²），为科学评价覆膜栽培耕层土壤污染程度提供依据。

（2）基于水资源均衡理论，构建了开放边界含水层地下水数值模拟模型，确定了地下水可持续开采的红蓝水位和相应允许开采量，建立了高效灌溉条件下"水位+水量"双控管理的地下水安全管理模式。

基于地下水开发总量与地下水位双控的思路，将地下水控制性关键水位划分为上、下红线水位。下红线水位埋深保证地下水位下降到所开发利用多年平均地下水头到隔水底板垂向距离的 1/2 位置时限制地下水开采；上红线水位则以不发生土地浸没为准，根据土壤类型和农作物根系层综合确定寒地黑土区的上红线水位埋深为 3.2 m。以地下水双控管理确定高效灌溉发展规模和年度灌溉取水量的思路和做法，为地下水合理开发以及过度开发区域的限采提供了科学依据。

（3）基于灌区尺度用水参数和作物参数的提取，构建了 ET－NPP 和 ET－WPn 关系模型，提出了区域业务化快速提取方法和灌溉效果遥感评价方法，开发了灌溉效果遥感评价原型系统。

建立基于遥感的作物生育期 ET－NPP 的关系模型以及 ET－WPn 的关系模型，以耗水量、水分生产率、有效降水量及作物生长期水分盈亏等指标的空间分布状况，综合评价水量与产量的匹配关系，建立了区域尺度灌溉效果评价方法；以遥感 ET、NPP 和降水为主要输入，基于 ENVI4.8+IDL 进行了二次开发，实现了不同类型图层数据的空间自动匹配，开发了灌溉效果遥感评价原型系统，实现了灌区尺度灌溉效果的遥感评价。

（4）建立了适宜高效灌溉工程管理的两大集成模式：寒地玉米膜下滴灌水肥一体化技术集成模式与半干旱区玉米喷灌秸秆覆盖免耕全程机械化技术集成模式。

以阶段性覆膜和滴灌水肥一体化为关键技术，配套滴灌工程模式、高水效玉米品种、节水高效灌溉制度、综合栽培等技术，构建形成寒地玉米膜下滴灌水肥一体化技术集成模式。阶段性覆膜解决了寒地有效积温不足、生长期短、春季地温低、蒸发量大、玉米发芽出苗慢等问题；生育期内适时揭膜，解决了地膜老化回收困难的难题，避免了地膜污染，同时提高了夏季降雨利用率；滴灌水肥一体化解决了玉米生长后期追肥困难的问题，满足了玉米全生育期对水肥的需求，提高了水肥利用效率。

以高效喷灌和机械化免耕播种为关键技术，配套优势品种选用、节水高效灌溉制度、水肥配施灌溉管理技术、间作种植栽培、秸秆覆盖等技术，构建形成半干旱区玉米喷灌秸秆覆盖免耕全程机械化技术集成模式。高效喷灌解决了当地季节性干旱、粮食产量低而不稳、灌溉效率低下等难题，提高了玉米单产、灌溉效率和灌溉水利用率；秸秆覆盖免耕技术解决了春旱期播种时耕整散墒快、多次机械作业土壤板结、地力降低等问题，有效利用底墒保证出苗，增加土壤有机质，培肥土壤；机械化免耕播种解决了常规播种作业耕整地环节多、效率低、质量差等难题，提高了作业效率，节约了生产成本，改善了保墒效果，提高了出苗率。

全书共分 6 章，分别为绪论、高效灌溉技术灌溉模式研究、高效灌溉农艺配套综合技术集成研究、基于高效灌溉的地下水安全保障模式研究、高效灌溉规模化工程模式及长效运行保障机制研究、黑龙江西部高效灌溉节水技术集成模式等，由参加课题研究的科研人员按照所承担研究内容分别撰写，参编者分别来自黑龙江省水利科学研究院、东北农业大学、黑龙江省农业科学院、黑龙江大学、中国水利水电科学研究院等单位。

随着现代农业科技的不断发展和生态文明的建设要求，高效灌溉的节水增效目标又融合了生态和谐的要求，不断面临新理论、新技术的挑战，希望本书能为读者提供资源、生态约束条件下综合节水研究方面的参考。课题完成期间，得到项目负责人、中国水利水电科学研究院许迪所长及项目组成员的全面指导和大力帮助，受到项目专家咨询组赵竟成、李代鑫、杨培岭、孙占祥、蔡焕杰、康跃虎等专家的多次指导与帮助。课题组在田间试验、示范区建设、应用推广过程中，得到黑龙江省大庆市肇州县水务局、肇州灌溉试验站、肇州县农技推广中心及黑龙江省绥化市安达市水务局、安达市万宝山镇人民政府等单位的大力协助。在此一并表示感谢！

由于水平有限，加之多学科综合研究与实践应用时间较短，书中难免存在不足和疏漏之处，真诚欢迎各位同行专家及读者批评指正。

李芳花　张忠学　郑文生

2023 年 2 月于哈尔滨

3

目　录

第1章　绪论 1

　1.1　黑龙江省高效节水灌溉发展概况 1

　1.2　发展高效节水灌溉的必要性 10

　1.3　节水增粮工程 12

第2章　高效灌溉技术灌溉模式研究 17

　2.1　试验区概况 17

　2.2　喷灌、膜下滴灌玉米需水规律和节水高产灌溉制度研究 17

　2.3　玉米节水稳产调亏灌溉模式研究 68

　2.4　水肥一体化综合管理技术模式研究 119

第3章　高效灌溉农艺配套综合技术集成研究 161

　3.1　高效灌溉区水分高效利用玉米品种及耐密性筛选 161

　3.2　灌溉玉米高产高效栽培技术集成模式验证与示范 165

　3.3　覆膜耕作对土壤环境质量影响研究 189

第4章　基于高效灌溉的地下水安全保障模式研究 207

　4.1　示范区地下水位特征监测井网络及控制性关键水位研究 207

　4.2　区域地下水水力数值模型研究 234

　4.3　地下水安全开采模式研究 257

第5章　高效灌溉规模化工程模式及长效运行保障机制研究 277

　5.1　黑龙江省基于降雨的干旱时空分布及玉米灌溉需水规律研究 277

　5.2　高效灌溉工程建设模式研究与田间供水工程优化设计 283

　5.3　节水增粮工程示范区长效管理体制与运行机制研究 301

5.4 智能灌溉决策系统与灌溉效果遥感评价研究 311

5.5 2 BFDY-2 型一体化膜上播种机的研制 337

第 6 章 黑龙江西部高效灌溉节水技术集成模式 339

6.1 高效灌溉特色集成模式 339

6.2 一般模式 343

参考文献 349

第1章 绪论

1.1 黑龙江省高效节水灌溉发展概况

1.1.1 节水增粮行动项目区概况

2011年,为贯彻落实《中共中央 国务院关于加快水利改革发展的决定》文件精神,财政部、水利部、农业部(现农业农村部)决定,在2012—2015年支持黑龙江、吉林、辽宁、内蒙古四省区实施"节水增粮行动",发展高效节水灌溉工程面积3800万亩[1],其中黑龙江省1500万亩。黑龙江省节水增粮行动实施发展的重点地区是黑龙江省西部地区,在黑龙江省东部地区和中部地区适度发展。

1.1.1.1 地理位置

黑龙江省位于我国东北地区的北部,是我国位置最北、纬度最高和气温最低的边疆省份。黑龙江省北部、东部以黑龙江和乌苏里江主航道为界,与俄罗斯相望;东南部以老爷岭东麓与俄罗斯相邻;西部为大兴安岭纵贯,与内蒙古自治区毗邻;南部、西南部与吉林省接壤。地理坐标为东经121°13′~135°06′,北纬43°22′~53°24′。全省土地总面积45.25万km²(不含加格达奇和松岭区),占国土面积的4.7%,居于全国各省区的第6位。

黑龙江省西部地区主要以松嫩平原为主,北及东北起自大、小兴安岭,南至松花江干流和吉林省接壤,西与内蒙古自治区的呼伦贝尔市接壤,东以呼兰河流域、岔林河及蚂蚁河流域分水岭为界。西部地区耕地总面积16.56万km²,占全省土地面积的36.6%,行政区包括哈尔滨市所辖的五常市、双城区、宾县、木兰县、巴彦县和市郊区(含阿城区和呼兰区),齐齐哈尔市、大庆市、绥化市全境,黑河市所辖的嫩江市、五大连池市、北安市以及伊春市所辖的铁力市,共涉及6个地级市的35个县(区)市。耕地总面积11 958万亩,占全省耕地面积的46.37%。

1.1.1.2 地形地貌

黑龙江省总的地貌格局是山地与平原相间,地形总趋势是西北、北部和东南部高,东北部与西南部低。

黑龙江省的主要山脉有大兴安岭、小兴安岭、完达山、张广才岭和老爷岭等。西北和东南由山地组成,西部和东部由平原和低山丘陵组成。山地海拔300~1 500 m,平原海拔50~250 m。

大兴安岭地区高山海拔1 000~1 500 m,低山丘陵区海拔300~700 m,河谷阶地海拔200~300 m。全区呈阶梯状地理景观,为黑龙江省深山密林区。小兴安岭地区海拔800~1 000 m,地势南部较北部略高,

---

1 亩为非法定计量单位,1亩≈666.67 m²。

山体外貌和缓，河谷开阔，河流侵蚀使地貌逐步变迁。完达山、张广才岭、老爷岭低山区海拔 500～1 000 m，地势高峻。

黑龙江省西部以松嫩平原为主体，西部和北部紧邻大、小兴安岭山麓，东部与呼兰河、岔林河及蚂蚁河流域以分水岭相隔，南部与吉林省白城地区接壤，形成一个由山系与丘陵围绕的盆地，盆地内地势平坦，海拔 140～200 m。其中，松嫩高平原为兴安山地和南部山地的山前冲积、洪积台地，沿河分布有高河漫滩和一级阶地，形成一些洪泛区和中小型涝区。松嫩低平原位于嫩江下游两岸，地势平坦，地面坡降约 1/5 000；嫩江左岸地区过去为盆型闭流区，区内微地形起伏复杂，沼泽湖泡散布其间。

1.1.1.3 气候条件

黑龙江省属温带大陆性季风气候，气温变化大，日照时间长，降水集中。春季多风、少雨、干旱；夏季短暂、高温、多雨；秋季降温急剧，常有霜冻灾害；冬季漫长、严寒、干燥。年降水量空间分布趋势是：山区大，平原小，中、南部大，东部次之，西、北部小，这是造成西旱东涝的主要气候因素。黑龙江省多年平均年降水量为 533 mm，其中有两个高值区：一为拉林河、蚂蚁河和海浪河流域上游，年降水量大于 800 mm；另一为汤旺河及呼兰河流域上游，年降水量大于 700 mm。低值区主要包括松嫩平原、三江平原、绥芬河及穆棱河、倭肯河中下游，年降水量为 400～500 mm，年降水量最小值为松嫩平原大兴站，仅为 350 mm。

黑龙江省年平均气温由北向东南为-5～5℃。最冷月份（1 月份）平均气温由北向东南由-30.9℃逐渐上升至-14℃，北部漠河的极端最低气温曾达-52.3℃。最热月份（7 月份）平均气温由北往南由 18℃上升到 24℃，极端最高气温达 41.6℃。江河一般在 11 月中旬左右开始封冻，至翌年 4 月中旬左右解冻。多年平均封冻天数 148 d，多年平均冰厚 1.45 m 左右，冬季最大冻土深度为 2.5 m。全省无霜期多为 100～140 d，平原长于山地，南部长于北部。年日照时数一般为 2 400～3 000 h。多年平均水面蒸发量（E601）为 500～900 mm，陆地蒸发量为 250～500 mm。

黑龙江省西部地区属于典型的大陆性季风气候区，该区属于生长季干燥指数大于 1.2 和等于 1.0～1.2 的干旱区和半干旱区，"十年九春旱"，是黑龙江省历年旱灾发生频率最高的地区。黑龙江省西部地区多年平均气温 1～4℃，全年日照时数为 2 800 h 左右，其中 5—9 月生长季节日照时数为 1 217～1 374 h，是黑龙江省日照时数最多的地区，区域变化由西南向东北逐渐减少。蒸发量与降水的分布相反，嫩江流域由南向北、由平原向山区递减，年蒸发量为 860～1 120 mm（E601）；松花江流域由西向东递减，年蒸发量为 460～630 mm（E601）。黑龙江省西部地区一般 9 月中下旬出现初霜，无霜期 120～150 d。最大冻土厚度 2.9 m，冻结期在 5 个月以上，多年平均降水量为 505 mm。松花江流域内的拉林河、阿什河、呼兰河及哈尔滨到木兰区间多年平均降水量较大，年均降水量在 550 mm 以上；江桥至白沙滩、白沙滩至三岔河、安肇新河多年平均降水量较小，在 400 mm 左右。

1.1.1.4 河流水系

黑龙江省境内水系发达，江河纵横，有黑龙江、松花江、乌苏里江和绥芬河四大水系。流域面积超过 50 km² 的河流有 1 918 条，其中：50～300 km² 的有 1 587 条，300～1 000 km² 的有 220 条，1 000～5 000 km²

的有 84 条，5 000～10 000 km² 的有 9 条，大于 10 000 km² 的有 18 条。全省有大小湖泊 640 个，水面面积约 6 000 km²，主要有兴凯湖、镜泊湖、连环湖和五大连池等湖泊。

松花江是我国七大江河之一，流域总面积 56.12 万 km²，有南北两源，南源第二松花江，北源嫩江。嫩江流域面积 29.85 万 km²，发源于大兴安岭伊勒呼里山，在三岔河口与第二松花江汇合；第二松花江流域面积 7.34 万 km²，发源于长白山天池，由南向北与嫩江汇合后称松花江干流；松花江干流长 939 km，流域面积 18.93 万 km²，由西南向东北流经哈尔滨、佳木斯等地区，在同江附近汇入黑龙江。松花江主要支流有科洛河、讷谟尔河、乌裕尔河、诺敏河、雅鲁河和绰尔河、拉林河、呼兰河、蚂蚁河、牡丹江、倭肯河、汤旺河等。

黑龙江、乌苏里江为跨境河流，黑龙江省境内黑龙江干流面积 11.69 万 km²，主要支流有额穆尔河、呼玛河、公别拉河、逊别拉河和库尔滨河。乌苏里江在黑龙江省境内流域面积 6.05 万 km²，较大支流有穆棱河和挠力河等。

绥芬河是横跨中国和俄罗斯的跨境河流，自吉林省流入黑龙江省后，流入俄罗斯境内。在黑龙江省境内流域面积 0.77 万 km²。

1.1.1.5 水文地质条件

在经历了漫长地质历史时期的地壳运动和相应的外力剥蚀堆积作用之后，黑龙江省形成了目前的山地与平原的总体格局。地下水的形成与分布规律，除受气象水文条件影响外，还主要受地层岩性及地质构造条件的控制。地质构造控制了黑龙江省地貌轮廓，也控制了区域水文地质条件，其组成岩石的裂隙与松散层的孔隙为地下水的形成和运动提供了条件。

（1）山丘区水文地质条件

黑龙江省山丘区主要分布花岗岩、变质岩及火山岩，由于地质构造及风化作用强烈，故普遍分布基岩裂隙水，其中大面积分布风化裂隙水，局部分布构造裂隙水，少部分分布玄武岩洞隙裂隙水及冻结层孔隙裂隙水。

风化裂隙水：广大山丘区主要分布有花岗岩、变质岩及火山岩，经长期内外应力作用，网状风化裂隙发育，地下水补给条件好，埋藏分布风化裂隙水，水位埋深变化大。变质岩、火山岩风化带厚度为 5～20 m，花岗岩风化带厚度为 20～50 m。另外，风化带厚度一般从分水岭向河谷方向有从大到小的变化规律。地下水径流模数从 3～6 L/（s·km²）减少到小于 1 L/（s·km²）。

构造裂隙水：广大基岩山丘区的花岗岩、火山岩、变质岩在长期地质作用下，特别是在构造应力作用下，形成了不同性质、规模不等的断裂，组成了不同形式的蓄水构造。特别是构造复合部位或断裂密集地带，裂隙发育，分布断层脉状水，由于裂隙连通性好，导水性及储水条件比较优越，往往形成富水地带。一般张性、张扭性断裂带或断层复合或交叉部位水量比较丰富，勃利、大青山一带每天单井涌水量 500～1 000 m³，分布在断裂带上的泉水流量可达 1 L/s。

玄武岩洞隙裂隙水：山丘区玄武岩分布较广泛，逊克县南部、穆棱市东部以及镜泊湖、五大连池等地比较集中。玄武岩柱状节理及孔洞和裂隙形成洞隙裂隙，裂隙深度一般小于 25 m，每天单井涌水量 $100\sim1\,000$ m³ 或小于 100 m³。

（2）平原区水文地质条件

黑龙江省平原区广泛分布埋藏第四系砂、砂砾石孔隙潜水，松嫩平原及哈尔滨、绥化等地区分布埋藏第四系砂砾石孔隙承压水，三江低平原东部分布埋藏第四系砂、砂砾石孔隙弱承压水，松嫩平原及三江平原底部广泛分布埋藏碎屑岩孔隙裂隙承压水。

松散岩类孔隙潜水：主要分布于松嫩平原以及三江低平原西部和穆棱兴凯低平原区。含水层岩性主要为砂及砂砾石，局部为砂卵石。松嫩平原含水层厚度 $10\sim60$ m，三江低平原含水层厚度 $20\sim260$ m，穆棱河－兴凯湖低平原含水层厚度 $20\sim150$ m，地下水埋深多为 $2\sim4$ m，局部 $5\sim10$ m，每天单井涌水量一般为 $1\,000\sim3\,000$ m³。

松花江干流河谷以及呼兰河、乌裕尔河、讷谟尔河、蚂蚁河、倭肯河等河谷地带，第四系砂砾石含水层发育。含水层岩性主要为中粗砂和砂砾石，含水层厚度变化大，松花江干流河谷一般为 $10\sim30$ m，其余地带一般为 $3\sim20$ m，地下水埋深一般小于 3 m，单井涌水量变化较大，松花江干流每天单井涌水量为 $1\,000\sim3\,000$ m³。

逊别拉河、黑龙江及牡丹江河谷或山间盆地广泛分布埋藏第四系砂、砂砾石含水层。含水层厚度多为 $3\sim10$ m，地下水埋深一般小于 3 m，每天单井涌水量多在 500 m³ 左右。

松散岩类孔隙承压水：分布于松嫩平原中西部广大低平原，在东部高平原也有断续分布。

中更新统孔隙承压水：分布于松嫩低平原中西部地区，含水层主要由砂、含砾砂及砂砾石组成。含水层厚度一般为 $5\sim50$ m，水位埋深多小于 10 m，局部深达 $15\sim30$ m。顶板埋深由低平原边缘地区的 $20\sim40$ m 增至中心地区的 80 m 左右。分布于东部高平原的含水层由砂、砂砾石组成，呈东北方向断续分布于海伦、绥化、肇东、双城等地区，构成小型承压水盆地。含水层一般厚 $5\sim40$ m，顶板埋深 $10\sim50$ m，水位埋深 $5\sim20$ m。中更新统孔隙承压水含水介质颗粒较粗，含水层厚度较大，每天单井涌水量多为 $1\,000\sim3\,000$ m³。

下更新统孔隙承压水：分布于松嫩平原中西部地区，即大同—安达—依安以西，乌裕尔河以南，甘南—龙江—泰来以东的广大地区。含水介质为砂、砂砾石，胶结较弱，局部与亚黏土互层，含水层厚 $10\sim100$ m。顶板埋深 $40\sim140$ m，水位埋深 $1\sim10$ m，局部深达 $15\sim30$ m。每天单井涌水量多为 $1\,000\sim3\,000$ m³ 或 $100\sim1\,000$ m³。穆棱兴凯低平原东南部，即兴凯湖北岸地区，分布埋藏砂砾石承压水，含水层厚度 $30\sim40$ m，顶板埋深 70 m 左右，承压水头 $60\sim80$ m，每天单井涌水量为 $1\,000$ m³ 左右。

松散岩类孔隙弱承压水：分布埋藏于三江平原东部地区，上覆 $5\sim20$ m 厚的亚黏土层，含水层岩性为中粗砂、砂砾石，厚度 $50\sim240$ m，承压水头 $6\sim7$ m，形成弱承压水。地下水埋深，挠力河地区 3 m 左右，其他地区 $4\sim9$ m，每天单井涌水量为 $3\,000$ m³ 左右。

碎屑岩类孔隙裂隙承压水：松嫩低平原普遍分布埋藏第三系孔隙裂隙承压水，上覆第四系孔隙承压水，两者水力联系比较密切。第三系大安组孔隙裂隙承压水，沿嫩江近南北向呈条带状分布。含水介质为微弱胶结的砂岩、砂砾岩，厚度 20～40 m，顶板埋深 40～140 m，水位埋深 1～10 m，每天单井涌水量多为 1 000～3 000 m³。第三系依安组孔隙裂隙承压水，分布于富裕—齐齐哈尔以东，克山—明水—安达以西，北抵讷谟尔河，南至滨洲铁路。含水介质由粉砂岩、粉细砂岩、中细砂岩组成。泥质微胶结，多较疏松，含水层为多层结构，累计厚度一般为 20～45 m。顶板埋深 40～280 m，水位埋深一般为 5～25 m，每天单井涌水量一般为 100～1 000 m³。

松嫩高平原及低平原的边部普遍分布埋藏白垩系孔隙裂隙承压水，含水介质主要为细砂岩及粉细砂岩，含水层分布广，相对比较稳定，具有层次多、单层厚度小的特点，构成叠加的多层结构。水位埋深变化较大，富水性程度不一。

三江低平原及穆棱兴凯低平原第四系含水层之下分布埋藏第三系孔隙裂隙承压水，含水介质为砂岩、砂砾岩，胶结较差。含水层厚度与埋藏深度变化较大，顶板埋深 30～100 m，含水层厚度 10～100 m，每天单井涌水量为 100～1 000 m³，局部为 1 000～3 000 m³。

1.1.1.6 水资源分布及特点

黑龙江省多年平均水资源总量为 810 亿 m³，其中：地表水资源量 686 亿 m³，地下水资源量 294 亿 m³（重复量 170 亿 m³）。另外，黑龙江省还有界江、界湖过境水量 2 710 亿 m³，为东部地区农田灌溉提供了丰富水量（表 1-1）。

表 1-1 黑龙江省水资源量表

地区	计算面积/万 km²	径流深/mm	水资源总量/亿 m³	地表水资源量/亿 m³	地下水资源量/亿 m³	平原区地下水可开采量/亿 m³
东部	10.57	130	181.43	137.42	82.94	65.26
中部	18.35	214	403.30	391.86	98.20	10.49
西部	16.56	95	225.60	156.81	113.06	82.78
全省	45.48	151	810.33	686.09	294.20	158.53

黑龙江省水土资源匹配较好，发展灌溉农业的优势得天独厚。但由于全省地域辽阔，各地自然禀赋差异较大，水资源具有时空分布不均的特点。

一是腹地与周边分布不均——境内少，过境多。黑龙江、乌苏里江、兴凯湖等界江、界湖过境水资源量非常丰富，高达 2 710 亿 m³，没有得到有效利用，现仅利用 12.3 亿 m³。

二是年内季节分布不均——春季少，夏秋季多。4—5 月降水量仅占全年降水量的 5%～15%，极易发生春旱；6—9 月的降水量占全年降水量的 70%～80%，极易发生洪涝灾害。年内经常是先春旱、后秋涝，多年间又有连旱、连涝、旱涝交替的周期性。

三是空间分布不均——平原区少，山丘区多。平原区耕地面积占全省的 80%，水资源量仅占全省总量的 26%；山丘区耕地面积只占全省的 20%，水资源量却占全省水资源总量的 74%。重点产粮区的松嫩平原耕地面积占全省的 50%以上，水资源量仅占全省的 28%左右，耕地亩均占有水量只有 189 m³，不到全省平均水平的 1/2。大小兴安岭地区耕地面积只占全省的 13%，其水量却占全省的 58%。

四是年际分布不均。黑龙江省水资源年际变化较大，并具有连丰连枯、丰枯交替出现的特点，常导致水旱灾害频繁发生。一般连续枯水年 4～5 年，最长可达 8 年，当出现连续枯水年时，河川径流量大幅度减少，农田灌溉面积锐减，粮食生产能力也受到极大影响，需要控制性工程进行年际调节，以丰补枯。

1.1.1.7 土地利用状况及特点

（1）土地利用状况

黑龙江省土地总面积 45.25 万 km²，占全国土地总面积的 4.7%，居全国第 6 位。全省土地类型中，山地占 24.7%，丘陵占 35.8%，平原占 37.0%，水域占 2.5%。全省耕地面积 2.38 亿亩，占全省土地总面积的 35.1%；草原面积 6 500 万亩，占全省土地总面积的 9.6%；林地面积 3.08 亿亩，森林覆盖率 45.4%；其他面积为 0.67 亿亩，占全省土地总面积的 9.9%。

（2）土地利用特点

人均占有数量多：黑龙江省地域辽阔，农村人均耕地面积 15.2 亩，是全国农村人均耕地面积的 5.5 倍；人均林地面积 8.0 亩，是全国人均林地面积的 3.4 倍。耕地、林地面积及人均占有量均居全国之首，在全国占有绝对优势，是我国重要的商品粮基地和木材生产基地。

耕地分布相对集中：黑龙江省耕地集中分布在松嫩平原和三江平原，占全省耕地面积的 88.6%，而且大部分耕地地势平坦，集中连片，适于大面积机械化作业和规模经营。

土地自然肥力呈下降趋势：黑龙江省土质肥沃，自然肥力较高，是世界上三大黑土带之一。黑土、黑钙土、草甸土等优质土壤占耕地面积的 67.5%。近年来，黑龙江省在土地利用上存在着索取多、投入少的现象，致使土地自然肥力逐年下降，土壤有机质含量由中华人民共和国成立初期的 11%下降到 3%。

后备土地资源较多：后备土地资源主要分布在三江平原东部、大小兴安岭的岭南一带。这些区域地势平坦，分布相对集中，整理复垦后可成为耕地。

1.1.1.8 农作物种植状况

2015 年，黑龙江省农作物种植面积 2.22 亿亩。从地区分布上看，齐齐哈尔市农作物播种面积最大，为 3 441 万亩，占全省的 15.5%；其次是哈尔滨市和绥化市，农作物播种面积分别为 3 058 万亩和 2 859 万亩，分别占全省的 13.8%和 12.9%。

从作物组成上看，粮食作物播种面积 2.15 亿亩，占农作物播种面积的 96.8%。

2015 年，黑龙江省有效灌溉面积 8 297 万亩，占粮食作物播种面积的 38.6%，贡献的粮食产量占全省粮食总产量的 60%以上。

1.1.1.9 社会经济

黑龙江省行政区划包括哈尔滨、齐齐哈尔、牡丹江、佳木斯、鸡西、鹤岗、大庆、伊春、七台河、双鸭山、黑河、绥化 12 个地级市和大兴安岭 1 个行署，包括尚志、五常、讷河、密山、虎林、铁力、同江、富锦、抚远、绥芬河、海林、宁安、穆棱、东宁、北安、五大连池、嫩江、安达、肇东、海伦、漠河 21 个县级市，46 个县（自治县）以及 54 个市辖区。

2015 年末，黑龙江省总人口 3 812 万人，人口密度 84 人/km²，其中城镇人口 2 241.5 万人，占总人口的 58.8%；乡村人口 1 570.5 万人，占总人口的 41.2%。全省人口自然增长率-0.6‰。黑龙江省省会所在地为哈尔滨市，是黑龙江省唯一人口超 200 万人的城市；100 万至 200 万人的城市有 2 座，分别为齐齐哈尔市和大庆市；50 万至 100 万人的城市有 6 座，分别为鸡西市、鹤岗市、双鸭山市、伊春市、佳木斯市和牡丹江市。

2015 年，黑龙江省地区生产总值（地区 GDP）达到 15 083.7 亿元，比上年增长 0.3%。第一、二、三产业分别为 2 633.5 亿元、4 798.1 亿元、7 652.1 亿元，比例为 17:32:51。财政收入 1 165.9 亿元，减少 10.4%。粮食总产量 1 264.8 亿斤，突破 1 200 亿斤大关，人均占有粮食达 3 318 斤。城镇居民人均可支配收入达到 24 203 元，相当于全国平均值的 77.6%，农村常住居民可支配收入达到 11 095 元，略低于全国平均水平，经济水平总体上属欠发达地区。其主要经济指标与全国平均水平相比仍有一定差距，全面建成小康社会任务十分艰巨。

黑龙江省省内主要工业有机械、电机、石油化工、森林工业、采煤、电力、亚麻纺织等，主要企业有国内外著名的大庆油田，全国电力设备制造中心三大动力及迅速发展中的轻化工业区。哈尔滨、大庆、齐齐哈尔、佳木斯、牡丹江、伊春、黑河等市已成为现代工业中心城市。

黑龙江省水陆空立体交通四通八达，航空港连接全国各地，铁路、公路纵横发达，内河航运承担着重要运输任务。

1.1.2 灌溉发展情况

中华人民共和国成立前黑龙江省没有旱田灌溉，1950 年才开始打井提水进行旱田坐水种，面积约 0.9 万亩。到 1959 年旱田灌溉才大面积发展，当年旱灌面积达 129 万亩。20 世纪 70 年代末 80 年代初为旱灌高峰期，灌溉面积曾达到 600 万亩。以后由于投入减少、劳动力紧张、工程设施不健全、土地不平整等原因，旱灌面积有所减少，到 1992 年旱灌面积下降到 320 万亩。1992 年以后旱灌又有所发展，到 2004 年旱灌面积增加到 1 169 万亩，2015 年旱灌面积超过 2 532 万亩，灌溉面积统计见表 1-2。

表 1-2　2015 年灌溉面积统计表（按行政区划）

行政区	农作物播种面积/万亩			实际灌溉面积/万亩			耕地灌溉率/%	旱田灌溉率/%
	小计	水田	旱田	小计	水田	旱田		
哈尔滨市	3 057.65	894.18	2 163.47	1 118.55	894.18	224.37	36.58	10.37
齐齐哈尔市	3 441.43	477.68	2 963.75	1 012.66	477.68	534.98	29.43	18.05

续表

行政区	农作物播种面积/万亩			实际灌溉面积/万亩			耕地灌溉率/%	旱田灌溉率/%
	小计	水田	旱田	小计	水田	旱田		
牡丹江市	974.45	67.56	906.89	139.50	67.56	71.94	14.32	7.93
佳木斯市	1 946.79	812.88	1 133.91	894.00	812.88	81.12	45.92	7.15
绥化市	2 858.77	530.60	2 328.17	780.01	530.60	249.41	27.28	10.71
黑河市	1 890.78	29.73	1 861.05	126.30	29.73	96.57	6.68	5.19
大庆市	1 128.38	155.07	973.31	693.45	155.07	538.38	61.46	55.31
大兴安岭地区	266.58	6.00	260.58	6.15	6.00	0.15	2.31	0.06
鸡西市	737.13	256.50	480.63	261.00	256.50	4.50	35.41	0.94
双鸭山市	616.87	103.28	513.59	145.06	103.28	41.78	23.51	8.13
伊春市	359.90	56.91	302.99	73.20	56.91	16.29	20.34	5.38
七台河市	267.70	26.93	240.77	29.41	26.93	2.48	10.98	1.03
鹤岗市	305.60	151.91	153.69	200.17	151.91	48.26	65.50	31.40
农垦总局	4 291.78	2 196.11	2 095.67	2 817.91	2 196.11	621.80	65.66	29.67
合计	22 143.81	5 765.34	16 378.47	8 297.34	5 765.34	2 532.03	37.47	15.46

根据 2016 年黑龙江省水利统计年鉴统计,全省总灌溉面积达到 8 930.1 万亩,占全省耕地面积的 37.5%。其中:水田实灌面积 5 967 万亩,占全省灌溉面积的 66.8%,说明黑龙江省农业灌溉以水田灌溉为主;旱田(含菜田)灌溉面积 2 963.1 万亩,占全省灌溉面积的 33.2%。坐(滤)水种面积 2 707 万亩。黑龙江省有效灌溉面积 8 899.1 万亩,其中:水田有效灌溉面积 5 936 万亩,旱田节水灌溉面积 2 963.1 万亩。有效灌溉面积比实灌面积小 31 万亩,说明全省灌区配套能力较强,农民要求灌溉的积极性也很高。

按灌区规模统计:黑龙江省现有灌区 692 处,其中:万亩以上灌区 386 处(大型灌区 35 处,包括 21 处国家在册大型灌区、三江平原灌区中的 11 处大型灌区、尼尔基引嫩扩建灌区中的 3 处大型灌区和依安县跃进灌区;中型灌区 351 处),2 000~10 000 亩的灌区 306 处。万亩以上灌区实灌面积 1 851.4 万亩,仅占全省实灌面积的 20.7%,全部为水田灌溉。万亩以下灌区实灌面积 7 078.7 万亩,占全省实灌面积的 79.3%,其中:水田实灌面积 4 115.6 万亩,占全省水田实灌面积的 69%,旱田实灌面积 2 963.1 万亩。

1.1.3 节水灌溉发展情况

黑龙江省的节水灌溉从 1951 年陆续开始,但真正的节水灌溉是 20 世纪 80 年代才开始并迅猛发展的。

20 世纪 80 年代末,黑龙江省节水灌溉面积 336.3 万亩,其中:喷灌面积 57 万亩,微滴灌面积 0.3 万亩,低压管道灌溉面积 51 万亩,水田节水灌溉面积 228 万亩。

至 1995 年末,黑龙江省新增节水灌溉面积 235 万亩,节水灌溉面积达到 571 万亩,其中:喷灌面积 57 万亩,微滴灌面积 1 万亩,低压管道灌溉面积 128 万亩,水田节水灌溉面积 385 万亩(渠道防渗控制面积 30 万亩)。

到 2000 年底,黑龙江省节水灌溉面积达到了 1 667 万亩,其中:喷灌面积 446 万亩,微滴灌面积 3 万亩,低压管道灌溉面积 27 万亩,水田节水灌溉面积 1 191 万亩(渠道防渗控制面积 45 万亩)。

至 2004 年底,黑龙江省节水灌溉面积 1 973 万亩,其中:喷灌面积 700 万亩,微滴灌面积 7 万亩,低压管道灌溉面积 32 万亩,水田节水灌溉面积 1 234 万亩(渠道防渗控制面积 56 万亩)。

2010 年底,黑龙江省节水灌溉面积达到 4 309 万亩,其中:节水灌溉工程面积 2 081 万亩,节水措施面积 2 228 万亩。在节水灌溉工程面积中,喷灌面积 1 492 万亩,微滴灌面积 197 万亩,低压管道灌溉面积 16 万亩,水田渠道防渗控制面积 376 万亩(表 1-3)。

表 1-3 2010 年节水灌溉面积统计表

行政区	节水灌溉面积/万亩							节水灌溉率/%	工程节水灌溉率/%
	合计	工程面积	措施面积	按工程节水面积类型					
				水田渠道防渗	管灌	喷灌	微灌		
哈尔滨市	262.75	204.35	58.40	106.31	3.35	84.31	10.38	32.10	24.96
齐齐哈尔市	609.23	550.46	58.77	37.85	5.28	483.65	23.69	78.89	71.28
牡丹江市	55.90	52.39	3.51	25.12	—	22.47	4.80	58.32	54.66
佳木斯市	293.22	57.16	236.06	45.65	0.60	10.56	0.35	66.41	12.95
绥化市	498.45	355.87	142.58	31.25	—	317.90	6.72	68.91	49.20
黑河市	23.53	23.53	—	2.45	—	11.69	9.39	72.92	72.92
大庆市	564.11	562.58	1.53	9.81	5.40	411.39	135.98	86.97	86.73
大兴安岭地区	3.26	3.26	—	—	0.27	2.76	0.23	87.87	87.87
鸡西市	105.42	37.15	68.27	25.61	—	11.10	0.44	44.56	15.71
双鸭山市	56.33	31.41	24.92	15.22	—	16.17	0.02	73.00	40.71
伊春市	23.48	7.08	16.40	2.32	—	4.43	0.33	44.01	13.28
七台河市	8.29	7.28	1.01	2.00	—	4.47	0.81	25.91	22.75
鹤岗市	98.62	23.63	74.99	8.10	0.20	15.21	0.12	86.59	20.75
地方合计	2 602.59	1 916.15	686.44	311.69	15.09	1 396.1	193.23	64.27	47.32
农垦总局	1 706.48	165.11	1 541.37	64.41	0.71	96.47	3.53	83.60	8.09
全省合计	4 309.07	2 081.26	2 227.81	376.1	15.8	1 492.56	196.76	70.75	34.17

1.2 发展高效节水灌溉的必要性

黑龙江省水资源时空分布不均，耕地的 50% 集中在松嫩平原，但水资源量仅占全省水资源量的 20%；作物生育期降水量分布不均，多集中在 6—9 月。近些年，农业旱灾频繁出现，导致作物减产、农民减收，制约了区域经济社会发展。我们必须从整体思路来考虑如何解决水资源短缺问题，大力推广节水灌溉技术及工程，使综合节水得到快速发展。随着黑龙江省经济社会的进一步发展，水资源的战略性地位日渐突显，发展节水灌溉已经成为缓解全省水资源供需矛盾的战略选择。发展高效节水灌溉是保障国家粮食安全、农业增产增效、农民致富和农村产业结构调整的需要，是保障水资源可持续利用，解决农业灌溉发展瓶颈问题，恢复和建设良好生态系统的最根本途径，是工业反哺农业，以工业化和信息化的手段建设现代化大农业的重要内容，是实现节能减排、绿色水利和绿色农业的重要措施。

1.2.1 发展高效节水灌溉是稳定全省粮食产能目标、保障国家粮食安全的需要

粮食安全始终是我国经济社会发展中的一个重大战略问题。黑龙江省是我国耕地面积第一、粮食总产量第一的农业大省，粮食产量在全国具有举足轻重的地位，是国家粮食安全的压舱石。目前，其粮食产量已经达到比较高的水平，但是粮食的稳产率、安全保证程度还不高。发展粮食生产，提高粮食安全保证程度，不能再依靠传统的靠天吃饭的农业生产模式和以单纯扩大耕地面积为主的外延型、粗放式发展道路。有限的水资源条件决定了要保证我国粮食安全，必须走节水灌溉的道路，以较少的水生产出较多的粮食，大力挖掘节水潜力，提高粮食的水分生产率。最新人口普查结果显示，我国人口总量持续增长，仍然是世界第一人口大国。要为全国人民提供量足质优的粮食和其他农产品并保证国家粮食安全的任务并不轻松，绝不能掉以轻心。进一步提高水的利用率、水的生产效率、土地单位面积产出率，用有限的水土资源生产足够多的粮食，是保证国家粮食安全的唯一出路。

黑龙江省拥有耕地 2 亿多亩，占全国耕地总量的 1/8，不仅是我国粮食主产区，更是我国最大的商品粮生产基地，享有"北大仓"的美誉。近年来，黑龙江省每年销往省外的商品粮都在 500 亿斤以上，占全国省际商品粮净调出量的 1/3。黑龙江省的粮食产量在全国举足轻重，占到全国的 1/10，这其中 80% 是给国家的商品粮。水稻、玉米、大豆又是对市场最有效的直接供应，成为国家粮食安全的有力保障。

1.2.2 发展高效节水灌溉是提高水资源效用、促进农业灌溉可持续发展的需要

黑龙江省耕地面积大，灌溉面积发展潜力大。农业需水与水资源的供应矛盾逐年加大，尤其是黑龙江省西部地区水资源短缺，严重制约农业灌溉发展。发展农业高效节水灌溉是缓解水资源供需矛盾的根本途径。水田高效节水灌溉可节水 20%～30%，旱田喷灌比传统灌溉可节水 30%～40%，而膜下滴灌比喷灌可节水 50%，因此黑龙江省农业灌溉节水潜力很大。从黑龙江省"十二五"期间灌溉面积发展目标和需水量

看，采用高效节水灌溉方式的总需水量为 354 亿 m^3，比传统灌溉方式用水量减少 109 亿 m^3。可见，发展农业高效节水灌溉对于缓解水资源供需矛盾、发挥水资源效用、促进农业灌溉可持续发展意义十分重大。

1.2.3 发展高效节水灌溉是工业反哺农业、建设现代化大农业的需要

高效节水灌溉是现代农业的主要特征之一。中低产田比例高、单产低是黑龙江省农业的突出特点。要发展现代农业，最有效的途径就是增加高效节水灌溉面积，大幅提高粮食单产和水分生产率。通过高效节水灌溉建设，不断完善、集成和创新农田节水技术，并大面积示范推广，能够有效建立符合现代科技武装农业、现代工业装备农业、现代管理经营农业理念的节水农业技术体系，逐步改造传统农业，促进现代化大农业的发展。同时，通过提升农业的科技含量，全面提升农民素质。

1.2.4 发展高效节水灌溉是农业增产增效和农民增收的需要

黑龙江省土地资源丰富，人均占有耕地面积大，规模化发展、集约化经营条件相对较好，发展高效节水灌溉可以明显改善农业基础设施条件，扩大农业结构调整的空间，加快农业科技创新步伐，走降本增效、高科技、高收益、低成本的农业发展之路，大大提高粮食产量和粮食商品率，发挥黑龙江省巨大的粮食增产潜力，促进农业增产增效、农民增收。

1.2.5 发展高效节水灌溉是适应农业增长方式和农业结构调整的需要

高效节水灌溉的意义不仅仅在于节水、用水本身，还表现为科学灌溉、精细灌溉。推广高效节水灌溉将对农业结构、品种改良、施肥技术、耕作栽培技术等产生深刻的影响。以市场为导向，调整农业种植结构，对灌溉排水和耕作栽培技术提出了许多新的更高的要求：不仅要实行适时适量灌溉，还要保证作物的水、肥、气、热的综合要求；不仅要提高农作物的产量，还要保证作物的质量，提高农产品的市场竞争力，建设高效农业。调整农业结构、增加农民收入是新时期农业与农村工作的中心任务。无论是调整农林牧业比例、粮经作物比例，还是粮食作物内部的优质品种种植比例，都对以水为重点的生产条件提出新的更高的要求，只有先进的节水灌溉技术才能满足这一要求。

1.2.6 发展高效节水灌溉是恢复和建设良好生态系统的需要

生态环境建设是一项长期艰巨的任务，需要采取综合措施。大力推进高效节水灌溉发展，对生态环境建设和保护具有十分重要的意义：一是节约农业用水量，支持生态环境建设用水。二是从源头节水，严格控制上游用水，可以缓解下游用水紧张的矛盾，遏制下游生态环境恶化趋势，为逐步恢复和保护生态提供支持。三是建设草原生态系统的根本保障。

1.2.7 发展高效节水灌溉是实现节能减排、发展绿色农业的需要

高效节水灌溉不但节约水资源，而且节地5%、节能40%、省工80%，尤其是旱田高效节水灌溉，可集灌水、施肥于一体，节肥30%、节药20%，减少成本，增加产量。大力推广高效农田节水技术，有利于实现农业的节水增效，促进农民增收。按发展1 500万亩高效节水灌溉计算，相对于传统灌溉可节水11.37亿 m³。

高效节水灌溉是农业节能减排、绿色水利和绿色农业的重要内涵。第一，发展高效节水灌溉是节水型社会建设的重中之重。应在加强大中型灌区续建配套与节水改造的同时，大力推广管道灌溉、喷灌、膜下滴灌等节水灌溉方式，优先在水资源短缺地区、生态脆弱地区和粮食主产区发展农业高效节水灌溉，形成规模化效应。第二，发展高效节水灌溉是实现绿色水利和绿色农业的重要手段。随着农业用水与生态环境的矛盾日益突显，绿色、水利与文化的有机结合越来越成为一种趋势，环境保护、水资源高效利用、水文化均需通过高效节水措施来实现。

综上，发展高效节水灌溉不但可以有效缓解黑龙江省水资源供需矛盾，提高粮食生产能力，保障粮食安全，提高农民收入，而且可以促进农村产业结构调整，加快由传统农业向现代农业的转变，节约能耗和改善生态环境。因此，实施高效节水灌溉工程是必要的。

1.3 节水增粮工程

2009年国务院常务会议通过了《黑龙江省千亿斤粮食生产能力建设规划》，同年水利部与黑龙江省签订了《关于加快千亿斤粮食产能工程建设、推动黑龙江省水利发展与改革合作备忘录》。2011年，黑龙江省又提出在"十二五"期末，全省粮食总产量再上新台阶，力争达到1 500亿斤的目标。同年，财政部、水利部、农业部联合发布了关于支持东北四省区开展"节水增粮行动"的意见，通过大规模水利建设发展灌溉农业，2012—2015年发展高效节水灌溉工程3 800万亩，黑龙江省确定落实1 500万亩，占总面积的39.47%，含大型喷灌面积800万亩，膜下滴灌面积260万亩，中小型喷灌面积380万亩，水稻灌区灌溉面积60万亩。

1.3.1 指导思想与发展原则

1.3.1.1 指导思想

遵照历年中央一号文件和中央水利工作会议精神，认真贯彻落实走中国特色农业现代化道路和加快建立粮食核心区的战略部署，针对黑龙江省水土资源特点，立足当前，着眼长远，以粮食生产能力建设为核心，加快农业高效节水灌溉建设步伐，推进农业水利化、机械化、信息化进程，进一步提高资源利用率、土地产出率、劳动生产率。以增加农民收入、保障国家粮食安全和农业可持续发展、改善农村生产生活条件和生态环境为目标，以提高水资源利用效率和农业效益为中心，以工程配套改造和建立健全工程良性运

行体制、强化管理和服务为手段，促进农业增长方式向高效节水型转变。

以西部缺水和水资源供需矛盾突出地区为重点，大力推广高效节水灌溉，以提高水资源利用效率、增加粮食生产能力、保障粮食安全、增加农民收入为切入点，统筹规划、因地制宜、突出重点、注重效益、加快推进。坚持工程措施与非工程措施相结合，水利措施与农业措施相结合，体制节水与机制节水相结合，着力抓好输水环节、田间环节和管理环节，加快农业高效节水的发展步伐，不断改善农业生产条件，尽快形成适应黑龙江省水资源特点的农业生产布局和用水结构，提升水利服务于社会经济发展的综合能力，保障经济社会的可持续发展，为全面建成小康社会和社会主义新农村打下坚实基础。

1.3.1.2 发展原则

（1）坚持资源的高效利用与促进农业可持续发展相结合的原则

农业高效节水灌溉是水资源高效利用的主要途径与措施，也是保障耕地资源高效利用和农业可持续发展的最基础条件。黑龙江省是农业大省，是国家主要粮食生产基地，而耕地资源和水资源都是限量资源，必须以水资源的高效利用保障耕地的高产出率，促进农业和社会经济的可持续发展。大力发展高效节水灌溉，使有限的水资源灌溉更多的农田，打造更多的旱涝保收田，让有限的耕地发挥最大的潜力，提高黑龙江省粮食产能，保障国家粮食安全和农业经济的持续发展。

（2）坚持因地制宜，科学选型的原则

黑龙江省地域广阔，自然禀赋差异较大，南北温差大，东西降水量有差异，在水资源的占有量和稀缺程度上都有较大的差别。因此，必须结合生产实际，因地制宜，从各地区的实际出发，在充分考虑当地自然条件和乡村社会经济发展程度的基础上，合理选取各种适宜的节水灌溉技术和模式。要加强科技创新，在科研成果上搞突破，打破粮食生产领域传统习惯的制约。科技创新要密切结合区域总体发展的方向和定位，针对区域农业生产存在的主要问题和矛盾开展农作物品种培育、耕作技术、高效节水灌溉等方面的研究，探索适合不同自然条件的技术模式和生产管理模式。

（3）坚持政府主导，多方参与的原则

建设现代化的农田水利设施需要较大的投资规模，必须多方筹集资金。在当前形势下，紧抓国家支持粮食生产区建设和加快发展水利的机遇，积极争取中央投资，用好用足中央的优惠政策；充分挖掘自身潜力，加大财政投入；探索引导农民自主投入的激励机制，适度加大金融信贷力度，引导工商资本和社会资金参与，形成政府主导、多方投入的良好局面。

（4）坚持技术集成，注重时效的原则

从实际出发，充分考虑自然条件和社会经济发展水平，在大力发展常规节水措施的基础上，推广利用适合当地实际的智能自动化节水灌溉新技术。实施高标准的水利、农机、农业科技、信息化管理等多专业工程技术集成，创新发展模式，建立适合省情、国情的全球领先的农业样板，引领全省、全国，乃至全球现代农业发展方向，为全球农业发展做出贡献。

（5）坚持示范引领，规模发展的原则

黑龙江省农业生产具有得天独厚的优质土地资源和较为丰富的水资源，又具备发展现代化大农业的所有条件。因此，要把新增的 1 500 万亩高效节水灌溉面积打造成既是高标准的现代化农田水利示范区和现代化农业生产综合科技示范区，又是可全面推广的现代农业区。

（6）坚持建管并重，管理优先的原则

在工程建设过程中，积极推行项目法人责任制、招标投标制和建设监理制。工程建成后，及时建立健全先进的组织管理体系，制定高效的运行管理方案，努力实行新水价政策，按成本计费，利用市场机制促进农业节水。节水工程建设是保证粮食旱涝保收的基础，但管理是保证工程发挥预期效益的途径。没有先进的管理体制和机制以及高水平的管理设施和手段，即使建设了高标准的灌溉设施，也难以充分发挥效益，往往事倍功半。因此，在建设高标准节水工程的同时，必须建立先进的管理体制与机制，同步建设高水平的管理设施，用现代的管理理念和方法提升农业生产的整体水平。

1.3.2 发展目标

根据《黑龙江省水利发展"十二五"规划》和《黑龙江省 1500 亿斤粮食生产能力建设规划》，黑龙江省在"十二五"期间，计划新增灌溉面积 4 830 万亩，其中，新增水田面积 1 535 万亩，新增旱田灌溉面积 3 295 万亩。全省灌溉面积达到 10 920 万亩，其中，水田面积达到 5 920 万亩，旱田灌溉面积达到 5 000 万亩。

以《松花江和辽河流域水资源综合规划》《黑龙江省高效节水灌溉项目"十二五"实施方案》《黑龙江省新增 1000 万亩粳稻基地可行性研究报告》《黑龙江省高效节水大型喷灌规划》《黑龙江省旱涝保收田近期水利建设规划》等为基础，确定黑龙江省节水增粮行动建设目标和任务，保障国家粮食安全。规划新增 1 500 万亩高效节水灌溉面积，其中，新增旱田高效节水面积 1 426.3 万亩，新增水田高效节水面积 73.7 万亩。

①增加黑龙江省粮食综合生产能力 118 亿斤。

②新增农业节水能力 11.37 亿 m^3。

③灌溉水利用效率得到显著提高，水田项目区灌溉水利用系数要达到 0.65，旱田项目区灌溉水利用系数：管道输水达到 0.95，滴灌达到 0.90，喷灌和微喷灌达到 0.85。

④建立完善的工程运行维护管理制度，建立健全高效节水灌溉专业化技术服务体系等。

1.3.3 总体布局

1.3.3.1 总体思路

坚持统一规划、分类指导，全面推进、重点突破，示范引领、加快发展，努力实现由传统农业用水方式向现代高效农业用水方式的转变。在技术上，采用"工程+农艺+管理"等综合节水措施。在节水灌溉模式上，旱田重点发展以喷灌为主的高效节水灌溉，主要有时针式喷灌、卷盘式喷灌、管道移动式喷灌和膜下滴灌；水田重点发展"工程节水+技术节水+管理节水+灌区信息化+水文化建设"综合节水模式。在区域布局上，重点打造水资源相对紧缺、有发展潜力、节水增粮效果显著的西部干旱地区千万亩高效节水灌溉网络工程，并突出黑龙江沿岸、哈牡公路沿线、哈同公路沿线、哈伊公路沿线经济效益明显、示范引领性强、适合当地产业发展的小片区高效节水灌溉工程。

1.3.3.2 工程布局

依据《黑龙江省高效节水灌溉"十二五"实施方案》和节水增粮实施方案确定的指导思想、基本原则、目标及总体思路，按照不同地区的干旱程度、水土资源条件、发展高效节水灌溉建设和管理经验、作物种植情况、当地政府积极性及受益农户对高效节水灌溉工程的需求程度等，确定黑龙江省发展高效节水灌溉的工程布局。

工程重点是在西部旱区的齐齐哈尔市、大庆市、绥化市西部、黑河市南部、哈尔滨市局部建设千万亩高效节水灌溉工程，打造以碾北公路、明沈公路、哈大公路、哈黑公路为骨架，其支线为脉络的千万亩高效节水灌溉网络。同时，在黑龙江沿岸、哈牡公路沿线、哈同公路沿线、哈伊公路沿线发展经济效益明显、示范引领作用强、适合当地产业化发展的高效节水灌溉示范小区，从而形成覆盖黑龙江省重点旱区的"一片四线"的高效节水灌溉网络。结合各地耕地面积、土地经营形式、水资源条件和电力配套情况，合理选择确定不同的节水灌溉模式，宜喷灌则喷灌，宜滴灌则滴灌，宜大则大，宜小则小。

（1）时针式喷灌布局

时针式喷灌自动化程度高，可昼夜工作，工作效率很高；节约水量、劳力和土地；可适时适量地满足作物需水要求，增产效果显著；适应性很强，可适应地形坡度达 30%左右，几乎适宜灌溉所有的作物和土壤；能一机多用，可用来喷施化肥、农药、除草剂等。其主要选择土地集中连片、能够规模经营、集约化管理、土地流转程度高以及地下水资源相对丰富的齐齐哈尔、大庆、绥化等所属市县。

（2）卷盘式喷灌布局

卷盘式喷灌比较适合灌溉玉米等作物，要求地形比较平坦，地面坡度不能太大，在一个喷头工作的范围内最好是一面坡。卷盘式没有时针式控制灌溉面积大、效率高，但单位投资小，土地流转规模不大，适应地形、水源条件能力强。其主要选择哈尔滨、齐齐哈尔、绥化等所属市县。

（3）管道移动式喷灌布局

与卷盘式相比，管道移动式投资少，适应地形条件能力强，运行成本低，易于推广，但不如喷灌机移动方便，管道移动时易损坏作物，没有喷灌机效率高。其主要选择半山区、丘陵区、地下水单井出水量相对较小、土地流转程度低的哈尔滨、齐齐哈尔、绥化、牡丹江、黑河等所属市县。

（4）滴灌布局

滴灌以膜下滴灌为主，与其他喷灌方式相比，其主要优点是节水、节肥、省工、增温，但造价比卷盘式喷灌和管道移动式喷灌高。其主要选择大庆、绥化等所属市县玉米种植区和哈尔滨、黑河、牡丹江等所属市县经济作物种植区。

（5）水田高效节水灌溉布局

以国家批复的大型灌区续建配套和节水改造、大型泵站更新改造为契机，充分利用已有骨干工程和部分已配套的信息化工程，完善现有灌区设施，提高灌区灌溉水利用系数和灌区管理水平，以哈尔滨、佳木斯和牡丹江地区为重点，发展水田高效节水示范灌区。灌区工程以已有灌区的节水改造为主，通过节水改造提高标准，提档升级，达到高效节水现代化灌区标准。

1.3.4 科技支撑

高效节水灌溉是黑龙江省 1.8 亿亩旱作区农业生产中效果最明显、潜力最大的节水途径，在灌溉区规模化发展、水资源限定、时空分布不均的条件下，如何合理开发利用地下水资源，科学、有序发展高效灌溉面积，研究高效灌溉条件的共性和关键技术，组装适合区域节水增效综合技术模式，提高农田水资源利用效率，大幅增加粮食产量，提出适合的工程建设与管理模式，显得尤为重要。因此，深入开展高效节水灌溉面临的关键技术课题研究，将对支持节水增粮工程具体实施、持续提高粮食生产能力、促进水资源不足地区开展长效化高效灌溉、保障灌区社会安定和国家粮食安全等具有重要的现实意义。

农业高效节水灌溉研究是涉及农田水利工程、农学、生态学、气象学等多个学科的研究领域。针对黑龙江省节水增粮重点区域的主栽粮食作物，开展高效节水灌溉理论与方法、关键技术与产品、应用与示范推广的全链条式创新研究，重点是作物高效耗水协同调控理论与方法，建立适应规模化、集约化的高效节水灌溉关键技术体系与应用模式，示范推广应用，实现节水灌溉技术、农艺农机技术与相关政策机制的有机融合，达到节水、高效、绿色、生态的目标，为节水增粮与高效灌溉的长效发展做好科技支撑。

第 2 章　高效灌溉技术灌溉模式研究

2.1 试验区概况

（1）黑龙江省肇州灌溉试验站

该试验站是黑龙江省典型的旱作物试验区，主要进行玉米、大豆等旱田作物的灌溉制度试验研究，地处东经 125°35′，北纬 45°17′，位于松嫩平原腹地，属温带大陆性气候，多年平均降水量约为 396 mm，无霜期 138 d，多年平均蒸发量 1 733 mm，属于黑龙江省第一积温带。试验供试农田土壤为碳酸盐黑钙土，其基础理化性质：全氮 1.40 g/kg、全磷 0.90 g/kg、全钾 19.36 g/kg、有机质 28.20 g/kg，碱解氮 132.70 mg/kg，速效磷 43.80 mg/kg，速效钾 206.30 mg/kg，pH 8.0。灌溉水矿化度为 0.40 g/L，地下水埋深约为 10 m。

（2）黑龙江省肇州县农业技术推广中心

该中心地处东经 125°17′57.70″，北纬 45°42′57.50″，黑龙江省西南部，松嫩平原腹地，属于温带大陆性气候，≥10℃年活动积温 2 845℃，无霜期 138 d，多年平均降水量为 460 mm。年风向多属于西南风和西北风，多风少雨，十年九春旱。试验供试农田土壤类型为碳酸盐黑钙土，其基础理化性质：全氮 1.41 g/kg、全磷 0.88 g/kg、全钾 19.86 g/kg、有机质 28.73 g/kg，碱解氮 110.17 mg/kg，速效磷 44.71 mg/kg，速效钾 220.16 mg/kg，pH 7.4。

（3）黑龙江省水利科学研究院综合试验基地

该基地总面积 55 hm²，属中热带大陆性季风气候，全年平均气温-4～5℃，无霜期 130～140 d，年降水量 400～650 mm，降水月份多集中在 7—9 月，多年平均水面蒸发量 796 mm。土壤速效氮（N）154.4 mg/kg，速效磷（P_2O_5）40.1 mg/kg，速效钾（K_2O）376.8 mg/kg，pH 7.27。试验年 50 cm 土层内的平均田间持水率为 28.57%，土壤重度为 1.14 g/cm³。

2.2 喷灌、膜下滴灌玉米需水规律和节水高产灌溉制度研究

2.2.1 喷灌玉米需水规律和节水高产灌溉制度研究

2.2.1.1 材料与方法

（1）试验设计

试验在黑龙江省肇州县农业技术推广中心进行。供试玉米品种为云丹 208，试验采取两因素对比设计，以苗期、拔节期、抽雄期、灌浆期的灌溉定额及灌水次数为试验因素，设计灌溉定额为 400 m³/hm²、500 m³/hm²、600 m³/hm²、700 m³/hm²。灌水次数为 2 次（苗期、拔节期）、3 次（苗期、拔节期、抽雄期）和 4 次（苗期、拔节期、抽雄期、灌浆期）。随机排列试验计 12 个处理，以不灌水处理作为对照，总计 13 个处理，

设 3 次重复, 试验方案见表 2-1。

表 2-1 喷灌玉米灌溉制度试验方案

处理	灌溉定额/（m³/hm²）	灌水次数	灌水定额/（m³/hm²）
L1	700	4	175.0
L2	600	4	150.0
L3	500	4	125.0
L4	400	4	100.0
L5	700	3	233.3
L6	600	3	200.0
L7	500	3	166.7
L8	400	3	133.3
L9	700	2	350.0
L10	600	2	300.0
L11	500	2	250.0
L12	400	2	200.0
CK	0	0	0

（2）试验观测内容与方法

①生育特性观测。

观察、测量并记录玉米各个生育期的株高、茎粗、叶面积。苗期、拔节期、抽雄期、灌浆期、成熟期每个小区随机选取 5 株进行测量。

②土壤含水率测定。

采用烘干法测定土壤含水率。取土频率为 10 d 一次, 根据试验方案灌溉前后加测, 如有较大降雨同样加测降雨前、后的土壤含水率, 测取深度为 0~10 cm、10~20 cm、20~30 cm、30~40 cm、40~60 cm, 共 5 层。

（3）测产与考种

将生育期标记测量的 25 株玉米进行采样, 测其单株有效穗数、每穗粒重、穗长、穗粗、秃尖长、穗行数、每行粒数及百粒重。

2.2.1.2 结果与分析

（1）不同处理下玉米生物学特性

灌溉定额和灌水次数是对玉米生长产生影响的主要因素, 玉米受到上述因素影响主要表现出株高、茎粗、叶面积指数（LAI）等特性上的差异，并进一步地影响玉米作物的光合作用、呼吸作用以及养分和水分的吸收、利用，最终表现在最重要也是农民最关心的玉米产量、干物质重量等方面。所以本节选择比较在喷灌条件下不同水分处理导致玉米的株高、茎粗、叶面积指数三方面的变化情况。

①不同处理下玉米株高。

对玉米植株整个生长发育时期的株高进行了测定，并将测定结果进行整理（表 2-2）。

表 2-2　不同处理下玉米各生育期的株高　　　　　　　　　　　　单位：cm

处理	苗期	拔节期	抽雄期	灌浆期	成熟期
L1	23.48bc	162.81b	333.59c	352.47a	356.54b
L2	20.47e	156.67d	311.75fg	336.64d	343.47e
L3	25.67a	160.29c	312.67f	336.53d	339.35f
L4	23.84bc	157.86cd	310.58g	319.34h	331.56g
L5	23.57bc	167.79a	328.74d	333.68e	348.87d
L6	21.47de	154.66e	337.79b	340.34b	348.57d
L7	21.74de	165.96ab	340.66a	333.76e	338.67f
L8	21.89de	160.56c	335.54l	334.60e	339.45f
L9	20.13e	168.30a	324.94e	330.54f	373.57a
L10	24.66ab	158.61cd	336.79b	325.69g	344.77e
L11	22.44cd	153.50e	325.27e	338.65c	339.67f
L12	21.64de	163.49b	329.89d	341.34b	351.13c
CK	23.61bc	159.18cd	326.44e	314.50i	338.47f

从表 2-2 中可以看出，苗期玉米株高的处理 L2、L3、L9 之间存在显著的差异，且处理 L3 的株高最大为 25.67 cm，处理 L9 的株高最小为 20.13 cm，其余处理玉米的株高相差无几。这是由于玉米处于苗期时植株较小，根系不发达，对于水分及肥料的吸收较少。当玉米植株进入拔节期之后，植株生长加速，水分吸收达到了顶峰，玉米步入营养生长时期，处理 L9 和处理 L11 的株高分别为最高和最低，分别为 168.30 cm 和 153.50 cm，且两处理株高与其余处理之间存在着显著的差异，处理 L9 相较于处理 L11 为高灌溉定额、灌水次数相同的处理，说明此试验中灌溉定额在拔节期对玉米株高影响显著，灌水量大有利于玉米株高的增加。抽雄期与灌浆期玉米株高进一步增加，每个处理的株高之间差异逐渐增大，其主要影响因素为灌溉定额及灌水次数。各处理的玉米株高变化趋势基本一致：从苗期、拔节期至抽雄期，玉米株高呈迅速增长之势，从抽雄期到灌浆期，玉米株高增长幅度变小，从灌浆期到成熟期，玉米株高增长幅度微小。

为了更好地看出灌溉定额及灌水次数对玉米株高的影响，选取四个处理 L1、L2、L3、L4 为代表进行分析，图 2-1 所示为灌水次数相同、灌溉定额不同对玉米各生育期株高的影响。由图 2-1 可知，苗期时的株高并无明显的差异性，大部分处理的株高值都在 20～24 cm。当玉米进入拔节期后，株高快速增长，在此时期株高可达到苗期株高的 6～8 倍，此时，玉米的耗水量逐渐增大，根系对水分的吸收能力增强，随着进入抽雄期、灌浆期，玉米株高增长速度变缓。在灌溉次数相同的条件下，灌溉定额的水平越高，对玉米植株的影响越积极，株高越高，这说明灌溉定额对玉米株高影响作用显著。

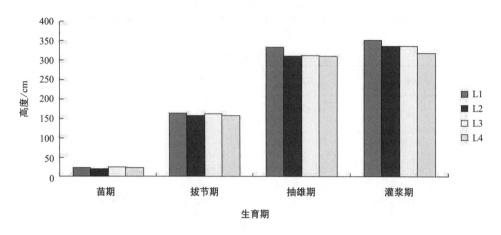

图 2-1 灌水次数相同、灌溉定额不同对玉米各生育期株高的影响

图 2-2 所示为灌溉定额相同、灌水次数不同对玉米各生育期株高的影响。处理 L1 灌水 4 次，分别在玉米苗期、拔节期、抽雄期、灌浆期进行灌水；处理 L5 灌水 3 次，分别在玉米苗期、拔节期、抽雄期进行灌水；处理 L9 灌水 2 次，分别在玉米苗期、拔节期进行灌水。通过实测数据对比可以看出，对于苗期，玉米植株的高度相差不是很大，在拔节期三个处理 L1、L5、L9 中，处理 L9 的株高最高，其原因为拔节期玉米耗水量剧增，此时需要更多的水分用于自身的生长，由于三个处理的灌溉定额相同，而处理 L9 只进行 2 次灌水，所以水量相比于处理 L1、L5 更多。随着抽雄期处理 L5 停止灌溉，灌浆期处理 L1 也停止灌溉，株高呈现处理 L1＞处理 L5＞处理 L9 的趋势，可以说明在灌溉定额相同的情况下，灌水次数实质是通过影响各生育期的灌水量以及在需水关键时期进行加灌来最终影响玉米株高的。对于玉米需水高峰的拔节期、抽雄期、灌浆期，适当地增加灌水次数可以起到更积极的作用，并且可以减少不敏感期（苗期）的水分浪费，从而提高玉米的水分利用效率。

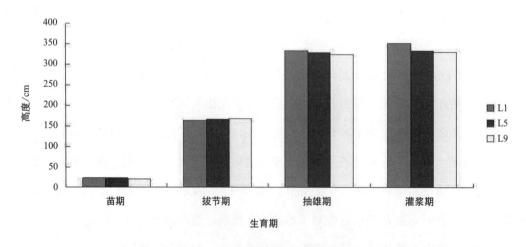

图 2-2 灌溉定额相同、灌水次数不同对玉米各生育期株高的影响

②不同处理下玉米茎粗。

玉米每个生育期都会测定植株茎粗，整理结果见表 2-3。

表 2-3 不同处理下玉米各生育期的茎粗   单位：cm

处理	苗期	拔节期	抽雄期	灌浆期	成熟期
L1	2.7cd	9.65a	10.05b	7.35e	6.70h
L2	3.2a	9.28abc	9.84c	8.47b	8.10cd
L3	2.5d	9.27abc	9.33e	8.64b	8.19bc
L4	2.7cd	9.04c	9.16f	8.44b	7.97cd
L5	2.5d	9.57ab	10.34a	7.96cd	7.18gf
L6	2.8bcd	9.29abc	9.37e	9.64a	7.46ef
L7	3.2a	9.18bc	9.14f	7.74ed	7.76ed
L8	2.6d	9.27d	9.05fg	8.32bc	7.77ed
L9	3.1ab	9.36abc	9.61d	9.56a	8.95a
L10	2.8bcd	9.26abc	10.26a	9.44a	8.83a
L11	3.0abc	9.25abc	9.66d	9.15a	8.35b
L12	2.8bcd	9.16bc	10.23a	9.64a	8.87a
CK	2.6d	8.27d	8.96g	7.86a	7.10g

茎是玉米运送养分、水分的通道，研究茎粗对研究玉米的生长有着关键的作用。不同处理间的茎粗有着明显的差异，在苗期至拔节期玉米的茎粗增长迅速，分析处理 L1、L2、L3、L4 可知，随着灌溉定额的减少，相比不同处理各生育期，茎粗呈逐渐减小的规律性变化。对比处理 L1、L5、L9 可知，灌水次数对于茎粗的影响效果不显著。不同处理各生育期内玉米茎粗的变化规律基本一致，苗期至拔节期玉米茎粗增长迅速，相较于苗期增长 1.5~2.6 倍，随后增长速度变缓，增长幅度较小，进入抽雄期后各处理茎粗达到最大值，进入灌浆期后茎粗逐渐减小，成熟期各处理玉米的茎粗均呈减小趋势，直至生育期结束。

③不同处理下玉米叶面积指数（表 2-4）。

表 2-4 不同处理下玉米各生育期的叶面积指数

处理	苗期	拔节期	抽雄期	灌浆期	成熟期
L1	0.38a	3.31a	5.51ab	6.06a	4.18a
L2	0.31b	2.45bcd	5.19ab	5.77b	4.39a
L3	0.30bc	2.21d	5.15ab	5.73b	4.23a
L4	0.29bc	1.77e	5.07ab	5.68bc	4.09a
L5	0.41a	2.78b	5.63a	6.03a	4.26a

续表

处理	苗期	拔节期	抽雄期	灌浆期	成熟期
L6	0.38a	2.40cd	5.41ab	5.81b	4.31a
L7	0.31b	2.58bc	5.26ab	5.55cd	4.12a
L8	0.38a	2.24d	5.18ab	5.46de	4.40a
L9	0.40a	2.59bc	5.43ab	5.32e	4.29a
L10	0.39a	2.52bcd	5.04ab	5.16f	4.25a
L11	0.36a	2.46bcd	4.89bc	5.15f	4.00a
L12	0.27bc	2.29cd	4.31cd	5.12f	4.16a
CK	0.25c	1.59e	4.07d	5.04f	3.19b

由表 2-4 可以看出，当玉米处于苗期时，由于植株高度较小，叶片数目较少，此时植株对于水分的需求量同样较少，所以不同处理下的玉米的叶面积指数差异不大，整体介于 0.27～0.40 范围内，此时玉米植株的叶面积指数对于灌溉水量的差异响应不大。随着气温升高，进入拔节期，玉米叶面积指数迅速增大，介于 1.59～3.31 范围内，进入各项生态指标快速增长的阶段。随着玉米植株的株高、茎粗、叶面积的迅速增长，其对水分的需求越来越大，此时的水分成为制约玉米生长的主要因素。对比拔节期的处理 L1、L2、L3、L4 可以看出，当灌水次数相同时，灌溉定额的减小在一定程度上限制了叶面的增长；相反，高水分处理满足了玉米植株生长对水分的需求，此时的叶面积指数为处理 L1＞处理 L2＞处理 L3＞处理 L4，说明灌溉定额对玉米的叶面积具有促进作用；对比处理 L3、L7、L11，这三个处理为灌溉定额相同、灌水次数依次减少的处理，通过表中数据可以看出，叶面积指数呈先增大后减小的趋势，说明灌水次数对玉米的叶面积具有先促进后抑制的作用。进入抽雄期后处理 L9、L10、L11、L12 停止灌水，进入灌浆期处理 L5、L6、L7、L8 停止灌水，这两个生育期玉米叶面积指数逐渐达到峰值，进一步印证了前面所述的灌溉定额以及灌水次数对叶面积的影响。到玉米成熟期，不同处理玉米叶面积指数均减小，叶片逐渐枯萎。

④对净光合速率、气孔导度、蒸腾速率的影响。

干旱是玉米生长的主要非生物限制因素，光合作用是干旱影响玉米生长和代谢的第一环节。作物的光合作用特性通常通过净光合速率、蒸腾速率、气孔导度、胞间 CO_2 浓度等指标来反映。基于观测数据，以拔节期（7 月 6 日）、抽雄期（7 月 26 日）和灌浆期（8 月 13 日）为例，分析不同水分条件下玉米在 9：00—11：00 的叶片净光合速率、蒸腾速率、气孔导度。

不同水分处理的玉米在拔节期、抽雄期、灌浆期这三个不同的生育期净光合速率变化趋势基本一致，整体来看拔节期的净光合速率最大，此时植株快速生长，印证了前面对株高的分析。其次是灌浆期、抽雄期，且这两个时期的净光合速率相差不大。由图 2-3 可知，分析处理 L1、L2、L3、L4 即为灌水次数相同、灌溉定额依次减小。根据这四个处理我们可以发现，三个生育期的净光合速率都随着灌溉定额的减小呈先增加后减小的趋势.选取具有代表性的处理 L1、L2、L3、L4 单独分析拔节期的净光合速率,可以看出当灌水次数相同时,灌溉定额由 700 m³/hm² 降至 500 m³/hm² 时,净光合速率曲线变化并不是十分明显,而灌溉定额由 500 m³/hm² 降至 400 m³/hm² 时,净光合速率曲线陡降,证明灌溉定额低于 500 m³/hm² 时,会严重影响玉米拔节期的净光合速率,进而导致植株增长缓慢,影响作物产量。而相比于灌溉定额由 700 m³/hm² 降至 500 m³/hm² 时,由于此时对玉米的净光合速率影响不大,所以可以适当地减小灌溉定额,这样可以在减少灌溉用水的前提下尽可能小地影响玉米的净光合速率。选取灌溉定额相同、灌水次数不同的处理 L2 (4 次)、L6(3 次)、L10(2 次)进行分析。在拔节期,灌水量处理 L10>处理 L6>处理 L2,此时期玉米的净光合速率为处理 L10>处理 L6>处理 L2;在灌浆期,同样为玉米生长的需水关键时期,灌溉 2 次的处理 L10 不进行灌溉,但三个处理的灌溉定额相同,此时玉米的净光合速率为处理 L6>处理 L2>处理 L10,其原因为灌水次数的减少导致单生育期内的灌水量增加,此时的单生育期灌水量处理 L6 最多。灌浆期作为需水关键期,此时的玉米净光合速率最大,说明灌水次数通过对需水关键生育期加灌并且间接影响灌水量,进而影响着玉米的净光合速率。

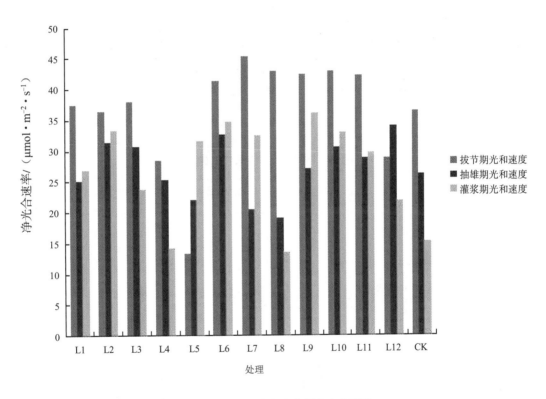

图 2-3 不同水分处理下玉米各生育期净光合速率

图 2-4、图 2-5 为不同处理下玉米各生育期气孔导度及蒸腾速率,由于气孔导度与蒸腾作用成正比,且两张图整体上的上升下降趋势相同,所以对这两个因素一并分析。一是灌水次数相同、灌溉定额依次减小。分析处理 L1、L2、L3、L4,可以看出在拔节期,随着灌溉定额的减小,玉米的气孔导度、蒸腾速率大体呈减小的趋势,所以此时期可通过增加灌水定额来增大气孔导度、蒸腾速率,用以达到高产的目的;抽雄期、灌浆期,气孔导度、蒸腾速率大致呈先增大后减小的趋势,随着灌溉定额的减小,玉米叶片蒸腾

速率和气孔导度为适应干旱缺水均明显下降，以减小自身水分的损失，从而提高水分利用效率，逐渐减小与水分充足条件下玉米植株水分利用效率差值。二是当灌溉定额相同时，灌水次数依次减少，以处理 L2、L6、L10 为代表进行分析。当玉米处于拔节期时，L10 的灌水量多，其次为处理 L6、L2，此时的气孔导度、蒸腾速率随着灌水次数的减少而依次增加。当玉米处于抽雄期、灌浆期时，处理 L10 没有进行灌水，此时三个处理的气孔导度、蒸腾速率几乎没有差异，则此时期在保持气孔导度、蒸腾速率不受影响的前提下，适当减少灌水次数，可以节省更多的能源、人力与水资源，提高经济效益。

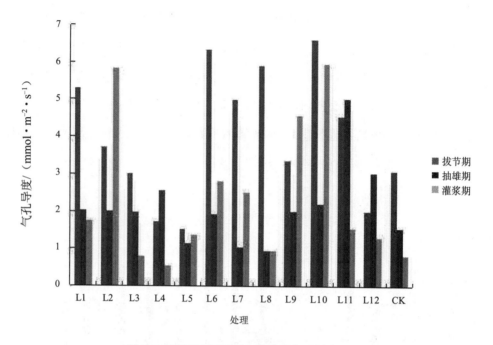

图 2-4 不同处理下玉米各生育期气孔导度

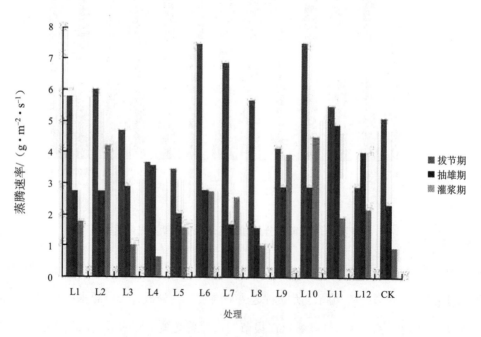

图 2-5 不同处理下玉米各生育期蒸腾速率

（2）不同处理的土壤含水率、玉米耗水规律及水分利用效率分析

①不同处理下玉米各生育期土壤含水率分析（图 2-6～图 2-10）。

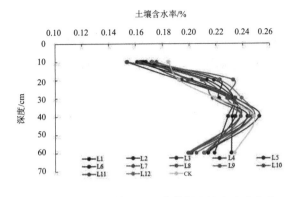

图 2-6　不同处理下玉米苗期土壤含水率变化

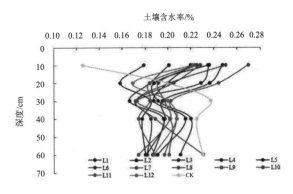

图 2-7　不同处理下玉米拔节期土壤含水率变化

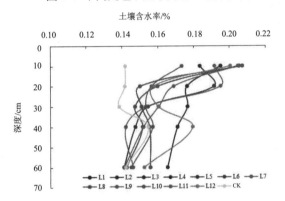

图 2-8　不同处理下玉米抽雄期土壤含水率变化

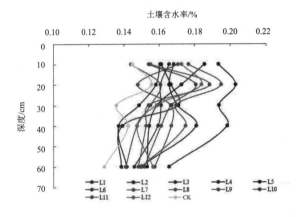

图 2-9　不同处理下玉米灌浆期土壤含水率

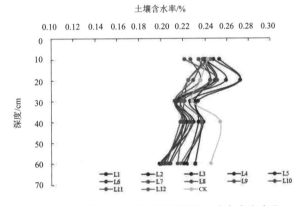

图 2-10　不同处理下玉米成熟期土壤含水率变化

选取各生育期的土壤含水率进行分析，由于玉米苗期根系较浅，用于自身蒸腾作用的必需水分主要来源于吸收 0～20 cm 土层的水分。苗期土壤含水率 0～60 cm 总体呈先升高后降低的趋势。各处理 0～10 cm 土层土壤含水率较小且各处理之间相差不大，10～40 cm 土层土壤含水率随着深度的加深差距越发明显，0～60 cm 土层土壤含水率主要介于 15.3%～25.2% 范围内。进入拔节期以后，玉米植株进入了迅速生长阶段，株高、茎粗、叶面积迅速增长，根系逐渐向深层土壤生长。随着气温升高，植株蒸腾和棵间蒸发作用继续增强，此时植株需水量骤然升高，由图 2-7 可知，此时的土壤含水率由浅到深，呈先逐渐减小后增大的趋势，0～20 cm 土层各处理土壤含水率相差较大，20～60 cm 土层土壤含水率比苗期稍低，介于 15.8%～24.4%范围内，且各处理间各土层的土壤含水率呈现明显差异。下层土壤具有更高的含水率，可对中上层土壤进行水分补给，不同处理下 0～60 cm 土层土壤含水率主要介于 12.5%～27.1%范围内。抽雄期玉米的各生态指标基本接近最大值，玉米植株的耗水量进一步增大，但由于此时期正处于降雨频繁和降水量较大的时期，可缓解一部分需水压力，提高了土壤的水分含量，保障了植株正常生长。抽雄期土壤含水率随着土层深度的增加大体呈先减小后增大再减小的趋势。与表层相比，0～20 cm 土层土壤含水率增加较少，20～40 cm 土层土壤含水率增加明显，40～60 cm 土层土壤含水率继续减小，但与拔节期相比变化不大，抽雄期各处理 0～60 cm 土层土壤含水率主要介于 13.8%～20.8%范围内。

进入 9 月，光照、气温、降水逐渐减少，降水量不能很好地满足玉米生长所需水量，除灌浆期进行灌水的四个处理外，其他处理土壤含水率相较于之前都有所降低。灌浆期土壤含水率大体随着土层深度的增加呈先增大后减小再增大的变化趋势，灌浆期各处理 0～60 cm 土层土壤含水率主要介于 12.9%～21.6%范围内。成熟期土壤含水率同灌浆期呈相同的趋势。此时玉米植株几乎停止生长，所以各处理各土层间的土壤含水率之间相差不是很大。

在喷灌模式下，各土层间土壤含水率分布比较均匀，其中 20～30 cm 的最高，40～60 cm 的次之。20～40 cm 的为植物根部的主要吸水层，也就说明这个区间内的土壤含水率大小直接影响着玉米的生长发育。

②不同处理下玉米需水量分析。

玉米的需水规律受到多种因素的影响，如气象条件、土壤条件、生育初期的土地积温、生长过程中的土地温度以及大气温度和灌溉管理的方式方法等，而玉米的需水规律又会直接影响到玉米的水分利用效率，这就会影响到玉米的产量。

作物需水量（water requirement of crops）是指在农业生产中，大面积的健康作物在水肥相宜、发展良好、有潜力实现产量增高的条件下，植株蒸腾、株间蒸发、作物体内所含水分以及光合作用消耗等生理所需水分的总和。在实际应用中，作物体所含水分量小于总需水量的 1%，可以忽略不计。在喷灌条件下，玉米植株的需水量包括两个方面：植株蒸腾量和株间蒸发量。计算玉米各生育期需水量，采用《灌溉试验规范》（SL 13—2015）中推荐的公式：

$$ET_{1-2} = 10\sum_{i=1}^{n} \gamma_i H_i (W_{i1} - W_{i2}) + M + P + K - C \tag{2-1}$$

式中：ET_{1-2}——阶段需水量，mm；

　　　i——土壤层次号数；

　　　n——土层总数；

　　　γ_i——第 i 层土壤干重度，g/cm^3；

　　　H_i——第 i 层土壤的厚度，cm；

　　　W_{i1}——第 i 层土壤在时段始的含水率；

W_{i2}——第 i 层土壤在时段末的含水率；

M——时段内的灌水量，mm；

K——时段内的地下水补给量，mm；

P——时段内的降雨量，mm；

C——时段内的排水量，mm。

由于该地区地下水很深，其补给量在计算需水量时予以直接排除，即 $K=0$；喷灌条件下 $C=0$，故公式变为

$$ET_{1-2} = 10\sum_{i=1}^{n} \gamma_i H_i (W_{i1} - W_{i2}) + M + P \qquad (2\text{-}2)$$

灌溉值由当地实际经验得出，玉米整个生育期灌水量为 $400\sim700\ \text{m}^3/\text{hm}^2$。玉米整个生育期内的降雨量见表 2-5。

表 2-5 玉米整个生育期内的降雨量

月	日	降雨量/mm	月	日	降雨量/mm
5 月	28 日	21.5	7 月	21 日	5.9
	31 日	9.7		24 日	19.0
6 月	3 日	5.2		25 日	16.5
	8 日	28.2		26 日	13.5
	9 日	3.3	8 月	3 日	6.5
	11 日	3.3		7 日	16.5
	12 日	17.5		16 日	42.8
	18 日	2.0		17 日	20.3
	19 日	26.8		23 日	17.0
	26 日	6.0		31 日	8.0
	27 日	3.5	9 月	4 日	17.5
	29 日	12.5		8 日	4.0
7 月	1 日	17.5		11 日	3.0
	2 日	18.0		22 日	21.5
	11 日	7.1		23 日	1.5
	12 日	8.9		26 日	6.5

注：玉米全生育期内总降雨量为 411.0 mm。

③不同处理下玉米各生育期的耗水规律分析（表2-6）。

表2-6 不同处理下玉米各生育期的耗水量　　　　　　　　　　　　　单位：mm

处理	苗期	拔节期	抽雄期	灌浆期	成熟期	总耗水量
L1	76.97	95.49	117.80	83.26	50.64	424.16
L2	75.07	92.88	110.00	82.56	51.53	412.04
L3	75.01	86.91	96.98	89.43	51.24	399.57
L4	70.04	72.54	93.46	82.65	51.09	369.78
L5	77.64	94.94	109.80	81.04	51.22	414.64
L6	76.32	91.79	104.12	81.89	48.99	403.11
L7	84.33	83.75	96.20	83.59	51.94	399.81
L8	79.73	87.38	87.30	82.32	51.30	388.03
L9	87.89	117.85	95.75	76.43	50.82	428.74
L10	82.13	109.82	92.15	82.53	51.64	418.27
L11	78.59	103.84	89.48	84.32	49.54	405.77
L12	77.78	101.56	90.26	69.50	51.26	390.36
CK	65.87	82.32	80.45	69.16	50.76	348.56

由表2-6可知，不同处理下玉米各生育期的耗水量总体趋势是苗期耗水量较小，拔节期、抽雄期耗水量强度逐渐变大，达到峰值，灌浆期又逐渐减小。6月苗期持续36 d，时间较长，由于当地气温较低，植株叶片、高度均很小，其水分消耗主要为棵间蒸发；7月份进入拔节期，持续22 d，随着气温升高，玉米植株变高，叶片增大，耗水强度也随之增大，此时主要耗水由棵间蒸发转变为植株蒸腾；8月初进入抽雄期，持续20 d，此时叶面积达到峰值，耗水量达到了整个生育期的最大值；8月末进入灌浆期，同样持续20 d，叶面积逐渐减小，气温逐渐降低，耗水量以及耗水强度逐渐降低。

随着灌溉定额的变化，耗水量同样具有规律性的变化。处理L1、L2、L3、L4为灌水次数相同灌溉定额依次减少的四个处理，随着灌溉定额的减小，四个处理各生育期的耗水量同样呈减小趋势，不同处理间苗期耗水量相差不大，说明不同水分处理对该生育期耗水量的影响不明显，故苗期可以减少灌水定额，有利于玉米根部向更深层土壤延伸，提高抗倒伏以及耐旱能力，同时起到了节水作用；对比不同处理拔节期、抽雄期、灌浆期三个时期，各处理之间耗水量相差幅度较大，说明这三个生育期是耗水的关键时期，对于不同水分处理的回应性明显，值得注意的是处理L9、L10、L11、L12为灌水2次的处理，由于只灌溉苗期、拔节期，且灌水量大，导致拔节期耗水量高于其他八个处理的耗水量，这也说明单次的灌水定额同样影响着玉米各生育期的耗水量。

④不同处理下玉米日耗水强度分析。

根据玉米各生育期所消耗的水量和时长，可以得到玉米各生育期日耗水强度（表 2-7）。

表 2-7 不同处理下玉米各生育期日耗水强度　　　　　　　　　　　　　　单位：mm/d

处理	苗期	拔节期	抽雄期	灌浆期	成熟期	日耗水强度
L1	2.14	4.34	5.89	4.16	1.45	2.88
L2	2.09	4.22	5.50	4.13	1.47	2.80
L3	2.08	3.95	4.85	4.47	1.46	3.05
L4	2.22	3.30	4.67	4.13	1.46	2.83
L5	2.16	4.32	5.49	4.05	1.46	2.77
L6	2.12	4.17	5.21	4.09	1.40	2.93
L7	2.34	3.81	4.81	4.18	1.48	2.82
L8	2.21	4.62	4.37	4.12	1.47	2.81
L9	2.44	5.36	4.79	3.82	1.45	2.63
L10	2.28	4.99	4.61	4.13	1.48	2.80
L11	2.18	4.72	4.47	4.22	1.42	2.98
L12	2.09	4.68	4.21	3.77	1.40	2.70
CK	2.14	4.08	4.51	3.47	1.48	2.35

玉米植株以喷灌作为其灌溉方式时，整个生育期的耗水量呈先增加后减小的趋势。当玉米处在播种、出苗阶段时，由于玉米植株较小，耗水量较小，并且地面几乎完全暴露在阳光下，此时耗水量主要是由于地表水分的蒸发，日耗水强度为 2.08～2.44 mm/d；随着玉米生长，进入拔节期后，日耗水强度快速增加，为 3.30～5.36 mm/d，此时正处于玉米进行营养生长的阶段，株高、茎粗、叶面积快速增长，净光合速率较大，需要大量水分；进入抽雄期后，各生态指标的增长近乎最大，且温度较高，降水虽少但有人为进行灌溉，玉米的日需水量和拔节期相差无几。可以看出，拔节期、抽雄期为玉米生长的关键时间段，如不能适量供应用水，会影响玉米的生长，进而影响到产量。进入灌浆期后，随着温度、日照强度、日照时数的减少，日耗水强度逐渐降低，为 3.47～4.47 mm/d。在成熟期，玉米植株几乎停止生长，日耗水强度进一步降低，玉米籽粒逐渐变得饱满，直至收获。

⑤不同处理下玉米水分利用效率。

以玉米植株全生育期的田间耗水量作为水分投入量，以实测的玉米植株产量作为产出量，用产量除以全生育期耗水量所得出的结果为玉米作物的水分利用效率，水分利用效率计算公式为

$$WUE=Y/ET \qquad\qquad (2-3)$$

式中：WUE——水分利用效率，kg/m^3；

Y——作物经济产量，kg/hm²；

ET——耗水量，m³/hm²。

现以黑土为例，研究不同水分控制标准对水分利用效率的影响。本次试验所求得的水分利用效率数据见表2-8。

表2-8 不同处理下玉米水分利用效率

处理	灌溉定额/（m³·hm⁻²）	灌水次数	耗水量/（m³·hm⁻²）	产量/kg	水分利用效率/（kg·m⁻³）
L1	700	4	4 241.60	13 225.30	3.12
L2	600	4	4 120.40	12 952.59	3.14
L3	500	4	3 995.70	12 539.04	3.14
L4	400	4	3 797.72	12 056.71	3.17
L5	700	3	4 146.48	13 329.68	3.21
L6	600	3	4 031.07	12 766.98	3.17
L7	500	3	3 998.11	12 699.49	3.18
L8	400	3	4 022.20	12 378.81	3.08
L9	700	2	4 287.31	12 661.90	2.95
L10	600	2	4 182.65	12 547.87	3.00
L11	500	2	4 057.65	12 384.77	3.05
L12	400	2	3 768.15	11 616.44	3.08
CK	0	0	3 480.56	10 180.43	2.92

水分利用效率是用产量与作物耗水量之间的关系来表示的，通常用其来表示作物生长适宜程度的综合生理生态指标，利用SAS软件对实测数据进行分析可得出水分利用效率与灌溉定额、灌水次数之间的回归方程，用以表示各因素对玉米水分利用效率的影响，理论值与实际值的相关系数 R^2=0.9165，说明拟合度良好。

从表2-8中的数据可以看出：处理L5的水分利用效率达到最高，为3.21 kg/m³，相应的产量同样为最大产量；处理L7的水分利用效率次之；处理CK为不做任何水分灌溉的处理，水分利用效率最低，为2.92 kg/m³。当灌溉次数相同，灌溉定额依次较少，由表中处理L1、L2、L3、L4可知，水分利用效率随着灌溉定额的减少而升高，其原因为灌水在玉米苗期，不利于玉米的"蹲苗"，即抑制根系向着土壤更深层下扎，导致其后生育期对灌溉水分的吸收能力减弱，所以其水分利用效率变化为处理L4＞处理L3＝处理L2＞处理L1。当灌溉定额相同，灌水次数依次减少，由表中处理L1、L5、L9可知，水分利用效率随着灌水次数的减少呈先增大后减小的趋势，究其原因为在玉米植株的非需水关键期进行灌溉，导致植株对水分的吸收小于植株蒸腾和棵间蒸发，从而导致水分利用效率低下。综上所述，针对灌溉定额、灌水次数对水分利用效率的影响可以知道，在玉米植株生长的非需水关键期可以适当地减小单次灌水定额及生育期灌水次数，以减少水分的浪费，从而提高水分利用效率，既不会严重影响玉米的产量，又能达到节水灌溉的目的。

⑥水分生产函数模型的建立、求解。

玉米水分生产函数反映作物需水量规律，为了进一步探究不同的水分处理对玉米各个生育期的具体影响，此次试验分析在喷灌模式下不同灌溉定额及灌水次数对玉米苗期、拔节期、抽雄期、灌浆期耗水量的影响。

本书借助国内外常用的 Jensen 模型（水分生产函数）进行具体数据分析及评价，Jensen 模型不仅能表示不同生育阶段缺水时对产量影响的不同，还能表示各阶段缺水不是孤立的，而是相互联系地影响最终产量这一客观现象。

Jensen 模型表达式为

$$\frac{Y_\alpha}{Y_m} = \prod_{i=1}^{n} \left(\frac{ET_\alpha}{ET_m} \right)^\lambda \tag{2-4}$$

式中：λ——水分敏感指数；

n——试验的处理数；

i——各生育阶段，$i = 4$；

Y_m——充分灌溉条件下的产量；

Y_α——实际灌溉条件下的产量；

ET_m——充分灌溉下的耗水量；

ET_α——各处理的实际耗水量。

试验选取玉米苗期、拔节期、抽雄期及灌浆期 4 个生育期，以玉米这 4 个生育期耗水量及最终产量作为计算数据，代入 Jensen 模型中求解，计算结果见表 2-9。

表 2-9 玉米各生育期水分敏感指数及相关系数

试验模型	生育期				相关系数
	苗期	拔节期	抽雄期	灌浆期	
Jensen	0.08	0.12	0.41	0.26	0.949 5

Jensen 模型的水分敏感指数的顺序由大到小为：抽雄期、灌浆期、拔节期、苗期。Jensen 模型的敏感指数 λ 值越大，则表示此时产量受水分影响越大；反之，则影响较小。模型的相关系数为 0.949 5，说明模型可以很好地体现玉米各生育期生长发育的耗水规律。综上所述，玉米在苗期对于水分的敏感程度很小，可以适当地减少灌水量，以达到节水的目的；从拔节期开始，水分敏感系数逐渐增大，抽雄期达到峰值，然后开始减小，此时是玉米生长需水的关键阶段，可适当地增加灌水量及灌水次数，以达到增产的目的。

（3）不同灌溉制度对玉米产量的影响

①不同处理对玉米产量及减产率的影响。

玉米产量是不同水分处理对作物生长发育性状影响的最终体现，将不同处理分成三组进行玉米产量分析，如图 2-11 所示。从整体来看，玉米产量随着灌溉定额的减小而减小，随着灌水次数的增加呈现先增加后减小的趋势。图 2-11（a）中，灌水次数为 4 次，灌溉定额由 700 m³/hm² 减小至 600 m³/hm²，产量由 13 225.31 kg/hm² 降为 12 952.59 kg/hm²，减产率为 2.06%，然而随着灌溉定额的继续减小，玉米产量锐减，当灌溉定额由 500 m³/hm² 减至 400 m³/hm² 时减产速度最快，产量为 12 056.71 kg/hm²，较处理 L3 减产率达 8.84%，说明灌水次数为 4 次、灌溉定额介于 400 m³/hm² 和 600 m³/hm² 之间时，玉米的产量对于灌溉定额的响应更加敏感；图 2-11（b）中，灌水次数为 3 次，灌溉定额由 700 m³/hm² 减小至 600 m³/hm² 时玉米产量锐减，产量由 13 329.68 kg/hm² 减至 12 766.98 kg/hm²，此时减产率达到最大，为 4.22%，随后产量随灌溉定额的减小而减小的趋势趋于平缓，说明灌水次数为 3 次、灌溉定额介于 600 m³/hm² 和 700 m³/hm² 之间时，玉米的产量对于灌溉定额的响应更加敏感；图 2-11（c）中，处理 L9、L10、L11 随着灌溉定额的减小，产量及减产率的变化趋于平缓，处理 L12 较处理 L11 有很大的变化，此时产量由 12 384.78 kg/hm² 减至 11 616.45 kg/hm²，减产率高达 6.20%。由图 2-11（b）可知，处理 L5 灌溉定额 700 m³/hm²、灌水 3 次的玉米产量为 13 329.68 kg/hm²，达到最高。

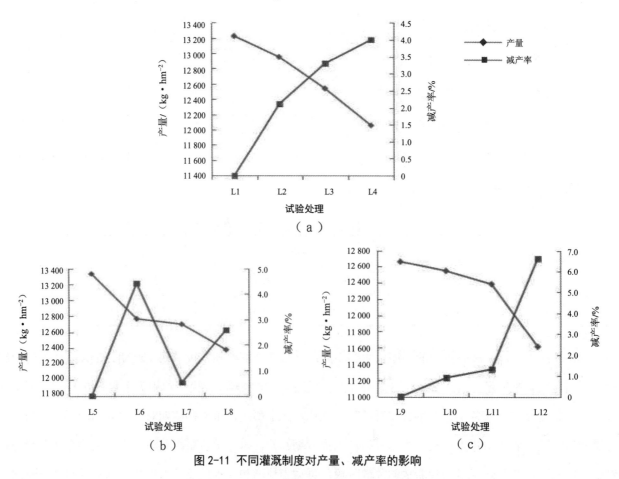

（a）

（b）

（c）

图 2-11 不同灌溉制度对产量、减产率的影响

②回归方程的建立与分析。

根据试验方案的灌水定额、灌水次数以及各处理的玉米产量，利用 SAS 软件对实测数据进行分析可得出产量与灌溉定额、灌水次数之间的回归方程，用以表示这两个因素对玉米产量的影响，方程如下：

$$Y=10153-0.561097X_1+1028.724513X_2+0.001417X_1^2+0.760526X_1X_2-210.320414X_2^2 \qquad (2-5)$$

式中：Y——产量，kg/hm^2；

   X_1——灌溉定额，m^3/hm^2；

   X_2——灌水次数。

方程中，X_1，X_2，X_1X_2，X_1^2，X_2^2 系数的绝对值大小可以判断灌溉定额以及灌水次数对产量影响的显著程度，系数正负号表示灌溉定额以及灌水次数对产量的提高是促进还是抑制的。方程中灌溉定额 X_1 的系数为负值，灌水次数 X_2 的系数为正值，即 $X_2>X_1$，说明灌水次数对产量的影响大于灌溉定额的影响。方程交互项 X_1X_2 系数为正，表明灌水定额与灌水次数的耦合对产量起到促进作用。式中 X_1^2 系数为正值，说明随着灌溉定额的增大，对于产量会有很好的促进作用；X_2^2 系数为负值，表明灌水次数过多会抑制产量增加。

③不同处理下玉米产量构成因素分析（表 2-10）。

表 2-10 不同处理下玉米产量构成因素分析

处理	灌溉定额/$(m^3 \cdot hm^{-2})$	灌水次数	秃尖长/cm	穗长/cm	穗粗/cm	百粒重/g
L1	700	4	1.26	20.7	17.8	36.27
L2	600	4	1.37	20.6	17.9	35.63
L3	500	4	1.42	19.3	18.1	32.38
L4	400	4	1.70	19.2	17.5	34.40
L5	700	3	1.15	21.0	17.4	37.40
L6	600	3	1.35	20.3	17.7	34.38
L7	500	3	1.38	19.6	17.6	33.37
L8	400	3	1.66	19.4	17.4	32.59
L9	700	2	1.19	20.3	17.9	34.99
L10	600	2	1.39	20.0	18.0	33.27
L11	500	2	1.60	19.5	18.2	34.51
L12	400	2	1.91	19.1	17.8	35.63
CK	0	0	2.08	18.8	17.3	33.23

A.不同处理对玉米秃尖长的影响。玉米秃尖长可以影响玉米籽粒的饱满程度，进而影响产量。首先选取处理 L1、L2、L3、L4，其为灌水次数相同、灌溉定额依次减少的处理。从表 2-10 中可以看出不同的灌溉定额条件下，秃尖长处理 L1＜处理 L2＜处理 L3＜处理 L4，我们可以知道灌溉定额与玉米的秃尖长成

反比关系，即随着灌溉定额的增加可以很好地抑制玉米秃尖长；其中处理 L1 比处理 L2 减少 8.03%，比处理 L3 减少 11.27%，比处理 L4 减少 25.88%。选取处理 L2、L6、L10 三个处理为代表，该三个处理为灌溉定额相同、灌水次数不同。由表 2-10 可看出，秃尖长处理 L6＜处理 L2＜处理 L10，说明随着灌水次数的增加，对于玉米秃尖长起到先抑制后促进的作用，不同灌水次数也可以减少秃尖长，处理 L6 比处理 L4 减少 20.59%。综上可以得出，玉米秃尖长对于灌溉定额、灌水次数两因素具有明显的响应，适当的灌溉定额及灌水次数对减小玉米秃尖长、增大产量具有很大的积极意义。

B.不同处理对玉米穗长的影响。玉米穗长在一定程度上影响着玉米的产量。当灌水次数为 4 次时，灌溉定额为 700 m³/hm²、600 m³/hm² 的处理 L1、L2 的穗长相差不明显，灌溉定额为 500 m³/hm²、400 m³/hm² 的 L3、L4 两个处理的穗长同样相差较小。而灌水 3 次的处理 L5、L6、L7、L8 及灌水 2 次的处理 L9、L10、L11、L12，各处理间的差异较大。从整体来看，随着灌溉定额的减小，玉米的穗长大致呈减小的趋势。当灌溉定额相同时，随着灌水次数的减小，玉米穗长呈先增大后减小的趋势。通过分析可以看出，在 13 个处理中，灌溉定额为 700 m³/hm²、灌水 3 次对于玉米穗长的影响最为积极，起到促进的作用。

C.不同处理对玉米穗粗的影响。通过处理 L1、L2、L3、L4，处理 L5、L6、L7、L8，处理 L9、L10、L11、L12 三个对比小组的数据可知，在灌水次数相同的情况下，随着灌溉定额由 700 m³/hm² 至 400 m³/hm² 依次减小，玉米穗粗的生长整体呈先增大后减小的变化规律，穗粗值达到最大值主要集中在灌溉定额为 600 m³/hm² 和 500 m³/hm² 的处理上，说明当灌溉定额过大或者过小都会在一定程度上抑制玉米穗的横向增长，只有适宜的水量条件才能促进穗的横向发育并达到最大值，同时实现节水的目的。通过处理 L1、L5、L9，及处理 L2、L6、L10，处理 L3、L7、L11，处理 L4、L8、L12 可知，与灌水次数相同、灌溉定额依次减小的穗粗的变化规律相反，当灌溉定额相同时，玉米穗粗随着灌水次数的减小呈先减小后增大趋势，可知对于玉米穗粗，并不是增加灌水次数就能达到最优穗粗效果的。灌溉定额为 700 m³/hm² 和 500 m³/hm²，穗粗受灌水次数的影响较大，分别为 -2.3%～2.9%、-2.8%～3.4%，可以得出针对不同的灌溉定额设置相应的灌水次数可以更好地达到增大穗粗的目的。

D.不同处理下玉米百粒重。百粒重不仅是产量的组成要素，还是权衡玉米品质的重要指标之一。保证玉米植株生长所需的水量，是提升玉米百粒重和产量的基础。玉米停止生长后进行收获，对收获的玉米果实进行考种测产，称出各处理百粒重。由表 2-10 可知，当灌水 4 次、3 次时，灌溉定额对于玉米百粒重大体呈促进作用，其随着灌溉定额的增加而增加。处理 L5 的百粒重 37.40 g，为最大；对于灌水 2 次的四个处理，玉米的百粒重为处理 L12＞处理 L9＞处理 L11＞处理 L10，说明此时由于苗期进行大量灌水，对最终的玉米百粒重起到抑制作用。由此表明，灌水量并不是越多越好，将灌溉定额与灌水次数进行科学合理的安排，才能使玉米的百粒重达到最大。

（4）TOPSIS 模型改进

为解决 TOPSIS 模型评价指标权重以及欧氏距离方面的问题，将从以下几方面进行改进：一是采用层次分析法和熵权法，确定各评价指标的权重系数，兼顾主观性与客观性；二是由于欧式距离在一些特殊情况下无法做出准确评价，故以相对熵概念取代欧式距离，计算出最优贴近度，来对灌溉制度方案进行评价，并以此作为灌溉制度优选依据。

①熵权法。

熵权法是在客观条件下，由评价指标值来确定指标权重的一种方法，具有操作性和客观性强的特点，能够反映数据隐含的信息，增强指标的分辨意义和差异性，以避免因选用指标的差异过小造成的分析困难。通过一系列计算确定出每个评价对象在相应指标的重要性，指标提供的信息量越大则越重要且数值越大，可为多指标综合评价提供可靠、客观、准确的理论依据。

步骤为

$$W_i = \frac{1 - H_i}{m - \sum_{i=1}^{m} H_i} \tag{2-6}$$

$$H_i = -k \sum_{j=1}^{n} f_{ij} \ln f_{ij} \tag{2-7}$$

$$f_{ij} = \frac{r_{ij}}{\sum_{j=1}^{n} r_{ij}} \tag{2-8}$$

$$k = \frac{1}{\ln n} \tag{2-9}$$

$$r_{ij} = \frac{x_{ij} - \min|x_{ij}|}{\max|x_{ij}| - \min|x_{ij}|} \tag{2-10}$$

式中：W_i——第 i 项指标的权重值，且满足 $0 \leqslant W_i \leqslant 1$ 和 $\sum_{i=1}^{m} w_i = 1$；

H_i——第 i 项指标的熵；

k——玻尔兹曼常量；

f_{ij}——标准化值在评价中的比重；

r_{ij}——原指标数据矩阵的标准化数据矩阵。

②层次分析法。

层次分析法是将决策方案细化并分层，之后将分层向相关元素进行定性与定量分析的方法，使其增加在决策过程中人的主观性，将人的思维更加系统化、直观层次化、数学化，可以为复杂问题提供更灵活、简便、系统的解决方法。

A.将问题层次结构化，将各个指标按照重要、相关程度划分为不同层次。通常将这些层次分为三层，分别为目的层、准则层、方案层，并且各层一般不超过 9 个元素。

B.对层次中的指标进行两两比较，通过决策者的主观判断确定两层指标的相对重要性。引入 1～9 标度法（表2-11）来定义判断矩阵 $A = \left(a_{ij}\right)_{n\times n}$。

$$A = \left(a_{ij}\right)_{n\times n} \begin{cases} a_{ij} > 0 \\ a_{ii} = 1 \\ a_{ij} = \dfrac{1}{a_{ji}} \end{cases} \quad (i=1,2,\ldots,n;\ j=1,2,\ldots,n) \quad （2\text{-}11）$$

C.一致性检验。

a.计算一致性指标CI。

$$CI = \frac{\lambda_{\max} - n}{n - 1} \quad （2\text{-}12）$$

其中，$\lambda_{\max}$ 为判断矩阵的最大特征值。

b.查找一致性指标RI（表2-12）。

c.一致性判断准则CR。

$$CR = \frac{CI}{RI} \quad （2\text{-}13）$$

当CR＜0.10时，认为判断矩阵的一致性是可以接受的，否则应对判断矩阵做适当修改。

d.权重向量的确定。

$$W_i = \frac{1}{n}\sum_{j=1}^{n}\frac{a_{ij}}{\sum\limits_{k=1}^{n} a_{kj}} \quad i=1,2,\ldots,n \quad （2\text{-}14）$$

表 2-11 判断矩阵赋值标准

重要性	对应值
f_i 比 f_j 同等重要	1
f_i 比 f_j 稍重要	3
f_i 比 f_j 明显重要	5
f_i 比 f_j 十分明显重要	7
f_i 比 f_j 绝对重要	9
f_i 比 f_j 绝对不重要	1/9
f_i 比 f_j 强烈不重要	1/7
f_i 比 f_j 明显不重要	1/5
f_i 比 f_j 稍不重要	1/3

注：重要程度介于两个等级之间时，a_{ij} 可取 2，4，6，8等。

表 2-12 一致性指标 *RI* 值

n	1	2	3	5	6	7	8	9	10	11
RI	0	0	0.53	1.12	1.24	1.35	1.41	1.47	1.49	1.53

③组合赋权。

根据最小相对信息熵原则，将上述由熵权法确定的权重 $W=（W_1,W_2,…,W_n）$ 和由层次分析法确定的权重 $V=（V_1,V_2,…,V_n）$ 进行组合赋权，则新的评价指标权重 $W*=（W*_1,W*_2,…,W*_n）$。

$$W_i = \frac{\sqrt{w_i v_i}}{\sum_{j=1}^{n} \sqrt{w_i v_i}} (i=1,2,...,n)$$ （2-15）

④相对贴近度。

各待评价对象与理想解和负理想解的相对熵定义为

$$S_j^- = \sum_{i=1}^{n} \left[V_i^- \log_{10} \frac{V_i^-}{V_{ji}} + \left(1-V_i^-\right) \log_{10} \frac{1-V_i^-}{1-V_{ji}} \right]$$ （2-16）

$$S_j^+ = \sum_{i=1}^{n} \left[V_i^+ \log_{10} \frac{V_i^+}{V_{ji}} + \left(1-V_i^+\right) \log_{10} \frac{1-V_i^+}{1-V_{ji}} \right]$$ （2-17）

式中：j ——评价对象数量；

i ——评价指标数量；

S_j^+ ——j 与理想解的相对熵；

S_j^- ——j 与负理想解的相对熵；

V_i^+ ——i 的最大值；

V_i^- ——i 的最小值；

V_{ji} ——评价对象 j 的第 i 个评价指标的权重。

则相对最优贴近度 D_j 为

$$D_j = \frac{S_j^-}{S_j^+ + S_j^-}$$ （2-18）

⑤评价方法集成的事后检验。

通过将多种评价方法集成所得到的新评价值，能否更好地克服由于主观、客观因素导致评价值不够合理、全面、准确等问题？能否更好地反映被评价对象的评价值？我们将对评价方法做事后检验，用以判断新评价值是否避免了上述问题，以更加全面地做出评价。

本书通过对几个单一的评价方法和集成评价方法所得的评价结果的秩进行显著相关性的评定，最终判断几种评价方法是否具有一致性。本书选用 Kendall 协同系数来检验这种一致性。在显著性水平 α 下，H_0 成立时的 S' 可查询。若 $S > S'$，则可认为集成方法的评价为合理；反之，则为不合理。

$$S = \sum_{i=1}^{m}\left(R_i - \frac{\sum_{i=1}^{m} R_i}{m}\right)^2 \tag{2-19}$$

（5）模型评价

①评价指标的选取及权重的确定。

以不同的玉米灌溉制度作为评价对象，由于对不同生育期进行水分调控，玉米拔节期的水分亏缺主要通过减少穗粒数来影响产量，灌浆期水分亏缺主要通过影响百粒重来影响产量，所以选取玉米穗粒数、百粒重、耗水量、产量、水分利用效率五个因素为评价指标，对灌溉制度进行评价（表 2-13）。

表 2-13 大田试验测定的评价指标值

处理	灌溉定额/ （m³·hm⁻²）	灌水次数/ 次	穗粒数	水分利用效率/（kg·m⁻³）	净光合速率 （灌浆期）	耗水量/ （m³·hm⁻²）	产量/ （kg·hm⁻²）
L1	700	4	607	3.12	26.90	4 241.60	13 225.30
L2	600	4	609	3.14	33.25	4 120.40	12 952.59
L3	500	4	625	3.13	23.82	3 995.70	12 539.04
L4	400	4	585	3.17	14.15	3 797.72	12 056.71
L5	700	3	624	3.21	31.62	4 146.48	13 329.68
L6	600	3	574	3.16	34.68	4 031.07	12 766.98
L7	500	3	635	3.18	32.46	3 998.11	12 699.49
L8	400	3	573	3.08	13.45	4 022.20	12 378.81
L9	700	2	614	2.95	36.03	4 287.31	12 661.90
L10	600	2	657	3.00	32.91	4 182.65	12 547.87
L11	500	2	609	3.05	29.58	4 057.65	12 384.77
L12	400	2	594	3.00	21.85	3 768.15	11 616.44
CK	0	0	591	2.69	15.19	3 480.56	10 180.43

采用 TOPSIS 模型和改进的 TOPSIS 模型分别计算不同灌溉制度的相对贴近度，其中 TOPSIS 模型采用熵权法确定各评价指标的权重系数，改进的 TOPSIS 模型则采用熵权法和层次分析法相结合的组合赋权法确定。熵权法、层次分析法和组合赋权法确定的各评价指标权重系数见表 2-14。

表 2-14 不同方法确定的权重

方法	穗粒数	水分利用效率/($kg \cdot m^{-3}$)	净光合速率	耗水量/($m^3 \cdot hm^{-2}$)	产量/($kg \cdot hm^{-2}$)
模糊评价	0.283 7	0.299 3	0.315 0	0.336 9	0.348 0
熵权法	0.224 8	0.277 4	0.014 8	0.245 3	0.237 7
层次分析法	0.034 8	0.067 8	0.134 4	0.260 2	0.502 8
组合赋权法	0.101 9	0.157 9	0.051 4	0.290 9	0.398 0

②一致性分析。

应用 4 个模型计算的不同灌溉制度的相对贴近度存在一定差异。由模糊模型得到隶属度变化范围为 0.332 5～0.336 4，基于熵权 TOPSIS 模型和基于层次分析 TOPSIS 模型的相对贴近度的变化范围分别为 0.361 3～0.566 5，0.379 4～0.553 0，改进的 TOPSIS 模型相对贴近度的变化范围为 0.319 3～0.668 4。用 Kendall 协同系数法对由 4 个模型得到的灌溉制度评价指数进行一致性检验，根据 Kendall 协同系数计算得出卡方值为 28.185 6，查看卡方界值表得出当自由度为 12，界值如表 2-15 所示。由于卡方值 28.185 6 大于界值 X20.01，则该协同系数具有显著性，且显著水平小于 0.01，4 种方法计算的灌溉制度相对贴近度具有统计学意义上的一致性。

表 2-15 卡方界值表

界值（12）	X20.5	X20.25	X20.1	X20.05	X20.03	X20.01
卡方值	11.340	14.845	18.549	21.026	23.337	26.217

③灌溉制度方案评价分析。

经过改进的 TOPSIS 模型处理结果如图 2-12 所示，在灌水次数相同、灌溉定额不同的条件下，随着灌溉定额的减少，试验处理 L1、L2、L3、L4 的评价指数先减小后增大；当灌水定额相同、灌水次数不同时，随着灌水次数的减少，处理 L1、L5、L9 的评价指数呈先增大后减小的趋势。处理 CK 不做任何水分处理，评价指数为最低。处理 L5 为 13 个处理中相对贴近度最高的处理，说明该处理从产量、耗水量及水分利用效率等方面都可达到最优水平，L5 为最优的灌溉制度方案。

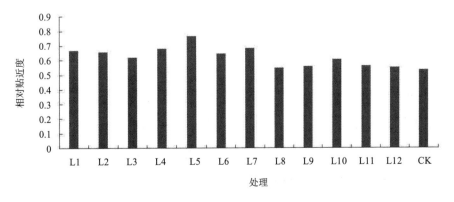

图 2-12 改进的 TOPSIS 模型处理结果

2.2.1.3 讨论与结论

（1）讨论

喷灌是一种先进的灌溉技术，其特点是具有较强的地形适应性、较高的机械化程度、较均匀的灌水效果，便于实现灌溉的机械化、自动化，省水、保肥等。与常规地面灌溉相比，提高灌溉水利用效率50%以上，对土壤结构的影响较小，可促进田间小气候的改善。

适宜的喷灌灌溉方式是玉米正常生长发育乃至高产的基础，喷灌相较于其他传统灌溉方式具有更多的优势，对于玉米的生长起到更积极的作用，分析其主要原因可能有以下几点：一是，喷灌模式可以更加积极地影响土壤水分的时空变异。对于传统的地面灌溉，如沟灌、漫灌等，其单次灌水量大，并且完成一次灌水任务耗费时间长，易发生较大的土壤水分渗漏，较多的灌水反而没有对产量产生积极的影响，增加了灌溉成本。而喷灌具有省水、省工的优点，在进行灌溉时还可将化肥溶入其中同步施用，单次灌水量较小，完成一次灌水任务耗时短、灌水周期短，并且灌水灵活方便，可以更好地保证玉米植株在不同生育时期的需水要求，针对性较强，减少了水资源的浪费，提高了经济效益。二是，喷灌降低了氮素淋洗的风险。在进行传统地面灌溉时，土壤表层作物主根区的 NO_3^- 含量极易由于大量水分的浇灌而导致较低，但在喷灌灌溉时则能将氮素含量减少的可能性大大降低，促使氮素被作物更好吸收。这对于玉米灌浆期等生育中后期起到有益的作用，可以使玉米植株的净同化率保持在较高的水平上。三是，喷灌通过改变农田小气候，进而改变作物的生理特性。在我国的东北地区进行喷灌后，致使农田微环境发生变化，植株冠层湿度明显增加，可以很好地抑制作物的蒸腾，提高了灌溉水的利用效率。

王勇等研究认为最小灌溉定额在 4 965 m³/hm² 时，其产量才不会低于管灌产量，这与本试验产生最高产量的喷灌灌溉量相差较大，分析原因可能是由地区气候、降水不同以及土壤理化性质、玉米品种、肥量差异所导致的。王栋等研究喷灌不同水肥对玉米的影响，理论最高产量为 15 012 kg/hm²，大于本试验的理论最高产量，这可能是由于氮肥和磷肥的用量水平可以提升作物产量，促进玉米植株对水分更好地吸收。

结合试验区的玉米的产量、耗水量、净光合速率等实测数据，采用 TOPSIS 模型、模糊评价模型及改进的 TOPSIS 模型计算各灌溉制度的综合理想度，并将评价结果进行对比分析。四个模型计算的评价结果具有统计学意义上的统一性，符合灌溉定额、灌水次数对玉米产量影响的客观变化规律，能够较好地反映试验区节水灌溉方案的优良程度，可以作为节水灌溉方案优选的依据。

（2）结论

①灌溉次数相同的条件下，株高随着灌溉定额的增加而增加。

在玉米需水高峰期适当地增加灌水次数，可以促进植株生长，并且减少苗期（不敏感期）的水分浪费。玉米叶面积指数变化趋势基本一致，灌水次数相同时，灌溉定额的减小在一定程度上限制了叶面的增长，相反高水分处理满足了玉米植株的生长对水分的需求，表明灌溉定额对玉米的叶面积具有促进作用；灌溉定额相同，灌水次数依次减少时，叶面积指数呈现先增大后减小的趋势，说明灌水次数对玉米的叶面积具有先促进再抑制的作用。

②净光合速率随着灌溉定额的减小呈现先增加后减小的趋势。

当灌溉定额低于 500 m³/hm² 时，会严重影响玉米拔节期的净光合速率，进而导致植株增长缓慢，影响作物产量。灌溉定额在 500~700 m³/hm² 时，可以适当地减小灌溉定额，在减少灌水的前提下，尽可能小地影响玉米的净光合速率。抽雄期、灌浆期玉米的净光合速率均在灌溉定额为 600 m³/hm² 时达到峰值，灌溉定额对于玉米生长的中后期的影响更加有效。当灌水定额相同时，灌水次数依次减少，拔节期的气孔导度、蒸腾速率随着次数的减少而依次增加。抽雄期、灌浆期时可以适当减少灌水次数，节省更多的灌溉水。

③灌水次数相同时，玉米生育期内耗水量随着灌溉定额的减小而逐渐减小。

苗期耗水量对生育期耗水量的影响不明显，可以减少灌水定额，有利于玉米根部向更深层土壤延伸，提高了抗倒伏以及耐旱能力，同时起到了节水作用。喷灌灌溉模式下处理 L9、L10、L11、L12 为灌水 2 次的处理，由于只灌溉苗期、拔节期，且灌水量大，导致拔节期耗水量高于其他 8 个处理拔节期耗水量，这表明单次的灌水定额同样影响着玉米各生育期的耗水量。

④玉米水分利用效率随着灌溉定额的减少而升高；灌溉定额相同、灌水次数依次减少时，水分利用效率随着灌水次数的减少呈先增大后减小的趋势。

对于玉米植株生长的非需水关键期，可以适当地减少单次灌水定额及灌水次数，以减少水分的浪费，从而提高水分利用效率，既不会严重地影响玉米的产量，又达到节水灌溉的目的。喷灌灌溉模式下处理 L5 的水分利用效率最大，为 3.21 kg/m³；处理 L7 的水分利用效率次之；处理 CK 为不做任何水分灌溉的处理，水分利用效率最低，为 2.92 kg/m³。

⑤玉米产量随着灌溉定额的减小而减小，随着灌水次数的增加呈先增加后减小的趋势。

灌溉定额由 700 m³/hm² 减小至 600 m³/hm²，产量由 13 225.31 kg/hm² 降为 12 952.59 kg/hm²，随着灌溉定额的继续减小，玉米产量锐减。当灌溉定额由 500 m³/hm² 减至 400 m³/hm² 时，减产速度最快，产量为 12 056.71 kg/hm²，较处理 L3 减产率达 4%，灌水次数为 4 次、灌溉定额介于 400 m³/hm² 和 600 m³/hm² 时，玉米的产量对于灌溉定额的响应更加敏感；灌水次数为 3 次、灌溉定额介于 600 m³/hm² 至 700 m³/hm² 时，玉米的产量对于灌溉定额的响应更加敏感。处理 L5 灌溉定额 700 m³/hm²、灌水 3 次的玉米产量为 13 329.68 kg/hm²，达到最高。

⑥采用改进的 TOPSIS 模型进行处理，在灌水次数相同、灌溉定额不同的条件下，随着灌溉定额的减少，处理 L1、L2、L3、L4 的评价指数逐渐减小；当灌水定额相同、灌水次数不同时，随着灌水次数的减少，处理 L1、L5、L9 的评价指数呈先增大后减小的趋势。处理 CK 为不做任何水分灌溉的处理，因此评价指数为最低。处理 L5 为 13 个处理中相对贴近度最高的处理，说明该处理从产量、耗水量及水分利用效率等方面都可达到最优水平，处理 L5 为最优的灌溉制度方案。

2.2.2 膜下滴灌玉米需水规律和节水高产灌溉制度研究

2.2.2.1 材料与方法

（1）试验设计

试验在黑龙江省肇州灌溉试验站内进行。采取两因素对比设计，将玉米的全生育期划分为 5 个生育时期。结合当地玉米丰产经验，设计苗期、拔节期、抽雄期、灌浆期这 4 个生育时期的灌溉定额及灌水次数为试验因素。本试验设计的灌溉定额依次为 200 m³/hm²、300 m³/hm²、400 m³/hm²、500 m³/hm²。灌水次数分别为 2 次（苗期、拔节期）、3 次（苗期、拔节期、抽雄期）和 4 次（苗期、拔节期、抽雄期、灌浆期）。

膜下滴灌采用"一膜、单管、大垄、双行"的栽培方式，大垄上方设置膜宽 90 cm。供试玉米品种为京科 968，在 2017 年 4 月 27 日进行播种，于 9 月 25 日开始收获，全生育期共计 150 d。采用玉米穴播机进行播种，设置株距 20 cm、行距 60 cm。滴灌管滴头流量为 2 L/h，工作水头为 0.2 MPa。氮肥用量 225 kg/hm²、磷肥用量 90 kg/hm²、钾肥用量 90 kg/hm²。试验所用的氮肥、磷肥、钾肥分别为尿素、磷酸二铵和硫酸钾。磷肥和钾肥全部做基肥施入，氮肥二分之一随底肥施入，剩下的二分之一随第二次灌水施入。水源为试验站内原有机井。试验以覆膜不灌水处理为对照处理，随机排列试验共 12 个处理，1 个对照处理，设 3 次重复，共计 39 个试验小区，小区面积为 104 m²（5.2 m × 20.0 m）。试验结合土壤墒情和前述试验方案，记录灌水日期及各次灌水定额如表 2-16 所示。

表 2-16 灌水量记录表　　　　　　　　　　　　　　　　　单位：m³/hm²

处理	苗期 （5 月 28 日）	拔节期 （6 月 28 日）	抽雄期 （7 月 18 日）	灌浆期 （8 月 16 日）	灌溉定额
L1	100.0	100.0	0	0	200
L2	66.7	66.7	66.7	0	200
L3	50.0	50.0	50.0	50	200
L4	150.0	150.0	0	0	300
L5	100.0	100.0	100.0	0	300
L6	75.0	75.0	75.0	75	300
L7	200.0	200.0	0	0	400
L8	133.3	133.3	133.3	0	400
L9	100.0	100.0	100.0	100	400
L10	250.0	250.0	0	0	500
L11	166.7	166.7	166.7	0	500
L12	125.0	125.0	125.0	125	500
CK	0	0	0	0	0

（2）试验观测内容与方法

①土壤水盐含量测定。在覆膜条件下，膜下土壤与膜间土壤的水盐运移规律不同，土壤水盐含量差别很大，故在膜间和膜中分别埋设 TDR 管，以 20 cm 深度为一层，定点监测土壤含水率和电导率，并根据给定使用说明书计算土壤含盐量。

②生物特性观测。记录苗期、拔节期、抽雄期、灌浆期、成熟期共 5 个生育期，玉米的株高、茎粗、叶面积。各生育期每小区随机取 3 株进行观测。叶面积测定时，测每一片叶的长和宽。

③作物耗水量测定。采用农田土壤水量平衡公式计算耗水量。

④玉米产量及特征值测定。作物成熟后，各小区取 10 株进行考种。考种指标包括每穗行数、每行粒

数、秃尖长、百粒重等（表 2-17）。

⑤光合速率测定。使用便携式光合仪 LI-6400 对光合速率、气孔导度进行测定。

⑥降雨、蒸发及土壤温度测定。降雨及蒸发数据由试验站内设置的气象站自动采集，土壤温度由地温计测定。

⑦数据处理与分析方法。运用 Excel 软件对各处理数据进行整理并对土壤水分制图，运用 Surfer 11.0 软件对各处理土壤盐分分布制图，运用 SPSS 和 SAS 软件对数据进行分析，运用 CropWat 8.0 计算参考作物蒸发蒸腾量。

表 2-17 测产与考种要求

序号	测产与考种指标	测产与考种要求
1	单株有效穗数	所有小区的穗总数除以所有小区的植株总数
2	秃尖长	取试验样本的果穗用直尺测量穗顶端没有结籽的长度
3	每穗行数	取试验样本的果穗，数其行数，取平均值
4	每行粒数	取试验样本的果穗，数其列数，取平均值
5	每穗粒数	取试验样本的果穗，数其粒数，取其平均值
6	每穗粒重	取试验样本的果穗，脱粒后称重，取平均值
7	百粒重	脱粒后随机取百粒称重，重复 3 次，取其平均值，以 g 为单位
8	产量	小区收获脱粒后的籽粒风干重，并折算成 kg/hm²

2.2.2.2 结果与分析

（1）降雨条件

玉米全生育期降雨量及累计降雨量如图 2-13 所示。玉米全生育期累计降雨量 486 mm，大于 445 mm（P=25%），属于丰水年。在播种至拔节初期，降雨很少，累计降雨量仅为 42.3 mm，且有多次降雨小于 5 mm，属于无效降雨。拔节期总降雨量较多且降雨较为频繁。抽雄期前期有部分降雨，中后期降雨很少，且大多也属于无效降雨。灌浆期迎来了数场大雨，8 月 2 日至 8 月 11 日的总降雨量为 270 mm，超过全生育期降雨量的一半，其中单日最高降雨量达到 85.5 mm。通过对降雨前后土壤含水率进行加测得出试验小区的蓄水量平均增加 78.4 mm，同时观测径流水深，计算径流水量为 168.5 mm，由此可知大部分降雨并未渗入土壤。灌浆期后降雨减少，仅在收获前有一场大雨，其余降雨均为无效降雨。

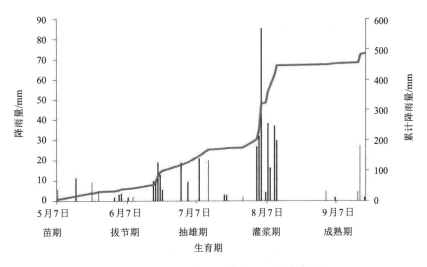

图 2-13 玉米全生育期降雨量及累计降雨量

（2）不同处理对玉米株高的影响

在试验过程中，对玉米全生育期的株高进行了测定，并对测定结果进行整理，见表 2-18，处理 L2、L3、L6 和处理 L7、L10、L11 的株高之间存在显著差异。处理 L3 的株高最低，为 25 cm；处理 L10 的株高最高，为 31 cm；其余各处理的株高较为接近，差异不显著。从播种到苗期的 50 d 里，降雨量仅为 42.3 mm，不足整个生育期降雨量的 10%。此时，玉米生长受土壤水分限制，灌水定额较高的处理，株高也较高。进入拔节期，玉米植株进入营养生长阶段，株高快速增加，对水分的吸收也进一步增加。处理 L3 与处理 L10 之间仍然存在显著差异，处理 L3 的株高最低，为 268 cm；处理 L10 的株高最高，为 288 cm；其余灌水定额较高的处理同样与灌水定额较低的处理存在显著差异。此时，所有的处理均灌水 2 次，灌水定额仍是制约植株生长的重要因素，增加灌水定额有利于玉米株高的增加。玉米进入抽雄期后进入了生殖生长阶段，株高进一步增加，但速度明显放缓。此时灌水次数为 2 次的处理停止灌水，灌溉定额相同的处理之间差异不显著。但灌溉定额增加，仍可以看到株高的增加趋势。进入灌浆期，玉米的株高相比抽雄期增加的幅度更小，在水分充足条件下，株高差异也变小。试验各处理的玉米株高变化趋势基本相同：苗期至拔节期，玉米株高迅速增加；拔节期后，玉米株高增加的速度渐缓；到了成熟期，玉米株高小幅降低。

表 2-18 不同处理下玉米各生育期株高　　　　　　　　　　　　　　　单位：cm

处理	苗期	拔节期	抽雄期	灌浆期	成熟期
L1	27de	276e	292i	297fg	293fg
L2	26ef	271g	295h	296g	292g
L3	25fg	268h	294h	298f	294f
L4	28cd	282d	298g	301e	297e
L5	27de	275ef	303e	303d	299d
L6	26ef	274f	301f	304d	300d
L7	30ab	285b	313a	314a	311a
L8	29bc	282d	314a	315a	311a
L9	27de	275ef	308b	314a	310a
L10	31a	288a	305d	309c	305c
L11	30ab	284bc	307bc	311b	307b
L12	28cd	283cd	306cd	312b	307b
CK	23g	262i	281j	291h	288h

选取处理 L3、L6、L9、L12 为代表进行相同灌水次数、不同灌溉定额条件下玉米株高的比较分析，另外选取处理 L7、L8、L9 为代表进行相同灌溉定额、不同灌水次数条件下玉米株高的比较分析。

从图 2-14 中可知，相同灌水次数，灌溉定额变化时，玉米的株高在苗期表现出数值绝对差异较小，但相对差异较大。此时，玉米受水分限制作用明显，增加灌水定额即可提高玉米的株高；当玉米进入拔节期后，玉米快速生长，对水分的吸收也相应增加，其中处理 L10 的株高最高，处理 L3 的株高最低，增加灌水定额，玉米株高呈增长趋势，灌水定额仍是制约玉米株高的主要因素，各处理株高的相对差异变小，绝对差异增大；进入抽雄期后，玉米的营养生长结束，株高增加不再显著，各处理之间相对差异和绝对差异均变小。当灌水次数相同，灌溉定额增加时，玉米株高差异会增大，灌溉定额对玉米株高的影响为正相关，其中，玉米的株高在苗期和拔节期差异会明显增大，在抽雄期及以后的生育期，株高的差异则不会明显增加。

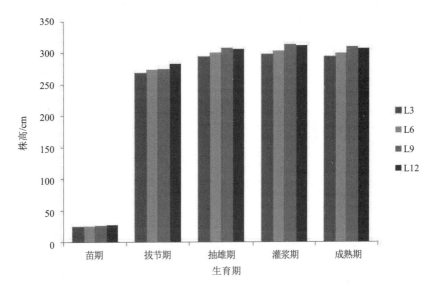

图 2-14 相同灌水次数、不同灌溉定额对玉米各生育期株高影响

分析灌溉定额相同时，灌水次数改变对玉米各生育期株高的影响（2-15）。对比处理 L7、L8、L9 实测数据可知，这三个处理的玉米在苗期、拔节期均灌水的情况下，也表现出灌水定额越大、株高越高的特点。当处理 L7 停止灌水后，与处理 L8、L9 相比，其株高增长趋势减缓。处理 L7、L8 均停止灌水后，处理 L7、L8、L9 的玉米株高非常接近。可见，相同灌溉定额条件下，前期灌水定额大的处理会使玉米在营养生长阶段获得更多的水分补给，从而促进玉米植株的生长。但抽雄期、灌浆期仍是玉米需水的关键时期，而这三个处理最终的株高也很接近。灌溉次数的增加实际上是在灌溉定额不变的情况下调整各生育期的灌水量。因此，增加灌水次数，可以保证玉米生殖生长阶段所需的水分，提高水分利用效率，不会对玉米最终的株高产生较大的影响。

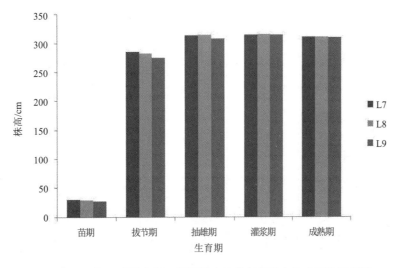

图 2-15 相同灌溉定额、不同灌水次数对玉米各生育期株高影响

（3）不同处理对玉米茎粗的影响

在试验过程中，对玉米全生育期的茎粗进行了测定，并将测定结果整理如表 2-19 所示。

表 2-19 不同处理下玉米的茎粗（周长）　　　　　　　　　　单位：cm

处理	苗期	拔节期	抽雄期	灌浆期	成熟期
L1	2.9cd	8.2c	8.7h	8.9h	8.4h
L2	2.8de	7.9d	8.9f	9.1g	8.6g
L3	2.7e	7.5e	8.8g	9.2fg	8.7fg
L4	3.0bc	8.3c	8.8g	9.3ef	8.8ef
L5	2.9cd	8.2c	9.1e	9.4de	8.9de
L6	2.8de	8.0d	9.1e	9.5cd	9.0cd
L7	3.2a	8.6ab	9.3d	9.5cd	9.0cd
L8	3.1ab	8.5b	9.6b	9.8b	9.3b
L9	2.9cd	8.2c	9.5bc	9.9ab	9.5a
L10	3.2a	8.7a	9.4cd	9.6c	9.1c
L11	3.2a	8.6ab	9.8a	10.0a	9.4ab
L12	3.0bc	8.5b	9.6b	9.9ab	9.5a
CK	2.7e	7.0f	8.4i	8.5i	8.0i

对比表 2-19 中实测数据可知，处理 L3、L6、L9 和 L12 在灌水次数相同的情况下，玉米在 5 个生育期均表现出随着灌水定额的增加，茎粗相对增加的特性，但边际效应递减。这主要是受到玉米本身生长发育的限制。对比处理 L7、L8 和 L9，灌溉定额相同条件下，灌水次数的增加对玉米的茎粗存在一定的影响。灌水 3 次和灌水 4 次的处理与灌水 2 次的处理相比，茎粗更粗，在抽雄期、灌浆期和成熟期差异较为显著。可见，过大的灌水定额不会对玉米茎粗的增加有明显的作用，而增加灌水次数则可以保证玉米需水关键期的水分补给，提高水分利用效率。不同处理下玉米各生育期的茎粗的变化规律基本一致，苗期、拔节期茎粗增长迅速，拔节期相较于苗期增长 2～3 倍，随后增长速度变缓，增长幅度减小，这是由于这一生育期内玉米的养分供给由营养生长转换到生殖生长。进入灌浆期后各处理茎粗达到最大值，成熟期各处理玉米的茎粗均呈减小趋势，直至生育期结束。

（4）不同处理对玉米叶面积的影响

由表 2-20 可以看出，当玉米处于苗期时，植株高度小，叶片数目少，此时植株蒸腾对于水分需求量同样较少，所以在不同处理下玉米的叶面积指数绝对差异不大，整体介于 0.27～0.46 范围内。但各处理下的玉米的叶面积指数相对差异较大，玉米受降雨量小及膜下滴灌条件下土壤温度高等因素的影响，对灌水量的差异响应明显。进入拔节期后，玉米叶面积指数迅速增大，介于 2.84～3.70 范围内，各生物性状指标都处于快速增长阶段。随着株高、茎粗、叶面积的迅速增长，玉米植株对水分的需求越来越大，此时的水分是制约玉米生长的主要因素。对比拔节期的处理 L3、L6、L9、L12 可以看出，当灌水次数相同时，灌溉定额的增大在一定程度上有利于叶片的生长；相反，低水分处理则无法满足玉米植株的生长对水分的需求，此时的叶面积指数为处理 L12>处理 L9>处理 L6>处理 L3，说明灌溉定额对玉米的叶面积具有促进的作用。对比处理 L7、L8、L9，当灌溉定额相同、灌水次数依次增加时，通过数据可以看出，处理 L7 停止灌水后，玉米抽雄期叶面积指数的增加相比处理 L8、L9 呈减缓的趋势。进入灌浆期后，处理 L8 也停止了灌水，此时处理 L9 的叶面积指数最大，处理 L7、L8、L9 的叶面积指数也在灌浆期达到各自的峰值。到玉米成熟期，各处理叶面积指数均减小，叶片逐渐枯萎。

表 2-20 不同处理下玉米的叶面积指数

处理	苗期	拔节期	抽雄期	灌浆期	成熟期
L1	0.38e	3.32g	4.23f	4.46h	4.08j
L2	0.31h	2.97i	4.19g	4.45hi	4.09j
L3	0.30i	2.84j	4.18g	4.42j	4.13i
L4	0.42c	3.44d	4.67a	4.85d	4.18f
L5	0.36f	3.30g	4.63b	4.76f	4.16h
L6	0.34g	3.18h	4.41e	4.80e	4.21e
L7	0.45ab	3.54c	4.49d	5.02c	4.22k
L8	0.41cd	3.41e	4.63b	5.07b	4.30c
L9	0.38e	3.36f	4.53c	5.31a	4.35a
L10	0.46a	3.70a	4.14h	4.68g	4.28d
L11	0.44b	3.63b	4.10i	4.79e	4.33b
L12	0.40d	3.38f	4.18g	4.44i	4.17fg
CK	0.27j	2.71k	3.87j	4.28k	3.69l

（5）不同处理对玉米光合作用的影响

干旱是玉米生产的主要非生物限制因素，光合作用是干旱影响玉米生长和代谢的第一环节作物特性，通常以净光合速率、蒸腾速率、气孔导度、胞间 CO_2 浓度作为主要指标来反映基本观测数据，以拔节期（7 月 6 日）、抽雄期（7 月 21 日）和灌浆期（8 月 18 日）获得的实测数据为例，分析不同水分条件下玉米在 9：00—11：00 的叶片净光合速率、蒸腾速率、气孔导度。

膜下滴灌条件下不同处理的玉米在拔节期、抽雄期和灌浆期这三个生育期的净光合速率表现出的规律基本一致，拔节期净光合速率最高，灌浆期的次之，抽雄期的再次之（表 2-21）。玉米在拔节期达到最快的净光合速率，与拔节期快速生长的特点相符，抽雄期、灌浆期的净光合速率相差较小。而在生殖生长阶段，其净光合速率是决定玉米最终产量的重要指标。对比处理 L3、L6、L9、L12 在三个生育期的净光合速率可以发现：灌水次数相同时，增加灌水定额，玉米在拔节期的净光合速率有一个较为明显的增长趋势，此时玉米的生长受水分条件的限制；玉米拔节期净光合速率的增长表现出边际效应递减的规律，说明此时增加灌溉定额并不能提高玉米的水分利用效率；玉米在抽雄期的净光合速率在灌溉定额增加到 400 m³/hm² 以后继续增加灌溉定额，净光合速率出现下降，这可能是受到其他非生物限制因素的影响；玉米在灌浆期的净光合速率基本也随灌水定额增加而增加，处理 L9、L12 的净光合速率十分接近。对比处理 L7、L8、L9 在三个生育期的净光合速率可以发现：当灌溉定额一致时，随着灌水次数的增加，在拔节期的灌水量处理 L7>处理 L8>处理 L9，玉米的净光合速率为处理 L7>处理 L8>处理 L9；在抽雄期，处理 L7、L8 的净光合速率十分接近，处理 L7 已停止灌水，可见抽雄期的净光合速率确实受到水分以外的非生物限制因素的影响；灌浆期同样为玉米生长的需水关键时期，但三个处理的灌溉定额相同，处理 L7、L8 均已停止灌水，此时玉米的净光合速率为处理 L9>处理 L8>处理 L7，可能是因为灌水次数的增加导致此时的单生育期灌水量处理 L9 最多。玉米灌浆期是玉米籽粒形成期，这时候需要水分充足，此时的玉米净光合速率最大，说明灌水次数对各个生育期的灌水量大小进行调整，并影响着玉米的净光合速率。在玉米灌浆期提供充足的水分可提高玉米的光合作用，进而保证玉米的产量。

表 2-21 不同处理下玉米各生育期的净光合速率　　　　　　　单位：μmol/（m²·s）

处理	拔节期	抽雄期	灌浆期
L1	35.090	29.92	28.19
L2	32.119	30.26	30.60
L3	31.709	27.39	32.90
L4	35.860	30.14	24.09
L5	34.610	30.57	23.55
L6	32.490	29.46	30.51
L7	39.080	29.55	30.49
L8	37.210	30.18	33.21
L9	34.990	34.23	34.96
L10	36.220	29.57	32.26
L11	35.150	31.19	34.33
L12	35.540	30.77	34.06
CK	30.380	28.14	32.53

　　图 2-16、图 2-17 为不同处理下玉米各生育期的气孔导度及蒸腾速率，气孔导度与蒸腾速率基本成正比。由于拔节期各处理均灌水，在灌水定额逐步增大的条件下，分析处理 L3、L6、L9、L12、L7、L10，可看出在拔节期，随着灌水定额的增大，玉米的气孔导度、蒸腾速率大体呈增大的趋势，此时增大灌水定额即可增大气孔导度和蒸腾速率，而气孔导度、蒸腾速率并不与玉米净光合速率成正比。因此，在栽培玉米时，需要根据玉米生长的需要调整拔节期灌水量，减少无效的蒸腾作用，从而提高玉米的水分利用效率。在抽雄期、灌浆期，停止灌水处理的气孔导度均比灌水处理的气孔导度要小，但比较接近，这说明在受到干旱的限制后，自身会调节气孔导度以减少水分的散失。对比处理 L7、L8、L9、L12 可以发现，抽雄期、灌浆期均灌水的处理，随着灌水定额的增大，玉米植株在这两个时期气孔导度和蒸腾速率也会随之增大，但差异较小。

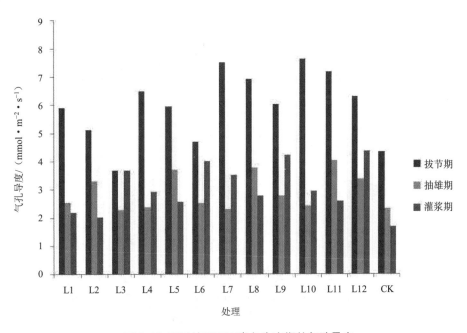

图 2-16　不同处理下玉米各生育期的气孔导度

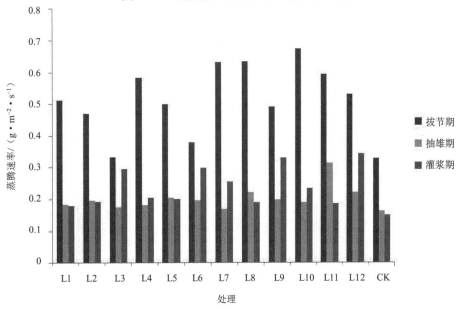

图 2-17　不同处理下玉米各生育期的蒸腾速率

在拔节期，水分对玉米植株的蒸腾有明显的限制作用，减少灌水量即可降低植株的蒸腾速率。在抽雄期、灌浆期，玉米植株的蒸腾速率对水分并不十分敏感，增大灌水量不会明显提高作物的蒸腾速率。因此，在设计作物灌溉制度时，应在拔节期控制过大灌水量以减少无效蒸发，在抽雄期和灌浆期则可增大一些灌水量以提高作物的光合作用。

（6）不同处理对玉米干物质重的影响

干物质重是反映玉米营养状况的重要指标，图2-18表示的是收获时各处理的干物质重。各灌水处理的干物质重均比处理CK高，说明灌水对玉米干物质的积累有明显的促进作用。对比处理L4、L5、L6可以发现，相同灌溉定额下，灌水次数越多，玉米的干物质重越大，说明调整灌水次数，保证抽雄期、灌浆期的水分对玉米累积干物质作用更大。对比处理L3、L6、L9、L12可以发现，相同灌水次数下，增加灌溉定额至400 m³/hm²，玉米的干物质重呈增长趋势，但继续增加灌水定额，干物质重开始下降。可见，在灌溉定额小于400 m³/hm²时，玉米干物质的累积受到水分的限制；而灌溉定额大于400 m³/hm²时，玉米干物质的累积则受到了其他非生物限制因素的影响。

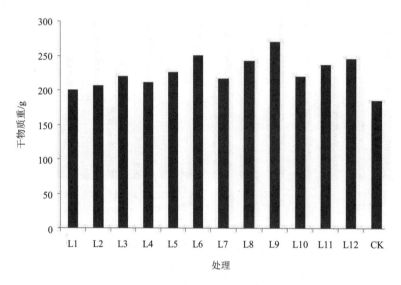

图2-18 不同处理对玉米干物质重的影响

（7）不同处理下玉米各生育期土壤含水率分析

不同处理下农田土壤含水率变化如图2-19、图2-20所示（体积含水率，下同）。由于4月27日至6月17日降雨总量仅为42.3 mm且无效降雨多，在苗期前期，土壤计划湿润层总体含水率较低，为田间持水率的50%～60%。此时，地膜上方无叶片遮挡，阳光直射地膜，地膜增温作用明显，5 cm深度处与25 cm深度处在14:00时温差达到9℃。0～20 cm深度土壤温度较高，表层水分大量蒸发，在地膜上凝结成水珠，加上玉米根系吸水，导致0～20 cm深度土壤含水率较低。20～60 cm土层大量水分向上运动以及降雨入渗浅，使得水分集中在浅层土壤，水分大多被蒸发，此时土壤含水率由浅到深，大体呈先升高后降低再升高趋势。苗期灌水后，各处理不同土层含水率均有上升，含水率曲线均位于处理CK的右边。灌水定额对40～80 cm深度的土壤含水率影响明显，表现为灌水定额越大，土壤含水率越高。0～20 cm表层土壤含水率介于21.00%～24.09%，为田间持水率的65%～75%，能够为作物生长提供较好的水分环境，受蒸发与作物吸水双重作用，与 20~60 cm 土层相比含水率处于相对较低水平。

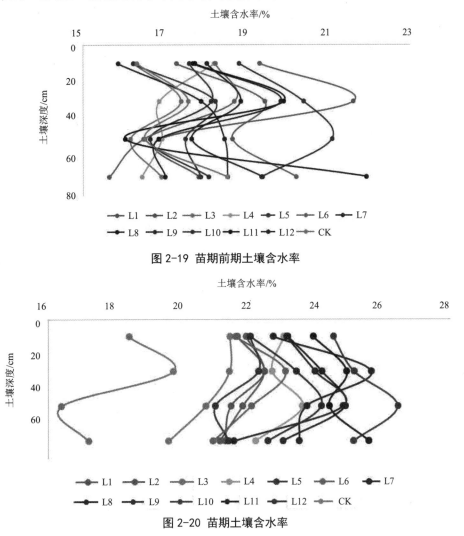

图 2-19 苗期前期土壤含水率

图 2-20 苗期土壤含水率

进入拔节期（图 2-21），由于植株的遮挡作用，阳光无法直射地膜，地膜的增温效果减弱。同时，植株根系生长至 20~40 cm 深度土层内，使得 0~20 cm 土层和 20~40 cm 土层水分变化趋于一致。叶面积的增大和气温的升高使作物蒸腾作用增强，玉米进入快速生长时期，作物需水量增大，40~60 cm 土层含水率也开始降低。处理 L10 含水率最高，而处理 CK 含水率最低，此时土壤含水率由浅到深大体呈升高趋势。

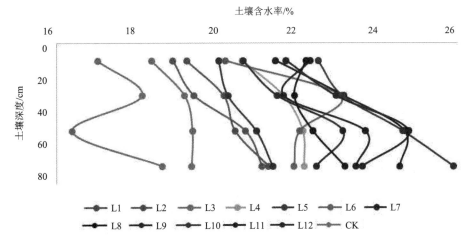

图 2-21 拔节期土壤含水率

到了抽雄期（图 2-22），玉米株高、叶面积等生理指标趋近最大值，根系也趋于最大深度，玉米耗水强度进一步增大。伴随降雨入渗到浅层土壤，0～40 cm 土层含水率比 40～80 cm 土层含水率高，这应是由于降雨较少，导致水分无法入渗到深层土壤。部分停止灌水处理的 60～80 cm 土层含水率由于根系吸水作用开始降低，此时土壤含水率由浅到深,大体呈先升高再降低趋势。

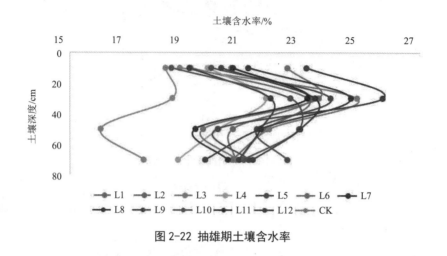

图 2-22 抽雄期土壤含水率

进入灌浆期（图 2-23），连续的降雨为籽粒灌浆提供了充足的水分，同时大量水分向下入渗，此时各停止灌水的处理各土层土壤含水率差异变小，水分集中在 20～60 cm 土层。20～60 cm 土层土壤含水率介于 21.79%～26.57%，均大于田间持水率的 70%，此时停止灌水处理的土壤含水率由浅到深,大体呈升高趋势，灌水处理的土壤含水率由浅到深,大体呈先升高再降低趋势。

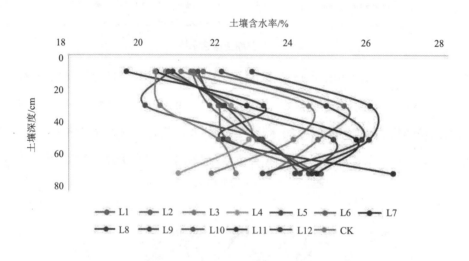

图 2-23 灌浆期土壤含水率

灌浆期灌水后，降雨很少，成熟期土壤含水率（图 2-24）相比灌浆期均有下降，其中表层土壤含水率下降更为明显。灌溉定额为 500 m³/hm² 的三个处理 40～80 cm 土层含水率最高，此时土壤含水率由浅到深大体呈升高趋势。

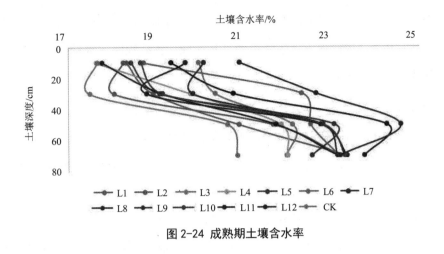

图 2-24 成熟期土壤含水率

（8）不同处理下玉米耗水规律分析

表 2-22 为不同处理下玉米各生育期的耗水量，反映了玉米全生育期生长中的耗水过程，总体趋势是苗期耗水强度较小，拔节期、抽雄期逐渐变大达到峰值，灌浆期又逐渐减小。5 月苗期持续 30 d，时间较长，虽然当地气温较低，植株叶片、高度均很小，但地膜的增温效果加速了植株的生长及植株蒸腾耗水，裸地表面的棵间蒸发占比较大；6 月进入拔节期，持续 32 d，随着气温升高，玉米株高变高，叶片增大，耗水强度也随之增大，此时主要耗水由棵间蒸发转变为植株蒸腾；7 月上旬末进入抽雄期，持续 23 d，此时叶面积达到峰值，耗水量达到了整个生育期的最大值；7 月末进入灌浆期，同样持续 23 d，叶面积逐渐减小，气温逐渐降低，耗水量以及耗水强度逐渐降低。

表 2-22 不同处理下玉米各生育期的耗水量

处理	灌溉定额/ （m³·hm⁻²）	灌水 次数	苗期/ mm	拔节期/ mm	抽雄期/ mm	灌浆期/ mm	成熟期/ mm	总耗水量/ mm
L1	200	2	73.93g	92.47g	104.81b	80.26d	48.61d	400.08e
L2	200	3	72.07i	89.88i	107.34a	79.56e	49.57ab	398.42f
L3	200	4	72.01i	88.91j	93.98d	86.43b	49.24abc	390.57i
L4	300	2	77.04d	95.54f	94.46d	79.65e	49.09bcd	395.78g
L5	300	3	74.62f	91.95h	106.87a	78.04h	49.24abc	400.72d
L6	300	4	73.32h	88.79j	101.12c	78.83fg	46.99f	389.05j
L7	400	2	81.33b	97.75e	93.21e	80.59d	49.72a	402.60c
L8	400	3	76.73d	98.56d	94.10d	79.32ef	49.3abc	398.01f
L9	400	4	84.89a	104.85b	87.75g	88.13a	48.82cd	414.44a
L10	500	2	79.13c	106.85a	89.15f	79.53e	49.64ab	404.3b
L11	500	3	75.59e	100.84c	86.48h	81.35c	47.53e	391.79h
L12	500	4	74.78f	97.38e	87.26g	78.71g	49.26abc	387.39k
CK	0	0	67.87j	82.32k	77.45i	76.16i	48.76cd	352.56l

成熟期前，玉米各生育期的耗水量受灌水定额和灌水次数的影响，差异性显著，且苗期和拔节期的差异比抽雄期、灌浆期更为显著。成熟期玉米生长已经基本完成，各处理间耗水量差值较小，与其余 4 个耗水量差异显著的生育时期相比，差异较小。

（9）不同处理下玉米日耗水强度分析

根据玉米各生育期所消耗的水量和时长，可以得到不同处理下玉米各生育期日耗水强度（表 2-23）。玉米在膜下滴灌条件下，全生育期的日耗水强度介于 2.35～2.76 mm/d，而整个生育期的耗水量呈先增加后减小的趋势。当玉米处在播种、出苗阶段时，虽然玉米植株较小，小区地表大半被地膜覆盖，但由于地膜的增温作用，玉米植株较普通地面灌溉生长发育较快，此时耗水量主要是由于垄沟地表水分的蒸发，日耗水强度为 2.26～2.83 mm/d。在玉米生长进入拔节期后，日耗水强度增加，为 2.57～3.34 mm/d，此时正处于玉米进行营养生长的阶段，株高、茎粗、叶面积快速增长，净光合速率较大，需要大量水分。进入抽雄期后，各生态指标的增长基本趋于最大值，且受到高温天气和灌水的影响，玉米的日耗水量达到最大值，日耗水强度为 3.37～4.67 mm/d。可以看出，拔节期、抽雄期受到高温作用时，需要大量水分供给植株生长发育。进入灌浆期后，随着温度、日照强度、日照时长的减少，日耗水强度逐渐降低，为 3.31～3.83 mm/d。在成熟期，玉米植株几乎停止生长，日耗水强度进一步降低，玉米籽粒逐渐变得饱满，直至收获。

表 2-23 不同处理下玉米各生育期的日耗水强度　　　　　　单位：mm/d

处理	苗期	拔节期	抽雄期	灌浆期	成熟期	日耗水强度
L1	2.46	2.89	4.56	3.49	1.57	2.67
L2	2.40	2.81	4.67	3.46	1.60	2.66
L3	2.40	2.78	4.09	3.76	1.59	2.60
L4	2.57	2.99	4.11	3.46	1.58	2.64
L5	2.49	2.87	4.65	3.39	1.59	2.67
L6	2.44	2.77	4.40	3.43	1.52	2.59
L7	2.71	3.05	4.05	3.50	1.60	2.68
L8	2.56	3.08	4.09	3.45	1.59	2.65
L9	2.83	3.28	3.82	3.83	1.57	2.76
L10	2.64	3.34	3.88	3.46	1.60	2.70
L11	2.52	3.15	3.76	3.54	1.53	2.61
L12	2.49	3.04	3.79	3.42	1.59	2.58
CK	2.26	2.57	3.37	3.31	1.57	2.35

（10）不同处理对玉米水分利用效率的影响

以玉米植株全生育期的田间耗水量作为水分投入量，以实测的玉米植株的产量作为产出量，用产量除以全生育期耗水量所得出的结果即为玉米的水分利用效率。从表 2-24 可以看出，处理 L9 的水分利用效率达到最高的 4.11 kg/m³，相应的产量同样为最大产量，处理 CK 为雨养的处理，但水分利用效率均高出灌溉定额较小的六个处理，而处理 L1 水分利用效率最低，这说明在少量灌水且灌水次数少时，玉米产量虽然会得到一些提高，但却不是最经济的方式。当灌溉次数相同、灌溉定额依次增加，由处理 L3、L6、L9、L12 可知，水分利用效率随着灌溉定额的增加而升高，但在灌溉定额达到 400 m³/hm² 后继续增加灌水，水分利用效率则下降。其原因为灌水不断增加，玉米的产量趋于最大产量，继续增加灌水对玉米的生长没有益处，反而会引起养分向深层土壤迁移等，所以此时的水分利用效率为处理 L9＞处理 L12＞处理 L6＞处理 L3。当灌溉定额相同、灌水次数依次增加，由处理 L7、L8、L9 可知，水分利用效率随着灌水次数的增多而增大，所以保证玉米生殖生长阶段的水分充足确实对玉米产量及水分利用效率的提高有积极意义。此外，处理 L8、L9、L11、L12 的水分利用效率都非常接近，这可能是灌浆期较大的降雨为这 4 个处理都提供了充足的水分，这 4 个处理在前中期玉米供水较为充足的情况下，最后的水分利用效率也十分接近。

表 2-24 不同处理下玉米的水分利用效率

处理	灌溉定额/ （m³·hm⁻²）	灌水次数/ 次	产量/ （kg·hm⁻²）	耗水量/ （m³·hm⁻²）	水分利用效率/（kg·m⁻³）
L1	200	2	14 391.68h	4 000.8	3.60d
L2	200	3	14 656.95g	3 984.2	3.68cd
L3	200	4	14 635.35g	3 905.7	3.75c
L4	300	2	14 934.38f	3 957.8	3.77c
L5	300	3	15 015.38ef	4 007.2	3.75c
L6	300	4	15 183.45e	3 890.5	3.90b
L7	400	2	15 688.35d	4 026.0	3.90b
L8	400	3	16 326.90b	3 980.1	4.10a
L9	400	4	17 034.98a	4 144.4	4.11a
L10	500	2	15 688.35d	4 043.0	3.88b
L11	500	3	15 912.45c	3 917.9	4.06a
L12	500	4	15 838.88cd	3 873.9	4.09a
CK	0	0	13 808.48i	3 525.6	3.92b

（11）水分生产函数模型的建立、求解

玉米水分生产函数反映作物需水量规律，为了进一步探究不同的水分处理对各个生育期的具体影响，此次试验分析在膜下滴灌模式下灌溉定额及灌水次数变化对玉米苗期、拔节期、抽雄期、灌浆期耗水量的影响。

本书借助国内外常用的 Jensen 模型（水分生产函数）进行计算。选取玉米苗期、拔节期、抽雄期及灌浆期 4 个生育期，以玉米这 4 个生育期耗水量及最终产量为计算数据，代入 Jensen 模型中求解，计算结果见表 2-25。

表 2-25 各生育期水分敏感指数及相关系数

试验模型	生育期				相关系数
	苗期	拔节期	抽雄期	灌浆期	
Jensen	0.08	0.14	0.38	0.27	0.973 2

Jensen 模型的水分敏感指数的顺序由大到小为：抽雄期>灌浆期>拔节期>苗期。Jensen 模型的敏感指数 λ 值越大，则表示此时产量受水分影响大；反之，则影响较小。模型的相关系数为 0.973 2，说明模型可以很好地体现玉米各生育期生长发育的耗水规律。综上所述，玉米在苗期对于水分的敏感程度很小，可以适当地减少灌水量，以达到节水的目的，从拔节期开始水分敏感系数逐渐增大，抽雄期达到峰值，然后开始减小。抽雄期至灌浆期的水分敏感指数均超过 0.25，此时是玉米生长的需水关键阶段，可适当增加灌水，以达到增产的目的。

2.2.2.3 讨论与结论

（1）讨论

春旱和春寒是中国东北半干旱地区的典型气候特征，地膜覆盖在苗期有重要的增温保墒作用，保障了较高的出苗率。覆盖地膜能够改善土壤水、热条件，降低土壤水分的无效蒸发和提高地膜内的土壤温度，延长每天作物生长的时间，从而缩短全生育期，提高作物产量，同时实现水分和肥料的高效利用。

在旱地农业的作物生产中，应强调水分的重要性，科学地确定灌溉定额和灌水次数。对于前人研究膜下滴灌条件导致作物出现早衰的问题，更大的原因是在温度提高的同时，维持作物生长需要的水分不足，导致作物生长状况不好。这就说明即使膜下滴灌具有保墒的效果，但科学合理地维持土壤水分以供作物生长仍有重大意义。

本试验在灌浆期突发了连续大雨及暴雨，而地膜隔水和汇水的双重作用造成水平方向上土水势的显著不均衡，膜下滴灌条件下的入渗量及湿润锋运移速率均小于裸地平整地面、地面灌和无膜滴灌等其他下垫面形式对土壤水分的补充作用较弱。同时，由于抽雄期末土壤含水率较低，降雨补充后的土壤含水率与田间持水率相比仍有较大差距。降雨结束后，膜间表层土壤蒸发条件好，导致土壤含水率下降，接近玉米灌浆期适宜生长含水率的下限（田间持水率的 65%）。因此，可以按照试验既定方案进行第四次灌溉。

虽然 2017 年属于丰水年，但由于降雨过于集中，产生了较大径流，降雨没有得到充分利用，渗入土壤中的水量甚至相对平水年都要少。本试验中，玉米在苗期和抽雄期的生长受到降雨的严重制约，其生物性状产生了显著差异。可见，灌溉制度必须充分考虑降水等因素，并在实际操作中做出修正，以促进玉米更好地生长。

李蔚新等研究在膜下滴灌条件下，灌溉定额和灌水次数因素对黑龙江省西部地区玉米生长的影响，延续其膜下滴灌和随水追肥的方式，但减小了灌溉定额水平的差值，将 3 个水平增加为 4 个，因而得到的数据趋势更为明显，该试验的产量随着灌溉定额的增加呈先增大后减小的趋势，与其结果相同。但其灌水 3 次的处理产量最大，与本试验结果中 4 次灌水处理产量更优的结果有偏差，这可能与试验年内的水文年型不同有关。本试验因素交互作用表明，灌溉定额与灌水次数的交互作用都表现为对产量的增加作用，这与其他学者的研究结果一致。范雅君等在研究河套地区玉米膜下滴灌灌溉制度时，同样代入 Jensen 模型计算玉米的水分敏感指数，其数值远远超过本试验求得的结果，其原因可能是试验地的气候及土壤条件差异较大。

膜下滴灌条件下玉米的耗水量与气象条件、土壤水分等情况密切相关。关于进一步研究的建议如下：一是农作物的生育期耗水量因环境因素而产生差异，因此灌水量的设计要与农作物生产年份的降水、气温等气象条件紧密结合；二是关于优化设计灌溉制度，需要积累更多水文年型下的玉米生长和土壤环境的相关数据，最终通过算法和模型进行调整。

（2）结论

①灌溉定额相同条件下，在抽雄期、灌浆期增加灌水，减少玉米前中期的灌水量，调整更多水分到玉米的生殖生长阶段。此时，灌水次数较少的处理在营养生长阶段的株高、茎粗、叶面积、净光合速率等指标均优于灌水次数较多的处理。而在玉米的生殖生长阶段，灌水次数较少的处理开始受到水分条件的限制，在各项指标上接近或劣于灌水次数较多的处理。除净光合速率外，各灌溉定额相同处理的最终生物性状指标相差不大；灌水次数相同的情况下，灌溉定额从 200 m³/hm² 增加至 400 m³/hm² 时，玉米的株高、茎粗、叶面积、净光合速率各项指标均增长，且增长趋势由平缓趋向陡增。继续增加灌溉定额，各项指标均略有下降。

②玉米收获时的干物质重在相同灌溉定额条件下随灌水次数增加而增加，灌溉定额为 200 m³/hm² 和 500 m³/hm² 时，其各自的三个处理之间差距较小；而灌溉定额为 300 m³/hm² 和 400 m³/hm² 时，其各自的三个处理之间差距较大。在灌水次数相同的条件下，玉米收获时的干物质重基本随灌溉定额的增大而增大，但灌溉定额超过 400 m³/hm² 时，干物质重出现下降。

③玉米各生育期内 0～20 cm 土层水分受蒸发和作物吸水双重作用，特别是膜下滴灌条件下，作物生长耗水和蒸发作用更加剧烈，浅层土壤含水率较低，而 20～80 cm 土层基本处于犁底层及以下，土壤含水率相对较高，土壤水分容易集中在 20～40 cm 和 60～80 cm 土层。

④在黑龙江省西部膜下滴灌条件下，玉米灌溉定额为 400 m³/hm²、灌水次数为 4 次时，各生物性状指标较优，产量达到最大的 17 034.98 kg/hm²，其水分利用效率达到最大的 4.11 kg/m³，膜下滴灌是经济合理的灌溉制度。

2.2.3 基于 CropWat 模型的黑龙江省西部玉米需水量及喷灌、膜下滴灌灌溉制度研究

2.2.3.1 材料与方法

（1）试验设计

试验地点位于黑龙江省肇州灌溉试验站。研究区主要使用喷灌和膜下滴灌 2 种灌溉方式。膜下滴灌采用大垄双行种植，种植模式为 1 膜 1 管 2 行布置，垄宽 130.0 cm，垄上行距 50.0 cm，株距 20.0 cm，农膜宽度 130.0 cm。喷灌采用移动式喷灌设备和大型喷灌机，单垄种植，垄宽 65.0 cm，株距 26.6 cm。气象数据为 1988—2015 年肇州站的逐日气象数据，主要包括最高气温、最低气温、平均相对湿度、风速、日照时数、降水量等。数据来源于中国气象科学数据中心（http: //data.cma.cn/site/）。

（2）模型参数和计算方法

①作物需水量。

本试验中作物的需水量采用 FAO（联合国粮食及农业组织）推荐的公式计算，根据玉米不同生长阶段的作物系数可以计算得到玉米的需水量，公式为：

$$ET_c = K_c \times ET_0 \tag{2-20}$$

式中：ET_c——作物需水量，mm/d;

K_c——作用系数;

ET_0——参考作物需水量，mm/d。

②作物生长发育阶段。

本试验采用单作物系数法计算玉米需水量，作物系数分别为 $K_{c\,ini}$、$K_{c\,mid}$ 和 $K_{c\,end}$。FAO-56 将作物生育期划分为：生长初期（L_{ini}，即从播种到作物地面覆盖率约为 10%）、快速发育期（L_{dev}，即从地面覆盖率 10% 到充分覆盖）、生长中期（L_{mid}，即从充分覆盖到成熟期开始）、生长后期（L_{late}，即从叶片开始变黄到成熟）和成熟期（L_{end}，或收获）。

农膜有提高土壤温度和保墒的作用，可有效促进玉米发育，膜下滴灌条件下的玉米生育期比喷灌短。利用相关数据进行生育时段的确定及不同灌溉方式下的作物系数的计算。玉米各生育期划分及 K_c 值见表 2-26。

表 2-26 玉米各生育期划分及 K_c 值

灌溉方法	项目	L_{ini}	L_{dev}	L_{mid}	L_{late}
	日期	5 月 3 日—6 月 9 日	6 月 10 日—7 月 23 日	7 月 24 日—8 月 17 日	8 月 18 日—9 月 16 日
膜下滴灌	历时/d	38	44	25	30
	K_c	0.25	—	1.12	0.35
喷灌	历时/d	38	45	27	34
	K_c	0.30	—	1.17	0.35

③土壤参数。

根据田间试验取样结果获取土壤参数，0～100 cm 土层主要为壤质土，TAW 为 180 mm/m，最大降水入渗率为 40 mm/d，初始土壤含水率为 124 mm/m。

④有效降水的计算。

模型中有效降水量的计算采用美国农业部土壤保持局（USDA Natural Resources Soil Conservation Service）推荐的方法计算，公式为：

$$P_{\text{eff(dec)}} = \begin{cases} [P_{\text{dec}} \times (125 - 0.6 \times P_{\text{dec}})]/125 & P_{\text{dec}} \leqslant (250/3) \text{ mm} \\ (125/3) + 0.1 \times P_{\text{dec}} & P_{\text{dec}} > (250/3) \text{ mm} \end{cases} \tag{2-21}$$

式中：$P_{\text{eff (dec)}}$——旬有效降水量，mm；

P_{dec}——旬降水量，mm。

对于旱田作物，各生育阶段灌溉需水量等于作物需水量与有效降水量的差值，若该时期内有效降水量大于作物需水量，则不需要灌溉。生育期内总灌溉需水量等于各生育阶段灌溉需水量之和。

⑤灌溉需水量。

$$I_{\text{r}} = \max\left(\sum_{i=1}^{n} ET_{\text{c}} - \sum_{i=1}^{n} P_{\text{e}}0 \right) \tag{2-22}$$

式中：n——生育阶段内天数，d；

ET_{c}——作物需水量，mm/d；

P_{e}——有效降水量，mm/d；

I_{r}——需要补充的灌溉量，mm。

（3）典型年降雨设计

采用 CropWat 8.0 用户手册推荐方法对年降水数据进行降序排列，通过经验频率计算公式计算并绘制对数正态分布图，得到特枯水年（$P=95\%$）、枯水年（$P=75\%$）、平水年（$P=50\%$）和丰水年（$P=25\%$）的降水量分别为 351.32 mm、379.77 mm、428.65 mm、512.16 mm。不同水平年月降水量见表 2-27。

表 2-27 不同水平年月降水量　　　　单位：mm

月份	1 月	2 月	3 月	4 月	5 月	6 月	7 月	8 月	9 月	10 月	11 月	12 月	全年
多年均值	1.76	2.35	6.24	17.88	37.79	83.54	134.90	105.85	40.79	18.69	6.36	3.69	459.84
丰水年均值	1.96	2.62	6.95	19.91	42.09	93.05	150.25	117.90	45.43	20.81	7.08	4.11	512.16
平水年均值	1.64	2.19	5.82	16.66	35.23	77.88	125.75	98.67	38.02	17.42	5.93	3.44	428.65
枯水年均值	1.46	1.94	5.15	14.76	31.21	69.00	111.41	87.43	33.69	15.43	5.25	3.04	379.77
特枯水年均值	1.35	1.80	4.77	13.66	28.87	63.82	103.06	80.87	31.16	14.28	4.86	2.82	351.32

（4）气候倾向率

采用最小二乘法，将气象要素变化趋势用一次线性方程表示，即

$$\hat{Y}_i = a \times t + b \tag{2-23}$$

式中：Y_i——要素的拟合值；

$\quad\quad t$——对应年份；

$\quad\quad a$，b——回归系数。

（5）Mann-Kendall 趋势检验法

Mann-Kendall 趋势检验法作为一种非参数统计检验方法，能够很好地揭示时间序列的变化趋势，对于非正态分布的气象数据具有更加突出的适应性。其统计变量 Z 的正负表示数据变化趋势，Z 的绝对值在大于等于 1.28、1.64、2.32 和 2.56 时，分别表示通过信度为 90%、95%、99% 和 99.9% 显著性检验。Mann-Kendall 趋势检验法通过计算 UF_k 和 UB_k 两个统计量，并绘制两变量的曲线图，可分析得到数据序列的变化趋势和突变点。

2.2.3.2 结果与分析

（1）多年气象因素变化

利用 Mann-Kendall 趋势检验法对玉米生长期内气象因素进行趋势分析（表 2-28）。平均最低温度、平均最高温度、平均相对湿度和降水量在生长期内均呈先增大后减小趋势，平均风速和日照时数呈先减小后增大趋势。各月平均最高温度和平均最低温度均呈增加趋势。平均相对湿度除了 9 月份有降低趋势外，其他月份呈略微增加趋势。各月平均风速均呈减小趋势，5 月平均风速在 0.05 显著性水平上以每 10 年 0.3 m/s 的速率递减，6 月和 9 月在 0.1 显著性水平上减小。除 5 月外，各月日照时数呈增加趋势，7 月和 9 月分别以每 10 年 16.88 h 和 17.59 h 的速率显著增加。5 月和 6 月降水量呈增加趋势，7 月、8 月和 9 月降水量呈降低趋势。其中，9 月降水量以每 10 年 15.27 mm 的速率减小，并通过 0.1 的显著性水平检验。玉米生长期内，平均最高温度和平均最低温度显著升高，平均风速显著降低。降水量的气候倾向率达到每 10 年-21.7 mm，8 月各气象要素变化均不明显。

表 2-28 玉米生长期内气象因素趋势分析

月份	项目	最低温度	最高温度	相对湿度	风速	日照时数	降水量
5 月	平均值	9.23℃	21.75℃	50.71%	4.11 m·s⁻¹	279.90 h	41.90 mm
	Z 值	2.84***	0.20	1.01	−2.47**	0.38	1.13
	气候倾向率	0.82	0.15	2.52	−0.30	−4.16	10.60
6 月	平均值	15.85℃	26.99℃	62.96%	3.21 m·s⁻¹	262.16 h	87.98 mm
	Z 值	2.88***	1.24	−0.08	−1.94*	0.14	−0.04
	气候倾向率	0.91	0.54	0.26	−0.22	0.75	3.16
7 月	平均值	18.78℃	28.02℃	77.43%	2.64 m·s⁻¹	241.90 h	132.77 mm

续表

月份	项目	最低温度	最高温度	相对湿度	风速	日照时数	降水量
7 月	Z 值	0.73	0.26	0.24	−0.93	1.60*	−0.81
	气候倾向率	0.19	0.03	0.18	−0.06	16.88	−14.63
8 月	平均值	16.83℃	26.96℃	77.71%	2.40 m·s⁻¹	250.84 h	94.87 mm
	Z 值	0.99	0.04	0.28	−0.43	0.47	−0.36
	气候倾向率	0.29	0.05	0.37	−0.03	4.85	−5.55
9 月	平均值	9.11℃	21.73℃	68.36%	2.80 m·s⁻¹	253.74 h	38.48 mm
	Z 值	1.11	2.83***	−1.13	−1.72*	2.00*	−2.15*
	气候倾向率	0.33	0.77	−1.43	−0.12	17.59	−15.27
生长期	平均值	13.98℃	25.10℃	67.46%	3.03 m·s⁻¹	1 288.23 h	395.99 mm
	Z 值	3.30***	1.96*	0.51	−2.15*	0.93	−0.73
	气候倾向率	0.51	0.30	0.39	−0.15	36.05	−21.70

注：*，**和***分别表示在 0.1、0.05 和 0.01 水平上差异性显著。

（2）玉米需水量、有效降水量和灌溉需水量变化

玉米需水量、有效降水量和灌溉需水量趋势分析见表 2-29。生长期内玉米需水量以每 10 年 8.72 mm 的速率增长，变化范围为 374.7～537.0 mm，平均值为 444.2 mm。玉米生长初期需水量变小，生长后期需水量变大，这可能是由于前期风速变小，后期温度升高和日照时数变大共同作用的结果。不同年份玉米各月需水量变化范围较大，7 月需水量变化范围和气候倾向率最大，其极差为 75.6 mm，气候倾向率为每 10 年 2.38 mm。

表 2-29 玉米需水量、有效降水量和灌溉需水量趋势分析

月份	项目	作物需水量	有效降水量	灌溉需水量
5 月	变化范围/mm	33.1～59.1	10.1～84.5	0～45.3
	平均值/mm	45.98	33.11	21.89
	Z 值	−0.38	1.26	−0.71
	气候倾向率/（mm·10⁻¹·a⁻¹）	−1.16	7.54	−2.85
6 月	变化范围/mm	43.8～82.1	15.4～126.9	0～63.1
	平均值/mm	64.36	67.55	23.42
	Z 值	0.00	−0.04	−0.57
	气候倾向率/（mm·10⁻¹·a⁻¹）	−0.37	1.81	−2.02
7 月	变化范围/mm	95.2～170.8	36.9～170.7	0～120.1
	平均值/mm	128.77	90.06	54.59

续表

月份	项目	作物需水量	有效降水量	灌溉需水量
7月	Z 值	0.71	−1.07	0.85
	气候倾向率/（mm·10^{-1}·a^{-1}）	2.38	−1.17	8.49
8月	变化范围/mm	113.7～165.5	18.8～106.7	33.2～134.3
	平均值 mm	140.05	66.52	76.74
	Z 值	−0.32	0.24	−0.97
	气候倾向率/（mm·10^{-1}·a^{-1}）	0.02	3.73	−6.99
9月	变化范围/mm	47.2～80.7	1.2～71.8	0～73.3
	平均值/mm	59.77	28.64	37.00
	Z 值	1.13	−1.76*	1.15
	气候倾向率/（mm·10^{-1}·a^{-1}）	1.80	−9.08	4.94
生长期内	变化范围/mm	374.7～537.0	164.6～383.9	95.2～400.9
	平均值/mm	444.20	285.90	217.41
	Z 值	0.53	−0.65	0.24
	气候倾向率/（mm·10^{-1}·a^{-1}）	8.72	−7.65	5.90

由于多年降水量影响，生长期内不同年份玉米各月有效降雨量变化范围较大。5月有效降雨量以每10年7.54 mm 的速率增长，而9月有效降雨量以每10年9.08 mm 的速率在0.05水平上显著降低，这种趋势可能会引起玉米生长后期的干旱。生长期内有效降水量总体呈减小趋势，其变化范围为164.6～383.9 mm。灌溉需水量和有效降水量两者呈互补关系。除8月外，其他各月灌溉需水量最小值均为0，说明在8月对玉米进行灌溉十分必要。生长期内玉米平均灌溉需水量为217.41 mm。

对玉米需水量进行突变分析，由图2-25中的UF曲线可以看出，从1988年到1995年，除个别年份（1989年和1990年）外，UF值都小于0；1995年以后，UF值都大于0。说明玉米需水量经历了小幅下降后，从1995年开始呈现明显的上升趋势。通过观察UF曲线和UB曲线的交点，发现玉米的需水量变化趋势于1990年、1993年和2013年出现了突变。

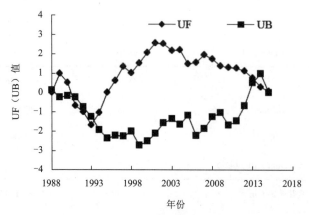

图 2-25 1988—2015 年玉米需水量突变的 Mann-Kendall 检验

（3）玉米需水量与气象因素的相关性分析

对玉米生长期内需水量、有效降雨量和灌溉需水量与气象因素的相关性分析，由表 2-30 可知，玉米需水量、灌溉水量与平均最高温度、平均风速和累计日照时数呈显著正相关，与平均相对湿度和累计降水量呈显著负相关。有效降雨量与平均最高气温和累计日照时数呈显著负相关，与平均相对湿度和累计降雨量呈显著正相关，与平均风速相关性较差。需水量、有效降雨量和灌溉需水量均与平均最低温度的相关性不显著。

表 2-30 生育期作物需水量与气象因素相关性分析

项目	平均最低温度	平均最高温度	平均相对湿度	平均风速	累计日照时数	累计降雨量
作物需水量	0.016	0.727**	−0.871**	0.569**	0.849**	−0.843**
有效降雨量	0.097	−0.568**	0.747**	−0.357	−0.748**	0.921**
灌溉需水量	−0.146	0.552**	−0.755**	0.388*	0.648**	−0.836**

注：*，**分别表示在 0.1、0.05 水平上差异性显著。

玉米需水量受平均最高温度、平均相对湿度、平均风速、累计日照时数和降水量影响较大。由表 2-30 可知，玉米生长期内上述气象因素中只有平均最高温度和平均风速显著变化，平均最高温度以每 10 年 0.30℃的速率显著增加，平均风速以每 10 年-0.15 m/s 的速率显著减小，两者均与需水量呈显著正相关。温度和风速会共同影响作物蒸腾蒸发，温度升高会导致作物蒸腾蒸发量的增加，而风速减小会减缓田间大气流动，从而减小作物蒸腾蒸发量。平均最高温度的相关系数大于平均风速，进一步说明了玉米需水量的增加趋势受平均最高温度影响最大，其次为平均风速。

（4）不同降雨年型玉米需水量

选取与典型年降雨量相近的年份作为代表年，利用其气象数据进行玉米需水量的计算。按照选取最不利的年份作为典型年的原则，分别选取 2007 年、2004 年、2010 年和 1992 年代表特枯水年、枯水年、平水年和丰水年。如图 2-26 所示，4 种不同降水年型条件下玉米需水量呈先增大后减小趋势。

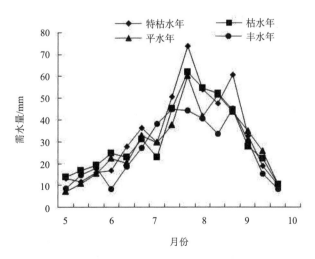

图 2-26 不同降雨年型条件下玉米需水量变化

气候因素的差异导致玉米生长期内不同降水代表年玉米需水量差异较大，特枯水年、枯水年、平水年和丰水年的需水量分别为 500.3 mm、470.8 mm、442.8 mm 和 395.4mm。其中，播种到苗期、拔节期和成熟期阶段需水量差异较小，在抽雄期、灌浆期需水量差异较大，基本表现为特枯水年>枯水年>平水年>丰水年。播种到苗期植株较小，需水量较小，主要为棵间蒸发，其需水量为 49.4～74.9 mm，占需水总量的8.6%～13.1%。拔节期玉米植株生长速度较快，随着气温不断升高，蒸腾作用占主导地位，作物需水量有所增加，为 76.8～93.5 mm，占需水总量的 15.4%～18.7%。抽雄期不同降水年型需水量差异较大，其需水量为 89.2～124.5 mm，占需水总量的 17.8%～24.9%。灌浆期玉米需水量达到高峰，不同降水年型需水量差异也达到最大，需水量为 119.2～162.6 mm，占需水总量的 23.8%～32.5%。成熟期气温降低，叶片逐渐枯萎，玉米需水量变小，不同降水年型间需水量差异减小，需水量范围为 53.7～61.8 mm，占需水总量的13.9%～16%。分析可知，越是降雨少的年份，玉米的需水量越大，这种需水量的差异在抽雄期和灌浆期表现得最明显。

（5）灌溉制度的制定

运用 CropWat 8.0 对玉米灌溉制度进行模拟。当灌溉方式为喷灌时，计划模拟湿润层深度在生长初期为 0.3 m，生长中期和后期为 0.6 m。考虑到适宜玉米生长的土壤含水率为 FC 的 0.55～0.80，故当含水率达到下限时进行灌水，补灌至田间持水量的 80%。根据《喷灌工程技术规范》（GB/T 50085—2007）的要求，管道系统水利用系数 η_G 取 0.95，结合表 2-28 中玉米生长期内的平均风速，田间喷洒水利用系数 η_P 取0.87，故此次模拟取田间喷灌灌溉水利用系数 η=0.83。当灌溉方式为膜下滴灌时，计划模拟湿润层深度在生长初期为 0.3 m，生长中期和后期为 0.5 m。土壤湿润比为 65%。灌溉水利用系数取 0.95。

模拟不同降水年型喷灌和膜下滴灌灌溉制度，结果见表 2-31。由于丰水年不需要灌溉，所以在表中没有列出。喷灌条件下，特枯水年、枯水年和平水年的灌溉净定额分别为 187.4 mm、125.4 mm 和 49.2 mm，灌溉次数分别为 4 次、3 次和 1 次。膜下滴灌条件下，特枯水年、枯水年和平水年的灌溉净定额分别为 163 mm、95.6 mm 和 35.8 mm，灌溉次数分别为 5 次、3 次和 1 次。两种灌溉方式下灌溉制度的不同主要是由于两种方式下作物系数和对应的作物生育阶段长短不同，以及计划湿润层及灌溉湿润比不同而造成的。

表 2-31 不同降水年型喷灌和膜下滴灌灌溉制度

降雨年型	喷灌			膜下滴灌		
	灌溉日期	灌水净定额/ mm	灌水毛定额/mm	灌溉日期	灌水净定额/mm	灌水毛定额/mm
特枯水年	6 月 21 日	39.7	47.8	6 月 22 日	28.6	30.1
	7 月 26 日	49.3	59.4	7 月 22 日	36.0	37.9
	8 月 12 日	49.4	59.5	8 月 1 日	33.4	35.2
	8 月 30 日	49.0	59.0	8 月 20 日	32.5	34.2
				9 月 2 日	32.5	34.2
合计		187.4	225.7		163.0	171.6

续表

降雨年型	喷灌			膜下滴灌		
	灌溉日期	灌水净定额/mm	灌水毛定额/mm	灌溉日期	灌水净定额/mm	灌水毛定额/mm
枯水年	5 月 22 日	29.5	35.6	6 月 12 日	26.9	28.3
	8 月 1 日	47.6	57.3	8 月 1 日	36.3	38.2
	8 月 22 日	48.3	58.2	8 月 20 日	32.4	34.1
	合计	125.4	151.1		95.6	100.6
平水年	8 月 22 日	49.2	59.3	8 月 21 日	35.8	37.7
	合计	49.2	59.3		35.8	37.7

根据表 2-28 可知，该试验区 5 月风速大，日照时数较长，降水量较小，较高的土壤含水率可以保证种子发芽、出苗，若此时发生干旱，应该及时进行适当的补充灌溉，达到提高出苗率、壮苗的效果。膜下滴灌可以减少棵间蒸发，有效地避免春季干旱。拔节期需水量较低，降雨增加，玉米需水与有效降雨耦合度较高，此时可利用膜下滴灌进行追肥和适量的补水，促进茎叶生长和植株的分化。抽雄期玉米需水达到高峰，有效降雨量也最大，但需水与有效降雨耦合度开始降低，玉米开始开花授粉，籽粒逐渐形成，抽雄期土壤含水率应该保持在田间持水量的 70%～80%。灌浆成熟期为玉米籽粒形成最关键的时期，若此时水分供应不足，将会导致籽粒干瘪，产量降低。

在平水年，喷灌和膜下滴灌应在 8 月下旬灌浆期进行补充灌溉。在枯水年，喷灌应在苗期、抽雄期和灌浆期进行，膜下滴灌应在拔节期、抽雄期和灌浆期进行。在特枯水年，喷灌和膜下滴灌应在拔节期、抽雄期和灌浆期进行，膜下滴灌比喷灌在灌浆期多灌水 1 次。特枯水年和枯水年喷灌在抽雄期和灌浆期的灌水量分别占灌溉定额的 78.82% 和 76.48%，膜下滴灌在抽雄期和灌浆期的灌水量分别占灌溉定额的 82.45% 和 71.86%。说明为了确保玉米稳产、高产，特枯水年和枯水年在抽雄期和灌浆期的补充灌溉是必需的。

2.2.3.3 讨论与结论

（1）讨论

有很多学者利用 CropWat 8.0 模型对各种作物的需水量和灌溉制度进行了模拟和优化，如郭金路等利用 CropWat 8.0 模型提出了辽宁阜新地区不同降水年型下春玉米的灌溉制度；徐冰等利用 CropWat 8.0 模型对拉萨地区燕麦灌溉制度进行了优化；陈震等利用 CropWat 8.0 模型计算提出了适宜黄河灌区的冬小麦的灌溉制度。当土壤水分消耗到土壤易被吸收的有效水量下限时进行灌水，补灌至田间持水量。这种灌溉方法并未考虑到不同生长期的适宜作物土壤含水率范围，补灌至田间持水量会引起作物"奢侈"蒸腾，减缓作物根系的呼吸作用，影响作物生长，有可能会造成玉米的倒伏，影响产量，也可能会影响补灌后作物对降雨的利用。土壤处于过高的含水率时，降雨会造成土壤水的渗漏和径流损失，造成降雨和灌溉水资源的浪费。另外，以上研究也未提及适应其灌溉制度的灌溉方式。本试验制定玉米灌溉制度时考虑了适应作物生长的土壤水范围，由于喷灌机械化程度高、使用方便，将喷灌灌溉上限设定为 F_c 的 80%。同时，考虑到膜下滴灌为局部灌溉且自动化程度高，可对植物根系进行精确灌溉，将土壤湿润比设定为 65%，考虑到覆膜可以有效利用土壤深层储水，将玉米中期和后期土壤湿润层深度设定为 50 cm，比喷灌浅 10 cm。本试验同时考虑了覆膜条件下玉米各生长时期的变化和 K_c 的变化并对其进行了校正，使得模拟结果更精确。

根据《黑龙江省地方用水定额》（DB23/T 727—2017）的标准，肇州县位于黑龙江省灌溉分区松嫩低平原区（I1），该区枯水年玉米喷灌灌溉净定额为 96～126 mm，平水年玉米喷灌灌溉净定额为 66～96 mm。本次模拟的枯水年玉米喷灌灌溉净定额为 125.4 mm，平水年玉米喷灌灌溉净定额为 49.2 mm。枯水年玉米喷灌灌溉净定额处于该标准范围内，但略高，这可能与最不利年份的选取有关，越是降雨不利的年份，作物需水量越高，导致灌溉定额越高。本试验平水年喷灌灌溉净定额比该标准平水年玉米灌溉净定额最小值还少 16.8 mm，这可能是本试验在制定喷灌灌溉制度时，将灌水上限设定为 F_c 的 80%，这种灌溉方法为玉米生长提供了更有利的土壤水环境并减小了灌溉定额。李蔚新等在相同研究区的试验结果表明膜下滴灌灌溉毛定额为 45 mm、灌水 3 次是比较合理的灌水模式。2015 年（丰水年），聂堂哲等在相同研究区进行膜下滴灌水肥耦合试验，结果表明灌溉毛定额为 20 mm，灌水 3 次时玉米可获得较高产量。在本试验中，平水年玉米膜下滴灌灌溉毛定额为 37.7 mm，灌水次数为 1 次。由于膜下滴灌技术是一项水肥一体化技术，肥料需要随灌溉水输送到植株根部，因此玉米追肥也需要进行适量灌溉。本次模拟只考虑了玉米根层水量平衡，没有考虑水肥一体化的因素，导致模拟的平水年玉米膜下滴灌灌溉毛定额和灌水次数小于试验结果。在丰水年且玉米不存在水分亏缺的情况下，膜下滴灌同样要进行 3 次灌溉，来保证肥料随水直接进入作物根部，避免肥料浪费，提高水肥利用效率。

（2）结论

通过对多年气象因素、玉米需水量、有效降水量和灌溉需水量的变化趋势分析和相关性分析，得出如下结论：

①玉米生长期内，除 8 月外，各月气象因素均出现显著变化，呈温度升高，风速变小，降水量减少的趋势。受温度、风速和日照时数变化的影响，玉米生长初期需水量变大，生长后期需水量变小。玉米需水量受最高温度和平均风速影响，以每 10 年 8.72 mm 的速率增长，生长期内有效降雨以每 10 年 7.65 mm 的速率减小。

②不同降水年型的玉米需水量差异较大，特枯水年、枯水年、平水年和丰水年的需水量分别为 500.3 mm、470.8 mm、442.8 mm 和 395.4mm。越是降水少的年份，玉米的需水量越大，这种需水量的差异在抽雄期和灌浆期表现得最明显，作物需水与有效降雨的耦合度越小。

③在平水年，喷灌和膜下滴灌应在 8 月下旬灌浆期进行补充灌溉。在枯水年，喷灌应在苗期、抽雄期和灌浆期进行灌溉，膜下滴灌应在拔节期、抽雄期和灌浆期进行灌溉。在特枯水年，喷灌和膜下滴灌应在拔节期、抽雄期和灌浆期进行灌溉，膜下滴灌比喷灌在灌浆期多灌水 1 次。特枯水年和枯水年喷灌在抽雄期和灌浆期的灌水量分别占灌溉定额的 78.82%和 76.48%，膜下滴灌在抽雄期和灌浆期的灌水量分别占灌

溉定额的 82.45% 和 71.86%。

④由田间试验研究结果及较高灌溉水平综合分析确定，喷灌条件下，特枯水年、枯水年和平水年的灌溉净定额分别为 150 mm、100 mm 和 40 mm，灌溉次数分别为 4 次、3 次和 1 次。膜下滴灌条件下特枯水年、枯水年和平水年的灌溉净定额分别为 140 mm、80 mm 和 40 mm，灌溉次数分别为 5 次、3 次和 1 次。为了确保玉米稳产、高产，特枯水年和枯水年在苗期、拔节期、抽雄期和灌浆期应及时进行补充灌溉。

2.2.4 喷灌、膜下滴灌玉米灌溉模式实施规程

2.2.4.1 模式适用范围

喷灌、膜下滴灌玉米灌溉模式适用于东北半干旱半湿润地区的玉米种植区。采用喷灌模式要求地形平坦、集中连片的大块土地，单井出水量在 30 m³/h 以上，耕地田面上无电杆、排水沟等障碍物。

2.2.4.2 整地技术

喷灌：起小垄，垄距 65 cm，及时镇压。垄高 15～18 cm，土碎无坷垃，无秸秆；垄距均匀一致。

膜下滴灌：起平头大垄，垄距 1.3～1.4 m，及时镇压。大垄垄台高 15～18 cm；大垄垄台宽≥90 cm；大垄垄面平整，土碎无坷垃，无秸秆；大垄整齐，到头到边；大垄垄距均匀一致；大垄垄向直，百米误差≤5 cm。

2.2.4.3 种植技术

喷灌：日平均气温稳定超过 10℃（连续 5 d），或 5～10 cm 地温稳定在 10～12℃（连续 5 d）时播种，种植密度 3 500～4 000 株/亩。配套卷盘式喷灌机组的地块，每隔 60～70 m 种植 6～10 条矮棵作物作为喷灌机组运行通道。出苗前封闭灭草，拔节期前后喷施叶面肥 1～2 次并及早掰除分蘖，抽雄前 7～10 d 用化控剂喷雾 1 次，10 月 5 日后开始收获。

膜下滴灌：4 月下旬机器播种、施肥、铺带、覆膜，膜宽 130 cm。膜上玉米行距 40 cm，种植密度 4 500～5 000 株/亩。3～5 叶期进行苗后除草，6～8 叶期喷施化控剂，预防倒伏。

2.2.4.4 田间施肥技术

喷灌施肥：结合整地亩施磷酸二铵 12 kg、尿素 14 kg、硫酸钾 17.5 kg，拔节期每亩追施尿素 14 kg。

膜下滴灌施肥：结合整地亩施磷酸二铵 12 kg、尿素 14 kg、硫酸钾 17.5 kg，拔节期每亩追施尿素 7 kg，抽雄期每亩追施尿素 7 kg。

2.2.4.5 灌水技术

喷灌灌水技术：特枯水年、枯水年和平水年的灌溉净定额分别为 150 mm、100 mm 和 40 mm，灌溉次数分别为 4 次、3 次和 1 次。特枯水年和枯水年在苗期、拔节期、抽雄期和灌浆期视土壤墒情应及时进行补充灌溉。

膜下滴灌灌水技术：膜下滴灌条件下特枯水年、枯水年和平水年的灌溉净定额分别为 140 mm、80 mm 和 40 mm，灌溉次数分别为 5 次、3 次和 2 次。在苗期、拔节期、抽雄期和灌浆期视土壤墒情及时进行补充灌溉。其中，在拔节期、抽雄期应结合追肥需要各滴灌 1 次，每次随水亩施尿素 7 kg。

2.3 玉米节水稳产调亏灌溉模式研究

2.3.1 玉米节水稳产调亏灌溉模式

2.3.1.1 材料与方法

（1）试验设计

试验区选择在黑龙江省水利科学研究院综合试验基地。试验在移动式防雨棚内进行，供试土壤为壤土，玉米品种为"东福 1 号"，种于内径为 50 cm、深度 95 cm 的测筒内，为避免测筒内部土壤与外部进行水分交换，故将测筒设计为圆形有底且内部土壤表面与田间地面齐平。本试验共有 20 个处理，每个处理重复 3 次，共 60 个测筒。试验采用对比的方法，分别于 2014 年 4 月 28 日和 2015 年 4 月 30 日播种，每个测筒播种 5 粒，出苗后至三叶一心期定苗 1 株，开始进行水分调亏。每天上午 8：00 对各个测筒内玉米的实际耗水量采用精度为 0.05 kg 的电子吊秤进行测定。当各测筒土壤相对含水率低于设计控制下限水平时，用量杯补水到设计控制上限水平，记录各测筒每次灌水量。底肥 412 kg/hm^2，其中，尿素与磷酸二铵的比例为 2：1。试验处理方案详见表 2-32（表中各水分处理的百分比均为占田间持水量的百分比；处理 19 作为对照处理；处理 20 为充分灌溉，耗水量为蒸发蒸腾量）。

表 2-32 玉米不同生育期调亏灌溉水分实验处理方案 单位：%

处理编号	处理名称（调亏时期与程度）	苗期	拔节期	抽雄期	灌浆期
1	苗期重度	50～60	70～80	70～80	70～80
2	苗期中度	55～65	70～80	70～80	70～80
3	苗期轻度	60～70	70～80	70～80	70～80
4	拔节期重度	70～80	50～60	70～80	70～80
5	拔节期中度	70～80	55～65	70～80	70～80
6	拔节期轻度	70～80	60～70	70～80	70～80
7	抽雄期重度	70～80	70～80	50～60	70～80
8	抽雄期中度	70～80	70～80	55～65	70～80
9	抽雄期轻度	70～80	70～80	60～70	70～80
10	灌浆期重度	70～80	70～80	65～75	50～60
11	灌浆期中度	70～80	70～80	65～75	55～65

续表

处理编号	处理名称 （调亏时期与程度）	苗期	拔节期	抽雄期	灌浆期
12	灌浆期轻度	70～80	70～80	65～75	60～70
13	苗期、拔节期重度	50～60	50～60	65～75	70～80
14	苗期、拔节期中度	55～65	55～65	65～75	70～80
15	苗期、拔节期轻度	60～70	60～70	65～75	70～80
16	全生育期重度	50～60	50～60	50～60	50～60
17	全生育期中度	55～65	55～65	55～65	55～65
18	全生育期轻度	60～70	60～70	60～70	60～70
19	全生育期适宜	70～80	70～80	70～80	70～80
20	全生育期充分	80～90	80～90	80～90	80～90

（2）试验测定指标及测定方法

①土壤物理性质。

A.土壤含水量。用烘干法测定：用土钻取土样，精度为 0.1 g 的天平称取土样质量，在 105℃ 的烘箱内烘干 8 h 以上至恒重，根据烘干前后的土样质量变化计算土壤含水量。

B.田间持水量。用环刀法测定：用环刀取土，浸入水中，24 h 后取出，直至环刀土壤不渗水，精度为 0.1 g 的天平称取土样质量，在 105℃ 的烘箱内烘干 8 h 以上至恒重，根据烘干前后的环刀土样质量变化计算田间持水量。

②玉米耗水量测定。

每个测筒内耗水量的变化采用电子天平称重法进行测量，每隔一天于早上 8:00 称重一次，两次称重的差值即为耗水量。

③玉米生物性状指标。

A.株高。采用米尺测量，单位为厘米（cm）。抽雄期前测量玉米植株基部至最高叶尖之间的距离，抽雄期后测量玉米植株基部到雄穗顶端之间的距离。

B.根重。玉米成熟收获后，将测筒中根系取出，用清水洗净晒干，在 105℃ 的烘箱内烘干 8 h，将烘干后的根系取出用天平称重，记录其质量并标记对应的测筒编号。

④玉米产量及产量构成要素的测定。

A.秃尖长。秃尖长为玉米穗顶端没有结实的长度，采用米尺对顶端没有结实的部分进行测量。

B.百粒重。将晾晒干的相同编号的玉米籽粒充分混合，取出 3 组，每组 100 粒，分别称重。

2.3.1.2 结果与分析

（1）单生育阶段调亏灌溉效应分析

①单生育阶段调亏灌溉对玉米耗水量、产量及水分利用效率的影响。

对比玉米不同生育时期的耗水量、产量和水分利用效率（图 2-27～图 2-29）。苗期调亏处理的总耗水量要比拔节期、抽雄期、灌浆期调亏处理的总耗水量低，由于玉米在苗期保水能力最强，故失水率最小，因此在苗期进行一定程度的水分亏缺有利于提高幼苗的抗旱性，农业生产中常采用"蹲苗"就是依据这个原理。苗期重度调亏的处理 1 和轻度调亏的处理 3，耗水量分别比对照处理（处理 19）减少了 17%（差异显著）和 6.8%（差异不显著）；减产程度显著（$P<0.05$），减产率分别为 20.0% 和 8.1%，而调亏度为 60% 的处理 2 的产量与对照处理相比差异显著（$P<0.05$），产量增加了 1.6%，水分利用效率达到 3.19 g/kg，高于对照处理（2.87 g/kg），提高了 11.1%。

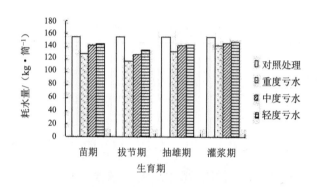

图 2-27 不同生育期的耗水量

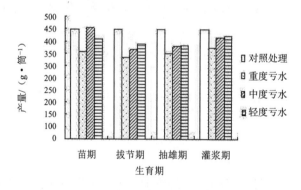

图 2-28 不同生育期的产量

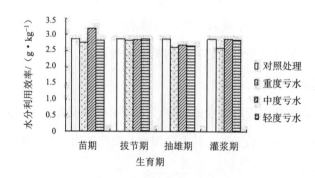

图 2-29 不同生育期的水分利用效率

拔节期重度亏水（处理 4）的总耗水量较对照处理显著（$P<0.05$），减少了 25%。虽然水分利用效率达到 2.83 g/kg，但产量却减少 26%，减产程度显著（$P<0.05$）。玉米进入拔节期以后，营养生长和生殖生长共同进行，需水强度增加，故水分开始影响作物后期产量的形成。而拔节期轻度亏水（处理 6）的耗水量和产量减少程度都不是很大，但是差异显著（$P<0.05$），分别减少了 13% 和 13%，水分利用效率为 2.87 g/kg，与对照处理相同。

抽雄期重、中、轻度亏水（处理 7、8、9）的耗水量分别较对照处理显著（$P<0.05$），减少了 15%、9.2% 和 7.9%。产量分别较对照处理显著（$P<0.05$），减少了 22%、15% 和 14%。抽雄阶段调亏度为 50% 田间持水量的处理 7 减产最为严重，其产量为 349.35 g/筒，水分利用效率偏低，为 2.63 g/kg，较对照显著（$P<0.05$），降低了 8.4%。主要是由于抽雄期干旱，导致植株授粉不良，从而对结实率造成了严重的影响，甚至会导致抽雄抽出困难，这就是农民常说的"卡脖旱"，对产量十分不利。因此应尽量避免在抽雄期出现干旱的现象，保证充足的水分有利于后期籽粒的形成。

灌浆期由于叶面积减小，日耗水量减少，但由于时段较长，阶段耗水量依然较多。与对照处理相比，处理 10（重度调亏）减产显著（$P<0.05$）。减少了 17%，而处理 11（中度调亏）和处理 12（轻度调亏）则分别比对照处理减产显著（$P<0.05$），减少了 6.7% 和 5.7%，由于调亏处理延缓叶片衰老，叶面积和蒸腾速率相对提高，玉米茎叶光合产物和积累的营养物质大量向籽粒输送，灌水才不会引起产量减产程度加大，因此灌浆期需要大量的水，相比灌浆期各处理的水分利用效率可知，调亏度 60% 的处理 L11 水分利用效率最高为 2.87 g/kg，接近对照处理（2.87g/kg），该处理可作为灌浆期的调亏灌溉指标。

通过对单生育阶段各生育期耗水量和产量的数据进行回归分析（表 2-33），绘制出二者之间的关系图（图 2-30）。可以看出，玉米产量和耗水量之间呈开口向下的二次抛物线关系。当耗水量为 146.1 kg/筒、产量为 423.58 g/筒时，抛物值达到最大，即此时的水分利用效率为 2.90 g/kg。耗水量低于 146.1 kg/筒时，产量随耗水量的降低而降低；耗水量高于 146.1 kg/筒时，产量随耗水量的降低而增加，说明过度的水分亏缺会导致玉米产量下降；适度的水分亏缺，不仅能降低水分的消耗还能提高玉米的产量，达到节水增粮的效果。由于玉米是旱作物，对水分的需求不是很大，只在个别生育阶段需水量较多。试验研究表明，苗期对玉米进行适度的水分亏缺有利于作物根系的生长和后期籽粒的形成，这就是农民常在苗期时对玉米进行"蹲苗"的原因。

表 2-33 单生育阶段耗水量、产量及水分利用效率的值

处理编号	耗水量/（kg·筒⁻¹）	产量/（g·筒⁻¹）	水分利用效率/（g·kg⁻¹）
1	129.2	355.89	2.76
2	142.2	454.08	3.19
3	145.1	410.97	2.83
4	117.1	330.94	2.83
5	127.7	364.67	2.86

续表

处理编号	耗水量/（kg·筒⁻¹）	产量/（g·筒⁻¹）	水分利用效率/（g·kg⁻¹）
6	135.1	387.83	2.87
7	132.6	349.35	2.63
8	141.5	378.56	2.68
9	143.4	382.7	2.67
10	142.4	372.2	2.61
11	145.6	417.03	2.87
12	148.1	421.5	2.85
CK	155.7	447.13	2.87

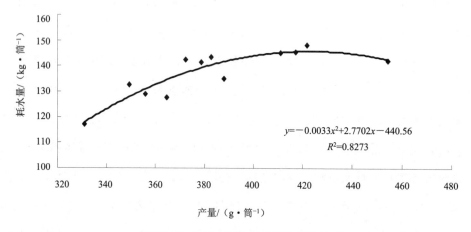

图 2-30 玉米产量和耗水量之间的关系

②单生育阶段调亏灌溉对玉米生长动态指标的影响。

A.对玉米株高的影响。由图 2-31 可见，苗期中度亏水，其他生育期正常灌溉时的玉米株高最高为 229.8 cm，与对照处理（CK）的株高 210.5 cm 相差较小，说明苗期对玉米进行中度亏水，其补偿生长明显，这是由于苗期是植株的发根时期，减少水分的供应可以抑制玉米的营养生长，从而达到复水后玉米株高的显著生长。拔节期是玉米形体形成的关键时期，此时对玉米进行水分调亏，对株高的生长产生显著的影响，故拔节期株高为重度亏水<中度亏水<轻度亏水。抽雄期的株高随着调亏处理水分下限百分比的增加而增加，主要是抽雄期对水分较敏感，不同程度的亏水对玉米株高有不同程度的抑制效果，其中重度亏水最为明显。进入灌浆期后，株高生长缓慢，重度亏水、中度亏水和轻度亏水复水后株高增长变化不明显，可能是由于植株发黄变干，顶部的叶片边缘被风吹掉。

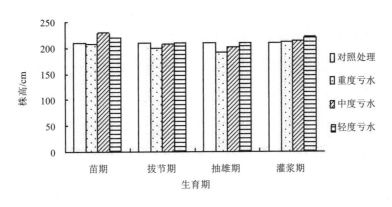

图 2-31 不同生育期的株高

B.对玉米根干重的影响。由图 2-32 可以看出，苗期轻度亏水的根干重与对照处理无明显差异；苗期中度亏水的根干重较对照处理低 17%，差异达显著水平；苗期重度亏水的根干重较对照处理高 36.5%，差异达到极显著水平。说明苗期调控亏水复水后其根系的生长具有补偿效应，使得其最终的根干重达到甚至超过对照处理，因此苗期调亏处理对根系的生长发育具有正效应。拔节期不同程度的调亏处理的根干重较对照处理有不同程度的提高，其中轻度亏水较对照处理增加得最多，达到 58.2%，差异达极显著水平；中度亏水增加得最少，为 2.3%，差异不显著；重度亏水次之，为 10%，说明拔节期水分调亏具有促进根系发育和减缓根系衰亡的双重效应。抽雄期中度亏水的根干重较对照处理增加 104.5%，差异达到极显著水平；重度亏水的根干重较对照增加 71.3%，差异也达到极显著水平；轻度亏水的根干重较对照处理增加 12.4%，差异不明显，说明抽雄期水分调亏的双重效应较强。灌浆期各调亏处理的根干重均高于对照处理，且与对照处理间的差异达到极显著水平，其中相比于对照处理轻度亏水增加 35%，中度亏水增加 27%，重度亏水增加 51.6%，但灌浆期与成熟期接近，复水时间短，导致补偿性生长不明显，双重效应减弱。

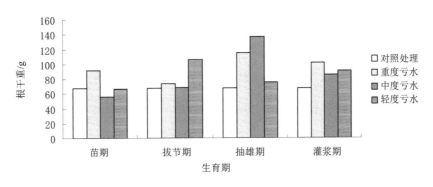

图 2-32 不同生育期的根干重

C.对玉米根冠比的影响。由图 2-33 可知，不同处理下各生育期的根冠比均与对照处理的根冠比有一定程度的差异。其中苗期重度亏水的根冠比最大，较对照处理增加了 77%，差异达到极显著水平，说明苗期重度亏水可以促进根系的生长，但不利于地上部分干物质的形成；苗期中度和轻度亏水的根冠比均较对照处理有所降低，分别降低了 50% 和 16.5%，其中中度亏水与对照处理的差异达到极显著水平，但轻度亏水与对照处理相比差异不明显，说明中度亏水和轻度亏水复水后，根系的生长较地上部分干物质的积累缓慢，地上部分干物质的补偿生长明显。拔节期各处理的根冠比均较对照处理有所增加，其中重度亏水和中度亏水较对照处理的增加幅度基本相同,分别增加24%和25%,差异均不显著;轻度亏水较对照处理增加了63%,差异达极显著水平,说明拔节期复水后各处理的地上部分干物质的积累均较根系生长缓慢。抽雄期中度亏水和轻度亏水均低于对照处理,中度亏水降低了34%,差异达显著水平;轻度亏水降低了4.5%,差异不显著;重度亏水较对照处理增加了2.3%,差异不显著。说明抽雄期中度亏水处理的根系生长和地上部分干物质的积累量差异明显,且地上部分干物质的补偿性生长明显。灌浆期各处理的根冠比较对照处理无明显差异,其中重度和轻度亏水较对照处理增加,分别增加了8%和4%,差异不显著;中度亏水较对照处理降低了4%,差异也不显著。可能是由于复水时间短,故根系和地上部分干物质的生长无明显的变化。

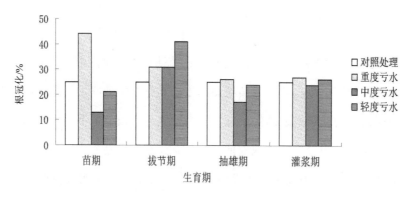

图 2-33 不同处理下玉米各生育期的根冠比

③单生育阶段调亏灌溉对玉米产量构成要素的影响。

A.对玉米秃尖长的影响。由图 2-34 可知,各生育期各处理的秃尖长均大于对照处理的秃尖长,说明水分亏缺抑制了植株果实部分的生长发育,导致植株果实没有结实的部分较长。苗期中度亏水处理的秃尖长与对照处理相等,苗期重度亏水和轻度亏水的秃尖长均较对照处理有所增加,分别增加了109.1%和63.6%,差异均达极显著水平。拔节期重度、中度和轻度亏水处理的秃尖长分别较对照处理增加了145.5%、109.1%和63.6%,差异均达极显著水平。抽雄期重度亏水复水后的秃尖长最长,较对照处理增加了263.6%,差异达极显著水平,说明抽雄期亏水处理对作物果实的结实不利,中度亏水和轻度亏水分别较对照处理增加了218.2%和154.5%,差异达极显著水平。灌浆期重度亏水的秃尖长仅次于抽雄期重度亏水的秃尖长,较对照处理增加了245.5%。可能是由于灌浆期玉米茎叶光合产物和积累的营养物质大量向籽粒输送,重度亏水严重影响了光合产物和营养物质的形成,导致结实率下降,中度亏水较对照处理增加了109.1%,差异达极显著水平,轻度亏水较对照处理增加了36.4%,差异不显著。

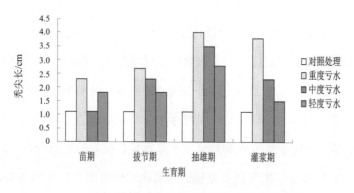

图 2-34 不同处理下玉米各生育期的秃尖长

B.对玉米百粒重的影响。图 2-35 可以看出，不同处理下玉米各生育期的百粒重与对照处理的百粒重相比，均存在一定程度的差异，说明水分亏缺对植株的百粒重有一定的影响。苗期重度亏水和轻度亏水的百粒重分别较对照处理降低了 13.1%和 8.7%，苗期中度亏水的百粒重较对照处理增加了 0.2%，差异不显著。拔节期重度亏水和中度亏水的百粒重分别较对照处理降低了 14.3%（差异显著）和 1.25%（差异不显著），轻度亏水较对照处理增加了 0.4%，差异不显著。抽雄期轻度亏水的百粒重较其他各处理多，但仅较对照处理增加了 5.4%，差异显著，重度亏水和中度亏水分别较对照处理降低了 13.5%和 1.8%。灌浆期除轻度亏水较对照处理增加了 2.4%，重度亏水和中度亏水分别较对照处理降低了 7.9%和 7.5%，差异显著。

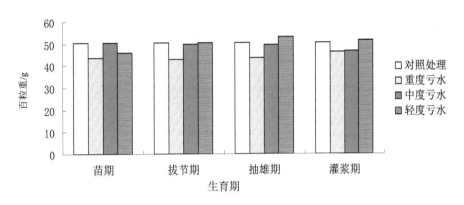

图 2-35 不同处理下玉米各生育期的百粒重

（2）连续生育阶段调亏灌溉效应分析

①连续生育阶段调亏灌溉对玉米耗水量、产量及水分利用效率的影响。

连续生育期（苗期、拔节期）的调亏灌溉的产量和耗水量均低于苗期单独调亏和拔节期单独调亏时的产量和耗水量（表 2-34）。与对照处理相比，重度、中度、轻度调亏处理的产量均差异显著（$P<0.05$），分别减少了 38.3%、27.5%和 19.9%；其耗水量也均差异显著（$P<0.05$），分别减少 25.2%、20.8%和 14.5%，由此可见，耗水量和产量的减产程度均较任何一个单生育期的调亏明显，故导致水分利用效率不高，为 2.37 g/kg、2.63 g/kg 和 2.69 g/kg，分别减少了 17.4%、8.4%和 6.3%。

表 2-34 连续生育期耗水量、产量及水分利用效率

处理编号	耗水量/(kg·筒⁻¹)	产量/(g·筒⁻¹)	水分利用效率/(g·kg⁻¹)
13	116.4	275.95	2.37
14	123.3	324.2	2.63
15	133.2	358.05	2.69
CK	155.7	447.13	2.87

②连续生育阶段调亏灌溉对玉米生长动态指标的影响。

A.对玉米株高的影响。由图 2-37 可以看出，连续生育期（苗期、拔节期）各调亏处理的株高均较对照处理低，其中重度、中度和轻度亏水较对照处理分别降低了 8.2%、6.5%和 5.9%，差异不显著，说明苗期、拔节期连续调亏处理复水后，补偿性生长明显，故与对照处理相比差异不明显。

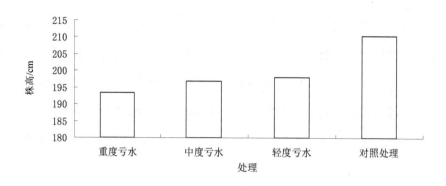

图 2-36 连续生育期不同水分处理的株高

B.对玉米根干重的影响。由图 2-37 可以看出，连续生育期（苗期、拔节期）调亏处理根干重与对照处理相比存在一定的差异，其中重度亏水和轻度亏水处理的根干重均较对照处理有所增加，分别增加了 15%和 20%，均差异显著，而中度亏水处理的根干重较对照处理降低了 7%，差异不显著。

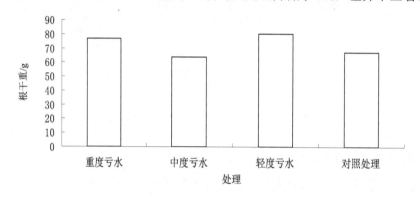

图 2-37 连续生育期不同水分处理的根干重

C.对玉米根冠比的影响。由图 2-38 可以看出，连续生育期（苗期、拔节期）调亏处理的根冠比，仅重度亏水时的根冠比较对照处理增加，增加了 16%，差异显著，说明重度亏水有利于根系的生长，故根冠比增加。中度亏水较对照处理降低了 16%，差异显著，说明中度亏水时地上部分干物质的增长速度较根系的增长速度快，故根冠比降低。轻度亏水与对照处理无差异，说明轻度亏水的水分处理与对照处理相比，促进根系生长和地上部分干物质的生长的比值相类似。

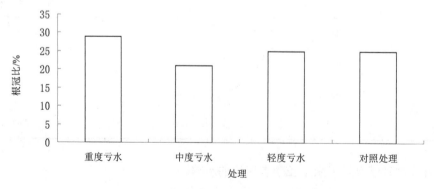

图 2-38 连续生育期不同水分处理的根冠比

③连续生育阶段调亏灌溉对玉米产量构成要素的影响。

A.对玉米秃尖长的影响。由图 2-39 可以看出，连续生育期（苗期、拔节期）各调亏处理的秃尖长均较对照处理长，此规律同样适用于中度亏水处理和轻度亏水处理，其中连续生育期重度亏水处理的秃尖长较对照处理增加了 218.2%，差异达极显著水平。中度亏水较对照处理增加了 145.5%，差异达极显著水平。轻度亏水较对照处理增加了 90.9%，差异达极显著水平。这说明连续生育期调亏处理对作物的产量有很大的影响。

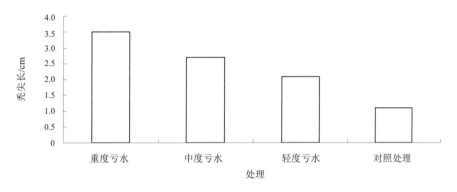

图 2-39 连续生育期不同水分处理的秃尖长

B.对玉米百粒重的影响。由图 2-40 可以看出，连续生育期（苗期、拔节期）各调亏处理的百粒重均较对照处理的低，但降低的幅度不相同，其中重度亏水和轻度亏水降低的幅度较大，分别为 15.1%和 11.9%，差异达显著水平。中度亏水较对照处理降低了 2.0%，差异不显著。

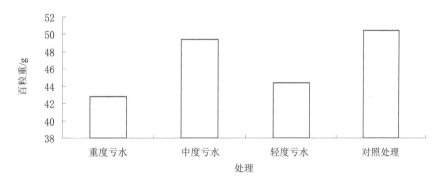

图 2-40 连续生育期不同水分处理的百粒重

（3）全生育期调亏灌溉效应分析

①全生育期调亏灌溉对玉米耗水量、产量及水分利用效率的影响。

从整个生育期的水分调亏处理来看（表 2-35），在全生育期进行重度调亏的情况下（处理 16，50%），耗水量和产量与对照处理（处理 19）相比均有显著差异（$P<0.05$），分别减少了 27.4%和 40.4%，导致水分利用效率偏低，仅为 2.36 g/kg。

全生育期轻度调亏（70%）、中度调亏（60%）处理的玉米总耗水量与对照处理差异显著（$P<0.05$），分别减少 17.2%和 22.7%，差异也达到显著水平（$P<0.05$），减产率分别为 18.8%和 29.2%，水分利用效率为 3.82 g/kg 和 2.63 g/kg，可以看出，在全生育期调亏处理对作物的产量减产程度影响比较大。

全生育期进行充分灌溉情况下（处理 20，90%）耗水量最大，达到 161.5 kg/筒，与对照处理差异显著（$P<0.05$），较对照处理（155.7 kg/筒）高出了 3.7%。产量较对照处理显著（$P<0.05$）增加了 2.0%，但水分利用效率为 2.83 g/kg，低于对照处理的 2.87 g/kg，水分得不到充分利用，浪费了水资源。

表 2-35　全生育期耗水量、产量及水分利用效率

处理编号	耗水量/（kg·筒⁻¹）	产量/（g·筒⁻¹）	水分利用效率/（g·kg⁻¹）
16	113.1	266.56	2.36
17	120.4	316.78	2.63
18	128.9	363.05	2.82
19	155.7	447.13	2.87
20	161.5	456.25	2.83

②全生育期调亏灌溉对玉米生长动态指标的影响。

A.对玉米株高的影响。由图 2-41 可以看出，随水分处理占田间持水量的百分比的增加呈先增加后减小的趋势，适宜灌溉条件下对照处理的株高最高，充分灌溉的株高次之，说明在玉米的各个生育期均提供充足的水分不但不能提高玉米的株高，反而浪费了水资源。全生育期重度亏水的株高较对照处理降低了 17%，差异显著。中度亏水较对照处理降低了 13.8%，差异显著。轻度亏水较对照处理降低了 9.2%，差异显著。充分灌溉较对照处理降低了 7.3%，差异显著。

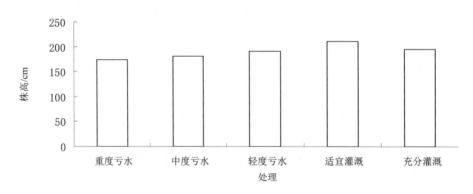

图 2-41　全生育期不同水分处理的株高

B.对玉米根干重的影响。由图 2-42 可以看出，全生育期轻度亏水的根干重较其他处理的根干重都大，较对照处理增加了 7.5%，差异不显著，重度亏水的根干重最小，较对照处理降低了 26.4%，差异显著，说明虽然干旱有利于玉米根系的生长，但长时间的干旱容易导致根系生长缓慢，同时重度干旱缺水还会导致植株枯死。充分灌溉处理的根干重较对照处理降低了 12.7%，差异显著，可能是由于充足的水分导致根系缺氧，从而延缓了根系的生长。中度亏水的根干重较对照处理增加了 3.7%，差异不显著。

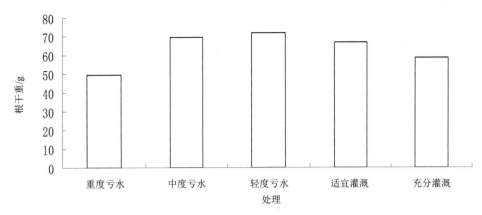

图 2-42 全生育期不同水分处理的根干重

C.对玉米根冠比的影响。由图 2-43 可以看出，全生育期不同水平的调亏处理，其根冠比有所不同。其中中度亏水的根冠比最大，较对照处理增加了 4%，说明中度亏水处理的根系的增长速度较地上部分营养物质的增长速度快，故根冠比增加。充分灌溉的根冠比最小，较对照处理降低了 12%，差异显著，虽然充分灌溉不利于根系的生长，但其可以促进玉米地上部分营养物质的生长，故导致根冠比有所降低。重度亏水的根冠比与对照处理相同，虽然重度亏水的根干重较对照处理低，但由于重度亏水严重影响了地上部分营养物质的生长，故根冠比与对照处理相比无差异。轻度亏水的根冠比较对照处理降低了 4%，差异不显著，虽然轻度亏水的根干重较对照处理有所增加，但增加的幅度不明显，且轻度亏水时地上部分营养物质的生长加快，故导致轻度亏水的根冠比较对照处理仅降低 4%。

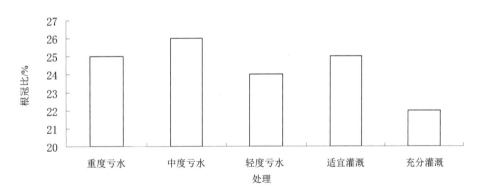

图 2-43 全生育期不同水分处理的根冠比

③全生育期调亏灌溉对玉米产量构成要素的影响。

A.对玉米秃尖长的影响。由图 2-44 可以看出，不同处理下全生育期的秃尖长随水分处理占田间持水量的百分比的增加而降低，即重度亏水>中度亏水>轻度亏水>适宜灌溉>充分灌溉。其中，重度亏水的秃尖长较对照处理增加了 345.5%，差异达极显著水平；中度亏水较对照处理增加了 290.9%，差异达极显著水平；轻度亏水较对照处理增加了 100%，差异达极显著水平；充分灌溉较对照处理降低了 27.3%，差异呈显著水平。这说明充足的水分有利于玉米顶端果粒的结实，从而提高玉米的顶端结实率。

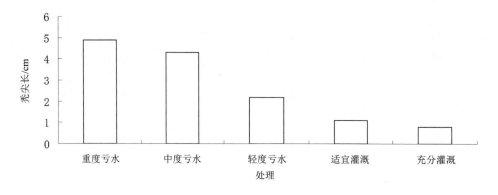

图 2-44 不同处理下全生育期的秃尖长

B.对玉米百粒重的影响。由图 2-45 可以看出，全生育期各处理的百粒重随水分处理占田间持水量的百分比的增加而增加，这一变化趋势与秃尖长相反，即重度亏水<中度亏水<轻度亏水<适宜灌溉<充分灌溉，其中重度、中度及轻度亏水较对照处理分别降低了 19.4%、16.3%和 12.3%，差异均呈显著水平，充分灌溉较对照处理增加了 2.0%，差异不显著，说明虽然充分灌溉可以提高玉米顶端的结实率，然而对玉米百粒重的影响并不明显，即对产量的影响也不明显。

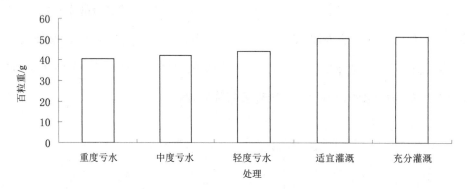

图 2-45 全生育期不同水分处理的百粒重

（4）黑龙江西部玉米调亏灌溉技术模式综合评价

①基于熵权的模糊物元模型简介。

A.模糊物元模型简介。物元的定义如下：给定事物的名称 P，它关于特征 C 的量值为 v，以有序 3 元 $R=(P,C,v)$ 组作为描述事物的基本元，简称物元。因此事物名称 P，特征 C 和量值 v 就构成了物元的三要素。如果量值 v 是一个模糊的数值，则称该物元为模糊物元。假设事物 P 有 n 个特征，分别为 C_1，C_2，...C_n，各特征对应的量值为 v_1，v_2，...，v_n 则表示为

$$R=\begin{bmatrix} & P \\ C_1 & v_1 \\ C_2 & v_2 \\ \vdots & \vdots \\ C_n & v_n \end{bmatrix}$$
(2-24)

通常用 R_{mn} 表示 m 个事物 n 维复合物元，即将 m 个事物的 n 维物元组合在一起，若将 R_{mn} 矩阵中的量

值用模糊物元量值代替，则 R_{mn} 表示为 m 个事物 n 维复合模糊物元，公式为

$$R_{mn} = \begin{bmatrix} & P_1 & P_2 & \cdots & P_m \\ C_1 & \mu(X_{11}) & \mu(X_{21}) & \cdots & \mu(X_{m1}) \\ C_2 & \mu(X_{12}) & \mu(X_{22}) & \cdots & \mu(X_{m2}) \\ \vdots & \vdots & \vdots & & \vdots \\ C_n & \mu(X_{1n}) & \mu(X_{2n}) & \cdots & \mu(X_{mn}) \end{bmatrix} \qquad (2-25)$$

式中： P_i ——第 i 个事物， $i = 1, 2, \ldots, m$；

C_j ——第 j 个特征项， $j = 1, 2, \ldots, n$；

$\mu(X_{ij})$ ——第 i 个事物第 j 个特征项对应的模糊量值， $i = 1, 2, \ldots, m$， $j = 1, 2, \ldots, n$。

B.从优隶属度模糊物元 R'_{mn} 的构建。本试验将采用从优隶属度原则，将各个评价指标的不同量纲统一为无量纲的标准化指标，一般有两种类型的从优隶属度指标，分别是：

对于越大越优型，采用公式

$$\mu_{ij} = X_{ij} / \max X_{ij} \qquad (2-26)$$

对于越小越优型，采用公式

$$\mu_{ij} = \min X_{ij} / X_{ij} \qquad (2-27)$$

式中： μ_{ij} ——从优隶属度；

X_{ij} ——第 i 个事物的第 j 项评价指标对应的量值， $i = 1, 2, \ldots, m$； $j = 1, 2, \ldots, n$；

$\max X_{ij}$ ——各事物中每一项评价指标所有量值 X_{ij} 中的最大值；

$\min X_{ij}$ ——各事物中每一项评价指标所有量值 X_{ij} 中的最小值。

由此可以构建从优隶属度模糊物元 R'_{mn}：

$$R'_{mn} = \begin{bmatrix} & P_1 & P_2 & \cdots & P_m \\ C_1 & \mu_{11} & \mu_{21} & \cdots & \mu_{m1} \\ C_2 & \mu_{12} & \mu_{22} & \cdots & \mu_{m2} \\ \vdots & \vdots & \vdots & & \vdots \\ C_n & \mu_{1n} & \mu_{2n} & \cdots & \mu_{mn} \end{bmatrix} \qquad (2-28)$$

C.构建差平方模糊物元 R_Δ。将从优隶属度模糊物元 R'_{mn} 中的最大值和最小值组合到一起形成一个列矩阵，该列矩阵称为标准模糊物元 R_{0n}，即

$$R_{0n} = \begin{bmatrix} & P_0 \\ C_1 & \mu_{01} \\ C_2 & \mu_{02} \\ \vdots & \vdots \\ C_n & \mu_{0n} \end{bmatrix} \qquad (2-29)$$

差平方复合模糊物元 R_Δ 的构建是指用 Δ_{ij}（$i=1,2,\dots,m$；$j=1,2,\dots,n$）表示标准模糊物元 R_{0n} 与复合模糊物元 R'_{mn} 中各项差的平方，即

$$R_\Delta = \begin{bmatrix} & P_1 & P_2 & \cdots & P_m \\ C_1 & \Delta_{11} & \Delta_{21} & \cdots & \Delta_{m1} \\ C_2 & \Delta_{12} & \Delta_{22} & \cdots & \Delta_{m2} \\ \vdots & \vdots & \vdots & & \vdots \\ Cn & \Delta_{1n} & \Delta_{2n} & \cdots & \Delta_{mn} \end{bmatrix}$$
（2-30）

式中，$\Delta ij=(\mu_{0j}-\mu_{ij})^2$，$i=1,2,\dots,m$；$j=1,2,\dots,n$，下同。

D.用熵权法确定权重。

确定第 i 个事物第 j 个特征项对应的特征值的比重

$$f_{ij}=\mu_{ij}/\sum_{j=1}^{n}\mu_{ij}$$
（2-31）

确定评价指标的熵

$$e_i=-\frac{1}{mn}\sum_{j=1}^{n}f_{ij}\ln f_{ij}$$
（2-32）

确定评价指标的权重

$$w_i=\frac{1-e_i}{n-\sum_{i=1}^{n}e_i}，且满足 \sum_{j=1}^{m}w_i=1$$
（2-33）

计算欧式贴近度。

由于本试验具有综合评价的意义，故采用 $M(\bullet,+)$ 算法，即先乘后加运算欧式贴近度 ρH，则

$$\rho H_j=1-\sqrt{\sum_{j=1}^{m}w_i\Delta_{ij}}$$
（2-34）

式中：ρH_j（$j=1,2,\dots,m$）——第 j 个评价样本与标准样本之间相互接近程度。

以此构造欧式贴近度复合模糊物元，即

$$R_{\rho H}=\begin{bmatrix} & P_1 & P_2 & \cdots & P_m \\ \rho H_j & \rho H_1 & \rho H_2 & \cdots & \rho H_m \end{bmatrix}$$
（2-35）

欧式贴近度表示各方案与标准方案（最优方案）之间的贴近程度，可以根据欧式贴近度的大小来对玉米调亏灌溉各处理的优劣进行排序。

②技术模式评价。

从 C_1[株高（cm）]、C_2[秃尖长（cm）]、C_3[百粒重（g）]、C_4[产量（g）]、C_5[灌水量（kg）]和 C_6[水分利用效率（g/kg）]这六个因素综合评价，从而得出最优的灌溉处理模式。各指标数据见表2-36。

表 2-36 调亏灌溉模式下不同处理水平的评价指标

	处理 1	处理 2	处理 3	处理 4	处理 5	处理 6	处理 7
C_1	207.3	229.8	220.5	199.3	208.1	210.6	191.1
C_2	2.3	1.1	1.8	2.7	2.3	1.8	4
C_3	43.8	50.5	46	43.2	49.8	50.6	43.6
C_4	355.89	454.08	410.97	330.94	364.67	387.83	349.35
C_5	129.15	142.2	145.1	117.05	127.65	135.05	132.6
C_6	2.76	3.19	2.83	2.83	2.86	2.87	2.63

	处理 8	处理 9	处理 10	处理 11	处理 12	处理 13	处理 14
C_1	202.6	209.5	212.4	214.9	220.8	193.3	196.9
C_2	3.5	2.8	3.8	2.3	1.5	3.5	2.7
C_3	49.5	53.1	46.4	46.6	51.6	42.8	49.4
C_4	378.56	382.70	372.20	417.03	421.50	275.95	324.2
C_5	141.45	143.4	142.4	145.55	148.1	116.4	123.3
C_6	2.68	2.67	2.61	2.87	2.85	2.37	2.63

	处理 15	处理 16	处理 17	处理 18	处理 19	处理 20	
C_1	198.1	174.7	181.5	191.1	210.5	195.2	
C_2	2.1	4.9	4.3	2.2	1.1	0.8	
C_3	44.4	40.6	42.2	44.2	50.4	51.4	
C_4	358.05	266.56	316.78	363.05	447.13	456.25	
C_5	133.2	113.1	120.4	128.85	155.7	161.45	
C_6	2.69	2.36	2.63	2.82	2.87	2.83	

注：由于测筒为圆形有底，与外界无水分交换，根据水量平衡原理，耗水量=灌水量，因此本书中的灌水量的数值与耗水量的数值相等。

③评价结果。

A.单生育阶段调亏。根据欧式贴近度的大小可做出评价，单生育阶段欧式贴近度从大到小依次为：苗期中度亏水（处理 2）>灌浆期轻度亏水（处理 12）>拔节期轻度亏水（处理 6）>苗期轻度亏水（处理 3）>拔节期中度亏水（处理 5）>灌浆期中度亏水（处理 11）>苗期重度亏水（处理 1）>抽雄期轻度亏水（处理 9）> 拔节期重度亏水（处理 4）> 抽雄期中度亏水（处理 8）>灌浆期重度亏水（处理 10）>抽雄期重度亏水（处理 7）。同时，苗期中度亏水的欧式贴近度 0.86 高于对照处理（处理 19）（全生育期适宜灌溉）的欧式贴近度 0.83，单生育阶段的其他处理的欧式贴近度均低于对照处理，说明就单生育期调亏灌溉而言，苗期中度亏水（60%）是最优的灌溉处理模式。抽雄期各程度调亏处理的欧式贴进度均较其他生育期相同调亏程度的欧式贴进度低，说明抽雄期是玉米需水的关键时期，不适宜进行调亏处理。此结论与试验得出的结论相一致。

B.连续生育期调亏。本试验在苗期、拔节期进行了连续调亏灌溉，从欧式贴近度得出的结果来看，[苗期、拔节期轻度亏水（处理15）]＞[苗期、拔节期中度亏水（处理14）]＞[苗期、拔节期重度亏水（处理13）]，且连续调亏的欧式贴近度要分别低于单独调亏的欧式贴近度，说明不适宜进行连续调亏灌溉。

C.全生育期调亏。从全生育期调亏灌溉处理的欧式贴近度来看，全生育期充分灌溉（处理20）＞全生育期适宜灌溉（处理19）＞全生育期轻度亏水（处理18）＞全生育期中度亏水（处理17）＞全生育期重度亏水（处理16），说明不适宜对玉米进行长时间的亏水。虽然全生育期充分灌溉模式下的欧式贴近度最高，但是该处理浪费了水资源，达不到节水增产的目的。

由此看来，苗期中度亏水为最优的灌水处理模式，既节约了水资源，又达到了增产的目的。

2.3.1.3　讨论与结论

通过测筒试验，对玉米单生育阶段、连续生育阶段和全生育期进行不同程度的水分亏缺处理，研究调亏灌溉对玉米耗水量、产量、水分利用效率（WUE）以及各生长发育指标的影响，得出以下结论：

①水分亏缺对玉米耗水量、产量及水分利用效率的影响。

就单生育阶段而言，苗期中度亏水（60%）时的灌溉处理模式为最佳的灌水模式，产量提高了1.6%，水分利用效率提高了11.1%。抽雄期进行调亏灌溉会对后期籽粒的形成产生不利的影响。灌浆期中度亏水（60%）可作为该时期的调亏灌溉指标。

就连续生育阶段而言，连续生育期阶段（苗期、拔节期连续亏水）调亏处理的总耗水量和产量均低于任何一个单生育期阶段的调亏，虽然水分使用减少，但是水分利用效率并不高，较对照处理分别减少了17.4%、8.4%和6.3%。因此不建议对作物进行长期亏水。

就全生育期而言，全生育期调亏处理不利于作物的生长和发育，产量明显降低，水分利用效率不高，不适宜进行调亏灌溉。充分灌溉虽然提高了作物的产量，但是浪费了水资源，水分利用效率（2.83 g/kg）低于适宜灌溉时的水分利用效率（2.87 g/kg），违背了本试验的研究宗旨，故不推荐全生育期充分灌溉。

②水分亏缺对玉米生长发育指标的影响。

就单生育阶段而言，苗期中度亏水复水后的株高达229.8 cm，较对照处理增加了9.2%，达到各生育期各处理水平的株高的最高值；拔节期是玉米形体形成的关键时期，此时进行亏水处理不利于玉米株高的形成；抽雄期对水分十分敏感，调亏程度越严重，株高越低，即重度亏水＜中度亏水＜轻度亏水；植株进入灌浆期以后，生长缓慢，各种程度的调亏处理对株高的影响并不明显。

就连续生育阶段而言，各调亏处理的株高均低于对照处理，但与对照处理相差不明显，说明苗期、拔节期连续调亏处理复水后，玉米补偿性生长明显。重度亏水和轻度亏水的根重均高于对照处理，但只有重度亏水可以提高玉米的根冠比，因此连续生育阶段的重度亏水处理有利于玉米根系的生长发育。

就全生育期而言，各处理的株高随水分处理占田间持水量的百分比呈先增加后减小的趋势，适宜灌溉条件下对照处理的株高最高，充分灌溉的株高次之，说明在玉米的各个生育期都提供充足的水分不但不能提高玉米的株高，反而浪费了水资源。中度亏水和轻度亏水可以提高玉米的根干重，重度亏水严重影响了玉米根系的生长发育，充分灌溉导致根系缺氧，从而延缓了根系的生长，导致根干重低于对照处理。中度亏水的根冠比最大且高于对照处理，充分灌溉的根冠比最小且低于对照处理。

③水分亏缺对玉米产量构成要素的影响。

就单生育阶段而言，拔节期轻度亏水、抽雄期轻度亏水以及灌浆期轻度亏水复水后可以提高玉米的百粒重。各处理的秃尖长均大于对照处理的秃尖长，其中抽雄期重度亏水对玉米穗的秃尖长度影响最大，对产量有不利影响。

就连续生育阶段而言，各调亏处理的秃尖长均较对照处理长，且较苗期和拔节期单独调亏时相同调亏处理的秃尖长长，即连续生育期重度亏水的秃尖长大于苗期重度亏水的秃尖长，也大于拔节期重度亏水的秃尖长，此规律同样适用于中度亏水处理和轻度亏水处理。连续生育期（苗期、拔节期）各调亏处理的百粒重均较对照处理低，但降低的幅度不相同，其中重度亏水和轻度亏水降低的幅度较大，无论是苗期还是拔节期，或者是苗期和拔节期连续调亏，重度亏水处理的百粒重均较对照处理的低，且降低的幅度均达到显著水平。这说明在玉米的初始生育期对其进行重度亏水处理将会影响后期产量。

就全生育期而言，各处理的秃尖长随水分处理占田间持水量的百分比的增加而降低，即重度亏水>中度亏水>轻度亏水>适宜灌溉>充分灌溉。百粒重的变化趋势与秃尖长刚好相反，即重度亏水<中度亏水<轻度亏水<适宜灌溉<充分灌溉，说明虽然充分灌溉可以提高玉米顶端的结实率，然而对玉米百粒重的影响并不明显，即对产量的影响不明显。

2.3.2 滴灌玉米节水稳产调亏灌溉模式研究

2.3.2.1 材料与方法

（1）试验设计

试验区选择黑龙江省水利科学研究院综合试验基地。试验在自动感应式遮雨棚下田间测坑内进行，测坑矩形有底，隔绝了与外部交换。以春玉米（强盛 31 号）为供试作物，共设 5 个水分亏缺处理，分别为苗期轻度处理（T1）、苗期中度处理（T2）、拔节期轻度处理（T3）、拔节期中度处理（T4）、苗期中度拔节期轻度处理（T5），另设全生育期进行适宜灌水作为对照处理，每个处理 3 次重复。播前进行灌水、拌土、回填、施肥等处理，使各小区土壤水分和养分状况相近，并分别于 2016 年 5 月 9 日、2017 年 4 月 27 日播种，播种采用开沟起垄点种的方式，每坑 4 垄，每垄 7 穴，株行距 28.5 cm×62.5 cm；灌水采用地面滴灌的方式，一条毛管控制一垄作物，毛管长度与小区垄长相同，灌水量由水表控制。底肥 514 kg/hm²，追肥 330 kg/hm²，其中尿素与磷酸二胺的质量比例为 2∶1。灌水量按计划湿润层（苗期 45 cm、拔节期 60 cm）内平均土壤含水率占田间持水率的百分比计算，当土壤含水率低于水分处理下限时灌水至上限（表 2-37）。

表 2-37 各生育期灌水上下限占田间持水量的百分数　　　　　单位：%

处理名称	苗期～拔节期	拔节期～抽雄期	抽雄期～灌浆期	灌浆期～收获期
T1	60～70	70～80	70～80	70～80
T2	50～60	70～80	70～80	70～80
T3	70～80	60～70	70～80	70～80
T4	70～80	50～60	70～80	70～80
T5	50～60	60～70	70～80	70～80
CK	70～80	70～80	70～80	70～80

（2）观测指标与方法

①土壤物理性质指标。

土壤容重：采用 DIK-1130 三相仪测定。

田间持水量：环刀法测定。用环刀取土，浸入水中，24 h 后取出，直至环刀土壤不渗水，田间持水量=（水饱和土质量－烘干土质量）/烘干土质量×100%。

土壤含水率：处理开始后每隔 5 d 采用烘干法逐层测定计划湿润层土壤含水率，取样点位于两条滴灌带中间位置处和滴头正下方，灌水前后加测。

②玉米生长动态指标。

株高、茎粗、叶面积：分别于 2016 年苗期（播后 33 d）、拔节期（播后 57 d）、抽雄期（播后 73 d）、灌浆期（播后 91 d）、成熟期（播后 121 d）、收获时（播后 136 d），2017 年苗期（播后 40 d）、拔节期（播后 63 d）、抽雄期（播后 82 d）、灌浆期（播后 100 d）、成熟期（播后 131 d）、收获时（播后 145 d），每个测坑随机取植株 3 株，采用米尺（精度为 0.01 m）对植株株高（H）、叶长（L）、叶宽（B）进行测定，采用游标卡尺（精度为 0.1 mm）对植株茎粗进行测定，取平均值。

地上部分干物重：玉米植株株高、茎粗、叶面积测量同时取样，将取样的植株齐地面剪下，获得完整的植株冠部，然后将冠部各器官分开并清理表面污垢后分别装入档案袋，立即称其鲜重，放入烘箱 105℃下杀青 3 h，然后将温度调至 80℃下干燥至恒重，用电子天平（精度为 0.01 g）称其干质量。

根部干物重及其参数：地上部分干物重测定取样的同时进行根系取样，取样面积为根系周围 60 cm×60 cm，取样深度尽量以肉眼看不到细毛根为止，将取样的植株根系浸泡于盆中并于土柱变得松散时冲洗根系，洗净后用无氮吸水纸吸干。测定根系条数，将根系放在背面贴有坐标纸的玻璃片上测其长度；然后将根系装入档案袋内，立即称其鲜重，再放入烘箱 80℃下干燥至恒重，用电子天平（精度为 0.01 g）称其干质量。

③玉米生理指标。

光合速率、蒸腾速率、气孔导度：分别于 2016 年拔节期（播后 57 d）、抽雄期（播后 73g d）、灌浆期（播后 91 d）、成熟期（播后 121 d），2017 年拔节期（播后 63 d）、抽雄期（播后 82 d）、灌浆期（播后 100 d）、成熟期（播后 131 d），每小区选取长势一致的植株 3 株，于当天上午 10：00 采用 CI-340 光合仪测定玉米植株上部展开叶（距离叶尖 1/3 处）的净光合速率、蒸腾速率、气孔导度。

伤流量：分别于 2016 年拔节期（播后 57 d）、抽雄期（播后 73 d）、灌浆期（播后 91 d），2017 年拔节期（播后 63 d）、抽雄期（播后 82 d）、灌浆期（播后 100 d），每测坑内选取长势一致的植株 3 株，于当天 18：00 距离地面 10 cm 处割断玉米植株茎部，将已称重的装有脱脂棉的自封袋（W_1）套上密封并用皮筋将其扎紧，12 h 后（次日 6：00）取下自封袋并称重（W_2），伤流量为 W_2 与 W_1 之差（单位为 g/株）。

④产量及其构成要素。

分别于 2016 年收获时（播后 136 d）、2017 年收获时（播后 145 d），每个测坑内随机选取植株 7 株，测其秃尖长、穗长、穗粗、穗粒数，然后将其风干后脱粒，测其含水率、百粒重，产量为含水率是 14%的质量。

（3）模式评价方法

采用二级模糊综合评判方法，通过建立滴灌玉米调亏灌溉技术模式评价指标体系，对不同水分处理的玉米生长动态指标、水分动态指标、生理动态指标及其节水增产效应指标进行综合评判，提出适宜黑龙江西部滴灌玉米种植的最优调亏灌溉技术模式。

2.3.2.2 结果与分析

（1）调亏灌溉下滴灌玉米植株生长动态变化特征

玉米植株生长发育过程中，其形态指标因不同处理之间灌水量的不同而表现一定的差异性。有研究表明，适宜阶段进行适当的水分亏缺可抑制作物营养生长，复水后表现出补偿生长效应。

①玉米植株株高动态变化特征。

株高作为玉米植株形态指标之一，在一定程度上可以反映其生长发育状况。表 2-38 为 2016 年与 2017 年不同水分处理下玉米植株全生育期内株高变化。由表可知，试验两年的各处理玉米株高均表现出前期快速生长，至抽雄期达到最大值，之后株高基本保持不变的变化规律，表明调亏灌溉并没有改变玉米植株株高原有的生长动态变化趋势。但就不同处理而言，各处理间表现出一定的差异性。

表 2-38 不同水分处理下玉米植株全生育期内株高变化

年份	处理	生育期					
		苗期	拔节期	抽雄期	灌浆期	成熟期	收获期
2016 年	T1	63.48b	192.34b	315.43a	315.65a	317.88a	314.20ab
	T2	52.10c	196.18ab	326.59a	324.53a	325.86a	326.11a
	T3	89.00a	175.51c	294.64b	297.05a	296.40ab	295.01bc
	T4	91.00a	150.26d	281.83c	285.86a	284.39bc	282.57cd
	T5	52.40c	137.18e	256.98d	257.04a	256.14c	256.97d
	CK	90.00a	202.72a	320.70a	320.98a	319.65a	321.25ab

续表

年份	处理	生育期					
		苗期	拔节期	抽雄期	灌浆期	成熟期	收获期
2017 年	T1	67.47b	205.21ab	308.27abc	307.90ab	308.14ab	306.94ab
	T2	56.42b	211.96a	324.48a	325.66a	326.15a	326.09a
	T3	95.22a	186.57ab	285.20bc	287.19bc	286.91abc	286.45bc
	T4	101.26a	167.96bc	277.61cd	274.80cd	275.38bc	275.16bc
	T5	58.31b	140.54c	245.87d	249.31d	247.30c	247.69c
	CK	98.50a	218.47a	314.82ab	315.01a	314.88ab	314.27ab

2016 年，苗期各处理 T1、T2、T3、T4、T5、CK 的株高分别为 63.48 cm、52.10 cm、89.00 cm、91.00 cm、52.40 cm 和 90.00 cm，不难看出苗期轻度处理（T1）、苗期中度处理（T2）的株高较对照处理分别降低 29.47%、42.11%，差异达显著水平，表明苗期进行调亏灌溉，显著抑制玉米植株营养生长。拔节期玉米植株进入快速生长阶段，株高快速增大，对比各处理可以看出，处理 T1、T2、T3 的株高较对照处理分别降低 5.12%、3.23%、13.42%，差异不显著，处理 T4、T5 的株高较对照处理分别降低 25.88%、32.33%，差异达显著水平，这是由于苗期进行水分亏缺处理，拔节期复水后处理 T1、T2 的玉米植株存在补偿生长，其植高基本已达到对照处理水平，而处理 T3、T4 在拔节期进行水分亏缺，处理 T5 在苗期与拔节期连旱，均对玉米植株营养生长产生显著的抑制作用。抽雄期，玉米植株进入营养生长与生殖生长并进阶段，各处理株高分别增加到 315.43 cm、326.59 cm、294.64 cm、281.83 cm、256.98 cm 和 320.70 cm。对比各处理发现，处理 T2 已超过对照处理水平，较对照处理增加 1.84%；处理 T1、T3 基本达对照处理水平，较对照分别降低 1.64%、8.13%，处理 T4、T5 较对照分别降低 12.12%、19.87%，说明这种补偿生长效应可持续到抽雄期。灌浆期玉米植株进入生殖生长阶段，与抽雄期对比株高并无明显变化，生育后期玉米株高呈稳定变化趋势。

2017 年，苗期处理 T1、T2、T3、T4、T5、CK 的株高分别为 67.47 cm、56.42 cm、95.22 cm、101.26 cm、58.31 cm 和 98.50 cm，各水分亏缺处理较对照处理分别降低 31.50%、42.72%、3.33%、-2.80% 和 40.80%。拔节期，处理 T1、T2、T3、T4、T5 的株高较对照处理分别降低 6.07%、2.98%、14.60%、23.12% 和 35.67%。抽雄期，处理 T1、T3、T4、T5 的株高较对照处理分别降低 2.08%、9.41%、11.82% 和 21.90%，处理 T2 较对照处理增加 3.07%。灌浆期及后期，玉米株高呈稳定变化趋势。

对比分析 2016 年和 2017 年的试验结果，总体来看，调亏灌溉均能不同程度地抑制玉米植株株高增长，但复水后其株高增长又存在补偿生长效应。具体分析各生育阶段，2017 年苗期和拔节期玉米株高普遍高于 2016 年，这可能是由于 2016 年播种比较晚、2017 年播种较早，且 2017 年取样时间距离播种日期天数大于 2016 年取样时间距离播种日期的天数所致；而生育后期株高呈 2016 年的大于 2017 年的趋势，但这种差异并不显著，这可能是由于农田试验不可控因素较多，2017 年玉米长势没有 2016 年好所致。

②玉米植株茎粗动态变化特征。

表 2-39 为不同水分处理下玉米各生育期植株茎粗变化特征。2016 年和 2017 年处理的玉米植株茎粗均呈苗期至拔节期快速增大，拔节期之后茎粗大小上下波动不明显且无显著波动规律的变化趋势。不同处理间植株茎粗在各生育阶段均表现出一定的差异性。

表 2-39　不同水分处理下玉米各生育期植株茎粗变化　　　　　　　　　单位：cm

年份	处理	生育期					
		苗期	拔节期	抽雄期	灌浆期	成熟期	收获期
2016 年	T1	0.960b	2.700a	2.740ab	2.640ab	2.642ab	2.634a
	T2	0.780c	2.760a	2.840a	2.710a	2.709a	2.711a
	T3	1.366a	2.470b	2.560ab	2.480bc	2.482bc	2.472ab
	T4	1.348a	2.110c	2.450bc	2.390c	2.393c	2.380ab
	T5	0.810c	1.930c	2.240c	2.150d	2.158d	2.149b
	CK	1.365a	2.850a	2.790a	2.680ab	2.678a	2.683a
2017 年	T1	0.924b	2.542ab	2.638ab	2.549ab	2.541ab	2.537a
	T2	0.755c	2.575a	2.694a	2.657a	2.640a	2.647a
	T3	1.279a	2.304b	2.378bc	2.392abc	2.388ab	2.385a
	T4	1.251a	1.979c	2.298c	2.307bc	2.298ab	2.310a
	T5	0.769c	1.865c	2.105c	2.079c	2.067b	2.063a
	CK	1.281a	2.705a	2.638ab	2.603ab	2.598a	2.605a

2016 年，苗期处理 T1、T2、T3、T4、T5、CK 的茎粗分别为 0.960 cm、0.780 cm、1.366 cm、1.348 cm、0.810 cm 和 1.365 cm，与对照处理相比，处理 T1、T2、T3、T4、T5 的茎粗分别降低了 29.67%、42.86%、-0.07%、1.25%、40.66%。苗期进行水分亏缺处理（T1、T2、T5），其植株茎粗均有不同程度的减少，且差异显著。拔节期，玉米植株纵向生长与横向生长同时进入快速壮大时期，处理 T1、T2、T3、T4、T5、CK 的植株茎粗分别增大到 2.700cm、2.760 cm、2.470 cm、2.110 cm、1.930 cm 和 2.850 cm。对比发现，处理 T1、T2 在拔节期复水后，其茎粗基本已达对照处理水平，较对照分别降低 5.26%、3.16%，处理 T3、T4 较对照处理分别降低 13.33%、25.96%，差异不显著。处理 T5 由于苗期和拔节期连旱，较对照处理降低 32.28%，差异达显著水平。抽雄期，玉米植株营养生长主要表现为纵向的伸长，茎粗较拔节期增加不显著，处理 T1、T2、T3、T4、T5 的茎粗较对照处理分别降低 1.79%、-1.79%、8.24%、12.19% 和 19.71%，差异不显著，表明拔节期进行水分亏缺抽雄期复水后，其茎粗也存在补偿生长，且这种补偿生长也持续到抽雄期。灌浆期及其后期，玉米植株茎粗达稳定变化趋势。

2017 年，苗期，处理 T1、T2、T3、T4、T5 的茎粗较对照处理分别降低 27.87%、41.06%、0.16%、2.34% 和 39.97%。拔节期，处理 T1、T2、T3、T4、T5 的茎粗较对照处理分别降低 6.03%、4.81%、14.82%、26.84% 和 31.05%。抽雄期，处理 T1、T2 的茎粗较对照处理分别增加 4.18%、2.12%，处理 T3、T4、T5 的茎粗较 对照处理分别降低 9.86%、12.89%、20.20%。灌浆期及其后期，玉米植株茎粗达稳定变化趋势。

对比分析 2016 年和 2017 年试验结果，总体来看，调亏灌溉均能不同程度地抑制玉米植株茎粗的增大，复水后存在补偿生长，对促进玉米植株在生育后期提高抗倒伏能力具有重要意义，这与刘君鹏与蒙熠练等对玉米的研究和李婕与杨启良等对小桐子的研究结果一致。具体分析各生育期，2017 年的玉米植株茎粗均普遍低于 2016 年的，这与前面对玉米株高分析的 2017 年植株长势没有 2016 年好的结果相吻合。

③玉米植株叶面积动态变化特征。

植株叶片作为光合作用的场所，在生育期内保持较高的叶面积对提高植株光合速率具有举足轻重的作用。表 2-40 为不同水分处理下玉米植株各生育期叶面积变化特征，由表可知，2016 年和 2017 年试验中的玉米植株叶面积均呈整体先增大，至灌浆期达到最大值，后又减小的倒 V 形变化趋势，这可能是由于灌浆期后随着生育时期的不断推进，植株开始逐渐衰老，死叶片数不断增加，其叶面积也随之减小。就不同水分处理而言，各生育期植株叶面积同样表现一定的差异性。

表 2-40 不同水分处理下玉米植株叶面积变化　　　　　　　　　单位：cm^2

年份	处理	生育期					
		苗期	拔节期	抽雄期	灌浆期	成熟期	收获期
2016 年	T1	1 132.50b	5 023.54ab	7 072.56b	7 368.97b	6 884.53a	6 372.11b
	T2	959.88c	5 225.33a	7 500.54a	7 817.86a	7 248.14a	6 897.06a
	T3	1 918.82a	4 715.55b	6 672.89c	6 902.54c	7 031.91a	6 541.33b
	T4	1 919.04a	4 051.75c	6 383.18d	6 672.94c	5 840.16b	5 230.84cd
	T5	962.34c	3 758.63c	5 820.25e	6 110.15d	5 672.83b	5 077.92d
	CK	1 920.14a	5 310.30a	7 263.52ab	7 563.54ab	6 040.12b	5 336.29c
2017 年	T1	1 405.39b	4 850.81b	6 813.99c	7 155.11ab	6 491.79b	6 080.05c
	T2	1 156.02c	5 032.70ab	7 302.57a	7 684.33a	6 793.82a	6 511.71a
	T3	2 273.49a	4 483.93c	6 392.91d	6 685.68bc	6 615.25ab	6 285.78b
	T4	2 286.70a	3 896.82d	6 063.91e	6 191.92cd	5 461.70d	5 060.75d
	T5	1 211.23bc	3 623.73e	5 580.97f	5 880.42d	5 307.24d	4 825.49e
	CK	2 281.47bc	5 181.94a	7 029.81b	7 380.97a	5 741.90c	5 182.01d

2016 年，对比苗期不同水分亏缺处理下植株叶面积大小，处理 T1、T2、T3、T4、T5 较对照处理分别降低 41.02%、50.01%、0.07%、0.06% 和 49.88%，苗期进行水分亏缺处理（T1、T2、T5）均能显著抑制玉

米植株叶面积的增大，且随水分亏缺程度的增大抑制作用越明显。苗期进行水分亏缺处理（T1、T2）拔节期复水后，叶面积补偿生长显著，基本已达对照处理水平，且随水分亏缺程度的增大，补偿作用越明显；拔节期进行水分亏缺处理（T3、T4）同样抑制玉米植株叶面积的增大，差异达显著水平。抽雄期，玉米植株叶面积不断增大，但增长速率较拔节期明显变缓，复水后处理 T2 的叶面积较对照处理增加 3.26%，处理 T1、T3、T4、T5 的叶面积较对照处理分别降低 2.63%、8.13%、12.12%和 19.87%，表明植株叶面积的补偿生长效应也持续至抽雄期，由处理 T3 和 T4 可以看出，拔节期进行水分亏缺抽雄期复水后，其补偿生长效应并没有随水分亏缺程度的增加而增加，反而减小，这可能是拔节期为玉米植株营养生长与生殖生长并进时期，且水分亏缺程度过大不利于作物生长所致。灌浆期，植株叶面积达到最大值，处理 T2 的叶面积较对照处理增加 3.36%，处理 T1、T3、T4、T5 的叶面积较对照处理分别降低 2.57%、8.74%、11.77%、19.22%。灌浆期之后，随生育时期的推进植株逐渐衰老，其死叶片数不断增加，植株叶面积减小。成熟期，处理 T1、T2、T3、的叶面积较对照处理分别增加 13.98%、20.00%、16.42%，处理 T4、T5 的叶面积较对照处理分别降低 3.31%、6.08%；收获时，处理 T1、T2、T3 的叶面积较对照处理分别增加 19.41%、29.25%、22.58%，处理 T4、T5 的叶面积较对照处理分别降低 1.98%、4.84%，前期进行适宜调亏处理的植株叶面积在后期大于对照处理，表明调亏灌溉有助于延缓作物衰老，减少后期植株死叶片数。

2017 年，苗期，处理 T1、T2、T3、T5 的叶面积较对照处理分别降低 38.40%、49.33%、0.35%和 46.92%，处理 T4 的叶面积较对照处理降低 0.23%。拔节期，处理 T1、T2、T3、T4、T5 的叶面积较对照处理分别降低 6.39%、2.88%、13.47%、24.80%和 30.07%。抽雄期，处理 T1、T3、T4、T5 的叶面积较对照处理分别降低 3.07%、9.06%、13.74%和 20.61%，处理 T2 的叶面积较对照处理增加 3.88%。灌浆期，处理 T1、T3、T4、T5 的叶面积较对照处理分别降低 3.06%、9.42%、16.11%和 20.33%，处理 T2 的叶面积较对照处理增加 4.11%。成熟期，处理 T1、T2、T3 的叶面积较对照处理分别增加 13.06%、18.32%、15.21%，处理 T4、T5 的叶面积较对照处理分别降低 4.88%、7.57%。收获时，处理 T1、T2、T3 的叶面积较对照处理分别增加 17.33%、25.66%、21.30%，处理 T4、T5 的叶面积较对照处理分别降低 2.34%、6.88%。

对比分析 2016 年和 2017 年试验结果，总体来看，调亏灌溉在调亏时期均能不同程度地抑制玉米植株叶面积的增大。苗期进行调亏处理拔节期复水后，叶面积超补偿生长；拔节期进行调亏处理抽雄期复水后其叶面积补偿生长较苗期调亏处理不显著。就各生育期而言，相比对照处理，调亏灌溉处理的玉米植株在灌浆期及后期仍保持有较高水平的叶面积，在节约水分的同时对于增加光合面积、延长光合时间，继而提高玉米植株光合速率具有重要意义，这与王育红等对冬小麦的研究结果一致。

④玉米植株冠部干物质积累动态变化特征。

作物生长因土壤水分的不同而表现出差异性，表 2-41 为不同水分处理下玉米植株冠部干物质积累变化。冠部干物质积累值的大小反映了作物自身生产能力的大小，对作物经济产量的形成具有重要作用。由表可知，2016 年和 2017 年试验中各水分亏缺处理下玉米植株冠部干物质积累均表现苗期至拔节期慢速增长，拔节期至成熟期快速增长，成熟期至收获时达到平稳水平的 S 形变化趋势，这与周新国等对喷灌液膜覆盖下玉米干物质累积特征的研究结果相吻合。具体分析各生育期的两年试验结果显示,不同水分处理下玉米植株冠部干物质积累在各生育期均表现一定的差异性。

表 2-41 不同水分处理下玉米植株冠部干物质积累变化　　　　　　　　　单位:g

年份	处理	生育期					
		苗期	拔节期	抽雄期	灌浆期	成熟期	收获期
2016 年	T1	23.71b	69.22b	176.24b	280.36c	493.80b	500.20b
	T2	16.53c	73.25b	188.41a	322.68a	523.47a	525.67a
	T3	30.08a	61.78c	182.74a	308.49b	500.82b	503.16b
	T4	29.88a	43.68d	140.40c	260.12d	420.13c	435.33c
	T5	17.10c	43.61d	101.85d	250.07e	372.88e	389.72d
	CK	30.79a	84.29a	188.20a	306.73b	498.55b	520.09a
2017 年	T1	26.95b	66.78b	172.51c	276.51c	460.69c	497.89b
	T2	18.89c	70.60b	183.71ab	319.39a	523.39a	527.03a
	T3	33.97a	58.93c	176.60bc	304.26b	503.51ab	499.39b
	T4	33.58a	41.88d	137.82d	255.42d	422.7d	437.12c
	T5	19.06c	43.31d	102.05e	248.01d	369.55e	386.14d
	CK	34.82a	80.91a	185.54a	305.33b	494.46b	519.52a

2016 年,苗期,处理 T1、T2、T3、T4、T5 的干物质量较对照处理分别降低 22.99%、46.31%、2.31%、2.96%和 44.46%,表明苗期进行水分亏缺处理对干物质积累均表现出抑制作用,且抑制程度与土壤干旱程度呈正相关关系。拔节期,干物质积累进入快速增长阶段,处理 T1、T2、T3、T4、T5 的干物质量较对照处理分别降低 17.88%、13.10%、26.71%、48.18%和 48.26%;抽雄期,处理 T1、T3、T4、T5 的干物质量较对照处理分别降低 6.35%、2.90%、25.40%、45.88%,处理 T2 的干物质量较对照处理增加 0.11%;对比分析苗期、拔节期及抽雄期三个生育时期内调亏灌溉处理(T1、T2)的玉米植株冠部干物质累积量与对照处理的变化关系,差异性由苗期较对照处理降低 22.99%~46.31%,至拔节期较对照处理降低 13.10%~17.88%,再到抽雄期较对照处理降低-0.11%~6.35%,表明冠部干物质的积累存在补偿生长,并与其外在形态指标的补偿生长一同延续至抽雄期。灌浆期为生殖生长旺盛时期,玉米籽粒逐渐充实、干物质积累量迅速增长,处理 T2、T3 的干物质量较对照处理分别增加 5.20%、0.57%,处理 T1、T4、T5 的干物质量较对照处理分别降低 8.60%、15.20%、18.47%。成熟期,处理 T1、T4、T5 的干物质量较对照处理分别降低 0.95%、15.73%、25.21%,处理 T2、T3 的干物质量较对照处理分别增加 5.01%、0.46%。

2017 年,苗期,处理 T1、T2、T3、T4、T5 的干物质量较对照处理分别降低 22.60%、45.75%、2.44%、3.56%和 45.26%。拔节期,处理 T1、T2、T3、T4、T5 的干物质量较对照处理分别降低 17.46%、12.74%、

27.17%、48.24%和46.47%。抽雄期，处理 T1、T3、T4、T5 的干物质量较对照处理分别降低 7.02%、4.82%、25.72%和45.00%，处理 T2 的干物质量较对照处理增加 0.99%。灌浆期，处理 T2、T3 的干物质量较对照处理分别增加 4.60%、0.35%，处理 T1、T4、T5 的干物质量较对照处理分别降低 9.44%、16.35%、18.77%。成熟期，处理 T2、T3 的干物质量较对照处理分别增加 5.85%、1.83%。处理 T1、T4、T5 的干物质量较对照处理分别降低 6.83%、14.51%、25.26%。收获时，处理 T2 的干物质量较对照处理增加 1.45%，处理 T1、T3、T4、T5 的干物质量较对照处理分别降低 4.16%、3.87%、15.86%、25.67%。

对比分析 2016 年和 2017 年试验结果，总体来看，调亏灌溉没有改变玉米植株冠部生长的原有总趋势，但具体分析各生育阶段显示，土壤水分亏缺对玉米植株冠部生长具有抑制作用，复水后又表现出补偿生长效应。干物质积累量，2017 年苗期整体大于 2016 年苗期，2017 年拔节期、抽雄期、灌浆期、收获期整体小于 2016 年的实测值，这与玉米株高、茎粗、叶面积两年实测值对比结果相吻合。两年试验中，收获时 T2 处理的冠部干物质量较对照处理分别增加 1.07%、1.45%，T1、T3 处理的冠部干物质量接近对照处理水平，表明适宜阶段进行适宜程度的水分亏缺对延缓植株叶片衰老、促进玉米灌浆过程的进行、增加生育后期玉米产量具有重要作用。

（5）玉米植株冠部各器官干物质变化特征

①单株玉米叶片干物质量变化特征。

由图 2-46 可知，玉米植株叶片的生长均随生育期推进不断增大，至抽雄期达到最大值。苗期，2016 年处理 T1、T2、T3、T4、T5 的叶片干物质量较对照处理分别降低 22.17%、45.09%、1.98%、1.63%和 42.86%，2017 年处理 T1、T2、T3、T4、T5 的叶片干物质量较对照处理分别降低 21.82%、44.32%、2.05%、1.81%和 43.70%，苗期土壤水分亏缺处理（T1、T2、T5）均对玉米叶片干物质增长表现出抑制作用且达显著水平。拔节期，处理 T1、T2、T3、T4、T5 的叶片干物质量较对照处理分别降低 17.29%、18.79%、25.84%、43.34%和 39.42%，2017 年处理 T1、T2、T3、T4、T5 的叶片干物质量较对照处理分别降低 16.11%、17.90%、26.11%、42.97%和 37.92%，拔节期土壤水分亏缺处理（T3、T4、T5）对玉米植株叶片生长的抑制作用达显著水平。抽雄期，2016 年处理 T1、T2、T3、T4、T5 的叶片干物质量较对照处理分别降低 10.42%、4.71%、6.13%、24.32%和 40.26%，2017 年处理 T1、T2、T3、T4、T5 的叶片干物质量较对照处理分别降低 11.66%、3.65%、7.06%、24.59%和 42.34%。之后，随着生育时期不断推进，叶片逐渐衰老光合产物也随之向生殖器官转移，其在干物质累积中所占的比例也逐渐下降。灌浆期，2016 年处理 T2、T3 的叶片干物质量较对照处理分别增加 3.61%、1.63%，处理 T1、T4、T5 的叶片干物质量较对照处理分别降低 4.43%、3.76%、9.72%，2017 年处理 T2 的叶片干物质量较对照处理增加 3.70%，处理 T1、T3、T4、T5 的叶片干物质量较对照处理分别降低 3.90%、2.32%、4.29%、10.33%。至收获时，2016 年和 2017 年试验结果显示处理 T1 的叶片干质量较对照处理平均增加 1.98%，处理 T2、T3、T4、T5 的叶片干质量较对照处理平均降低 13.27%、7.08%、18.91%和 17.11%。

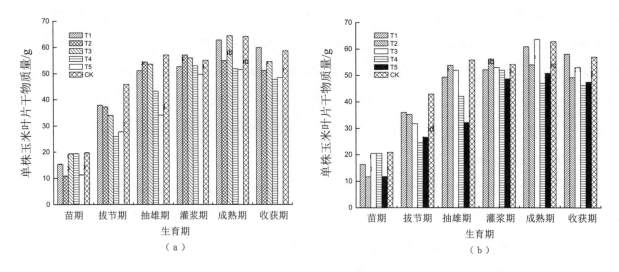

图 2-46 单株玉米叶片干物质量积累变化
（a）2016 年单株玉米叶片干物质量积累；（b）2017 年单株玉米叶片干物质量积累

总体来看，2016 年和 2017 年试验中玉米叶片干物质量积累均随生育期的推进呈不断增大的趋势，表明调亏灌溉没有改变单株玉米叶片生长的基本趋势。就不同生育期而言，2017 年苗期整体大于 2016 年苗期，平均增加幅度为 4.89%～7.96%，这可能是由于 2017 年播种较早，生长天数较长，加之玉米苗期生长处于营养生长阶段，使得叶片干物质量积累量高于 2016 年苗期干物质积累量。

②单株玉米茎秆干物质量变化特征。

由图 2-47 可知，随生育时期的推进，玉米植株茎秆干物质量积累不断增加，苗期至拔节期呈慢速增长，拔节期至灌浆期呈快速增长，灌浆期玉米茎秆干物质量积累达到最大值，之后基本保持平稳状态。具体分析不同水分处理下各生育期处理间差异性。苗期，2016 年处理 T1、T2、T3、T4、T5 的茎秆干物质量较对照处理分别降低 24.46%、48.47%、2.88%、5.31%和 47.30%，2017 年处理 T1、T2、T3、T4、T5 的茎秆干物质量较对照处理分别降低 23.78%、47.91%、3.03%、6.20%和 47.62%。拔节期，两年试验结果显示，处理 T1、T2、T3、T4、T5 的茎秆干物质量较对照处理平均降低 18.80%、6.61%、28.05%、54.08%和 57.49%。玉米植株生长进入灌浆期后，随着果穗灌浆过程的进行，光合同化产物逐渐向生殖器官分配，干物质量在玉米茎秆中的比例逐渐下降。2016 年，处理 T1、T2、T3、T4、T5 的茎秆干物质量较对照处理分别降低 5.15%、1.89%、3.34%、5.16%和 14.76%。2017 年，处理 T1、T2、T3、T4、T5 的茎秆干物质量较对照处理分别降低 4.82%、2.10%、3.75%、6.83%和 15.49%。至收获时，两年试验结果处理 T1、T3、T4、T5 的茎秆干物质量较对照处理平均分别降低 1.82%、1.97%、7.68%和 18.98%，处理 T2 的茎秆干物质量较对照处理平均增加 3.44%。

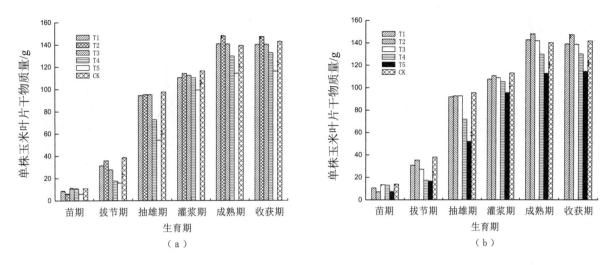

图 2-47 单株玉米茎秆干物质量积累变化
（a）2016 年单株玉米茎秆干物质量积累；（b）2017 年单株玉米茎秆干物质量积累

③单株玉米雄干物质量变化特征。

对比分析 2016 年和 2017 年试验结果，总体来看，各水分亏缺处理的玉米植株茎秆干物质量积累均随生育期的推进呈增大趋势，表明调亏灌溉也没有改变单株玉米茎秆的基本变化趋势。就不同生育期而言，苗期，各水分亏缺处理的玉米茎秆干物质量 2017 年较 2016 年均有所增加，增加幅度为 23.65%～26.18%，这与玉米叶片干物质量积累的结果相吻合；拔节期，除处理 T5 的茎秆干物质量积累 2017 年高于 2016 年外，其他各处理茎秆干物质量积累 2017 年均较 2016 年有所降低，降低幅度为 1.48%～2.34%；抽雄期和灌浆期各处理的茎秆干物质积累量 2017 年均低于 2016 年，降低幅度分别为 1.42%～4.30%、2.70%～4.75%；收获时，除处理 T2 外，其他各水分亏缺处理的玉米茎秆干物质量积累 2017 年均低于 2016 年；尽管 2016 年光照强度大，但相比叶片生长而言，茎秆的生长对光照强度的敏感度次之，加之农田试验不可控影响因素较多，导致玉米生育后期茎秆干物质量积累 2016 年基本高于 2017 年的情况下也有部分处理的实测数据低于 2017 年的实测数据。总体而言，两年试验中调亏灌溉处理的玉米茎秆干物质量积累在调亏期间均较对照处理有所降低，复水后又表现出不同程度的补偿积累作用。

由图 2-48 可知，2016 年和 2017 年试验中，玉米植株雄干物质量积累无明显变化规律，生育期内基本保持稳定的变化趋势且在成熟期稍有减小。就各生育期来看，处理间差异性在两年试验中并未表现一致规律，2016 年抽雄期除处理 T5 外，其他处理的雄干物质量均较对照处理有所增加，而 2017 年处理 T2、T3 又高于对照处理水平，这可能是由于玉米植株器官雄干物质量积累不参与生殖器官生殖生长过程，其干物质量积累仅与个体生长有关，而调亏灌溉处理并未对其产生显著影响。

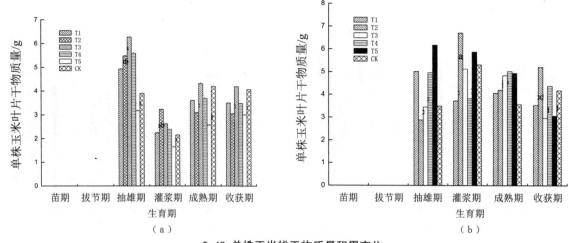

2-48 单株玉米雄干物质量积累变化

（a）2016年单株玉米雄干物质量积累；（b）2017年单株玉米雄干物质量积累

④单株玉米穗干物质变化特征。

由图2-49可知，2016年和2017年试验中，玉米植株穗的生长均随生育时期的推进呈增大趋势，至成熟期达到最大值，之后基本平稳不变。就不同生育期而言，抽雄期，2016年处理T1、T3、T4、T5的穗干物质量较对照处理分别降低13.02%、6.71%、36.66%和65.09%，而处理T2较对照处理增加11.75%，2017年处理T1、T3、T4、T5的穗干物质量较对照处理分别降低14.10%、7.07%、38.21%和61.63%，而处理T2较对照处理增加12.05%。两年试验中，处理T2玉米穗干物质量均高于对照处理水平，处理T3接近对照处理水平。随生育期的推进，玉米穗干物质量积累在冠部干物质量积累中所占比例不断增大。灌浆期，2016年处理T1、T2、T3、T4、T5、CK的干物质积累量分别为115.12 g、148.17 g、137.40 g、94.32 g、133.09 g和133.09 g，其在玉米穗中的分配率为41.06%、45.92%、44.54%、36.26%、39.77%和43.39%，2017年，处理T2、T3的干物质量较对照处理分别增加9.81%、3.47%，处理T1、T4、T5较对照处理分别降低14.81%、28.90%和26.19%。至收获期，2016年处理T1、T2、T3、T4、T5的干物质积累量分别达到296.52 g、324.34 g、304.11 g、251.62 g和222.26 g，较同期对照处理（314.60 g）分别降低5.75%、−3.10%、3.33%、20.02%、29.35%。2017年实测值分别为297.17 g、325.47 g、304.83 g、256.49 g和221.1 g，较同期对照处理（316.54 g）分别降低6.12%、−2.82%、3.70%、18.97%和30.15%。对比分析两年试验结果，抽雄期穗干物质量观测数据2017年的整体高于2016年的水平，增加幅度为0.53%～13.27%，虽然2016年这一时期的日照时数相对较多，叶片中光合同化产物积累较多，但由于玉米处于营养生长与生殖生长并进时期，导致分配在生殖器官穗中的干物质还比较少，从而使得2016年的整体低于2017年的水平；2017年灌浆期与成熟期观测值低于2016年的观测水平，这与2016年叶片中光合同化产物积累较多，且调亏灌溉有利于干物质向生殖器官中的分配与转移有关。2016年和2017年收获期观测结果均为T2处理的玉米穗干物质量较对照处理的有所增加，其他处理均低于对照处理水平。

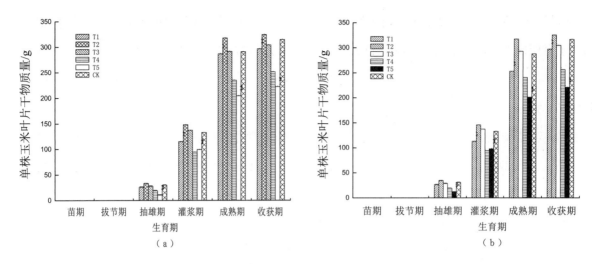

图 2-49 单株玉米穗干物质量积累变化
（a）2016 年单株玉米穗干物质量积累；（b）2017 年单株玉米穗干物质量积累

⑤玉米植株根部干物质变化特征。

图 2-50 为各水分处理下玉米植株根部干物质量积累变化特征。由图 2-51 可知，2016 年和 2017 年试验中玉米根部干物质量增长随生育时期的推进均呈先增大，至灌浆期达到最大值，灌浆期后略有降低的倒 V 形变化趋势。各处理间具有差异性。

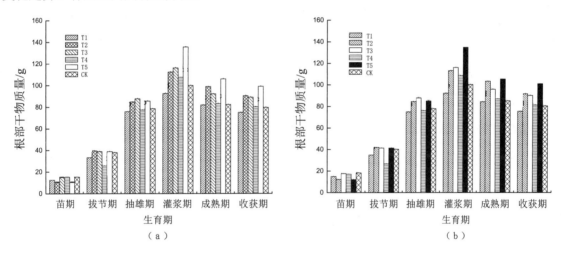

图 2-50 单株玉米根部干物质量积累变化
（a）2016 年单株玉米根部干物质量积累；（b）2017 年单株玉米根部干物质量积累

2016 年，苗期的水分亏缺处理对玉米根部干物质量积累均表现出了抑制作用，处理 T1、T2 较对照处理分别降低 17.16%、32.09%。拔节期干物质积累逐渐增大，复水对根部干物质量积累的补偿作用显著，处理 T1 基本达对照处理水平、处理 T2 高于对照处理水平；处理 T3 较对照处理提高 2.61%，这可能是由于拔节期进行适宜的水分亏缺处理，作物为了寻找更多水分来满足自身的生长而促进根系进一步生长导致其干物质量积累较对照处理有所增大，处理 T5 由于一直受到缓慢的水分胁迫，且根部比地上部分有更有效的渗透调节作用，过量的碳水化合物更倾向于满足根部的生长显著，地上部分生长使得其根部干物质量较对照处理增加 2.32%。抽雄期，根部干物质量迅速积累，处理 T2、T3、T5 的干物质量较对照处理分别增加 7.96%、11.70% 和 8.93%，处理 T1、T4 较对照处理分别降低 3.50%、1.67%。灌浆期玉米生长进入生殖生长时期，生殖器官穗干物质量迅速积累，而根部干物质量积累较抽雄期有所减缓，根部干物质积累量达到全生育期最大值，分别为 92.51 g、112.29 g、116.24 g、107.44 g、135.54 g 和 99.86 g。收获时，处理 T2、T3、T4、T5 的干物质量较对照处理分别增加 12.47%、16.40%、7.59% 和 35.73%，处理 T1 较对照处理降低 7.36%。

2017 年，苗期处理 T1、T2 的干物质量较对照处理分别降低 18.07%、32.95%。拔节期处理 T2、T3、T5 较对照处理分别增加 4.29%、3.07% 和 2.97%，处理 T1、T4 较对照处理分别降低 13.11%、33.82%。灌浆期处理 T1、T2、T3、T4、T5 较对照处理分别增加 -8.12%、12.93%、15.88%、8.21%、34.81%。至收获时处理 T1、T2、T3、T4、T5 的干物质量分别为 75.44 g、91.63 g、90.13 g、81.23 g 和 100.98 g，较对照处理（80.37 g）分别增加 -6.13%、14.01%、12.14%、1.07% 和 25.64%。

对比分析 2016 年和 2017 年的试验结果，除抽雄期外其他生育期玉米根部干物质量积累 2017 年观测数据均高于 2016 年的水平，这可能是由于 2017 年播种较早，与同期 2016 年相比较，玉米生长天数较长所致。收获时，两年试验结果均表现出处理 T2、T3、T4、T5 的根部干物质量高于对照处理水平，处理 T1 则低于对照处理水平。

⑥玉米植株根冠比变化特征。

调亏灌溉可调节作物营养生长与生殖生长以及光合同化产物在根冠间的分配比例，增大作物根冠比，提高其抗倒伏能力。表 2-42 为不同水分亏缺处理下两年试验玉米植株全生育期内根冠比变化规律。除处理 T5 外，各水分处理下全生育期内玉米植株根冠比均随着生育期的推进呈逐渐降低的趋势，成熟期降至最低至收获时处于稳定水平。试验表明前期根冠比较大后期根冠比较小对促进生育后期冠部干物质积累，增加干物质量向生殖器官的分配比例非常有利。处理 T5 可能是由于在苗期和拔节期长期处于缓慢的水分胁迫状态，且根部较冠部有着更有效的渗透调节，其根冠比高于对照处理呈差异极显著水平。就不同生育阶段来看，调亏灌溉均能不同程度地增大作物根冠比，且随调亏程度的加剧，根冠比增大得越明显，各处理间差异显著。

表 2-42 不同水分亏缺处理下两年试验玉米植株全生育期内根冠比变化

| 年份 | 处理 | 生育期 | | | | | |
		苗期	拔节期	抽雄期	灌浆期	成熟期	收获期
2016 年	T1	0.536b	0.480e	0.430d	0.333c	0.166c	0.150c
	T2	0.630a	0.540d	0.450d	0.348c	0.189b	0.172b
	T3	0.499b	0.630b	0.480c	0.360c	0.184b	0.177b
	T4	0.510b	0.584c	0.550b	0.413b	0.198b	0.184b
	T5	0.605a	0.890a	0.839a	0.542a	0.284a	0.254a
	CK	0.498b	0.450f	0.417d	0.326c	0.165c	0.153c
2017 年	T1	0.629c	0.504e	0.425e	0.329e	0.171d	0.151c
	T2	0.739a	0.571d	0.448d	0.351d	0.197bc	0.174b

续表

年份	处理	生育期					
		苗期	拔节期	抽雄期	灌浆期	成熟期	收获期
2017 年	T3	0.584d	0.669b	0.481c	0.377c	0.191c	0.179b
	T4	0.572d	0.608c	0.541b	0.417b	0.207b	0.187b
	T5	0.705b	0.947a	0.834a	0.541a	0.297a	0.259a
	CK	0.591d	0.476f	0.414e	0.327e	0.171d	0.155c

2016 年，苗期处理 T1、T2、T5 的根冠比较对照处理分别增加 7.36%、26.51%和21.49%。拔节期，处理 T5 的根冠比达到最大值为 0.890，较同期对照处理提高 97.78%，差异达极显著水平。拔节期之后各处理的根冠比均随生育期推进逐渐降低。灌浆期，处理 T1、T2、T3、T4 分别较对照处理增加 2.15%、6.75%、10.43%和 26.69%，差异不显著，处理 T5 较对照处理增加 66.26%，差异达极显著水平。成熟期各水分处理的玉米植株根冠比基本趋于稳定。至收获期，处理 T1、T2、T3、T4、T5、CK 的根冠比分别为 0.150、0.172、0.177、0.184、0.254 和 0.153。

2017 年，苗期处理 T1、T2 的根冠比较对照处理分别增加 6.43%、25.04%。拔节期处理处理 T1、T2、T3、T4、T5 的根冠比较对照处理分别增加 5.88%、19.96%、40.55%、27.73%和98.95%。抽雄期处理 T1、T2、T3、T4、T5 的根冠比较对照处理分别增加 2.66%、8.21%、16.18%、30.68%和99.03%。灌浆期处理 T1、T2、T3、T4、T5 的根冠比较对照处理分别增加 0.61%、7.34%、15.29%、27.52%和 65.44%。至收获期，处理 T1、T2、T3、T4、T5、CK 的根冠比分别为 0.151、0.174、0.179、0.187、0.259 和 0.155。

总体来看，2016 年和 2017 年试验中不同水分处理下玉米植株根冠比均随生育时期的推进呈先增大后逐渐减小的趋势，表明调亏灌溉没有改变玉米根冠生长的原有总趋势。具体分析各生育阶段，苗期、拔节期、成熟期、收获期各水分亏缺处理的玉米根冠比，2017 年实测值大于 2016 年的，其增加幅度分别为 12.16%～18.67%、4.11%～6.40%、3.01%～4.57%、0.67%～1.96%，与前面所述 2017 年玉米地上部分长势没有 2016 年好的结果相吻合；抽雄期，各水分亏缺处理玉米植株根冠比 2017 年基本大于 2016 年的，这可能是由于 2017 年抽雄期阴雨天气较多，其地上部分光合作用减弱，光合同化产物较低，影响了地下部分的生长所致。两年试验处理 T2、T3、T4 的根冠比较对照处理平均增加 12.34%、15.59%、20.45%，差异不显著；处理 T5 较对照处理平均增加 66.56%，差异达极显著水平。

⑦玉米植株根系参数变化特征。

在玉米植株根系生长发育过程中，其生长量及其生长形态因灌水量的不同而表现一定的差异性。郭相平和康绍忠等的研究表明，充分供水的玉米根系粗而短，与之相比水分亏缺处理的玉米根系则具有细而长的特点，这一特点对玉米扩大根系吸水范围，增强抗旱能力有益。

A.玉米根长变化特征。图 2-51 为各调亏处理全生育期内玉米根长变化曲线。由图可知，2016 年和 2017 年试验玉米植株根长增长量均表现拔节期快速增大，抽雄期增长变缓，灌浆期增长速率又有增大趋势，至灌浆期末其根长达到最大值的倒 V 形变化趋势，各处理间差异显著。

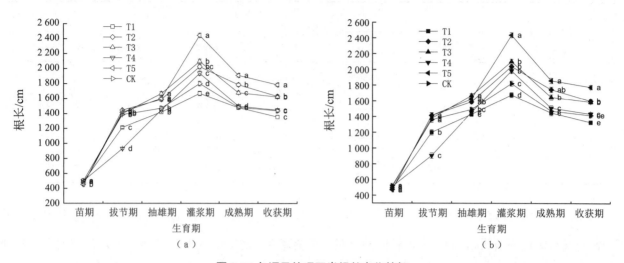

图 2-51 各调亏处理玉米根长变化特征
（a）2016 年各调亏处理玉米根长变化；（b）2017 年各调亏处理玉米根长变化

2016 年，苗期进行水分亏缺处理对玉米植株生长均表现出一定程度的抑制作用，且随亏缺程度的增大抑制作用增强，处理 T1、T2 的根长较对照处理分别降低 2.21%、9.72%。拔节期，复水处理玉米植株根系补偿生长，处理 T2 已超过对照处理水平，较对照处理提高 4.46%，处理 T1 仍低于对照处理水平；拔节期进行调亏处理，处理 T4 较对照处理降低 32.74%，差异达显著水平，处理 T3、T5 较对照处理分别增加 0.99%、2.32%。抽雄期玉米根系快速生长。至灌浆期末达到最大值，处理 T1、T2、T3、T4、T5、CK 的根长分别为 1 668.59 cm、2 025.39 cm、2 096.54 cm、1 937.85 cm、2 444.70 cm 和 1 801.15 cm。之后，随着生育时期的不断推进，根系逐渐衰老，其根长也不断减少，至收获期各处理根长分别为 1 353.31 cm、1 631.10 cm、1 622.64 cm、1 445.11 cm、1 785.28 cm 和 1 435.86 cm。

2017 年，苗期处理 T1、T2 的根长较对照处理分别降低 6.05%、8.96%。拔节期处理 T2、T3、T5 的根长较对照处理分别增加 3.96%、1.30%、3.83%，处理 T1、T4 较对照处理分别降低 11.82%、33.41%。灌浆期各调亏处理根长达最大，分别为 1 677.50 cm、2 040.57 cm、2 102.76 cm、1 985.87 cm、2 437.02 cm 和 1 823.57 cm。至收获时其根长又分别降至 1 330.52 cm、1 602.19 cm、1 590.27 cm、1 435.93 cm、1 778.52 cm 和 1 418.62 cm。

对比分析 2016 年和 2017 年试验结果，苗期除处理 T1 外 2017 年各水分亏缺处理的玉米根长实测值均高于 2016 年的，这可能与 2017 年播种时间早，苗期根系取样时间距离播种后天数较长有关；而在拔节期又表现出 2017 年各调亏处理的玉米根长实测值均低于 2016 年实测值，降低幅度为 0.22%～2.65%；抽雄期和灌浆期玉米植株根长 2017 年实测值基本高于 2016 年实测值，其增加幅度分别为 0.10%～1.54%、0.25%～1.24%；成熟期和收获期玉米根长 2017 年实测值均较 2016 年实测值均有所降低，降低幅度分别为 0.67%～2.60%、0.38%～1.99%。尽管两年实测数据在数值上均表现出一定的差异性，但其相对变化规律表现出一致性，前期进行适宜的调亏处理有助于促进根系深扎以寻找更多水分来满足自身的需求，并且有利于延缓根系衰老，使其在收获时仍保持较高根长水平。

B.玉米植株根数变化特征。表 2-43 为不同水分处理下玉米全生育期内根数变化规律。由表可知，2016 年和 2017 年试验中玉米植株根数在苗期至拔节期快速增大，拔节期至灌浆期根数增长变缓，至灌浆期达到最大值，之后根数又逐渐变少，处理间具有差异性。这与前面所述玉米植株根长增长呈一致的变化规律。

表 2-43 不同水分处理下玉米植株各生育期根数变化 单位：条

年份	处理	生育期					
		苗期	拔节期	抽雄期	灌浆期	成熟期	收获期
2016 年	T1	15ab	32b	36a	38c	37c	35c
	T2	14ab	39a	40a	44b	42ab	38abc
	T3	18a	37a	41a	45ab	43ab	40ab
	T4	16ab	25c	38a	42b	40bc	36bc
	T5	13b	38a	40a	48a	45a	41a
	CK	17ab	37a	37a	38c	37c	36bc
2017 年	T1	16bc	33b	37a	39c	38c	36c
	T2	14c	40a	42a	46a	43ab	39abc
	T3	20a	39a	43a	47a	44ab	41ab
	T4	18ab	26c	40a	44ab	41bc	38bc
	T5	14c	39a	42a	48a	46a	43a
	CK	19ab	38a	39a	40bc	38c	37bc

试验结果表明，2016 年苗期处理 T1、T2、T3、T4、T5 的根数较对照处理分别增加-11.76%、-17.65%、5.88%、-5.88%、23.53%。拔节期其根数较对照处理分别增加-13.51%、5.41%、0.00%、-5.41%、2.70%。抽雄期其根数较对照处理分别增加-2.70%、8.11%、10.81%、2.70%、8.11%。灌浆期其根数较对照处理分别增加 0.00%、15.79%、18.42%、15.79%、26.32%。成熟期其根数较对照处理分别增加 0.00%、13.51%、16.22%、8.11%、21.62%。至收获时其根数较对照处理分别增加-2.78%、5.56%、11.11%、0.00%、13.89%。

⑧小结。

作物根冠生长受遗传因素控制，环境的变化也会影响遗传因素的表达。玉米各发育期株高、茎粗、叶面积、冠部及冠部各器官干物质积累、根部干物质积累、根冠比、根长、根数等均会因自身遗传特性和灌水量的不同而呈不同的变化趋势。试验表明，调亏灌溉基本能增大玉米的根冠比，2016 年和 2017 年试验中平均增加幅度为 0.30%~101.32%，有利于提高玉米生育后期植株抗倒伏能力；水分亏缺处理期间，玉米株高、茎粗、叶面积、干物质量积累等均受到不同程度的抑制，但是复水处理对干物质积累的补偿作用显著，有利于生殖生长阶段光合同化产物向玉米果穗的分配与转移，促进玉米产量增加；收获时处理 T2 的玉米穗干物质量超出对照处理水平，较对照处理两年平均增加 2.96%，表明苗期中度亏水处理对促进玉米干物质向生殖器官转移与分配有利；两年试验中各调亏处理的玉米根长与根数均高于对照处理水平，表明水分亏缺处理能促进玉米根系的生长，在土壤中寻觅更多的水源来满足自身生长发育的需求，对促进玉米增加产量有利。

（2）调亏灌溉下滴灌玉米植株体内水分变化特征

植物通过输送水分来调控自身的水分平衡以满足生长发育的需求，构成自身的安全保证体系。研究植物优化调控水分平衡的潜力，对于充实土壤—植物—大气连续体（Soil-Plant-Atmosphere Continuum，SPAC）、明确植物对环境的适应机制、挖掘高效用水的潜力具有重要意义。贮存于植物体内的水分对植物输送水分、抗旱性能、适应环境变化的自我调节能力均具有重要影响。

①玉米植株冠部湿基含水率动态变化特征。

土壤含水率的高低会直接影响植物的生长，进而影响其植株体内水分的高低，图 2-52 为玉米植株全生育期内冠部各器官湿基含水率变化图。由图 2-52 可知，2016 年和 2017 年试验中玉米植株冠部湿基含水率均随着生育时期的推进呈不断降低的趋势，调亏灌溉没有改变玉米植株冠部湿基含水率变化的总体趋势，但是就各生育期而言，各处理间表现出一定的差异性。

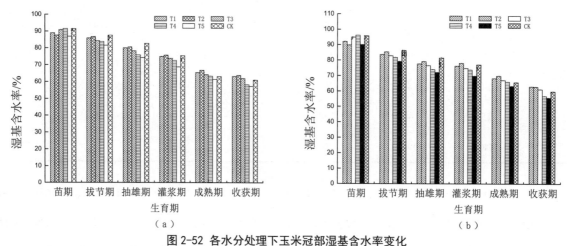

图 2-52 各水分处理下玉米冠部湿基含水率变化
（a）2016 年各水分处理下玉米冠部湿基含水率变化；（b）2017 年各水分处理下玉米冠部湿基含水率变化

2016 年，苗期各水分亏缺处理的玉米植株冠部湿基含水率均低于对照处理水平的，处理 T1、T2、T5 较对照处理分别降低 2.69%、4.11%和 4.90%，差异不显著，表明苗期玉米植株冠部湿基含水率受其土壤水分亏缺处理的影响并不明显，这可能与苗期植株叶面积较小、作物蒸腾耗水小以及作物自身具有一定的自我调节能力有关。玉米生长进入拔节期后，当地气温逐渐升高，玉米植株叶面积不断增大，其蒸腾耗水量也相应增大，对应的植株湿基含水率不断降低，至拔节期末处理 T1、T2、T3、T4、T5、CK 的湿基含水率分别降至 85.96%、86.73%、84.48%、83.89%、81.50%和 87.77%。抽雄期后，玉米生长进入生殖生长旺盛阶段，其湿基含水率不断降低。至灌浆期末，处理 T2 冠部湿基含水率略高于对照处理水平，处理 T1、T3、T4、T5 均低于对照处理水平，较对照处理分别降低 0.73%、2.16%、3.76%和 8.90%。至收获期，各处理的湿基含水率分别降至 63.21%、63.82%、62.01%、58.29%、57.33%和 61.01%，其中处理 T1、T2、T3 分别高出对照处理水平 3.61%、4.61%和 1.64%，这可能与前期进行适当的水分亏缺处理有助于延缓作物衰老有关。

2017 年，苗期处理 T1、T2、T5 冠部湿基含水率较对照处理分别降低 3.82%、6.20% 和 5.96%。拔节期处理 T1、T2、T3、T4、T5 的冠部湿基含水率较对照处理分别降低 3.12%、1.09%、4.01%、5.21% 和 8.27%。抽雄期处理 T1、T2、T3、T4、T5 的冠部湿基含水率较对照处理分别降低 4.70%、2.82%、6.07%、9.21% 和 11.52%。灌浆期处理 T1、T2、T3、T4、T5 的冠部湿基含水率较对照处理分别降低 1.01%、−1.27%、3.01%、4.29% 和 9.44%。至收获时，T1、T2、T3、T4、T5、CK 的湿基含水率分别降至 62.98%、62.83%、61.21%、56.83%、55.67% 和 59.83%。

对比分析 2016 年和 2017 年试验结果，苗期、灌浆期和成熟期 2017 年玉米冠部湿基含水率均高于 2016 年的，其增加幅度分别为 2.35%~4.93%、1.18%~3.04% 和 2.91%~4.50%，而在拔节期、抽雄期和收获期玉米冠部湿基含水率 2017 年实测值均低于 2016 年实测值，其降低幅度分别为 1.58%~2.87%、1.50%~3.03% 和 1.50%~3.03%。由于气候条件的差异性导致两年试验中玉米植株冠部湿基含水率在数值上表现出差异，但其变化规律具有一致性，各水分亏缺处理的玉米冠部湿基含水率在调亏期间均低于对照处理，复水逐渐向对照处理水平趋近，至成熟期，处理 T1、T2、T3、T4 的冠部湿基含水率均高于对照处理水平，较对照处理两年平均分别增加 3.73%、6.09%、1.86% 和 0.42%。

②玉米植株冠部各器官湿基含水率动态变化特征。

A. 单株玉米叶片湿基含水率变化特征。玉米植株叶片内水分状况因土壤含水率的不同而有所差异，表 2-44 为玉米全生育期内叶片湿基含水率变化。由表 2-44 可知，2016 年和 2017 年试验中玉米叶片湿基含水均随生育期的推进呈不断降低的变化趋势。就不同生育期而言，各处理表现出一定的差异性。

表 2-44 不同水分处理下玉米叶片湿基含水率变化　　　　单位：%

年份	处理	生育期					
		苗期	拔节期	抽雄期	灌浆期	成熟期	收获时
2016 年	T1	82.11a	81.04ab	75.88a	75.11a	73.77a	72.08a
	T2	82.06a	81.85a	75.91a	75.38a	73.89a	72.37a
	T3	84.60a	80.24ab	75.21a	74.87a	73.03a	71.88a
	T4	83.98a	79.41ab	74.97a	74.72a	72.99a	70.58a
	T5	81.04a	77.90b	74.44a	73.43a	72.90a	70.11a
	CK	84.22a	82.13a	76.47a	75.76a	73.53a	71.90a
2017 年	T1	83.03a	81.44a	75.15a	73.52a	73.71a	71.29a
	T2	82.56a	83.01a	75.19a	73.61a	73.95a	71.55a
	T3	86.71a	81.54a	74.38a	72.93a	71.97a	70.02a
	T4	84.69a	79.67a	74.93a	72.57a	71.62a	69.23a
	T5	82.01a	76.95a	73.23a	71.10a	71.14a	68.25a
	CK	85.61a	83.70a	76.14a	74.29a	72.81a	70.69a

苗期，处理 T1、T2、T4、T5 的玉米叶片湿基含水率较对照处理两年分别平均降低 2.77%、3.07%、0.68%、3.99%，处理 T3 较对照处理两年平均增加 0.87%，随生育期推进叶片湿基含水率不断降低，苗期至拔节期下降较缓慢，拔节期至抽雄期快速下降，这与苗期气温较低、植株叶面积小、作物蒸腾耗水小有关，而也与拔节期之后气温不断升高、叶面积不断增大、作物蒸腾耗水强烈有关。至抽雄期处理 T1、T2、T3、T4、T5、CK 的叶片湿基含水率两年分别平均降低至 75.52%、75.55%、74.80%、74.95%、73.84%和 76.31%。灌浆期，各水分亏缺处理的玉米叶片湿基含水率均低于对照处理，处理 T1、T2、T3、T4、T5 较对照处理两年分别平均降低 0.95%、0.71%、1.51%、1.84%和 3.68%，差异不显著。成熟期，处理 T1、T2、T3、T4、T5、CK 的叶片湿基含水率两年分别平均为 73.74%、73.92%、72.50%、72.31%、72.02%和 73.17%，处理 T1、T2 略高于对照处理水平，表明苗期进行适宜程度的水分亏缺有利于延缓玉米叶片的衰老。

B.单株玉米茎秆湿基含水率变化特征。土壤含水率变化也会影响到植株地上部分茎秆内水分的变化，表 2-45 为不同水分处理下玉米全茎秆湿基含水率变化。由表可知，2016 年和 2017 年试验中玉米全生育期内茎秆湿基含水率均呈相同的变化趋势，即随着生育时期的推进玉米茎秆湿基含水率不断降低，苗期至拔节期降低较缓慢，拔节期至抽雄期茎秆湿基含水率降低迅速，抽雄期之后呈缓慢降低趋势。就单生育阶段而言，各处理间具有一定的差异性。

表 2-45 不同水分处理下玉米茎秆湿基含水率变化   单位：%

年份	处理	生育期					
		苗期	拔节期	抽雄期	灌浆期	成熟期	收获时
2016 年	T1	91.88a	91.49ab	83.73ab	78.53a	74.96a	73.70a
	T2	91.05a	91.88ab	84.13a	78.74a	75.25a	74.01a
	T3	92.61a	90.91bc	81.97abc	78.04ab	73.18abc	72.90a
	T4	92.06a	90.67bc	81.10bc	77.01ab	72.04bc	71.88ab
	T5	91.01a	89.22c	80.06c	75.97b	71.22c	70.25b
	CK	92.74a	92.67a	84.26a	78.82a	74.37ab	73.99a
2017 年	T1	93.80abc	92.37bc	84.89a	78.81ab	76.49a	73.65a
	T2	92.85bc	93.37ab	85.37a	79.18ab	76.70a	74.10a
	T3	94.51ab	92.52b	82.33b	78.55ab	73.86bc	71.84bc
	T4	94.26abc	91.90bc	82.29b	77.46bc	72.61cd	71.29cd
	T5	92.39c	90.56c	81.32b	76.08c	71.50d	69.55d
	CK	94.80a	94.50a	85.79a	79.57a	75.51ab	73.51ab

苗期，2016 年处理 T1、T2、T3、T4、T5、CK 的茎秆湿基含水率分别为 91.88%、91.05%、92.61%、92.06%、91.01%和 92.74%，而 2017 年茎秆湿基含水率分别为 93.80%、92.85%、94.51%、94.26%、92.39%

和 94.80%，2016 年和 2017 年试验处理 T1、T2、T5 较对照处理分别平均降低 0.99%、1.94%和 2.21%；拔节期末玉米茎秆湿基含水率较苗期变化并不显著。拔节期之后由于当地气温不断升高，植株叶面积逐渐增大，作物蒸腾作用强烈使得作物耗水相应增加，其对应的茎秆内湿基含水率也迅速下降。至成熟期，处理 T1、T2、T3、T4、T5、CK 的茎秆湿基含水率分别平均降低至 75.73%、75.98%、73.52%、72.33%、71.36% 和 74.94%，处理 T1、T2 略高于对照处理水平，其他处理均低于对照水平。表明苗期进行适当的水分亏缺处理有利于玉米生育后期维持较高的茎秆湿基含水率。

C.单株玉米雄湿基含水率变化特征。表 2-46 为生育期内玉米雄湿基含水率变化。由表可知，生育期内玉米雄湿基含水基本保持平稳水平，就单生育期而言，各处理间无明显差异，至收获期略有降低，2016 年处理 T1、T2、T3、T4、T5、CK 的雄湿基含水率分别降低至 3.50%、3.05%、4.18%、3.48%、3.00%和 4.06%；2017 年处理 T1、T2、T3、T4、T5、CK 的雄湿基含水率分别降低至 3.54%、5.20%、2.97%、4.37%、3.06%和 4.18%。

表 2-46 不同水分处理下玉米雄湿基含水率变化　　　　　单位：%

年份	处理	生育期			
		抽雄期	灌浆期	成熟期	收获时
2016 年	T1	4.93ab	2.24bc	3.60ab	3.50ab
	T2	5.48ab	3.23a	3.09ab	3.05b
	T3	6.27a	2.62ab	4.31a	4.18a
	T4	5.59a	2.39abc	3.69ab	3.48ab
	T5	3.17c	1.65c	2.57b	3.00b
	CK	3.89bc	2.15bc	4.19a	4.06a
2017 年	T1	5.01b	3.72c	4.06a	3.54bc
	T2	2.88c	6.70a	4.19a	5.20a
	T3	3.45c	5.12bc	4.83a	2.97c
	T4	4.95b	3.82c	5.01a	4.37ab
	T5	6.18a	5.87ab	4.93a	3.06c
	CK	3.49c	5.31ab	3.57a	4.18abc

D.单株玉米穗湿基含水率变化特征。表 2-47 为生育期内玉米穗湿基含水率变化。随生育期的推进，玉米穗湿基含水率大幅度下降，各水分处理呈一致的变化趋势，但就不同生育期而言，各处理间依然存在差异性。2016 年，抽雄期处理 T1、T2、T3、T4、T5、CK 的玉米穗湿基含水率分别为 87.23%、88.25%、85.94%、85.39%、83.59%和 89.13%，处理 T1、T2、T3、T4、T5 均低于对照处理，较对照处理分别降低 2.13%、0.99%、3.58%、4.20%和 6.22%。玉米生长进入灌浆期后，随着灌浆过程的进行，光合同化产物不断向生殖器官运移，籽粒胚乳细胞不断被结构蛋白、淀粉、脂肪、贮藏蛋白等充实，胚乳细胞逐渐失去活

性,其保水能力大幅下降,使得玉米穗湿基含水率迅速下降,至灌浆期末处理 T1、T2、T3、T4、T5、CK 的湿基含水率分别降至 72.43%、75.30%、74.14%、70.28%、69.51% 和 73.96%;成熟期,处理 T2 略高于对照处理,处理 T1、T3、T4、T5 的穗湿基含水率均低于对照处理水平,较对照处理分别降低 1.22%、2.80%、7.84% 和 10.47%。至收获时,处理 T1、T2、T3、T4、T5、CK 的穗湿基含水率分别降至 43.13%、44.46%、42.51%、41.63%、40.82% 和 43.90%,处理 T2 略高于对照处理水平,其他处理均低于对照处理水平。

表 2-47 各水分处理下玉米穗湿基含水率变化   单位:%

年份	处理	生育期			
		抽雄期	灌浆期	成熟期	收获时
2016 年	T1	87.23ab	72.43b	50.87b	43.13ab
	T2	88.25a	75.30a	53.01a	44.46a
	T3	85.94b	74.14ab	50.06b	42.51bc
	T4	85.39bc	70.28c	47.46c	41.63cd
	T5	83.59c	69.51c	46.11c	40.82d
	CK	89.13a	73.96ab	51.5ab	43.90ab
2017 年	T1	82.70bc	67.97b	50.01b	44.71ab
	T2	84.32ab	72.08a	52.15a	46.87a
	T3	82.06c	71.26a	49.35b	44.14ab
	T4	81.16cd	66.45bc	47.49c	43.16ab
	T5	79.15d	65.41c	45.20d	41.77b
	CK	85.40a	70.21a	50.97ab	45.96a

2017 年,抽雄期处理 T1、T2、T3、T4、T5、CK 的玉米穗湿基含水率分别为 82.70%、84.32%、82.06%、81.16%、79.15% 和 85.40%,处理 T1、T2、T3、T4、T5 较对照处理分别降低 3.16%、1.26%、3.91%、4.96% 和 7.32%。灌浆期,处理 T1、T4、T5 较对照处理分别降低 3.19%、5.36% 和 6.84%,处理 T2、T3 较对照处理分别增加 2.66%、1.50%。成熟期,处理 T1、T3、T4、T5 较对照处理分别降低 1.88%、3.18%、6.83% 和 11.32%,处理 T2 略高于对照水平。至收获时,处理 T1、T2、T3、T4、T5、CK 的穗湿基含水率分别降至 44.71%、46.87%、44.14%、43.16%、41.77% 和 45.96%。

分析 2016 年和 2017 年试验结果不难发现,除对照处理外,处理 T2 在整个生育期内相比其他处理均保持较高的湿基含水率,这与苗期进行适宜水分亏缺处理对延缓后期作物衰老密切相关,且在适宜水分亏缺范围内随着水分亏缺程度的增加而延缓作用越明显。收获时,玉米穗湿基含水率 2017 年实测值整体高于 2016 年实测值,分别增加 2.33%~5.42%,这与前面所述收获期 2016 年玉米穗干物质量积累高于 2017 年的结果相吻合。

③玉米植株根部湿基含水率动态变化特征。

土壤含水率发生变化时，能最先感知其变化并做出反应的是作物的根部，图 2-53 为全生育期内玉米根部湿基含水率变化特征。两年试验中玉米根部湿基含水率均随生育期的推进而不断降低，至灌浆期末降至最低点，之后又略有增加的 V 形变化趋势，调亏灌溉没有改变玉米根部湿基含水率变化的总体趋势。但就单生育阶段而言，各处理表现出一定的差异性。

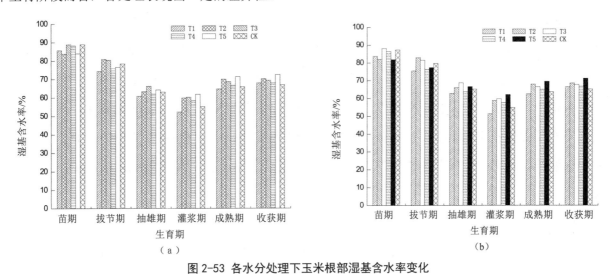

图 2-53 各水分处理下玉米根部湿基含水率变化
（a）2016 年各水分处理下玉米根部湿基含水率变化；（b）2017 年各水分处理下玉米根部湿基含水率变化

2016 年，苗期处理 T1、T2、T5 的玉米根部湿基含水率较对照处理分别降低 3.61%、5.68% 和 5.50%，表明苗期土壤水分亏缺处理均降低了根系内的水分。拔节期，复水处理对根部湿基含水率的影响明显，处理 T2 湿基含水率超出对照处理，较对照处理增加 3.19%，处理 T1 依然较对照处理降低 5.20%，表明拔节期复水，其根系对水分的吸收也存在着补偿机理，且随水分亏缺程度的增加补偿作用越明显；拔节期土壤水分亏缺处理对玉米根部湿基含水率的影响并未表现出一致的变化规律，处理 T3 高于对照水平，较对照处理增加 2.31%，而处理 T4、T5 均低于对照处理，较对照处理分别降低 4.29%、2.87%，这可能与拔节期进行适当的水分亏缺有利于玉米根系下扎促进其吸收更多的水分有关。抽雄期，处理 T2、T3、T5 根部湿基含水率均高于对照处理水平，较对照处理分别增加 0.33%、4.98% 和 1.90%，处理 T1、T4 低于对照处理水平，较对照处理分别降低 3.54%、1.70%。随生育时期的推进，玉米根部湿基含水率不断降低，至灌浆期末各处理根部湿基含水率降至全生育期内最低点，处理 T1、T2、T3、T4、T5、CK 的湿基含水率分别52.20%、59.82%、60.23%、58.27%、61.81% 和 55.16%。之后其根部湿基含水率出现回升现象，至收获期各水分亏缺处理的玉米根部湿基含水率均高于对照处理水平，处理 T1、T2、T3、T4、T5 较对照处理分别增加 1.38%、4.78%、3.47%、1.30% 和 8.15%，且处理 T2、T3 的根部湿基含水率最高。

2017 年，苗期处理 T1、T2、T5 的根部湿基含水率较对照处理分别降低 4.06%、5.91% 和 6.23%。拔节期处理 T1、T4、T5 的根部湿基含水率较对照处理分别降低 5.20%、4.29% 和 2.87%，T2、T3 较对照处理分别增加 4.04%、2.31%。抽雄期处理 T1、T4 的根部湿基含水率较对照处理分别降低 3.82%、2.32%，处理 T2、T3、T5 较对照处理分别增加 1.21%、5.31% 和 2.07%。灌浆期处理 T2、T3、T4、T5 的根部湿基含水率较对照处理分别增加 7.28%、9.03%、4.98% 和 13.28%，而处理 T1 较对照处理降低 6.20%。成熟期处理 T2、T3、T4、T5 的根部湿基含水率较对照处理分别增加 6.58%、4.28%、1.98% 和 9.07%，处理 T1 略低于对照处理水平。收获时各水分亏缺处理的根部湿基含水率均高于对照处理，处理 T1、T2、T3、T4、T5 较对照处理分别增加 1.98%、5.06%、3.88%、2.30% 和 9.34%。对比分析 2016 年和 2017 年试验结果，苗期、灌浆期、成熟期、收获期玉米植株根部湿基含水率 2017 年实测值基本低于 2016 年实测值，其降低幅度分别为 0.92%~2.62%、0.65%~1.72%、2.42%~3.42% 和 1.45%~2.53%，而拔节期、抽雄期玉米植株根部湿基含水率 2017 年实测值均高于 2016 年实测值，其增加幅度分别为 0.50%~2.41%、2.78%~3.75%，这可能与两年试验中气候条件、取样时间各有差异有关。但总体来看，苗期土壤水分亏缺均降低了根部湿基含水率，而拔节期土壤水分亏缺对根部湿基含水率的影响并未表现出一致规律；复水处理有利于促进根系吸收更多的水分从而提高其湿基含水率；水分亏缺处理基本能提高生育后期玉米根部湿基含水率，且以处理 T2、T3、T5 作用更加明显，较对照处理两年分别增加 4.92%、3.68% 和 8.75%。

④小结。

植物为了满足自身生长发育的需求具有保持水分在体内不断流动的自我调节功能，植物在遇到逆境胁迫情况下，表现在其体内水分的变化最为显著。当土壤含水率发生变化时，玉米植株冠部总含水量、冠部各器官含水量、根部含水量都会发生相应的变化。而根、茎秆、叶片、穗等构件作为玉米植株重要的组成部分，其湿基含水率大小在一定程度上表征了各构件的生物活性与干物质量累积程度。本试验认为水分亏缺灌溉处理均不同程度地降低了玉米叶片、茎秆、穗、根部等的湿基含水率，复水后各处理的玉米植株构件湿基含水率又发生了不同的变化，至灌浆期处理 T2、T3 的玉米果穗湿基含水率较对照处理两年平均分别增加 2.24%、0.87%，处理 T1、T4、T5 较对照处理分别降低 2.63%、5.17% 和 6.43%，表明苗期中度亏水处理和拔节期轻度亏水处理对促进玉米生育后期增加产量有利，而苗期中度亏水拔节期轻度亏水连旱处理不利于玉米作物的生长。

（3）调亏灌溉下滴灌玉米植株生理动态变化

调亏灌溉条件下，玉米植株叶片气孔导度、作物光合速率及蒸腾速率的变化是其节水增产的内在机理。土壤水分亏缺处理并不总是以降低作物产量为代价，适宜阶段进行适当的水分亏缺处理可控制植株地上部分旺盛生长，促进生殖生长，达到节水不减产甚至增加产量的目的。

①玉米植株叶片气孔导度变化特征。

植物体叶片气孔是其与外界进行气体交换的基本通道，是控制作物光合速率与蒸腾速率的关键因素。土壤水分发生变化时，叶片气孔也会做出相应的变化。表 2-48 为不同水分亏缺处理下生育期内玉米植株叶片气孔导度变化值。随生育期的推进，2016 年和 2017 年试验玉米叶片气孔导度基本呈降低趋势，各处理间存在差异性。

表 2-48 不同水分处理下玉米各生育期气孔导度　　　　　　单位：mmol/ (m² · s)

年份	处理	生育期			
		拔节期	抽雄期	灌浆期	成熟期
2016 年	T1	1.03a	0.97a	0.86ab	0.67ab
	T2	1.05a	0.98a	0.91a	0.69a
	T3	0.96a	0.91a	0.88ab	0.66ab
	T4	0.92a	0.92a	0.84bc	0.65ab
	T5	0.91a	0.86a	0.79c	0.62b
	CK	1.04a	1.01a	0.89ab	0.68ab
2017 年	T1	1.04a	0.96a	0.84ab	0.64ab
	T2	1.06a	0.97a	0.90a	0.68a
	T3	0.98b	0.90a	0.85ab	0.65ab
	T4	0.94b	0.91a	0.82ab	0.64ab
	T5	0.93b	0.84a	0.77b	0.59b
	CK	1.05a	1.00a	0.88a	0.66ab

2016 年，拔节期处理 T1、T2、T3、T4、T5、CK 的叶片气孔导度值分别为 1.03、1.05、0.96、0.92、0.91 和 1.04，苗期进行土壤水分亏缺处理而拔节期复水后处理 T1、T2 的叶片气孔导度基本接近对照处理水平，处理 T1 较对照处理降低 0.96%，处理 T2 较对照处理增加 0.96%，拔节期进行水分亏缺处理，作物根系感知土壤水分变化并在其自我调节能力范围内关闭叶片气孔以降低植株蒸腾耗水来维持自身的正常生理活动，处理 T3、T4 较对照处理分别降低 7.69%、11.54%，差异不显著。玉米生长进入抽雄期后，由于当地气温逐渐升高，作物蒸腾耗水强烈，植株为了减少体内水分消耗且为满足自身生长发育对水分的需求做出相应的调控反应，其气孔导度较拔节期有所降低，处理 T1、T2、T3、T4、T5 的玉米叶片气孔导度较对照处理分别降低 3.96%、2.97%、9.90%、8.91% 和 14.85%；灌浆期，处理 T2 叶片气孔导度高于对照处理，处理 T1、T3、T4、T5 均低于对照处理，较对照处理分别降低 3.37%、1.12%、5.62% 和 11.24%；随生育期的推进叶片逐渐衰老，气孔导度不断下降，至成熟时处理 T1、T2、T3、T4、T5、CK 的叶片气孔导度分别降至 0.67、0.69、0.66、0.65、0.62 和 0.68。

2017 年，拔节期处理 T1、T3、T4、T5 的叶片气孔导度较对照处理分别降低 0.95%、6.67%、10.48% 和 11.43%，处理 T2 略较对照处理增加 0.95%；抽雄期处理 T1、T2、T3、T4、T5 的叶片气孔导度较对照处理分别降低 4.00%、3.00%、10.00%、9.00% 和 16.00%；灌浆期处理 T1、T3、T4、T5 的叶片气孔导度较对照处理分别降低 4.55%、3.41%、6.82% 和 12.50%，处理 T2 较对照处理增加 2.27%；成熟期处理 T1、T3、T4、T5 的叶片气孔导度较对照处理分别降低 3.03%、1.52%、3.03% 和 10.61%，处理

T2 较对照处理增加 3.03%。

对比分析 2016 年和 2017 年试验结果，拔节期各水分亏缺处理的玉米叶片气孔导度 2017 年实测值均高于 2016 年实测值，增加幅度为 0.95%～2.20%，抽雄期、灌浆期、成熟期各水分亏缺处理的玉米叶片气孔导度 2017 年均低于 2016 年的，其降低幅度分别为 0.99%～2.33%、1.10%～3.41% 和 1.45%～4.84%。叶片气孔开度受太阳光强度与土壤含水率的影响较大，试验中在各生育期内测得的叶片气孔开度呈差异性，这与测定取样当天太阳辐射强度不同、各处理具体测定时间不同及土壤含水率不同等有关。两年试验结果均表明，当土壤水分发生变化时，作物根系感知其变化并将其信号传输到地上部分，植株叶片对其做出反应，通过降低气孔开度以降低作物蒸腾耗水来应对土壤干旱对作物造成的不宜影响。除处理 T2 外，土壤水分亏缺处理基本能将其叶片气孔导度增加。

②玉米植株叶片光合速率变化特征。

玉米叶片光合作用是其地上部分生物产量形成的基础，而土壤水分又是影响其作物光合作用的关键性因素之一，表 2-49 为不同水分处理下玉米各生育期光合速率变化。由表可知，随生育期的推进，玉米叶片光合速率呈先增大，至抽雄期增大到最大值，抽雄期后又逐渐降低的倒 V 形变化趋势。就单生育期而言，各处理间存在差异性。

表 2-49 不同水分处理下玉米各生育期光合速率变化　　　　单位：$\mu mol/(m^2 \cdot s)$

年份	处理	生育期			
		拔节期	抽雄期	灌浆期	成熟期
2016 年	T1	22.17a	33.25b	25.23bc	15.19bc
	T2	22.49a	35.25a	27.56a	16.60a
	T3	19.54b	32.04b	26.39ab	16.01ab
	T4	17.83c	29.29c	23.95cd	14.37cd
	T5	16.78d	27.14d	21.42d	13.41d
	CK	22.23a	33.79ab	26.25ab	15.81ab
2017 年	T1	23.01a	34.85bc	24.72bc	16.82ab
	T2	23.91a	37.27a	26.70a	17.96a
	T3	20.66b	33.66cd	26.41ab	17.80a
	T4	19.34b	31.53d	24.02cd	15.90bc
	T5	18.80b	28.52e	21.01d	14.53c
	CK	23.10a	36.11ab	25.97ab	17.45ab

2016 年，拔节期处理 T1、T2、T3、T4、T5、CK 的玉米叶片光合速率分别为 22.17、22.49、19.54、17.83、16.78 和 22.23，苗期水分亏缺处理拔节期复水后其叶片光合速率存在超补偿作用，处理 T1 接近对照处理，处理 T2 较对照处理略有增加，而拔节期进行水分亏缺处理的处理 T3、T4、T5 的玉米叶片光合速率在这一时期依然低于对照处理；抽雄期复水后，处理 T2 依然高于对照处理，较对照处理增加 4.32%，与拔节期相比，其增加比例有所增大，表明苗期进行水分亏缺处理的玉米复水后在抽雄期依然存在补偿作用，处理 T2、T3、T4、T5 的叶片光合速率较对照处理分别降低 1.60%、5.18%、13.32%和 19.68%；玉米生长进入灌浆期后，随着籽粒灌浆过程的进行，叶片呈逐渐衰老的趋势，叶片光合速率不断下降，至灌浆期末处理 T1、T4、T5 的叶片光合速率较对照处理分别降低 3.89%、8.76%、18.40%，处理 T2、T3 较对照处理分别增加 4.99%、0.53%，表明苗期中度处理和拔节期轻度处理的玉米叶片在灌浆期仍保持较高的活力；至成熟期处理 T1、T2、T3、T4、T5、CK 的叶片光合速率分别降至 15.19 $\mu mol/(m^2 \cdot s)$、16.60 $\mu mol/(m^2 \cdot s)$、16.01 $\mu mol/(m^2 \cdot s)$、14.37 $\mu mol/(m^2 \cdot s)$、13.41 $\mu mol/(m^2 \cdot s)$ 和 15.81 $\mu mol/(m^2 \cdot s)$。

2017 年，拔节期处理 T1、T3、T4、T5 的玉米叶片光合速率较对照处理分别降低 0.39%、10.56%、16.28% 和 18.61%，处理 T2 较对照处理增加 3.51%；抽雄期处理 T1、T3、T4、T5 的玉米叶片光合速率较对照处理分别降低 3.49%、6.78%、12.68%和 21.02%，处理 T2 较对照处理增加 3.21%；灌浆期处理 T1、T4、T5 的玉米叶片光合速率较对照处理分别降低 4.81%、7.51%、19.10%，处理 T2、T3 较对照处理分别增加 2.81%、1.69%；成熟期处理 T1、T4、T5 的玉米叶片光合速率较对照处理分别降低 3.61%、8.88%、16.73%，处理 T2、T3 较对照处理分别增加 2.92%、2.01%。

对比分析 2016 年和 2017 年试验结果，苗期、抽雄期、成熟期不同水分处理的玉米叶片光合速率 2017 年实测值均高于 2016 年实测值，其增加幅度分别为 3.79%～12.04%、4.81%～7.65%和 8.19%～11.18%；灌浆期，处理 T1、T2、T4、T5 的玉米叶片光合速率 2017 年低于 2016 年，处理 T3、T4 的玉米叶片光合速率 2017 年与 2016 年相近。虽然两年试验中因气候条件不同使得各生育期同一水分处理下的玉米叶片光合速率值表现出差异性，但两年试验结果均表明前期进行土壤水分亏缺处理，亏缺处理期间玉米叶片光合速率均较对照处理有不同程度的降低，复水后光合速率超补偿增长，拔节期处理 T1 已接近对照处理水平，处理 T2 略高于对照处理水平，至抽雄期处理 T2 的光合速较对照处理两年平均增加 3.77%。

③玉米植株蒸腾速率变化特征。

作物生长过程中主要依靠蒸腾拉力促进根系从土壤中吸收水分来满足地上部分生长发育对水分的需求，土壤水分发生变化时，同样也会影响到植株蒸腾速率的大小，表 2-50 为不同水分处理下玉米生育期内蒸腾速率变化。由表可知，随生育期的推进，玉米植株蒸腾速率呈逐渐降低的趋势，但就不同生育期而言，各处理间存在差异性。

表 2-50 不同水分处理下玉米各生育期蒸腾速率 　　　　　单位：μmol/（m²·s）

年份	处理	生育期			
		拔节期	抽雄期	灌浆期	成熟期
2016 年	T1	7.57a	6.87abc	5.64ab	4.24a
	T2	7.58a	6.99ab	5.88a	4.45a
	T3	7.08b	6.71bc	5.77ab	4.38a
	T4	6.86b	6.51cd	5.51ab	4.15a
	T5	6.84b	6.26d	5.23b	3.96a
	CK	7.60a	7.20a	5.80ab	4.40a
2017 年	T1	7.69ab	6.81a	5.77a	4.42a
	T2	7.70ab	7.00a	6.02a	4.62a
	T3	7.21bc	6.63a	5.85a	4.51a
	T4	7.01c	6.40a	5.62a	4.29a
	T5	6.85d	6.26a	5.28a	4.01a
	CK	7.71a	7.16a	5.91a	4.54a

2016 年，拔节期处理 T1、T2、T3、T4、T5 的玉米植株蒸腾速率较对照处理分别降低 0.39%、0.26%、6.84%、9.74% 和 10.00%，处理 T1、T2 在苗期进行水分亏缺处理，拔节期复水后蒸腾速率存在补偿作用，但是蒸腾速率大小依然低于对照处理；抽雄期复水，各水分亏缺处理的玉米植株蒸腾速率仍存在补偿作用，但依旧低于对照处理水平，处理 T1、T2、T3、T4、T5 较对照处理分别降低 4.58%、2.92%、6.81%、9.58% 和 13.06%；随生育时期的推进，植株蒸腾速率不断降低，至灌浆期末处理 T1、T2、T3、T4、T5、CK 的蒸腾速率分别降至 5.64 μmol/（m²·s）、5.88 μmol/（m²·s）、5.77 μmol/（m²·s）、5.51 μmol/（m²·s）、5.23 μmol/（m²·s）和 5.80 μmol/（m²·s），除处理 T2 外各水分处理的玉米植株蒸腾速率均低于对照处理水平；成熟期，处理 T2 仍高于对照处理，较对照处理增加 1.14%，处理 T1、T3、T4、T5 的玉米植株蒸腾速率均低于对照处理水平，较对照处理分别降低 3.64%、0.45%、5.68% 和 10.00%。

2017 年，拔节期处理 T1、T2、T3、T4、T5 的玉米植株蒸腾速率较对照处理分别降低 0.26%、0.13%、6.49%、9.08% 和 11.15%；抽雄期处理 T1、T2、T3、T4、T5 的玉米植株蒸腾速率较对照处理分别降低 4.89%、2.23%、7.40%、10.61% 和 12.57%；灌浆期处理 T1、T3、T4、T5 的玉米植株蒸腾速率较对照处理分别降低 2.37%、1.02%、4.91% 和 10.66%，处理 T2 较对照处理增加 1.86%；成熟期处理 T1、T3、T4、T5 的玉米植株蒸腾速率较对照处理分别降低 2.64%、0.66%、5.51% 和 11.67%，处理 T2 较对照处理增加 1.76%。

对比分析 2016 年和 2017 年试验结果，拔节期、灌浆期和成熟期玉米植株蒸腾速率 2017 年实测值均高于 2016 年实测值，增加幅度分别为 0.15%～2.19%、0.96%～2.38%、1.26%～4.25%。两年试验结果均表明，土壤水分亏缺条件下植株会通过关闭叶片气孔开度等以适应逆境条件，降低植株蒸腾速率，减少水分散失。拔节期和抽雄期各水分处理的玉米植株蒸腾速率均低于对照处理，灌浆期和成熟期处理 T2 高于对照处理，较对照处理两年平均分别增加 1.62%、1.45%，而其他处理均低于对照处理。

④玉米植株伤流量变化特征。

玉米植株伤流量大小与其根系活力具有正相关关系，减小抽雄期至灌浆期伤流量降幅对延缓玉米植株根系衰老促进其增加产量具有重要意义。表 2-51 为不同水分处理下玉米植株在拔节期、抽雄期、灌浆期测得的伤流量值。2016 年和 2017 年试验中随生育时期的推进玉米植株伤流量均呈先增大后减小的变化趋势，抽雄期达到最大值。就不同生育期而言，两年试验各处理结果均表现出差异性。

表 2-51 不同水分处理下玉米植株各生育期伤流量变化　　　　　　　　单位：g/株

年份	处理	生育期		
		拔节期	抽雄期	灌浆期
2016 年	T1	7.99a	40.34bc	31.60b
	T2	8.27a	41.77abc	34.54a
	T3	6.43b	42.14ab	34.46a
	T4	5.56b	43.43a	28.13c
	T5	5.45b	33.28d	25.87d
	CK	7.79a	39.75c	30.69b
2017 年	T1	8.38a	43.31cd	36.76b
	T2	8.57a	44.27c	39.76a
	T3	6.74b	45.65b	39.52a
	T4	6.00c	46.91a	32.15c
	T5	5.55c	34.96e	29.76d
	CK	8.10a	42.33d	35.61b

2016 年，拔节期复水后根系伤流量较对照处理有所提高，处理 T1、T2 较对照处理分别增加 2.57%、6.16%，差异不显著，而拔节期亏水处理的玉米植株伤流量均低于对照处理水平，处理 T3 较对照处理降低 17.46%，差异不显著，处理 T4、T5 较对照处理分别降低 28.63%、30.04%，差异达显著水平；抽雄期，除处理 T5 的伤流量低于对照处理外，其他各水分亏缺处理的玉米植株伤流量均高于对照水平，处理 T1、T2、T3、T4 较对照处理分别增加 1.48%、5.08%、6.01%和 9.26%，差异不显著。玉米生长进入灌浆期后，植株伤流量较抽雄期有所降低，处理 T1、T2、T3 高于对照处理水平，较对照处理分别增加 2.97%、12.54%和12.28%，这可能与前期进行适宜的水分亏缺处理延缓玉米植株衰老有关，处理 T4、T5 低于对照处理，较对照处理分别降低 8.34%、15.71%，表明拔节期中度亏水处理以及苗期与拔节期连旱处理加速了作物叶片衰老，蒸腾作用减弱，伤流量减小。

113

2017 年，拔节期处理 T1、T2 的植株伤流量较对照处理分别增加 3.46%、5.80%，T3、T4、T5 较对照处理分别降低 16.79%、25.93%和 31.48%；抽雄期处理 T1、T2、T3、T4 的植株伤流量较对照处理分别增加 2.32%、4.58%、7.84%、10.82%，处理 T5 较对照处理降低 17.41%；灌浆期处理 T1、T2、T3 的植株伤流量较对照处理分别增加 3.23%、11.65%和 10.98%，处理 T4、T5 较对照处理分别降低 9.72%、16.43%。

对比分析 2016 年和 2017 年试验结果，拔节期、抽雄期和灌浆期三个生育期内不同水分处理的玉米植株伤流量 2017 年实测值均高于 2016 年实测值，其增加幅度分别为 1.83%～7.91%、5.05%～8.33%和 14.29%～16.33%，2017 年降雨天气较多，气候较 2016 年湿润，虽然 2017 年在拔节期与灌浆期两个生育期内玉米植株蒸腾速率均大于 2016 年的，可能伤流量观测期内土壤湿度 2017 年相对 2016 年的较大，导致 2017 年玉米植株伤流量观测值普遍高于 2016 年的。两年试验中，抽雄期至灌浆期植株伤流量降幅 2016 年为 17.31%～35.23%，2017 年为 10.19%～31.46%。苗期中度亏水处理和拔节期轻度亏水处理的玉米植株伤流量均表现出在抽雄期至灌浆期较低的伤流量降幅，两年平均降幅分别为 13.75%、15.83%，对延缓玉米植株衰老，增加玉米产量具有重要的促进作用。

⑤小结。

适宜阶段进行适当的水分亏缺处理，虽然在亏水期间植株受到土壤逆境的胁迫而关闭叶片气孔、作物光合速率与蒸腾速率也随之降低，但蒸腾速率的降低总是超前于光合速率，复水后光合速率的补偿作用又总是超前于蒸腾速率的补偿作用，这为调亏灌溉在节约用水量的同时促进作物增加产量奠定了生理基础。本试验还发现玉米生育前期进行适宜程度的水分亏缺处理，对生育后期缩小抽雄期至灌浆期植株伤流量降幅具有重要意义，延缓了玉米的衰老，使得调亏处理的玉米植株在生育后期仍保持较高的活力，促进玉米作物增产。

（4）调亏灌溉下滴灌玉米节水增产效应

调亏灌溉并不总是以降低作物产量为代价，适宜阶段进行适当的水分亏缺处理，在节约水量的同时还能达到增加作物产量、提高作物水分利用效率的目的。强敏敏等进行了涌泉根冠条件下枣树调亏灌溉效应的试验研究，结果表明适宜的水分亏缺处理有助于促进枣树果实生长与产量的增加，同时提高了水分利用效率。

①调亏灌溉下滴灌玉米阶段耗水特征。

降低作物阶段耗水量，是降低作物总耗水量、提高作物水分利用效率的基础。图 2-54 为不同水分处理下 2016 年和 2017 年试验内玉米各生育期耗水量变化特征，由图可知，两年试验中抽雄期耗水量均最小，灌浆期耗水量均较大，而苗期与拔节期耗水量变化规律两年试验内略有差异。就各生育期而言，各调亏灌溉处理均降低了玉米阶段耗水量，处理间差异显著。

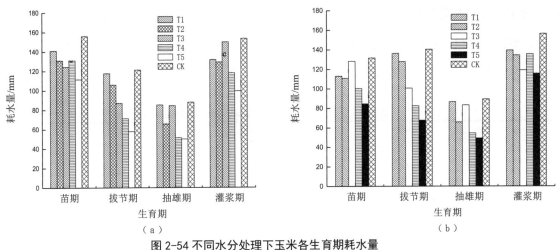

图 2-54 不同水分处理下玉米各生育期耗水量
（a）2016 年玉米各生育期耗水量；（b）2017 年玉米各生育期耗水量

2016 年，随着生育期的推进玉米阶段耗水量呈先降低，至抽雄期降至最低，灌浆期耗水量又增加的倒 V 形变化趋势。苗期，处理 T1、T2、T3、T4、T5 的玉米耗水量较对照处理分别降低 9.53%、15.93%、20.36%、15.91% 和 28.55%；拔节期，处理 T1、T2、T3、T4、T5 的玉米耗水量较对照分别降低 2.88%、12.54%、28.15%、41.16% 和 52.20%，玉米耗水量较苗期有所降低，这可能与该生育期内苗期玉米生长历时较长，地表冠层覆盖率低，土壤无效蒸发强烈有关；抽雄期，玉米耗水量降至全生育期内最低点，这一阶段处理 T1、T2、T3、T4、T5、CK 的耗水量分别为 85.10 mm、65.53 mm、84.30 mm、51.18 mm、49.84 mm 和 87.81 mm，处理 T1、T2、T3、T4、T5 较对照处理分别降低 3.09%、27.23%、4.00%、41.72% 和 43.24%；灌浆期是玉米籽粒产量形成的重要阶段，作物对缺水的敏感程度增加，作物耗水量也显著增加，处理 T1、T2、T3、T4、T5、CK 的耗水量分别为 131.55 mm、129.05 mm、149.71 mm、117.71 mm、99.28 mm 和 153.24 mm，处理 T1、T2、T3、T4、T5 较对照处理分别降低 14.15%、15.79%、2.30%、23.19% 和 35.21%。

2017 年，苗期处理 T1、T2、T3、T4、T5 的玉米耗水量较对照处理分别降低 14.15%、15.79%、2.47%、23.80% 和 35.74%；拔节期，玉米耗水量较苗期略有增加，处理 T1、T2、T3、T4、T5 的玉米耗水量较对照处理分别降低 2.88%、8.88%、28.34%、41.28% 和 51.76%；抽雄期，处理 T1、T2、T3、T4、T5 的玉米耗水量较对照处理分别降低 2.88%、26.41%、6.80%、38.95% 和 44.70%；灌浆期，处理 T1、T2、T3、T4、T5 的玉米耗水量较对照处理分别降低 10.82%、14.03%、23.81%、13.25% 和 26.06%。

2016 年和 2017 年试验中，随生育时期的推进，玉米耗水量基本呈倒 V 形变化趋势，但由于农田试验不可控因素较多，加上不同年型气候条件不同，作物各生育期历时也有差异，综合以上因素导致 2016 年与 2017 年苗期和拔节期玉米耗水量表现出不同的变化规律。具体分析各生育期，苗期除处理 T3 外，其他各水分处理的玉米植株耗水量 2017 年均低于 2016 年；抽雄期、灌浆期各水分处理玉米植株耗水量 2017 年基本高于 2016 年，但两年数据之间差异不明显；拔节期各水分处理玉米耗水量 2017 年高于 2016 年，增加幅度为 15.66%～20.82%，差异较显著。

②调亏灌溉下滴灌玉米产量及其构成要素。

玉米穗长、穗粗、穗粒数、秃尖长、百粒重是构成玉米产量的基础。表 2-52 为不同水分处理下的玉米在收获时测得的总产量及其构成要素值。

表 2-52 不同水分处理下的玉米产量及其构成要素

年份	处理	穗长 /cm	穗粗 /cm	穗粒数 /个	秃尖长 /cm	百粒重 /g	产量 /kg·hm⁻²
2016 年	T1	19.89abc	5.49ab	699a	1.99b	34.74a	14 357.34c
	T2	21.11a	5.89a	730a	0.55d	35.20a	16 397.41a
	T3	23.44a	5.64ab	712a	0.65d	35.05ab	15 820.69b
	T4	16.30bc	5.01bc	635b	2.00b	33.69b	11 928.49d
	T5	15.94c	4.68c	605b	2.90a	32.11a	11 202.88e
	CK	20.38ab	5.52ab	701a	1.25c	34.53a	15 586.89b
2017 年	T1	19.71c	5.51a	676a	2.01b	34.33ab	13 778.56c
	T2	20.80b	5.72a	710a	0.57d	34.88a	15 711.97a
	T3	22.93a	5.61a	690a	0.49d	34.68ab	15 263.14b
	T4	16.42d	5.07b	608b	1.92b	33.25b	11 571.95d
	T5	14.88e	4.82b	586b	2.75a	31.51c	10 587.23e
	CK	20.22bc	5.58a	684a	1.30c	34.11ab	15 010.96b

由表 2-52 可知,2016 年和 2017 年试验中,处理 T2、T3 的玉米穗长均高于对照处理,较对照处理两年分别平均增加 2.11%、14.21%,处理 T1、T4、T5 的玉米穗长均低于对照处理,较对照处理两年分别平均降低 2.46%、19.41%和 24.10%;不同水分亏缺处理的玉米穗粗、穗粒数及百粒重表现与穗长相同的变化趋势,即处理 T2、T3 高于对照处理,而处理 T1、T4、T5 均低于对照处理;处理 T2、T3 的秃尖长均较对照处理有所降低,两年分别平均降低 56.08%、55.16%,而处理 T1、T4、T5 的玉米秃尖长均高于对照处理,较对照处理两年平均分别增加 56.91%、53.85%和 121.77%;处理 T2、T3 的产量超出对照处理水平,较对照处理两年平均分别增加 4.94%、1.59%。

③调亏灌溉条件下滴灌玉米作物水分利用效率。

图 2-55 为两年试验不同水分处理下的玉米作物水分利用效率。由图可知,2016 年和 2017 年试验中各调亏灌溉处理的玉米作物水分利用效率均高于对照处理。2016 年处理 T1、T2、T3、T4、T5、CK 的水分利用效率分别为 3.02 kg/m³、3.80 kg/m³、3.56 kg/m³、3.21 kg/m³、3.52 kg/m³ 和 3.01 kg/m³,处理 T1、T2、T3、T4、T5 较对照处理分别增加 0.33%、26.25%、18.27%、6.64%和 16.94%;2017 年处理 T1、T2、T3、T4、T5、CK 的水分利用效率分别为 2.91 kg/m³、3.58 kg/m³、3.54 kg/m³、3.11 kg/m³、3.34 kg/m³ 和 2.90 kg/m³,处理 T1、T2、T3、T4、T5 较对照处理分别增加 0.34%、23.45%、22.07%、7.24%和 15.17%。

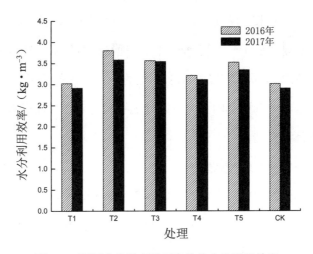

图 2-55 不同水分处理的玉米作物水分利用效率

④小结。

调亏灌溉通过降低作物阶段耗水量，控制滴灌玉米营养生长与生殖生长间的关系，促进生育后期光合同化产物向籽粒的运输与分配，从而达到增加作物产量和提高作物水分利用效率的目的。2016 年与 2017 年试验结果表明，各调亏灌溉处理均降低了玉米作物阶段耗水量和总耗水量，处理 T1、T2、T3、T4、T5 的作物总耗水量较对照处理两年分别平均降低 8.20%、15.97%、15.38%、28.16%和 38.63%；处理 T2、T3 的产量均高于对照处理，较对照处理两年分别平均增加 4.94%、1.59%；调亏灌溉均能不同程度地提高作物水分利用效率，处理 T1、T2、T3、T4、T5 较对照处理两年平均分别提高 0.34%、24.85%、20.17%、6.94% 和 16.06%；而处理 T2、T3 在玉米穗长、穗粗、穗粒数、秃尖长、百粒重等方面均具有较好的表达结果。苗期中度亏水是促进黑龙江西部玉米节水增产的最佳水分亏缺处理，其次是拔节期轻度亏水处理。

2.3.2.3 结论

本试验分别于苗期、拔节期进行不同程度的土壤水分亏缺处理，对滴灌玉米的调亏灌溉效应进行了连续两年的试验研究，得出如下结论：

①调亏灌溉对滴灌玉米水分动态变化的影响。

随生育期的推进，各水分亏缺处理的玉米冠部及冠部各器官湿基含水率呈逐步降低的变化趋势，根部湿基含水率均呈 V 形变化趋势。与对照处理相比，各水分亏缺处理的玉米冠部最终湿基含水率平均增加幅度为-6.49%～4.82%，叶片最终湿基含水率平均增加幅度为-3.45%～1.22%，茎秆最终湿基含水率平均增加幅度为-5.22%～0.42%，穗最终湿基含水率平均增加幅度为-8.10%～1.65%，根部最终湿基含水率平均增加幅度为 1.67%～8.73%，表明调亏灌溉没有改变玉米根部、冠部以及冠部各器官湿基含水率变化的基本趋势，但对其数量会产生一定的影响。

②调亏灌溉对滴灌玉米生理动态变化的影响。

相比对照处理，各水分亏缺处理的玉米叶片气孔开度、蒸腾速率、光合速率和伤流量在调亏期间均有所降低，复水后又存在补偿作用。至抽雄期，苗期中度处理的玉米光合速率已超出对照处理，较对照处理两年平均增加 3.75%，而此阶段玉米叶片气孔开度与蒸腾速率均低于对照处理，表明复水对玉米叶片气孔开度和蒸腾速率的补偿作用总是落后于光合速率。调亏处理结束后复水处理对玉米植株伤流量的补偿作用显著，至灌浆期，苗期中度处理和拔节期轻度亏水处理的玉米植株伤流量较对照处理两年分别平均增加12.10%、11.63%，表明前期进行适宜程度的水分亏缺处理有利于延缓植株根系衰老，使其在灌浆期仍保持较高的伤流量，对促进玉米高产有利。

③调亏灌溉对滴灌玉米节水增产效应的影响。

调亏灌溉并不总是会降低作物产量，适宜阶段进行适当的水分亏缺在节约用水量的同时能够促进作物增产，达到提高作物水分利用效率的目的。各调亏处理均降低了作物耗水量，苗期轻度亏水处理、苗期中度亏水处理、拔节期轻度亏水处理、拔节期中度亏水处理、苗期中度亏水拔节期轻度亏水处理的玉米耗水量较对照处理两年分别平均降低 8.20%、15.96%、15.37%、28.16%、38.63%，产量较对照两年分别平均增加-8.05%、4.71%、1.59%、-23.20%、-28.79%，水分利用效率较对照处理两年分别平均增加 0.34%、24.66%、19.93%、6.76%、15.88%。

④采用二级模糊综合评判法对黑龙江西部滴灌玉米调亏灌溉技术模式进行综合评价。

其二级评价结果为处理 T2（0.1784）>处理 T3（0.1709）>处理 CK（0.1672）>处理 T1（0.1648）>处理 T4（0.1599）>处理 T5（0.1587），即按最优、较优、好、较好、一般到差的顺序依次为苗期中度亏水处理、拔节期轻度亏水处理、对照处理、苗期轻度亏水处理、拔节期中度亏水处理、苗期中度亏水拔节期轻度亏水处理。适宜黑龙江西部滴灌玉米节水增产的最佳水分亏缺处理为苗期中度亏缺处理（土壤含水率50%～60%），其次为拔节期轻度亏缺处理（土壤含水率 60%～70%）。

2.3.3 玉米调亏灌溉技术模式规程

2.3.3.1 模式适用范围

玉米调亏灌溉技术模式适用于东北半干旱半湿润地区的玉米种植区。

2.3.3.2 整地技术

喷灌：起小垄，垄距 65 cm，及时镇压。垄高 15～18 cm；土碎无坷垃，无秸秆；垄距均匀一致。

膜下滴灌：起平头大垄，垄距 1.3～1.4 m，及时镇压。大垄垄台高 15～18 cm；大垄垄台宽≥90 cm；大垄垄面平整，土碎无坷垃，无秸秆；大垄整齐，到头到边；大垄垄距均匀一致；大垄垄向直，百米误差≤5 cm。

2.3.3.3 种植技术

喷灌：日平均气温稳定超过 10℃，或 5～10 cm 地温稳定在 10～12℃（连续 5 d）时播种，种植密度 4 000～4 500 株/亩。采用卷盘式喷灌机组的每隔 60～70 m 种植 6～10 条垄矮棵作物作为喷灌机组运行通道。出苗前封闭灭草；拔节期前后，喷施叶面肥 1～2 次并及早掰除分蘖；抽雄前 7～10 d，用化控剂喷雾 1 次；10

月 5 日后开始收获。

膜下滴灌：4 月下旬机器播种、铺带、覆膜，膜宽 130 cm。膜上玉米行距 40 cm，种植密度 4 500～5 000 株/亩，3～5 叶期进行苗后除草，6～8 叶期进行喷施化控剂，预防倒伏。

2.3.3.4 田间施肥技术

喷灌施肥：结合整地亩施磷酸二铵 12.0 kg、尿素 14.0 kg、硫酸钾 17.5 kg，拔节期每亩追施尿素 14 kg。

膜下滴灌施肥：结合整地亩施磷酸二铵 12.0 kg、尿素 14.0 kg、硫酸钾 17.5 kg，拔节期每亩追施尿素 7 kg，抽雄期每亩追施尿素 7 kg。

2.3.3.5 灌水技术

喷灌苗期调亏灌水技术：只在玉米苗期进行调亏灌溉，灌水量比正常灌水量减少 40%，一般灌水量为 6 m³/亩。拔节期、抽雄期和灌浆期视土壤墒情应及时进行补充灌溉。在干旱年份（特枯水年、枯水年），一般拔节期喷灌 1～2 次，单次灌水量 20 m³/亩；抽雄期喷灌 1 次，灌水量 25 m³/亩；灌浆期喷灌 1 次，水量 20 m³/亩。

膜下滴灌灌水技术：只在玉米苗期进行调亏灌溉，灌水量比正常灌水量减少 40%，一般灌水量为 4～5 m³/亩。拔节期、抽雄期和灌浆期视土壤墒情应及时进行补充灌溉。在干旱年份（特枯水年、枯水年），一般拔节期滴灌 1～2 次，单次灌水量 8 m³/亩左右；抽雄期滴灌 1 次，灌水量 9～10 m³/亩；灌浆期滴灌 1 次，灌水量 8～9 m³/亩。其中在拔节期、抽雄期每次滴灌随水每亩施尿素 7 kg。

2.4 水肥一体化综合管理技术模式研究

2.4.1 喷灌水肥一体化综合管理技术模式研究

2.4.1.1 材料与方法

（1）试验方法

本试验于 2016 年 4 月 25 日播种，2016 年 9 月 21 日进行测产与考种，生育期共计 148 d。采用饱和最优设计对喷灌条件下玉米水肥耦合效应进行分析。试验因素共有 4 个，故采用二次饱和 D-416 最优设计。本试验所选用的试验因素为氮肥、磷肥、钾肥和灌水量，各因素编码值见表 2-53。其中，氮肥施用量、磷肥施用量、钾肥施用量三种因素分别设置 5 个水平，灌水量因素设置 4 个水平，试验共有 16 个处理，每个处理重复 3 次，共 48 个小区，试验采用随机区组设计，每个小区面积为 104 m²（10.4 m×10 m），试验小区总面积为 0.70 hm²。每公顷保苗 6.75 万株，每小区 16 条垄，垄宽 65 cm，株距 23 cm，保护区宽度为 5 m，保护行宽度为 1 m，隔离带宽度为 1.3 m。供试玉米品种为陇单 9 号，试验于 4 月 25 日播种，5 月 1 日喷灌保苗水，试验周期内共灌水 2 次，分别在 2016 年 7 月 7 日和 2016 年 8 月 1 日进行灌水，每次灌水定额相同。试验选取的氮肥、磷肥、钾肥分别为尿素（含 N 46%）、磷酸二铵（含 N 18%；含 P_2O_5 46%）、和硫酸钾（含 K_2O 54%）。磷肥和钾肥全部用作底肥，氮肥二分之一随底肥施入，剩余二分之一氮肥（尿素）在拔节期作为追肥施入。

表 2-53 二次饱和 D-416 最优设计各因素编码

处理	氮水平 (x_1)	磷水平 (x_2)	钾水平 (x_3)	灌水量 水平（x_4）	氮用量/ （kg·hm^{-2}）	磷用量/ （kg·hm^{-2}）	钾用量/ （kg·hm^{-2}）	总灌水量/ （m³·hm^{-2}）
1	0	0	0	1.784	225.0	90.0	90.0	700.0
2	0	0	0	−1.494	225.0	90.0	90.0	400.0
3	−1	−1	−1	0.644	198.3	72.2	72.2	604.1
4	1	−1	−1	0.644	251.7	72.2	72.2	604.1
5	−1	1	−1	0.644	198.3	107.8	72.2	604.1
6	1	1	−1	0.644	251.7	107.8	72.2	604.1
7	−1	−1	1	0.644	198.3	72.2	107.8	604.1
8	1	−1	1	0.644	251.7	72.2	107.8	604.1
9	−1	1	1	0.644	198.3	107.8	107.8	604.1
10	1	1	1	0.644	251.7	107.8	107.8	604.1
11	1.685	0	0	−0.908	270.0	90.0	90.0	473.7
12	−1.685	0	0	−0.908	180.0	90.0	90.0	473.7
13	0	1.685	0	−0.908	225.0	120.0	90.0	473.7
14	0	−1.685	0	−0.908	225.0	60.0	90.0	473.7
15	0	0	1.685	−0.908	225.0	90.0	120.0	473.7
16	0	0	−1.685	−0.908	225.0	90.0	60.0	473.7

（2）试验指标及测定方法

①气象资料的收集。

收集玉米全生育期内逐日的气象资料，包括降雨量、气温等。

②生育特性观测。

测量苗期、拔节期、抽雄期、灌浆期、成熟期 5 个生育期内玉米的株高、茎粗和叶面积，各生育期在每小区随机选取 5 株进行测量。其中，株高是植株自地面至植株顶端的高度，每个小区随机选取 5 株求平均值；茎粗以在选取的玉米植株第一节上部量取植株茎周长，每个小区随机选取 5 株求平均值；叶面积测定取不同生育期具有代表性的植株，分别测定每一片的叶长、叶宽，通过公式求得单株叶面积。光合作用速率通过美国 LI-COR 公司制造的植物光合速率测定仪（LI-6400 型）进行测取，在试验小区随机选取 5 株玉米，选取上部第 4 片叶进行测定。由于仪器限制，仅测取了拔节期、抽雄期和灌浆期的玉米光合速率。测定时间分别为 6 月 7 日（苗期），7 月 11 日（拔节期），

8 月 5 日（抽雄期），8 月 22 日（灌浆期）和 9 月 18 日（成熟期）。由于拔节期与抽雄期涉及灌水与追肥，故取样工作在灌水施肥结束后的第 4 天进行。

③土壤含水量的测定及田间耗水量计算。

利用土钻每隔 10 d 进行取土，各小区取 2 个测点，测点间距为 1 m，利用烘干法测定每个土壤样本的土壤含水量，土壤剖面取样深度分别为 0～10 cm、10～20 cm、20～30 cm、30～40 cm、40～60 cm。

④光合速率、气孔导度、蒸腾速率的测定。

本试验利用美国 LI-COR 公司生产的 LI-6400 型光合仪在每个小区随机选取 5 株玉米对其从上至下第 4 片叶进行净光合速率（Pn）、气孔导度（Gs）、蒸腾速率（Tr）、细胞间隙 CO_2 浓度（Ci）等参数的测定，测定时间为上午 9：00～11：30。每个处理重复 3 次，测量结果取平均值。其测定条件：采用 LED 光源，光合速率为 1 000 μmol/（m^2·s），控制流量为 500 μmol/s，并在仪器进气口连接进气管与缓冲瓶，以防止空气中的 CO_2 浓度的自然波动对测量结果造成干扰。

⑤测产与考种。

本试验于 2016 年 9 月 21 日进行测产与考种，每个小区随机选取 5 点（中心点与对角点），每点连续选取 5 株玉米测其单株穗长、穗粗、穗重、百粒鲜重及秃尖长。然后将籽粒放入干燥箱并保持（80±2）℃干燥 8 h，冷却后利用电子天平称其质量，再次放入干燥箱中烘干直至质量恒定，得到玉米百粒干重，之后进行产量计算并取平均值。

⑥生育期划分。

各生育期时间为：苗期（5 月 23 日至 6 月 12 日），拔节期（6 月 13 日至 7 月 13 日），抽雄期（7 月 14 日至 8 月 11 日），灌浆期（8 月 12 日至 9 月 3 日），成熟期（9 月 4 日至 9 月 21 日）。

2.4.1.2 结果与分析

（1）不同处理下玉米生物学特性

灌水量与施肥量对作物生长状况具有显著影响。本试验选取株高、茎粗和叶面积指数三个指标比较喷灌条件下不同水肥处理对玉米生长状况的影响。

①不同处理下玉米株高分析。

表 2-54 为不同处理下玉米各生育期株高。由表可知，苗期玉米株高处理 14 与处理 5、处理 10、处理 8 存在显著差异，其余处理差异不显著。其中，处理 14 株高最大，为 46 cm，处理 8 株高最小，为 26 cm。其中处理 8 为中高氮、中低磷、中高钾处理，处理 14 为中氮低磷中钾处理，可见底肥施入过多不利于玉米株高的增加。进入拔节期后，植株增长迅速，对水分的需求量要求较高。处理 1 株高最大，为 258 cm，处理 12 株高最小，为 228 cm，且两个处理存在显著差异。这是因为处理 1 为中氮中磷中钾高水处理，处理 12 为低氮中磷中钾中低水处理，可见氮肥与灌水量对于玉米拔节期株高有较大影响。抽雄和灌浆期玉米株高继续增大，其中，处理 16 与处理 5、处理 10 差异较大，主要影响因素为氮肥。各处理玉米虽然水肥组合不同，但株高变化趋势整体一致，苗期到灌浆期玉米株高不断增大，灌浆期到成熟期株高变小或

保持不变。对玉米株高影响较为显著的因素为氮肥和灌水量。

表 2-54 不同处理下玉米各生育期株高　　　　　　　　　　　单位：cm

处理	苗期	拔节期	抽雄期	灌浆期	成熟期
1	40abcde	258a	317a	322ab	320a
2	41abcd	232e	277f	331a	315ab
3	40abcde	251abc	312abc	314bcd	315ab
4	43abc	229e	312abc	313bcd	298cde
5	27f	249abcd	289ef	293e	292de
6	35bcdef	233e	297cde	304cde	301bcde
7	35cdef	231e	298bcde	304cde	304abcde
8	26f	235de	300bcde	305cde	290e
9	44ab	249abcd	312ab	319abc	301bcde
10	27f	236cde	290ef	292e	291e
11	41abcd	243abcde	293de	294e	292de
12	31ef	228e	297cde	304cde	294cde
13	33def	239bcde	295de	298de	299bcde
14	46a	252ab	313ab	315bc	304abcde
15	41abcd	229e	308abcd	310bcd	308abcd
16	34cdef	237bcde	323a	325ab	310abc

②不同处理下的玉米茎粗分析。

由表 2-55 中可知，苗期处理 4 与处理 7 的玉米茎粗存在显著差异，在灌水量为相同水平的条件下，处理 4 为中高氮中低磷中低钾处理，处理 7 为中低氮中低磷中高钾处理，可见氮肥对玉米茎粗的促进作用高于钾肥。进入拔节期后，处理 9 的茎粗最大，为 8.6 mm，处理 16 的茎粗最小，为 6.9 mm，且两个处理存在显著性差异。此时，磷肥对茎粗的正效应较为明显。抽雄期之后玉米茎粗变小。以抽雄期为例，处理 4 为中高氮中低磷中低钾中高水，茎粗最大，处理 5 为中低氮中高磷中低钾中高水，茎粗最小，表明氮肥对茎粗有很明显的作用。不同处理间茎粗有明显的差异，苗期至拔节期玉米的茎粗迅速增大，抽雄期达到峰值，灌浆期到成熟期茎粗有下降的趋势，这是由于这一生育期玉米的养分供给由营养生长转换到生殖生长。处理 1 为中氮中磷中钾高水，处理 2 为中氮中磷中钾低水，抽雄期处理 1 茎粗大于处理 2 的，说明灌水量对茎粗亦有影响。

表 2-55 不同处理下玉米各生育期茎粗　　　　　　　单位：mm

处理号	苗期	拔节期	抽雄期	灌浆期	成熟期
1	5.1ab	7.8bc	8.4abc	8.4ab	7.0bcd
2	5.2ab	7.4bc	8.0bcd	8.2abc	6.5d
3	4.0cde	7.6bc	7.8bcd	7.0def	7.0bcd
4	5.6a	8.0b	9.5a	8.7a	8.2a
5	3.8de	7.6bc	7.0d	6.9ef	7.0bcd
6	5.0abc	7.0c	8.4abc	7.6bcdef	7.2abcd
7	3.3e	7.0c	7.8bcd	8.0abcd	7.8abc
8	4.3bcde	8.0b	8.4abc	7.2cdef	7.1abcd
9	4.7ab	8.6a	7.6bcd	7.8ab	7.5ab
10	4.0cde	8.0b	7.8bcd	7.8abcde	7.2abcd
11	4.9abc	7.6bc	8.2bc	7.0def	7.4abcd
12	4.6abcd	7.4bc	8.0bcd	7.2cdef	7.0bcd
13	4.2bcde	7.3bc	7.6bcd	7.9abcde	7.9abc
14	4.7abcd	7.6bc	8.0bcd	7.2cdef	6.8cd
15	4.6abcd	7.4bc	8.8ab	7.6bcdef	7.9ac
16	4.2bcde	6.9c	8.2bc	6.7f	6.9bcd

③不同处理下玉米叶面积指数分析。

不同处理下玉米各生育期叶面积指数如表 2-56 所示。由表可知，在苗期叶面积指数较低，处理 5 为中低氮中高磷中低钾，叶面积指数最高，处理 14 为中氮低磷中钾，叶面积指数最低，由此可见在苗期磷肥对叶面积指数的影响程度较大。拔节期玉米叶面积指数突然增加，这是由于拔节期植株生长较为旺盛。在相同的灌水量、氮肥、钾肥施入量的条件下，处理 5 为中高磷处理，处理 3 为中低磷处理，二者叶面积指数相差 9.34%，说明在拔节期磷肥对玉米叶面积指数的影响依旧显著。进入抽雄期后，玉米叶面积指数持续增长，增幅较拔节期稍小，其中，处理 11 为高氮中磷中钾中低水，叶面积指数最高，为 5.43，处理 7 为中低氮中低磷中高钾中高水，叶面积指数为 4.80。同时，处理 8 为高氮中低磷中高钾中高水，叶面积指数高于处理 7，说明氮肥在抽雄期对玉米叶面积指数影响较为显著。成熟期之后，玉米各处理叶面积指数均开始减小，叶片逐渐枯萎。可见，在玉米拔节期之前磷肥对叶面积指数影响较大，拔节期过后氮肥对叶面积指数的影响最为显著。喷灌条件下玉米不同水肥组合在试验周期内叶面积指数变化趋势整体一致，均呈先增大后减小的趋势，苗期到拔节期增长幅度明显，拔节期到抽雄期增速明显放缓，抽雄期至灌浆期小幅度增长甚至个别处理呈降低的趋势，成熟期之后叶片开始枯萎，叶面积指数减小。

表2-56 不同处理下玉米各生育期叶面积指数

处理号	苗期	拔节期	抽雄期	灌浆期	成熟期
1	0.27cd	4.36bcdef	5.25abc	5.58a	4.76a
2	0.40abcd	4.33cdef	5.07bcd	4.98b	4.62ab
3	0.32bcd	4.39bcdef	5.15bcd	4.58cde	4.08cd
4	0.32bcd	4.32def	4.73a	3.68g	3.54f
5	0.52a	4.80a	4.83d	4.39ef	4.11cd
6	0.27cd	4.18ef	4.91abc	4.68bcde	4.36bc
7	0.30cd	4.17f	4.80bcd	4.85bc	4.26c
8	0.43abc	4.36bcdef	5.29abc	4.62cde	4.25c
9	0.42abc	4.85a	5.04bcd	4.76bcd	4.19c
10	0.50ab	4.61abcd	4.92bcd	4.47def	4.10cd
11	0.24cd	4.55abcde	5.43bc	4.21f	3.82def
12	0.24cd	4.17f	4.94bcd	3.44g	3.04g
13	0.37abcd	4.72ab	4.92cd	4.73bcd	4.32bc
14	0.22d	4.70abc	5.14bcd	4.57cde	4.04cde
15	0.27cd	4.07f	5.30ab	4.17f	3.76def
16	0.28cd	4.12f	5.19bc	4.17f	3.71ef

（2）不同处理下玉米光合速率耦合效应分析

①不同处理下玉米光合速率分析。

玉米绝大部分的干物质源自光合作用，玉米光合作用的状态是影响产量的重要因素。合理施用氮、磷、钾肥能够明显提高作物的光合速率，改善作物的水分利用效率。不同处理下玉米光合速率如图2-56所示。由图可知，处理10光合速率最高，为31.34 μmol/（m$^2 \cdot$s），处理12光合速率最低，为22.86 μmol/（m$^2 \cdot$s）。通过对比处理1与处理2可以得知，处理1为中氮中磷中钾高水，处理2为中氮中磷中钾低水，提高灌水量能够增强玉米的光合速率。通过对比处理10、处理9、处理8和处理6可以得知，处理10为中高氮中高磷中高钾中高水，处理9为中低氮中高磷中高钾中高水，处理8为中高单中低磷中高钾中高水，处理6为中高氮中高磷中低钾中高水，在灌水量为同一水平的条件下，适量增施氮肥、磷肥、钾肥均能够提高玉米的光合速率。

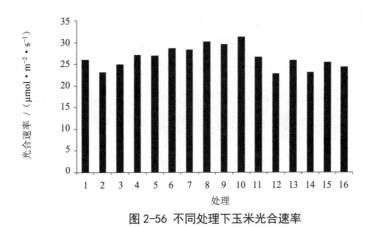

图 2-56 不同处理下玉米光合速率

②光合速率模型的建立。

利用本试验数据进行四元二次回归拟合，得到抽雄期玉米光合速率（Y）与氮肥施用量编码值（x_1）、磷肥施用量编码值（x_2）、钾肥施用量编码值（x_3）、灌水量编码值（x_4）的回归模型：

$$Y=32.285+1.019x_1+0.768x_2+0.980x_3+1.756x_4-1.226x_1^2-1.347x_2^2-1.191x_3^2-2.930x_4^2-0.057x_1x_2-0.330x_1x_3-$$

$$0.142x_1x_4-0.134x_2x_3-0.055x_2x_4+0.763x_3x_4 \tag{2-36}$$

对式（2-36）进行显著性检验，其可决系数 R^2=0.99，表明预测光合速率与实际光合速率有很好的拟合度，P=0.004，回归关系达到极显著水平。其回归系数检验如表 2-57 所示。由表可知，氮肥、磷肥、钾肥和灌水量对玉米光合速率均有显著影响。交互项中，氮磷、氮钾、磷水交互项较不显著，其余交互项均达到显著水平。需要去掉不显著因素，重新拟合方程并进行检验消除不显著的交互项后，得到的回归方程为：

表 2-57 光合速率模型回归系数检验

因素	t 值	P 值
x_1	287.977	0.002
x_2	217.053	0.003
x_3	277.069	0.002
x_4	496.399	0.001
x_1^2	−102.994	0.006
x_2^2	−113.204	0.006
x_3^2	−100.050	0.006
x_4^2	−193.414	0.003
x_1x_2	−12.405	0.051
x_1x_3	−7.108	0.089
x_1x_4	−30.621	0.021
x_2x_3	−29.000	0.022
x_2x_4	−11.784	0.054
x_3x_4	164.887	0.004

$$Y=32.285+1.019x_1+0.768x_2+0.980x_3+1.756x_4-1.226x_1^2-1.347x_2^2-1.191x_3^2-2.930x_4^2-0.142x_1x_4-0.134x_2x_3+0.763x_3x_4 \tag{2-37}$$

对式（2-37）进行显著性检验，其可决系数 $R^2=0.99$，$P<0.000\,1$，回归关系达极显著水平，回归系数检验如表 2-58 所示。各因素及其交互作用均达到显著与极显著水平，氮水、磷钾耦合对光合速率存在显著的负效应，钾水耦合对光合速率存在显著的正效应。

表 2-58 消除不显著因素后光合速率模型回归系数检验

因素	t 值	P 值
x_1	31.041	<0.001
x_2	23.397	<0.001
x_3	29.865	<0.001
x_4	53.507	<0.001
x_1^2	−11.102	<0.001
x_2^2	−12.202	<0.001
x_3^2	−10.784	<0.001
x_4^2	−20.848	<0.001
x_1x_4	−3.301	0.030
x_2x_3	−3.126	0.035
x_3x_4	17.773	<0.001

回归方程一次项系数的绝对值是判断各因素对玉米净光合速率影响程度的依据，系数前的符号表示因素对目标的促进或抑制效应。由式（2-37）可知，氮肥、磷肥、钾肥和灌水量的一次项系数分别为 1.019、0.768、0.980 和 1.756。说明各因素对玉米光合速率的影响程度由大到小依次为灌水量、氮肥、钾肥、磷肥，且这四个因素对玉米光合速率均具有显著的正效应。

③单因素效应分析。

单因素效应分析的原理是将待分析因素之外的其余因素控制在 0 水平，仅讨论待分析因素对因变量的作用，由式（2-37）得氮肥（Y_N）、磷肥（Y_P）、钾肥（Y_K）、灌水量（Y_W）的单因素效应函数为

$$Y_N = 32.285 + 1.019x_1 - 1.226x_1^2 \tag{2-38}$$

$$Y_P = 32.285 + 0.768x_2 - 1.347x_2^2 \tag{2-39}$$

$$Y_K = 32.285 + 0.980x_3 - 1.197x_3^2 \tag{2-40}$$

$$Y_W = 32.285 + 1.756x_4 - 2.93x_4^2 \tag{2-41}$$

各因素的光合速率效应如图 2-57 所示。在其余因素为 0 水平时，玉米光合速率随着氮肥、磷肥、钾

肥和灌水量的变化曲线均为开口向下的抛物线，存在光合速率最大值点。当氮肥编码值为 0.416 时，光合速率达到最大值，为 32.497 μmol/（m²·s）。当编码值在-1.685～0.416 时，光合速率随氮肥施用量的增加而提高，当编码值大于 0.416 时，光合速率随氮肥施用量增加而降低。当磷肥施用量编码值为 0.285 时，光合速率达到最大值，为 32.394 μmol/（m²·s）。当编码值在-1.685～0.285 时，光合速率随磷肥施用量的增加而快速增加，当编码值大于 0.285 时，光合速率随磷肥施用量增加而降低。当钾肥施用量编码值为 0.411 时，光合速率达到最大值，为 32.487 μmol/（m²·s）。编码值超过或不足 0.411 时，光合速率均呈下降趋势。当灌水量编码值为 0.300 时，光合速率达到最大值，为 32.548 μmol/（m²·s），其变化规律与三种肥料变化规律相同。各曲线变化规律说明，在一定编码值区间内灌水量与施肥量的增加有利于提高玉米的光合速率，过度灌水施肥或灌水施肥过少均会抑制玉米光合作用。

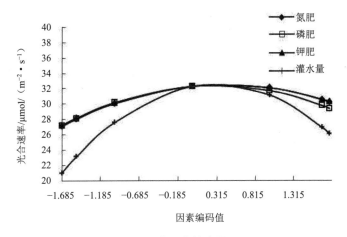

图 2-57 单因素效应图

④单因素边际效应分析。

边际光合速率可得出各因素最佳投入量以及各因素投入量变化对光合速率的影响。通过对单因素效应函数进行求导，得到抽雄期光合速率随氮肥、磷肥、钾肥施用量以及灌水量的边际函数分别为

$$\frac{\mathrm{d}Y_N}{\mathrm{d}x} = 1.019 - 2.452\,x \tag{2-42}$$

$$\frac{\mathrm{d}Y_P}{\mathrm{d}x} = 0.768 - 2.694\,x \tag{2-43}$$

$$\frac{\mathrm{d}Y_K}{\mathrm{d}x} = 0.980 - 2.382\,x \tag{2-44}$$

$$\frac{\mathrm{d}Y_W}{\mathrm{d}x} = 1.756 - 5.860\,x \tag{2-45}$$

根据各因素边际函数绘制氮肥、磷肥、钾肥施用量和灌水量对光合速率的边际效应如图 2-58 所示。随着氮肥、磷肥、钾肥施用量以及灌水量的增加，边际光合速率效应均会减少。

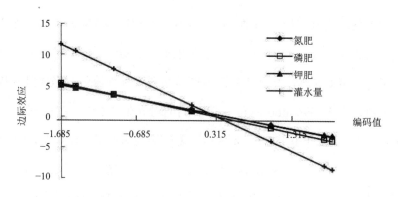

图 2-58 光合速率边际效应分析

图中纵坐标大于 0 表示因素促进边际光合速率，纵坐标小于 0 则会抑制边际光合速率。当氮肥编码值在 -1.685~0.416 时，会显著提高边际光合速率，当编码值大于 0.416 时则会降低边际光合速率。当磷肥编码值在 -1.685~0.285 时，对边际光合速率具有正效应，超过该范围后会抑制边际光合速率。当钾肥编码值在 -1.685~0.411 时有利于边际光合速率的增强，超出该范围则会对边际光合速率产生抑制作用。灌水量编码值小于 0.300 时会促进边际光合速率的增强，超过 0.300 则会对边际光合速率产生一定的负效应。

⑤各因素耦合效应。

叶片的光合速率受不同因素的综合影响，这些因子并不是单独作用的，它们彼此间具有一定的相互促进或相互抑制的效应。保持其中 2 个因素编码值为 0，得到氮水（Y_{NW}）、磷钾（Y_{PK}）、钾水（Y_{KW}）耦合效应方程为

$$Y_{NW}=32.285+1.019x_1+1.756x_4-1.226x_1^2-2.930x_4^2-0.142x_1x_4 \tag{2-46}$$

$$Y_{PK}=32.285+0.768x_2+0.980x_3-1.347x_2^2-1.191x_3^2-0.134x_2x_3 \tag{2-47}$$

$$Y_{KW}=32.285+0.980x_3+1.756x_4-1.191x_3^2-2.930x_4^2+0.763x_3x_4 \tag{2-48}$$

由系数检验结果可知，氮磷、氮钾、磷水交互项系数不显著，故不做分析。图 2-59 反映了各因素对光合速率的交互作用。

由图 2-59（a）可知，当灌水量保持不变时，光合速率随氮肥施用量的增加而呈先上升后下降的规律，当氮肥编码值为 0.392，灌水量编码值为 0.294 时，光合速率达到最大值，为 32.743 μmol/（m²·s）。当氮肥施用量为定值时，光合速率随灌水量的增加同样呈先增大后减小的趋势，灌水量对光合速率的影响程度大于氮肥施用量。当氮肥、钾肥施用量同时处于最低水平时，光合速率达到最小值。由图 2-59（b）可知，磷肥与钾肥施用量的交互作用对光合速率的影响曲面为正凸面曲线，且磷肥与钾肥施用量对光合速率的影响程度大体一致，均呈先增大后减小的规律。当磷肥编码值为 0.255，钾肥编码值为 0.392 时，光合速率达到最大值，为 32.581 μmol/（m²·s）。当磷肥与钾肥施用量水平最低时，光合速率最小。图 2-59（c）反映了钾肥施用量与灌水量的交互作用。当钾肥编码值为 0.528，灌水量编码值为 0.360 时，光合速率达到最大值，为 32.868 μmol/（m²·s）。

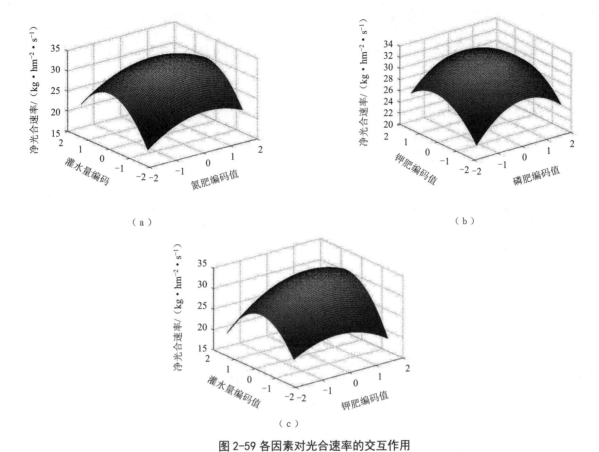

图 2-59 各因素对光合速率的交互作用

（a）氮肥施用量与灌水量交互作用；（b）磷肥与钾肥施用量交互作用；（c）钾肥施用量与灌水量的交互作用

（3）不同处理下玉米产量耦合效应分析

① 产量模型的建立。

本试验在玉米成熟期后对不同处理的玉米进行测产与考种，结果如图 2-60 所示。由图可知，处理 11 产量最高。之后依次是处理 4 和处理 6，处理 16 产量最低。由处理 11 与处理 16 对比可知，当灌水量处于同一水平时，增施适量的肥料对提高玉米产量具有明显作用；由处理 1 与处理 2 对比可知，当肥料处于同一水平时，合理地增加灌水量对玉米增产具有显著作用。因此，科学的水肥配比是作物取得高产的重要因素。

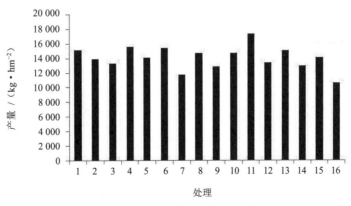

图 2-60 不同处理的玉米产量

利用 SPSS 软件对玉米产量（Y_C）与氮肥施用量编码值（x_1）、磷肥施用量编码值（x_2）、钾肥施用量编码值（x_3）、灌水量编码值（x_4）之间的关系进行四元二次回归拟合分析，得到的回归方程为

$$Y_C=12874.40+1110.34x_1+387.64x_2+116.98x_3+215.61x_4+769.72x_1^2+301.61x_2^2-278.91x_3^2+601.58x_4^2$$

$$254.97x_1x_2+151.09x_1x_3-79.36x_1x_4+72.57x_2x_3-275.43x_2x_4-1009.21x_3x_4 \tag{2-49}$$

对式（2-49）进行显著性检验，其可决系数 $R^2=0.986$，$P<0.0001$，回归关系达到极显著水平，且各因素及其交互作用均达到显著与极显著水平。根据回归方程一次项系数的绝对值与正负可知，氮肥、磷肥、钾肥和灌水量的一次项系数分别为 1 110.34，387.64，116.98 和 215.61。说明各因素对玉米产量的影响程度大小为氮肥、磷肥、灌水量和钾肥，这四个因素对玉米产量均具有显著的正效应，且氮肥对产量的影响程度明显大于其余三个因素。

②单因素效应分析。

对回归方程（2-49）进行单因素效应分析，得到氮肥（Y_{CN}）、磷肥（Y_{CP}）、钾肥（Y_{CK}）、灌水量（Y_{CW}）的单因素效应函数为

$$Y_{CN}=12874.40+1110.34x_2+769.72x_2^2 \tag{2-50}$$

$$Y_{CP}=12874.40+387.64x_2+301.61x_2^2 \tag{2-51}$$

$$Y_{CK}=12874.40+116.98x_3-278.91x_3^2 \tag{2-52}$$

$$Y_{CW}=12874.40+215.61x_4+601.58x_4^2 \tag{2-53}$$

在试验设计范围内，氮肥、磷肥、钾肥和灌水量对产量的单因素效应如图 2-61 所示。氮肥、磷肥、灌水量的产量效应曲线开口均向上，钾的产量效应曲线开口向下。其中钾的曲线存在产量最大值点，其曲线的顶点代表最大产量值，其对应的编码值即为钾最适宜投入量。在本试验中选取因素的上下限内，氮肥的最佳投入量编码值为 1.685，实际投入量为 270 kg/hm²，此时产量可达 16 930.73 kg/hm²，磷肥的最佳投入量编码值为 1.685，实际投入量为 120 kg/hm²，此时产量可达 14 383.91 kg/hm²，钾的最佳投入量编码值为 0.209，实际投入量为 93.72 kg/hm²，此时产量可达 12 886.67 kg/hm²，水的最佳投入量编码值为 1.784，实际灌水量为 700 m³/hm²，此时产量可达 15 173.67 kg/hm²。当投入量少于最佳投入量时，产量随着各因素投入量的增加而增加，当投入量超过最佳投入量时，产量随着各因素投入量的增加而减小，其中钾肥的增产负效应比较显著。

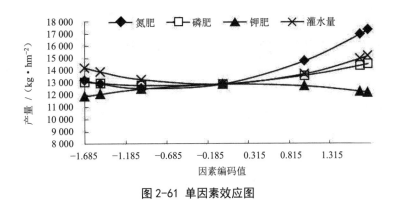

图 2-61 单因素效应图

（4）单因素边际效应分析

边际效应可以反映各因素不同水平时的产量增减速率。通过对单因素效应函数式（2-54）、式（2-55）、式（2-56）、式（2-57）求一阶偏导数，得各因素的边际效应方程为

$$\frac{\mathrm{d}Y_{CN}}{\mathrm{d}x}=1110.34+1539.44x \tag{2-54}$$

$$\frac{\mathrm{d}Y_{CP}}{\mathrm{d}x}=387.64+603.22x \tag{2-55}$$

$$\frac{\mathrm{d}Y_{CK}}{\mathrm{d}x}=116.98-557.82x \tag{2-56}$$

$$\frac{\mathrm{d}Y_{CW}}{\mathrm{d}x}=215.61+1203.16x \tag{2-57}$$

单因素边际效应如图 2-62 所示。由图可知，边际效应随着钾肥投入量的增加呈逐渐减小趋势。与 x 轴交叉处为最佳投入量，此时的编码值为 0.209，再增加投入量将会产生负效应。而随着氮肥、磷肥、灌水量投入的增加，边际效应呈逐渐增大趋势，在试验范围内增加投入量会出现正效应。

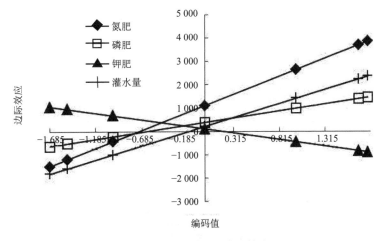

图 2-62 单因素边际效应

（5）各因素耦合效应分析

影响玉米产量的各因素之间是相互关联的，为了研究两因素间的耦合效应，保持其中两个因素的编码值为 0，得到氮磷（Y_{CNP}）、氮钾（Y_{CNK}）、氮水（Y_{CNW}）、磷钾（Y_{CPK}）、磷水（Y_{CPW}）和钾水（Y_{CPW}）

耦合效应方程为

$$Y_{\mathrm{CNP}}=12874.40+1110.34x_1+387.64x_2+769.72x_1^2+301.61x_2^2-254.97x_1x_2 \tag{2-58}$$

$$Y_{\mathrm{CNK}}=12874.40+1110.34x_1+116.98x_3+769.72x_1^2-278.91x_3^2+151.09x_1x_3 \tag{2-59}$$

$$Y_{\mathrm{CNW}}=12874.40+1110.34x_1+215.61x_4+769.72x_1^2+601.58x_4^2-79.36x_1x_4 \tag{2-60}$$

$$Y_{\mathrm{CPK}}=12874.40+387.64x_2+116.98x_3+301.61x_2^2-278.91x_3^2+72.57x_2x_3 \tag{2-61}$$

$$Y_{\mathrm{CPW}}=12874.40+387.64x_2+215.61x_4+301.61x_2^2+601.58x_4^2-275.43x_2x_4 \tag{2-62}$$

$$Y_{\mathrm{CKW}}=12874.40+116.98x_3+215.61x_4-278.91x_2^2+601.58x_4^2-1009.21x_3x_4 \tag{2-63}$$

利用 Matlab 对上述方程做二因素互作效应分析图。

由图 2-63 可知，在本次试验中选取因素的上下限内，氮肥与磷肥的互作效应对玉米产量的影响为正凹面图，产量随着氮肥和磷肥的施入量增加而增加，且氮肥的增产效果大于磷肥。当磷肥用量较小时，氮肥增产效果较为明显。在氮肥编码值为 1.685，磷肥编码为 -1.685 时（即氮肥为 270 kg/hm²，磷肥为 60 kg/hm²），玉米产量最大，为 17 857.81 kg/hm²。

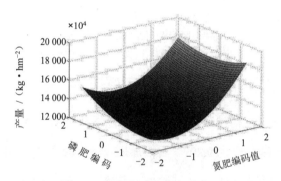

图 2-63 氮肥与磷肥耦合对产量的影响

图 2-64 反映了氮肥与钾肥的互作效应。可以看出，当钾肥施入量为定值时，产量随氮肥施入量的增加而快速增加，钾肥在氮肥编码值较低时增加施入量，增产效果较小，只有在氮肥处于较高水平时才会有较显著的增产效果。过量投入钾肥还会导致产量的减少。在氮肥编码值为 1.685，钾肥编码值为 0.664 时（氮肥为 270 kg/hm²，钾肥为 101.82 kg/hm²），玉米产量最大，为 17 054.48 kg/hm²。

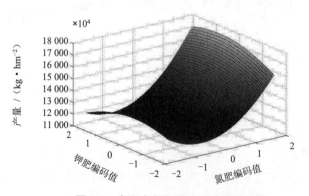

图 2-64 氮肥与钾肥耦合对产量的影响

由图 2-65 可知，在试验中选取因素的上下限内，氮肥与灌水量互作效应对玉米产量的影响曲面为正凹面曲线，且氮肥的增产效果要大于灌水量的增产效果。当氮肥投入量较高时，灌水量的增产效果较为明显。在氮肥编码值为 1.685，灌水量编码值为 1.784 时（即氮肥为 270 kg/hm²，灌水量为 700 m³/hm²），玉米产量达到最大值，为 18 991.44 kg/hm²。

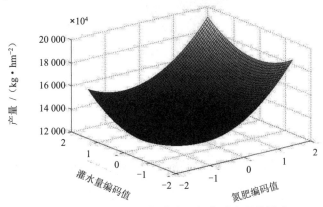

图 2-65 氮肥与灌水量耦合对产量的影响

图 2-66 反映了磷肥与钾肥的互作效应。可以看出，当钾肥施入量为定值时，产量随磷肥的增加而增长。过量投入钾肥会导致产量的减小。在磷肥编码值为 1.685，钾肥为 0.426 时（即磷肥为 120 kg/hm²，钾肥为 97.58 kg/hm²），玉米产量达到最大值，为 14 435.22 kg/hm²。

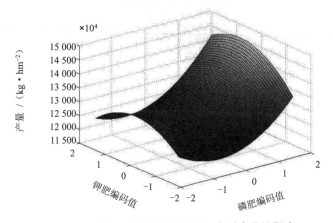

图 2-66 磷肥与钾肥耦合对产量的影响

由图 2-67 可知，在试验中选取因素的上下限内，磷肥与灌水量互作效应对玉米产量的影响曲面为正凹面曲线，且灌水量的增产效果要大于磷肥的增产效果。当磷肥编码值较低时，灌水量的增产效果较为显著。在磷肥编码值为 -1.685，灌水量编码值为 1.784 时（即磷肥为 60 kg/hm²，灌水量为 700 m³/hm²），玉米产量达到最大值，为 16 204.79 kg/hm²。

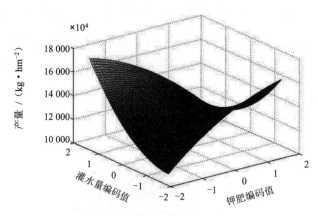

图 2-67 磷肥与灌水量耦合对产量的影响

图 2-68 反映了钾肥与灌水量的互作效应。可以看出，当钾肥用量较低时，灌水量的增产效果明显。当钾肥用量处于较高水平时，产量随灌水量的增加而减少。当钾肥编码值为 -1.685，灌水量编码值为 1.784 时（即钾肥为 60 kg/hm²，灌水量为 700 m³/hm²），玉米产量达到最大值，为 17 218.4 kg/hm²。

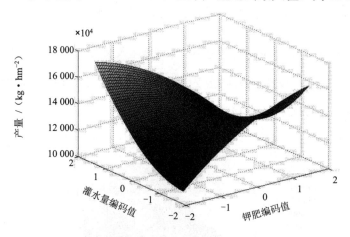

图 2-68 钾肥与灌水量耦合对产量的影响

（6）玉米耗水规律及水分利用效率分析

①耗水量、降雨量的测定与计算。

作物需水量是指作物维持正常生长发育状况所需的水量，主要包含生理需水和生态需水两个方面。本试验喷灌条件下玉米的耗水量是指玉米的植株蒸腾量和棵间蒸发量之和。由于该地区地下水埋深较深，因此在计算作物耗水量时不需计算地下水的补给量，即 $K=0$，喷灌条件下 $C=0$。本试验所采用的灌水量是结合文献资料与当地灌水实际用量制定的。玉米全生育期内降水量见图 2-69，玉米全生育期不同处理条件下的耗水量见图 2-59。

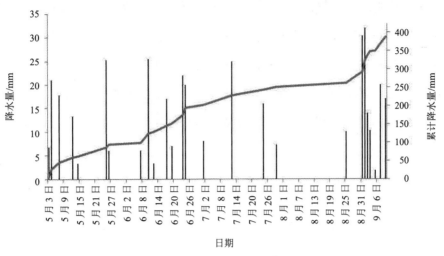

图 2-69 玉米全生育期内降水量

表 2-59 不同处理下玉米各生育期的耗水量　　　　　　　　　　　　　单位：mm

处理	苗期	拔节期	抽雄期	灌浆期	成熟期	总耗水量
1	74.51	108.75	110.15	91.31	46.91	431.63
2	68.23	96.52	108.82	77.79	51.73	403.09
3	61.20	116.18	95.76	77.93	51.17	402.24
4	65.87	114.07	108.58	76.05	46.57	411.14
5	75.13	111.98	104.70	77.39	40.21	409.41
6	81.71	115.75	108.17	86.16	57.45	449.24
7	74.03	97.32	100.47	88.75	45.40	405.97
8	82.45	119.16	100.53	82.87	40.71	425.72
9	74.47	110.91	105.25	74.85	44.92	410.4
10	74.38	101.94	111.83	70.00	60.60	418.75
11	82.58	114.62	114.08	72.13	58.16	441.57
12	70.60	113.57	95.07	67.69	58.55	405.48
13	71.34	119.47	96.07	79.81	47.63	414.32
14	62.49	117.73	93.96	86.69	41.74	402.61
15	69.06	120.19	100.25	84.65	43.04	417.19
16	84.78	97.91	104.78	89.97	45.01	422.45

　　由表 2-59 可以看出，在喷灌的条件下玉米各生育期中，拔节期和抽雄期玉米耗水量最大，灌浆期与苗期次之，成熟期耗水量最小。因此，拔节期和抽雄期是玉米的需水临界期。处理 1 和处理 2 对比发现，在氮肥、磷肥、钾肥处于 0 时，随着灌水量的增加，玉米的耗水量呈先增加后减小的规律。处理 7 和处理

8 对比发现，在磷肥、钾肥、灌水量处于同一水平时，玉米的耗水量随着氮肥的增加呈先增大后减小趋势。处理 13 和处理 14 对比表明，在氮肥、钾肥、灌水量处于同一水平的条件下，增加磷肥的投入量会增加玉米在苗期、拔节期和抽雄期的耗水量。处理 4 和处理 8 对比发现，在氮肥、磷肥、灌水量处于同一水平时，玉米苗期和拔节期的耗水量随着钾肥施入量的增加而增加。以上结果说明，在氮肥、磷肥、钾肥施用量相同时，增加灌水量会提高玉米生育期内耗水量。在灌水量保持不变的前提下，增加氮肥、磷肥、钾肥的用量均能促进玉米对水分的吸收，增加耗水量。

不同处理下玉米各生育期的日耗水强度如表 2-60 所示。

表 2-60 不同处理下玉米各生育期的日耗水强度   单位：mm

处理	苗期	拔节期	抽雄期	灌浆期	成熟期
1	3.39	3.75	3.80	3.65	2.61
2	3.10	3.33	3.75	3.11	2.87
3	2.78	4.01	3.30	3.12	2.84
4	2.99	3.93	3.74	3.04	2.59
5	3.42	3.86	3.61	3.10	2.23
6	3.71	3.99	3.73	3.45	3.19
7	3.37	3.36	3.46	3.55	2.52
8	3.75	4.11	3.47	3.31	2.26
9	3.39	3.82	3.63	2.99	2.50
10	3.38	3.52	3.86	2.80	3.37
11	3.75	3.95	3.93	2.89	3.23
12	3.21	3.92	3.28	2.71	3.25
13	3.24	4.12	3.31	3.19	2.65
14	2.84	4.06	3.24	3.47	2.32
15	3.14	4.14	3.46	3.39	2.39
16	3.85	3.38	3.61	3.60	2.50

随着生育期的推移，不同处理下的玉米在喷灌条件下日耗水强度均呈先增大后减小的趋势。其中，苗期主要的耗水因素为土壤水蒸发，由于叶面积很小，叶片光合作用较小，因此日耗水强度较小。拔节期至抽雄期玉米进入营养生长阶段，叶面积不断增加，气温逐渐升高，日耗水强度达到峰值，玉米需水量较大，处于需水临界期，必须给予充足的水分，否则势必会影响玉米最终产量。灌浆期玉米开始进行生殖生长，日耗水强度逐渐减弱。在成熟期玉米日耗水强度达到最低值，此时也应保证土壤含水量处于较高水平，有利于提高籽粒质量。

②不同处理下玉米各生育期土壤含水量分析。

图 2-70 为玉米苗期各处理土壤含水量变化曲线。由图可知，除处理 6 外，其余各处理土壤含水量变化均呈先减小后增大最后减小的规律。出现这种现象的原因是苗期玉米叶面积较小，蒸发蒸腾量小，同时试验区 5 月初降水量较大，表层土壤含水量较高，且苗期玉米根系较浅，主要吸收 0～20 cm 土层土壤水用以供给生理活动，因此在 0～20 cm 土层的土壤含水量呈下降趋势。20 cm 以下土层各处理土壤含水量差别不大，除处理 6 外，差异均在 4% 以内。

图 2-71 为玉米拔节期各处理土壤含水量变化曲线。玉米进入拔节期后，根系向土壤深层生长，叶面积不断增大，蒸腾作用增强，需水量远高于苗期需水量。由图可知，各处理整体随着土层深度的增加呈先减小后增大再减小最后趋于稳定的趋势，其中，10～40 cm 土层的土壤含水量与苗期相比有了较多减少，这可能是由于根系的生长，导致深层土壤水被根系吸收。40 cm 以上土层的各处理土壤含水量差别不大，除处理 6 外，差异均在 3% 以内。

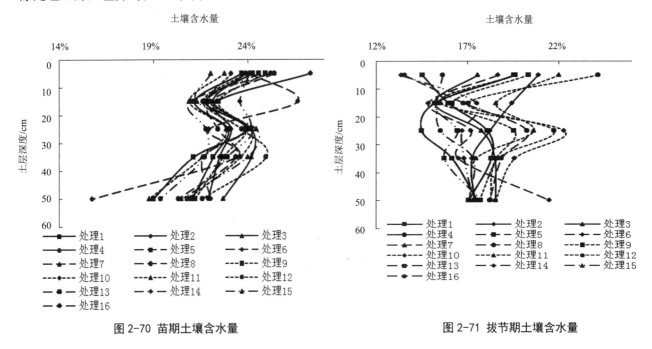

图 2-70 苗期土壤含水量　　　　　　　图 2-71 拔节期土壤含水量

图 2-72 为不同处理下玉米抽雄期土壤含水量变化曲线。抽雄玉米各项生理指标基本接近最大值，耗水强度与拔节期基本持平。因此各处理下不同土层深度与拔节期相比较为接近。由于不同处理玉米生长状态不同，导致 20～40 cm 土层的土壤含水量开始呈两极分化，同时各处理 40～60 cm 土层的土壤含水量相比拔节期具有明显的差异性。

图 2-73 为不同处理下玉米灌浆期土壤含水量变化曲线。玉米进入灌浆期后，进入籽粒形成阶段，此时耗水量较大，但较拔节期和抽雄期的耗水小。各处理不同土层深度土壤含水量整体呈先减小后增大最后趋于稳定趋势。其中一个明显的特征为 40～60 cm 土层土壤含水量两极分化更为明显，这是由于玉米在灌浆期根系发育基本完毕，其根系发育状况的好坏对深层土壤含水量有显著的影响。

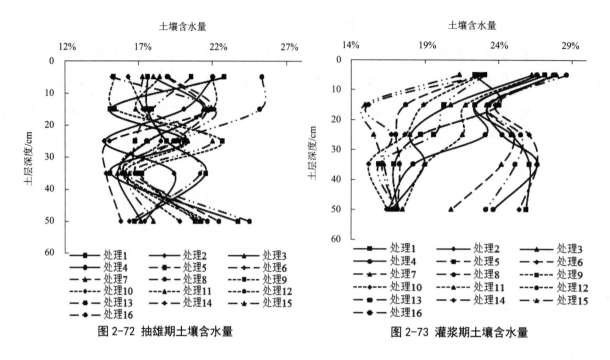

图 2-72 抽雄期土壤含水量　　　　图 2-73 灌浆期土壤含水量

图 2-74 为玉米成熟期各处理土壤含水量变化曲线。成熟期降雨量增大，玉米干物质积累停止，中下部分叶片开始转为黄色，基部叶片干枯，耗水量较小。由图可知，不同处理下玉米成熟期各土层深度土壤含水量相对于其他生育期均较大，且整体呈现先减小后增大再减小的趋势。与灌浆期相比，40～60 cm 土层的土壤含水量差异有所减小。

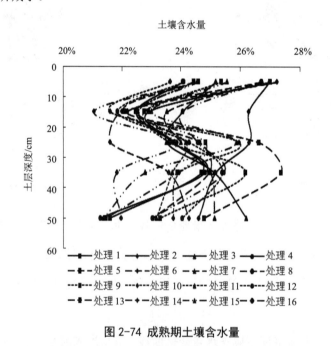

图 2-74 成熟期土壤含水量

③不同处理下玉米水分利用效率分析。

不同处理下玉米产量及水分利用效率见表 2-61。

表 2-61 不同处理下玉米产量及水分利用效率

处理	耗水量/ （m³·hm⁻²）	产量/ （kg·hm⁻²）	水分利用效率/ （kg·m⁻³）
1	4 316.3	15 173.85	3.52
2	4 030.9	13 894.99	3.45
3	4 022.4	13 287.46	3.30
4	4 111.4	15 613.70	3.80
5	4 094.1	14 072.79	3.44
6	4 492.4	15 379.13	3.42
7	4 059.7	11 774.23	2.90
8	4 257.2	14 704.82	3.45
9	4 104.0	12 849.86	3.13
10	4 187.5	14 760.55	3.52
11	4 415.7	17 351.89	3.93
12	4 054.8	13 367.22	3.30
13	4 143.2	15 105.16	3.65
14	4 026.1	12 955.99	3.22
15	4 171.9	14 123.72	3.39
16	4 224.5	10 641.30	2.52

可以看出，喷灌条件下，处理 11 的水分利用效率最高，为 3.93 kg/m³。处理 16 的水分利用效率最低，为 2.52 kg/m³。利用 SPSS 软件，通过回归统计得到水分利用效率（Y_E）与氮肥（x_1）、磷肥（x_2）、钾肥（x_3）、灌水量（x_4）之间的回归方程为

$$Y_E = 3.513 + 0.181x_1 + 0.057x_2 + 0.037x_3 + 0.025x_4 + 0.047x_1^2 - 0.016x_2^2 - 0.185x_3^2 - 0.012x_4^2 -$$

$$0.085x_1x_2 + 0.058x_1x_3 - 0.006x_1x_4 + 0.067x_2x_3 - 0.077x_2x_4 - 0.244x_3x_4 \qquad (2\text{-}64)$$

拟合方程的可决系数 $R^2 = 0.99$，说明拟合程度很好，可以进一步进行回归分析。通过比较回归方程一次项系数可知，氮肥、磷肥、钾肥和灌水量对玉米水分利用效率影响程度从大到小依次是氮肥、磷肥、钾肥、灌水量，且这四个因素均为正效应。

对方程（2-64）进行降维，得到各因素对玉米水分利用效率的一元二次模型：

$$Y_{EN} = 3.513 + 0.181x_1 + 0.047x_1^2 \qquad (2\text{-}65)$$

$$Y_{EP} = 3.513 + 0.057x_2 - 0.016x_2^2 \qquad (2\text{-}66)$$

$$Y_{EK} = 3.513 + 0.037x_3 - 0.185x_3^2 \qquad (2\text{-}67)$$

$$Y_{EW} = 3.513 + 0.025x_4 - 0.012x_4^2 \qquad (2\text{-}68)$$

各因素对玉米水分利用效率的效应如图 2-75 所示。其中，氮肥效应曲线的开口向上，存在最小值点；磷肥、钾肥、灌水量效应曲线为开口向下的抛物线，存在最大值点。最终结果表明，氮肥的最佳投入量编码值为 1.685，即实际投入量为 270 kg/hm²；磷肥的最佳投入量编码值为 1.685，即实际投入量为 120 kg/hm²；钾肥的最佳投入量编码值为 1，即实际投入量为 107.8 kg/hm²；最佳灌水量编码值为 1，即实际灌水量为 628.25 m³。对于氮肥和磷肥而言，玉米的水分利用效率随氮肥和磷肥的增加而增加；对于钾肥和灌水量而言，在试验研究范围内，玉米水分利用效率随钾肥和灌水量的增加呈先增大后减小的规律。

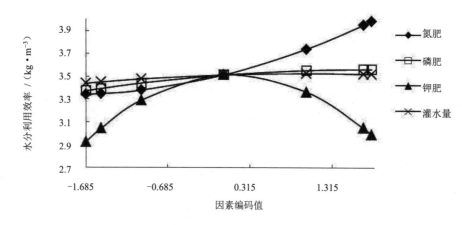

图 2-75 单因素效应图

④单因素边际效应分析。

边际效应能够很好地反映各因素对于玉米水分利用效率的增减速率。通过对回归方程求一阶偏导数，得到各因素的边际效应方程为

$$\frac{\mathrm{d}Y_{CN}}{\mathrm{d}x}=0.181+0.094\,x \tag{2-69}$$

$$\frac{\mathrm{d}Y_{CP}}{\mathrm{d}x}=0.057-0.032\,x \tag{2-70}$$

$$\frac{\mathrm{d}Y_{CK}}{\mathrm{d}x}=0.037-0.037\,x \tag{2-71}$$

$$\frac{\mathrm{d}Y_{CW}}{\mathrm{d}x}=0.025-0.024\,x \tag{2-72}$$

由各因素边际效应方程绘制出单因素边际效应如图 2-76 所示。随着各因素投入量的增加，氮肥的边际效应呈递增趋势，磷肥、钾肥和灌水量呈递减趋势。磷肥、钾肥和灌水量效应直线与 x 轴的交点为最佳投入量编码值，此时若继续增加施用量则会出现负效应。

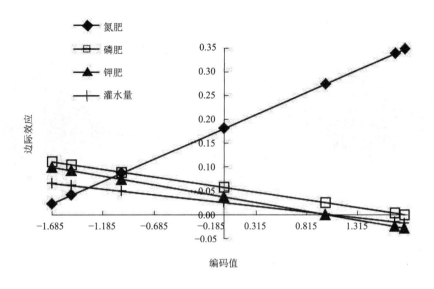

图 2-76 单因素边际效应

⑤各因素耦合效应分析。

在玉米水分利用效率回归方程中，保持其中 2 个因素的编码值为 0，得到氮磷（Y_{ENP}）、氮钾（Y_{ENK}）、氮水（Y_{ENW}）、磷钾（Y_{EPK}）、磷水（Y_{EPW}）和钾水（Y_{EKW}）耦合效应方程为

$$Y_{ENP}=3.513+0.181x_1+0.057x_2+0.047x_1^2-0.016x_2^2-0.085x_1x_2 \tag{2-73}$$

$$Y_{ENK}=3.513+0.181x_1+0.037x_3+0.047x_1^2-0.185x_3^2+0.058x_1x_3 \tag{2-74}$$

$$Y_{ENW}=3.513+0.181x_1+0.025x_4+0.047x_1^2-0.012x_4^2-0.006x_1x_4 \tag{2-75}$$

$$Y_{EPK}=3.513+0.057x_2+0.037x_3-0.016x_2^2-0.185x_3^2+0.067x_2x_3 \tag{2-76}$$

$$Y_{EPW}=3.513+0.057x_2+0.025x_4-0.016x_2^2-0.012x_4^2-0.077x_2x_4 \tag{2-77}$$

$$Y_{EKW}=3.513+0.037x_3+0.025x_4-0.185x_3^2-0.012x_4^2-0.244x_3x_4 \tag{2-78}$$

利用 Matlab 对方程做二因素互作效应分析图。由图 2-77 可知，在试验选取的上下限内，玉米水分利用效率随氮肥和磷肥编码值的增加而增加，且氮肥对玉米水分利用效率的正效应强于磷肥。当磷肥施用量较少时，氮肥对玉米水分利用效率的正效应最为明显。在氮肥编码值为 1.685，磷肥编码值为 -1.685 时，氮肥实际用量为 270 kg/hm²，磷肥实际用量为 60 kg/hm² 时，玉米水分利用效率最高，为 4.05 kg/m³。

图 2-78 反映了氮肥用量与钾肥用量的互作效应。可以看出，氮肥和钾肥对玉米水分利用效率的影响曲面为马鞍形曲面。当钾肥施入量为定值时，水分利用效率随氮肥施入量的增加而提高，钾肥在氮肥用量较高时对玉米水分利用效率影响较大，在氮肥为定值时，水分利用效率随磷肥投入量的增加呈先增大后减小趋势，钾肥投入量过高或过低均会导致水分利用效率的减少。在氮肥编码值为 1.685，钾肥编码值为 1.310 时，即氮肥施入量为 270 kg/hm²，钾肥施入量为 113.32 kg/hm²，玉米水分利用效率达到峰值，为 3.87 kg/m³。

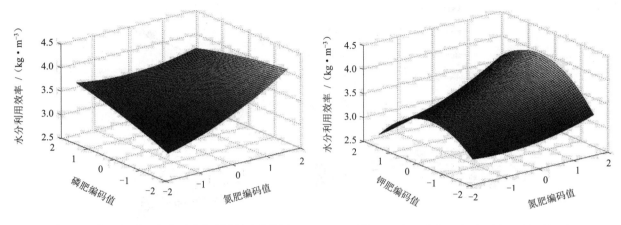

图 2-77 氮肥与磷肥耦合对水分利用效率的影响 图 2-78 氮肥与钾肥耦合对水分利用效率的影响

由图 2-79 可知，在试验选取的上下限内，氮肥与灌水量交互作用对玉米水分利用效率的影响曲面为凹面曲线，且氮肥对水分利用效率的影响明显强于灌水量。在氮肥编码值为 1.685，灌水量编码值为 0.625 时，即氮肥为 270 kg/hm²，灌水量为 593.93 m³/hm²，玉米水分利用效率达到最大值，为 3.96 kg/m³。

图 2-80 反映了磷肥施入量与钾肥施入量的互作效应。可以看出，氮肥和钾肥对玉米水分利用效率的影响曲面为马鞍形曲面。当磷肥施入量为定值时，水分利用效率随钾肥施入量的增加呈先增大后减小趋势，且在磷肥施入量较大的情况下钾肥在对玉米水分利用效率影响较大。在钾肥施入量较小的情况下，水分利用效率随磷肥投入量的增加而减小，随着钾肥投入量的增加，增加磷肥的投入量也会提高玉米的水分利用效率。在磷肥编码值为 1.685，钾肥编码值为 0.392 时，即磷肥施入量为 120 kg/hm²，钾肥施入量为 97 kg/hm²，玉米水分利用效率达到最大值，为 3.56 kg/m³。

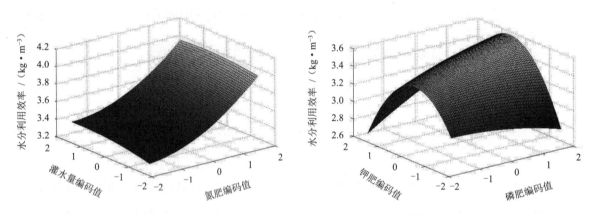

图 2-79 氮肥与灌水量耦合对水分利用效率的影响 图 2-80 磷肥与钾肥耦合对水分利用效率的影响

磷肥与灌水量对玉米水分利用效率的影响如图 2-81 所示。在磷肥或灌水量编码值较低时，玉米水分利用效率随着灌水量和磷肥的增加而增加，且磷肥对水分利用效率的影响大于灌水量。当磷肥或灌水量编码值较高时，增加磷肥或者灌水量均会减小玉米水分利用效率。当磷肥编码值为 1.685，灌水量编码值为 -1.78 时，即磷肥施入量为 120 kg/hm²、灌水量为 400 m³/hm² 时，玉米水分利用效率达到最大值，为 3.65kg/m³。

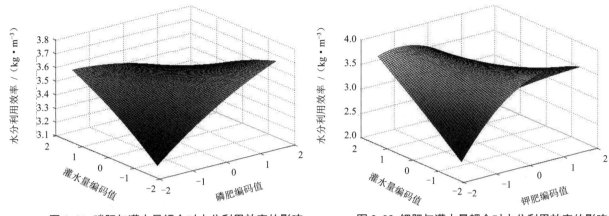

图 2-81 磷肥与灌水量耦合对水分利用效率的影响　　图 2-82 钾肥与灌水量耦合对水分利用效率的影响

在磷肥或灌水量编码值较低时，随着钾肥施入量的增加，玉米水分利用效率呈先增大后减小的趋势。当磷肥或灌水量编码值较高时，增加磷肥或者灌水量均会减小玉米水分利用效率。当钾肥编码值为-1.07，灌水量编码值为 1.784 时，即磷肥施入量为 70.95 kg/hm²、灌水量为 700 m³/hm² 时，玉米水分利用效率最大，为 3.73 kg/m³。

（7）基于多目标遗传算法的玉米水肥配施方案寻优

利用多目标遗传算法中的并列选择法计算多目标优化问题的 Pareto 解，设定初始个体数目为 1 200，最大遗传代数为 60，变量的二进制数目取 20，交叉概率取 0.7，分别得到 Y、Y_C、Y_E 以及整体模型随迭代次数的变化曲线如图 2-83、图 2-84、图 2-85、图 2-86 所示。各曲线在迭代次数较少时变幅较大，光合速率曲线在迭代初期目标函数值迅速下降，迭代次数达到 30 次以上时呈上下波动的趋势；迭代次数达到 50 次以上时，产量与水分利用效率曲线变化幅度很小，基本趋于稳定。最终得到最优化光合速率为 20.80 μmol/（m²·s），最优化产量为 17 421.04 kg/hm²，最优化水分利用效率为 3.72 kg/m³，取得最优解时的氮肥编码值为 1.685，磷肥编码值为-1.681，钾肥编码值为-1.684，灌水量编码值为 1.783，氮肥施入量 270.00 kg/hm²、磷肥施入量为 60.08 kg/hm²、钾肥施入量为 60.02 kg/hm²、总灌水量为 700.00 m³/hm²。

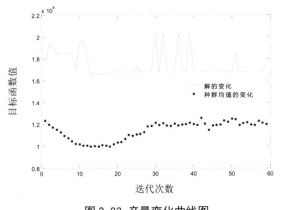

图 2-83 产量变化曲线图

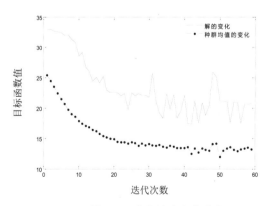

图 2-84 光合速率变化曲线

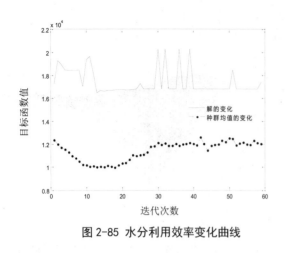

图 2-85 水分利用效率变化曲线

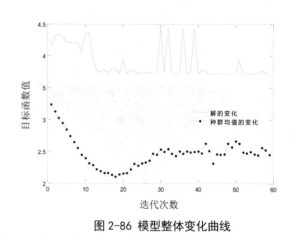

图 2-86 模型整体变化曲线

2.4.1.3 讨论与结论

（1）讨论

灌水与施肥对玉米光合速率有重要影响。施用适量的氮肥可增强作物叶片光合机构活性，对作物进行干物质累积，增强其对干旱的适应能力具有重要作用；磷是光合作用进程中的重要元素之一，适量增加磷肥有利于促进作物的光合作用，将更多的碳水化合物运输到新生叶片；适量施钾能够增强作物叶片的生理活性，有利于缓解叶片衰老。DIMITRIS 等研究表明，氮、磷的缺乏会抑制玉米的水分运输，从而降低玉米的光合速率，并且对玉米光合速率的影响氮高于磷。由本试验得出的光合速率回归模型可知，氮肥与磷肥对玉米光合速率均具有促进作用，氮肥对光合速率的影响程度大于磷肥，与该学者研究结果一致。这可能是由于增施氮肥提高了玉米单位面积叶片叶绿素的相对含量，从而增强了光合作用。本试验单因素边际效应分析结果显示，氮肥、磷肥、钾肥施用量与灌水量在中等水平时，光合速率达到最大值，玉米光合速率高肥处理大于低肥处理。李严坤等认为，中水处理下叶片净光合速率大于高水、低水处理下的叶片净光合速率，各处理中净光合速率由大到小表现为：中水、高水、低水，与本试验结论一致。而李建明等则认为，当施肥量维持中间水平时，光合速率随着灌溉上限的上升呈逐渐上升趋势，与本试验结论不一致。可能是由于作物种类及灌水上下限选取的不同导致结果出现差异。此外，由光合速率各因素耦合效应分析可知，并非全部的水肥因素都具有显著的耦合效应，水氮、磷钾、水钾存在显著的耦合效应，其他因素的耦合效应不显著。由交互项系数正负可知，水氮和磷钾效应为负效应，水钾效应为正效应。这是由于水氮耦合效应与磷钾耦合效应抑制了叶绿素的增加，从而影响玉米光合速率。各耦合效应影响程度由大到小为水氮耦合、磷钾耦合、水钾耦合。水肥的合理配比对提高作物产量、品质和水肥利用率有明显的促进作用。吴立峰等认为增加产量、适宜灌水量和适宜的施氮量均可以增加作物水分利用效率。本试验处理 11 产量最高，同时水分利用效率也达到峰值，与研究结果一致。夏玉米产量与施氮水平关系紧密，适宜的施氮量有利于玉米生长及最终产量的形成。由产量回归方程可知，水肥对玉米产量影响程度由大到小为氮肥、磷肥、水、钾肥，多位学者也得出了相同的结论。

另外，本试验中部分因素的耦合效应对玉米产量与水分利用效率具有负效应，其原因可能是由于试验设置的灌水和施肥水平与试验年份的气象条件不匹配。王栋等研究表明，当总灌水量为 1 061.0 m³/hm²、氮肥施入量为 282.5 kg/hm²、磷肥施入量为 134.4 kg/hm² 时，玉米最优产量为 15 853 kg/hm²。本试验结果显示，当总灌水量为 700.00 m³/hm²、氮肥施入量为 270.00 kg/hm²、磷肥施入量为 60.08 kg/hm²、钾肥施入量为 60.02 kg/hm² 时，最优产量为 17 421.04 kg/hm²，最优水分利用效率为 3.72 kg/m³，最优光合速率为 20.80 μmol/（m²·s），达到了提高水分利用效率、节约肥料、取得高产的目标。

此外，多目标遗传算法所得到的最优水肥组合与采用传统方法对回归方程求解得到的最优水肥组合不一致，这主要是由于分别求解光合速率、产量与水分利用效应回归方程得到的是三组不同的水肥组合，且每种水肥组合仅能保证其对应的目标函数达到最大值，没有考虑其余 2 个目标函数取值是否较大，并且不同水肥组合间可能存在相互矛盾的情况。多目标遗传算法是将光合速率、产量和水分利用效率综合最优作为目标，得到的最优水肥组合可以保证 3 个目标函数均达到较高水平，因此其结果更为全面，更便于推广与应用。

本试验作物全生育期降水量为 386 mm，为当地平水年降水水平，而对于枯水年和丰水年降水水平下的玉米水肥耦合效应缺乏研究；试验虽对不同水平下的氮、磷、钾、水的单因素效应和耦合效应进行了分析，但在针对单一因素或两种因素耦合对光合速率、产量和水分利用的效率影响的研究过程中，没有考虑其余因素分别在低水平、中水平、高水平条件下的最终结果是否存在差异；氮、磷与水的产量单因素效应曲线为开口向上的抛物线，说明因素选取的区间内产量没有达到理论最大值，因此灌水施肥区间的制定应与试验年份的气象条件相结合；同时对肥料利用率、玉米在生育期内的水分与养分运移以及不同喷灌设备对玉米生长发育的影响缺乏研究。在今后的研究中要更加全面、细致地对玉米水肥耦合效应进行进一步地研究，增加研究指标和完善试验设备，连续多年开展田间试验，使研究成果更为全面和细致。

（2）结论

本试验在喷灌条件下进行玉米田间试验，利用多元回归拟合与多目标遗传算法模型，对玉米生长状况、光合速率、产量以及水分利用效率进行研究，得出结论如下：

①玉米株高在其全生育期变化规律基本一致，在苗期、拔节期、抽雄期、灌浆期不断增大，成熟期会有小幅减小。在苗期至拔节期玉米的茎粗增长迅速，抽雄期达到高峰值，灌浆期到成熟期茎粗有下降的趋势。高氮肥施入量可以促进茎粗的增长。玉米叶面积指数在其全生育期变化规律为：在苗期至抽雄期叶面积指数不断增大，抽雄期至成熟期叶面积指数开始减小。其中，氮肥与磷肥是玉米叶面积指数变化的主要因素。抽雄期之前其主要因素为磷肥，抽雄期及以后其主要影响因素为氮肥。

②玉米全生育期内拔节期耗水量最大，抽雄期次之，灌浆期、苗期和成熟期再次之。拔节期至抽雄期为玉米的需水临界期。在氮肥、磷肥、钾肥处于同一水平时，随着灌水量的增长，玉米的耗水量呈先增加后减小的趋势。在磷肥、钾肥、灌水量处于同一水平时，玉米的耗水量随着氮肥的增长呈先增大后减小的趋势。在氮肥、钾肥、灌水量处于同一水平的条件下，增加磷肥的投入量会增长玉米在苗期、拔节期和抽雄期的耗水量。在氮肥、磷肥、灌水量处于同一水平时，玉米苗期和拔节期的耗水量随着钾肥用量的增加而增加，玉米的日耗水强度呈先增大后减小的趋势。

③各生育期玉米不同土层深度土壤含水量变化趋势：苗期各处理土壤含水量变化均呈先减小后增大再

减小的趋势；拔节期各处理整体随着土层深度的增加呈先减小后增大再减小最后趋于稳定的趋势；抽雄期各处理 20～40 cm 土层深度的土壤含水量呈两极分化；灌浆期各处理不同土层深度土壤含水量整体呈先减小后增大最后趋于稳定的趋势，且 0～60 cm 土层深度土壤含水量两极分化更为显著；成熟期各处理不同土层深度土壤含水量大体呈先减小后增大再减小的趋势，与灌浆期相比，40～60 cm 土层深度的土壤含水量差别有所减小。

④通过构建玉米光合速率、产量、水分利用效率的多目标优化模型，利用多目标遗传算法对模型进行寻优，得到平水年最佳水肥组合：氮肥施入量为 270.00 kg/hm²、磷肥施入量为 60.08 kg/hm²、钾肥施入量为 60.02 kg/hm²、总灌水量 700.00 m³/hm²，该组合下得到的玉米最优光合速率为 20.80 μmol/（m²·s），产量为 17 421.04 kg/hm²，水分利用效率为 3.72 kg/m³。

2.4.2 膜下滴灌水肥一体化综合管理技术模式研究

2.4.2.1 材料与方法

（1）试验设计

试验采用饱和 D416 最优设计，以氮肥（X_1）、磷肥（X_2）、钾肥（X_3）、灌溉定额（X_4）为试验因子，具体设计方案如表 2-62 所示。设置对照处理（无覆膜无灌水），共 17 个处理，每个处理重复 3 次，共 51 个小区，试验小区采用随机区组排列。

表 2-62 试验方案设计

处理	试验因子				施入量			
	X_1（N）	X_2（P_2O_5）	X_3（K_2O）	X_4（M）	X_1/（kg·hm⁻²）	X_2/（kg·hm⁻²）	X_3/（kg·hm⁻²）	X_4/（m³·hm⁻²）
1	0	0	0	1.784	225.000	90.000	90.000	500
2	0	0	0	−1.494	225.000	90.000	90.000	200
3	−1	−1	−1	0.644	198.294	72.196	72.196	396
4	1	−1	−1	0.644	251.706	72.196	72.196	396
5	−1	1	−1	0.644	198.294	107.804	72.196	396
6	1	1	−1	0.644	251.706	107.804	72.196	396
7	−1	−1	1	0.644	198.294	72.196	107.804	396
8	1	−1	1	0.644	251.706	72.196	107.804	396
9	−1	1	1	0.644	198.294	107.804	107.804	396
10	1	1	1	0.644	251.706	107.804	107.804	396
11	1.685	0	0	−0.908	270.000	90.000	90.000	254
12	−1.685	0	0	−0.908	180.000	90.000	90.000	254

续表

处理	试验因子				施入量			
	X_1（N）	X_2（P$_2$O$_5$）	X_3（K$_2$O）	X_4（M）	X_1/（kg·hm^{-2}）	X_2/（kg·hm^{-2}）	X_3/（kg·hm^{-2}）	X_4/（m^3·hm^{-2}）
13	0	1.685	0	−0.908	225.000	120.000	90.000	254
14	0	−1.685	0	−0.908	225.000	60.000	90.000	254
15	0	0	1.685	−0.908	225.000	90.000	120.000	254
16	0	0	−1.685	−0.908	225.000	90.000	60.000	254
CK	0	0	0	—	225.000	90.000	90.000	—

供试玉米品种为铁源 7 号，于 2016 年 4 月 27 日播种，生育期共计 123 d，每亩保苗 4 500 株，播种后用滴灌系统滴灌保苗水。生育期灌水两次，分别在拔节期至抽穗期、灌浆期灌水，各次灌水定额比例为 1:1。采用大垄双行种植（图 2-87），采用的种植模式为一膜一管两行布置，大垄宽度为 130 cm，垄上行距为 40 cm，株距为 23 cm。

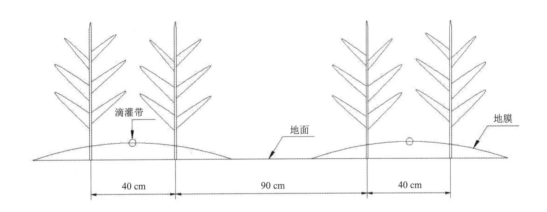

图 2-87 玉米种植模式示意图

试验小区面积均为 8.0 m×7.8 m=62.4 m²，试验小区总面积 62.4 m²×51=3 182.4 m²。每个小区设置 1 个水阀，每列小区设置 1 个水表和 1 个施肥罐。试验所用的氮肥、磷肥、钾肥分别为尿素、磷酸二铵、硫酸钾，磷肥和钾肥全部作为基肥施入，氮肥的 40%作为底肥，余下的氮肥随灌水按质量 1:1 施入。

（2）试验指标测定

①土壤水分测定。

播种后在每个试验小区内埋设 TDR 时域反射仪，利用土壤水分传感器（TRIME-PICO）定期测量试验区 0～80 cm 土层土壤含水率，测取土层深度分别为 0～20 cm，20～40 cm，40～60 cm，60～80 cm。

②生理指标测定。

试验所测玉米生理指标包括株高、茎粗、叶面积、光合作用速率。其中，叶面积测定取不同生育期具有代表性的植株，分别测定每一片的叶长、叶宽，通过公式求得单株叶面积。光合作用速率通过美国 LI-COR 公司制造的植物光合速率测定仪（LI-6400 型）进行测取，在试验小区随机选取 5 株玉米，选取上部第

4 片叶进行测定。由于仪器限制，仅测取了拔节期、抽雄期和灌浆期的玉米光合速率。

③产量测定。

各小区产量采取实测的方式进行，随机选取 5 个点（对角点和中心点）的玉米，并对收获的玉米果穗主要数量性状进行考种，测定百粒重、穗粒数、秃尖长和产量。

2.4.2.2 结果与分析

（1）不同处理下玉米生物学特性分析

①不同处理下玉米株高分析。

表 2-63 为不同处理下玉米各生育期株高变化。经过显著性统计分析，不同处理下玉米株高受控制因素影响显著。玉米在苗期株高整体偏低，这是由于苗期玉米较小的植株吸收水分和养分的能力也较小。至拔节期，玉米对土壤养分和水分的吸收迅速增长，玉米株高得到显著增长。处理 9 和处理 14 的株高仍为最高水平，而处理 1 和处理 8 的株高为最低水平。这说明此试验中氮肥在拔节期对玉米株高有正效应，磷肥过低会影响玉米株高的增长。

抽雄期处理 9 和处理 14 的株高仍然为较高水平，处理 1 和对照处理的株高为较低水平，其余各处理相差不大。这说明随着灌水对土壤水分的补充，不同处理下株高差异已经缩小，而无覆膜的处理仍然在株高上显著降低，故覆膜对株高的影响一直持续到抽雄期。

表 2-63 不同处理下玉米各生育期株高　　　　　　　　　　　　　　　单位：cm

处理号	苗期	拔节期	抽雄期	灌浆期	成熟期
1	44g	155bcde	300cd	313a	303ab
2	56cd	156bcde	324abc	321a	311ab
3	56cd	147e	317abc	309a	300ab
4	51cdefg	163abcde	318abc	314a	305ab
5	76a	160abcde	314abc	315a	305ab
6	60bc	172ab	317abc	316a	306ab
7	49defg	152de	322abc	310a	301ab
8	51cdefg	168abc	307bcd	322a	312ab
9	67b	166abcd	340a	315a	305ab
10	53cdef	174a	319abc	326a	316ab
11	48efg	174a	321abc	329a	319a
12	44fg	152de	313abc	301a	292b
13	53cde	167abcd	317abc	330a	319ab
14	65b	150de	329ab	321a	311ab
15	51cdefg	165abcd	312abc	305a	295ab
16	48defg	151de	312abc	332a	321a
CK	51defg	153cde	288d	323a	313ab

②不同处理下玉米茎粗分析。

茎作为玉米输送养分和水分的重要通道,对玉米生长起重要作用。而玉米茎粗是衡量玉米生长情况的重要指标。表 2-64 为不同处理下玉米各生育期茎粗。经过显著性统计分析,在玉米抽雄期之前,控制因素对茎粗有显著性差异。抽雄期之后不同处理下玉米茎粗差异不显著。这说明玉米营养器官在前期生长旺盛,而在后期生长趋势变缓。玉米茎粗的变化规律与株高相似,苗期至拔节期增长迅速,抽雄后趋于平稳,这是因为在生育期后期,玉米由营养生长转换为生殖生长。苗期至拔节期处理 3、处理 12 的茎粗相对较小,原因或为氮肥水平较低。拔节期后大致体现为灌水水平高的处理,其茎粗相对较大。这说明氮肥有利于玉米茎粗增长,而低水量、低肥量会抑制玉米营养器官的生长。

表 2-64 不同处理下玉米各生育期茎粗　　　　　　　　　　　单位:mm

处理号	苗期	拔节期	抽雄期	灌浆期	成熟期
1	5.08efg	6.61bcd	7.31abc	7.05ab	6.92ab
2	6.22abc	7.72a	7.90a	7.54a	7.26a
3	4.74fg	6.56bcd	7.41abc	6.96ab	6.81ab
4	6.57ab	7.62a	7.49abc	6.72ab	6.42ab
5	6.01abcd	7.30ab	7.02abc	6.42b	6.22b
6	6.20abc	7.29abc	7.56abc	7.45a	6.96ab
7	5.21defg	7.01abc	7.63ab	7.11ab	6.81ab
8	5.05efg	6.32cd	6.61c	7.42a	7.02ab
9	6.83a	7.77a	7.89a	7.34ab	6.92ab
10	6.59ab	7.21abc	7.31abc	7.09ab	6.72ab
11	5.64bcdef	6.90abc	7.06abc	6.82ab	6.78ab
12	4.53g	6.55bcd	7.03abc	7.07ab	6.82ab
13	5.27defg	5.81d	6.81bc	6.62ab	6.43ab
14	6.04abcd	6.81abc	7.40abc	6.94ab	6.65ab
15	6.82a	6.86abc	6.82bc	7.07ab	6.97ab
16	5.73bcde	6.33cd	6.87bc	7.32ab	7.05ab
CK	5.54cdef	6.48bcd	7.22abc	6.88ab	6.59ab

③叶面积指数和光合速率

叶片是玉米的重要器官之一,也是作物进行光合作用及蒸腾作用的主要器官。在试验中,叶面积指数是反映植物群体生长状况的一个重要指标,其大小直接与最终产量高低密切相关。不同处理下玉米各生育期叶面积指数如表 2-65 所示。

表 2-65 不同处理下玉米各生育期叶面积指数 单位：mm

处理号	苗期	拔节期	抽雄期	灌浆期	成熟期
1	0.42	2.77	5.13	4.91	4.53
2	0.65	2.89	5.11	4.55	4.02
3	0.47	2.38	4.31	4.81	4.45
4	0.67	2.66	4.62	4.69	4.25
5	0.77	2.99	5.18	4.51	4.32
6	0.60	3.01	5.46	5.46	4.87
7	0.53	2.80	5.02	4.12	3.93
8	0.39	2.56	4.76	5.28	4.80
9	0.75	2.77	4.80	5.18	4.76
10	0.63	2.60	4.52	4.69	4.56
11	0.42	3.01	5.56	4.63	4.24
12	0.48	2.96	5.41	5.06	4.76
13	0.48	2.64	4.85	4.62	4.23
14	0.61	2.96	5.28	4.42	4.12
15	0.51	2.75	4.97	4.71	4.59
16	0.43	2.64	4.89	5.30	4.98
CK	0.48	2.88	5.27	5.18	4.85

　　玉米全生育期叶面积指数呈先增大后减小的趋势。从苗期到拔节期再到抽雄期，玉米叶面积指数保持高速增长；抽雄期后，叶面积指数或有小幅增长或降低；直到成熟期，叶片变黄萎蔫，玉米叶面积指数有显著下降。在苗期，低磷处理玉米叶面积指数较低。拔节期处理 3 的叶面积指数显著低于其余处理，说明氮肥、磷肥和钾肥均在玉米前期营养生长中对玉米叶生长起促进作用。抽雄期，适量的氮肥、磷肥、钾肥的配合能有效增加玉米抽雄期叶面积，低氮肥抑制了玉米抽雄期生长。可见，在玉米抽雄期之前磷肥对叶片生长起主要影响作用，合理的氮肥、磷肥、钾肥配合有利于抽雄期叶片生长，抽雄期以后氮肥为玉米叶片生长的主要影响因素。

　　不同处理下玉米各生育期光合作用速率见如图 2-88 所示，玉米叶面积指数（LAI）与光合作用速率的关系见如图 2-89 所示。所测玉米生育期内的光合速率大小关系为拔节期>灌浆期>抽雄期。玉米的叶面积指数和玉米叶片的光合作用速率成负相关，也就是说玉米的叶片越大，所进行的光合作用越小；反之玉米叶片较小的，光合速率相对较强。

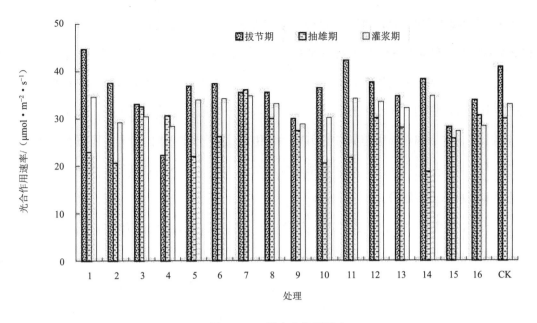

图 2-88 玉米光合作用速率

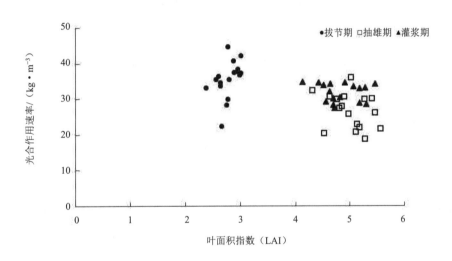

图 2-89 叶面积指数与光合作用速率关系

（2）土壤含水率与玉米耗水量

①土壤含水率变化规律。

对不同土层深度土壤含水率的测定及分析，可以得到膜下滴灌条件下不同土层深度土壤含水率的变化，从而确定玉米生育期内耗水规律，为膜下滴灌玉米节水增产提供理论依据。试验考虑 0～80 cm 土层深度的土壤含水率情况（土壤含水率为体积含水率）。由于试验地地下水位较深，不考虑地下水对土壤含水率的影响。

0～20 cm 土层土壤含水率变化大致体现为从苗期、拔节期的平稳保持，到抽雄期、灌浆期的迅速下降，且始终低于该土层深度的田间持水量。在覆膜条件下，土壤水分蒸发受抑制，表层土壤含水率主要受降雨、灌水的影响。玉米苗期耗水量较少，且未进行灌水，幼苗主要扎根在表层，故苗期至拔节期各处理土壤含水率保持较为一致，苗期该层土壤含水量大致为田间持水量的 73%～83%。随着玉米进入拔节期，植株生长速度迅速加快，玉米进入耗水高峰，且随着气温升高，植株蒸腾作用加强，土壤含水率大幅度下降。直到灌浆期，土壤含水率达到最低点，且不同处理间土壤含水率的差别较大。

20～40 cm 土层土壤含水率变化在各处理间差异较大，始终低于该土层的土壤持水率。玉米苗期根系尚浅，幼苗主要扎根在表层，未能生长到该土层，故苗期各处理土壤含水率大致相近。苗期该土层深度土壤含水量大致为田间持水量的81%～91%。然而玉米进入拔节期后，根系向下生长，集中分布在该层，导致不同处理的该土层含水率出现显著差异。拔节期后，由于试验控制因素的差异，不同处理的含水率增减不一，但大致仍为下降趋势。灌浆期土壤含水率总体达最低水平，且不同处理间土壤含水率的差别较大。成熟期该土层土壤含水率略有回升。

40～60 cm 土层土壤含水率变化在各处理间差异相较上层土壤更大，且仍始终低于该层的田间持水量。苗期该土层的土壤含水量大致为田间持水量的84%～94%。拔节期根系向下生长，玉米生命活动对该土层土壤含水量产生影响，不同处理的该土层含水率出现差异。到抽雄期，玉米根系进入该区域，所有处理含水率都有所下降。从抽雄期到灌浆期，不同处理该土层土壤含水率变化差异较大。

60～80 cm 土层土壤含水率变化较小，土壤含水量保持在该土层的田间持水量之下。苗期该土层的土壤含水量大致为田间持水量的88%～98%。拔节期根系向下生长，玉米生命活动对该土层土壤含水量产生了一定影响，不同处理的该土层土壤含水率出现一些差异。到抽雄期，玉米根系的吸水已经扩大到该土层，所有处理土壤含水率都有所下降。从抽雄期到灌浆期，不同处理该土层土壤含水率变化差异较大。

②玉米生育期耗水量。

由表 2-66 可以看出，在膜下滴灌条件下，不同处理下玉米各生育期耗水量总体一致，拔节期至抽雄期较大，苗期和灌浆期次之，成熟期较小。玉米耗水量的大小主要受灌水量的影响，相同施肥水平下（0水平），不同灌溉水平大小关系为：处理 1>对照处理>处理 2。说明覆膜条件下，灌水量大的处理耗水量大。而对照处理（无覆膜、雨养）耗水量介于高灌水量和低灌水量处理之间，说明覆膜能在一定程度上减小耗水量。当施磷肥、钾肥和灌水量编码值同为−1、−1 和 0.644 时，不同施氮肥水平处理（处理 3 为−1，处理 4 为 1）耗水量大小关系为：处理 4>处理 3；当施磷肥、钾肥和灌水量编码值同为 1、−1 和 0.644 时，不同施氮肥水平处理（处理 5 为−1，处理 6 为 1）耗水量大小关系为：处理 6>处理 5。这说明施氮肥量的增加在一定程度上会增加玉米耗水量。当施氮肥、钾肥和灌水量编码值同为−1、−1 和 0.644 时，不同施磷肥水平处理（处理 3 为−1，处理 5 为 1）耗水量大小关系为：处理 5>处理 3；当施氮肥、钾肥和灌水量编码值同为 1、−1 和 0.644 时，不同施磷肥水平处理（处理 4 为−1，处理 6 为 1）耗水量大小关系为：处理 6>处理 4。这说明施磷肥量的增加在一定程度上会增加玉米耗水量。

表 2-66 不同处理下玉米各生育期耗水量　　　　　　　　　　单位：mm

处理	苗期	拔节期	抽雄期	灌浆期	成熟期	总耗水量
1	68.64	130.79	134.27	90.25	34.92	458.87
2	77.88	114.55	102.95	56.25	38.16	389.79
3	75.46	120.64	110.20	96.00	35.82	438.12

续表

单位：mm

处理	苗期	拔节期	抽雄期	灌浆期	成熟期	总耗水量
4	80.08	108.46	136.30	84.25	35.10	444.19
5	67.54	123.83	148.77	76.75	29.70	446.59
6	73.26	149.35	109.04	96.75	31.14	459.54
7	63.14	132.24	123.54	76.25	32.04	427.21
8	73.70	113.97	106.43	81.50	27.36	402.96
9	85.14	111.94	119.48	91.50	33.66	441.72
10	69.08	107.01	124.70	88.00	28.44	417.23
11	80.30	132.53	134.85	59.25	26.82	433.75
12	69.30	137.75	139.78	86.75	33.48	467.06
13	75.68	114.55	102.95	56.25	36.36	385.79
14	71.06	117.16	111.94	96.00	35.28	431.44
15	77.44	108.46	136.88	81.75	34.20	438.73
16	64.90	123.83	145.87	79.25	28.26	442.11
CK	72.82	131.08	135.72	81.50	31.86	452.98

（3）玉米产量和水分利用效率

①玉米产量函数模型的建立与分析。

通过四元二次回归拟合得到玉米产量（Y）与氮肥编码值（x_1）、磷肥编码值（x_2）、钾肥编码值（x_3）、灌水量编码值（x_4）的回归模型为

$$Y = 13311.027 + 440.556x_1 + 329.584x_2 + 281.772x_3 - 71.168x_4 - 311.150x_1^2 - 502.260x_2^2 -$$

$$498.104x_3^2 + 401.903x_4^2 - 26.850x_1x_2 - 61.950x_1x_3 +$$

$$3.096x_1x_4 - 323.550x_2x_3 + 110.817x_2x_4 + 105.089x_3x_4 \tag{2-79}$$

式中：x_1、x_2、x_3、x_4——分别为氮肥、磷肥、钾肥、灌水量的编码值；

Y——玉米产量，kg/hm^2。

对上述公式进行显著性检验，其决定系数 $R^2 = 0.99$，说明理论产量与实际产量拟合度良好。$F = 26\,383.307$，$P = 0.005$，回归关系达到极显著水平。回归系数检验见表 2-67。氮肥、磷肥、钾肥和灌水量对玉米产量均有显著影响。交互项中，氮磷、氮水交互项差异较不显著，其余交互项差异均达到显著水平。需要去掉不显著因素，重新拟合方程并检验（表 2-68）。

表 2-67 回归系数初始检验

因素	t 检验值	P 值
x_1	256.031	0.002
x_2	191.539	0.003
x_3	163.753	0.004
x_4	−41.361	0.015
x_1^2	−53.738	0.012
x_2^2	−86.744	0.007
x_3^2	−86.027	0.007
x_4^2	54.540	0.012
x_1x_2	−11.933	0.053
x_1x_3	−27.533	0.023
x_1x_4	1.376	0.400
x_2x_3	−143.800	0.004
x_2x_4	49.251	0.013
x_3x_4	46.705	0.014

消除不显著的交互项后，得到的回归方程如下：

$$Y = 13311.027 + 440.556x_1 + 329.584x_2 + 281.772x_3 - 71.168x_4 - 311.150x_1^2 - 502.260x_2^2 - 498.104x_3^2 + 401.903x_4^2 - 61.950x_1x_3 - 323.550x_2x_3 + 110.817x_2x_4 + 105.089x_3x_4 \tag{2-80}$$

对式（2-80）进行显著性检验，其决定系数 R^2=0.998，F=635.285，P<0.0001，回归关系达极显著水平，各因素及其交互作用均达到显著与极显著水平，磷水、钾水耦合对产量存在显著的正交互效应，磷钾耦合对产量存在显著的负交互效应。

表 2-68 消除不显著因素后回归系数检验

因素	t 检验值	P 值
x_1	36.789	<0.001
x_2	27.523	<0.001
x_3	23.530	<0.001
x_4	−5.943	0.010
x_1^2	−7.722	0.005
x_2^2	−12.464	0.001
x_3^2	−12.361	0.001

续表

因素	t 检验值	P 值
x_4^2	7.837	0.004
x_1x_3	−3.956	0.029
x_2x_3	−20.663	<0.001
x_2x_4	7.077	0.006
x_3x_4	6.711	0.007

回归方程一次项系数的绝对值是判断各因素对玉米产量影响程度的依据，系数的正负表示因素的作用方向。氮肥、磷肥、钾肥和灌水量一次项系数分别为 440.556、329.584、281.772、−71.168。说明各因素对玉米产量的影响程度由大到小依次为氮肥、磷肥、钾肥、灌水量。其中灌水量对玉米产量具有负效应，其余因素对玉米产量均具有显著的正效应。

利用计算机程序在试验范围内求产量最大值，当 x_1=0.187，x_2=1.685，x_3=0.187，x_4=1.784，即施氮肥量为 230 kg/hm²，施磷肥量为 120 kg/hm²，施钾肥量为 93 kg/hm²，灌水量为 500 m³/hm² 时，玉米产量达到最大值 13 955.91 kg/hm²。

②水分利用效率。

作物水分利用效率反映了作物耗水与植株干物质生产之间的关系，提高水分利用效率是本试验的最终目标之一。不同处理下玉米水分利用效率如图 2-90 所示。

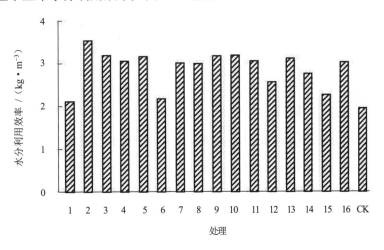

图 2-90 不同处理下玉米水分利用效率

由表 2-69 可以看出，在膜下滴灌条件下玉米水分利用效率随耗水量增加而降低，处理 2 的水分利用效率最高，为 3.53 kg/m³，其次为处理 3 和处理 10，其水分利用效率均为 3.18kg/m³。而处理 1 和对照处理的水分利用效率较低，分别为 2.11 kg/m³ 和 1.94 kg/m³。

表 2-69 不同处理下玉米水分利用效率

处理	耗水量/（m³·hm⁻²）	产量/（kg·hm⁻²）	水分利用效率/（kg·m⁻³）
1	4 588.7	9 679.24	2.11
2	3 897.9	13 759.79	3.53
3	4 381.2	13 934.76	3.18
4	4 441.9	13 491.14	3.04
5	4 465.9	14 063.04	3.15
6	4 595.4	9 984.11	2.17
7	4 272.1	12 802.37	3.00
8	4 029.6	12 029.51	2.99
9	4 417.2	13 963.82	3.16
10	4 172.3	13 252.32	3.18
11	4 337.5	13 193.21	3.04
12	4 670.6	11 904.64	2.55
13	3 857.9	12 010.53	3.11
14	4 314.4	11 844.40	2.75
15	4 387.3	9 903.06	2.26
16	4 421.1	13 304.73	3.01
CK	4 529.8	8 796.24	1.94

③玉米水分利用效率与产量的关系。

玉米水分利用效率与产量的关系如图 2-91 所示。玉米水分利用效率与玉米产量近似为线性递增关系。试验已得最高产量试验控制因子组合为：施氮肥量为 230 kg/hm²，施磷肥量为 120 kg/hm²，施钾肥量为 93 kg/hm²，灌水量为 500 m³/hm²。而玉米最高水分利用效率试验控制因子组合为：施氮肥量为 225 kg/hm²，施磷肥量为 88 kg/hm²，施钾肥量为 90 kg/hm²，灌水量为 335 m³/hm²。因此，为兼顾产量和水分利用效率，确定合理的试验因子组合范围为：施氮肥量为 225～230 kg/hm²，施磷肥量为 88～120 kg/hm²，施钾肥量为 90～93 kg/hm²，灌水量为 335～500 m³/hm²。

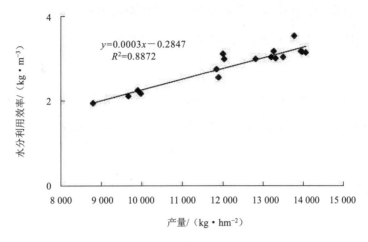

图 2-91 水分利用效率与产量的线性关系

2.4.2.3 讨论与结论

（1）讨论

春旱和春寒是中国东北半干旱地区典型的气候特征，地膜覆盖在苗期有重要的增温作用，为作物出苗提供了保障。同时，覆盖地膜能够改善土壤水热条件，降低土壤水分的无效蒸发和热量散失，缩短全生育期，提高作物产量。膜下滴灌技术是覆膜栽培技术与滴灌技术的结合，在保障粮食产量的前提下实现了该地区灌溉水和肥料的高效利用。

旱地农业的作物生产中，应强调水肥的重要性，科学地确定适宜的水肥投入量。聂堂哲等研究了氮肥、磷肥和灌水三因素对黑龙江省西部地区玉米生长的影响，本试验延续其膜下滴灌和随水追肥的方式，并进一步考虑了钾肥与其余因素的耦合效应。本试验分析表明，氮肥的产量效应最大，与其结果相同。但灌水量的产量效应最小，与其结果存在偏差，这可能与试验年内的气象条件不同有关。本试验因素交互作用表明，氮肥、磷肥和钾肥之间的交互作用都表现出对产量的增产作用，这与其他学者的研究结果一致。但灌水量与其余因素的交互作用表现为负效应，这同样可能与灌水水平的设置与试验年气象条件不匹配有关。

膜下滴灌条件下玉米生产全生育期需水量与种植密度、气象条件和土壤水分等情况密切相关。虽然耗水量随灌水量的增加而增加，但在本试验设计的灌水量范围内，灌水量对产量出现了负效应，这可能与试验年份降水偏多有关。

关于进一步研究的建议：一是，农作物的生育期需水量因环境因素而产生差异，因此灌水量的设计要与农作物生产年份的降雨、气温等气象条件紧密结合；二是，水肥耦合效应关系复杂，可以尝试用更多的数据统计分析方法对其进行研究。

（2）结论

本试验通过田间试验与理论分析结合，得出针对东北半干旱地区玉米膜下滴灌技术的相关结论，具体如下：

①玉米生物学性状。

各项生理指标都表现为玉米在灌水量和施肥量均在适宜范围内时数值较大。氮肥、磷肥和钾肥均对玉米生理指标产生正效应，且氮肥为其中最重要的肥种。无覆膜的对照处理的各项生理指标在各生育期均低于其他处理平均水平，说明了覆膜对玉米生长具有良好的促进作用。

②玉米生育期耗水规律。

各处理的生育期累积耗水量为 385.79～476.06 mm，玉米生育期耗水量随灌水量增加而增大，氮肥施用量的增加能在一定程度上增大耗水量，覆膜能有效降低耗水量。膜下滴灌条件下玉米各生育期日均耗水量的大小关系为：抽雄期>拔节期>苗期>灌浆期>成熟期。

③玉米产量与水分利用效率。

通过回归分析可得：当施氮肥量为 230 kg/hm²，施磷肥量为 120 kg/hm²，施钾肥量为 93 kg/hm²，灌水量为 500 m³/hm² 时，玉米产量达到最大值 13 955.91 kg/hm²；当施氮肥量为 225 kg/hm²，施磷肥量为 88 kg/hm²，施钾肥量为 90 kg/hm²，灌水量为 335 m³/hm² 时，玉米水分利用效率达到最大值 5.97 kg/m³。玉米水分利用效率与产量近似为线性递增关系。兼顾产量和水分利用效率的施肥与灌水范围为：施氮肥量为 225～230 kg/hm²，施磷肥量为 88～120 kg/hm²，施钾肥量为 90～93 kg/hm²，灌水量为 335～500 m³/hm²。

2.4.3 玉米膜下滴灌水肥一体化综合管理技术模式实施规程

2.4.3.1 模式适用范围及条件

玉米膜下滴灌水肥一体化综合管理技术模式适用于黑龙江西部半干旱半湿润地区及同类农业生产区的玉米种植区，膜下滴灌适用于经济发达、水源短缺地区。

2.4.3.2 整地技术

起平头大垄，垄距 1.3～1.4 m，及时镇压。大垄垄台高 15～18 cm；大垄垄台宽≥90 cm，大垄垄距 130 cm；大垄垄面平整，土碎无坷垃，无秸秆；大垄整齐，垄向直，百米误差≤5 cm；大垄垄距均匀一致。

2.4.3.3 种植技术

膜下滴灌：4 月下旬机器播种、铺带、覆膜，膜宽 130 cm。膜上玉米行距 40 cm，种植密度 4 500～5 000 株/亩，3～5 叶期进行苗后除草，6～8 叶期喷施化控剂，预防倒伏。

2.4.3.4 田间施肥技术

膜下滴灌施肥：结合整地一般要求每亩施用有机肥（有机质含量≥8%）2.5～3.5 m³，亩施磷酸二铵 12 kg、尿素 14 kg、硫酸钾 17.5 kg，拔节期每亩追施尿素 7 kg，抽雄期每亩追施尿素 7 kg。

2.4.3.5 灌水技术

①底墒水。

播种期耕层内土壤含水量低于玉米种子发芽的水分要求时，采用覆膜前灌溉，灌溉水量以每亩

20～25 m³ 为宜；如果采用覆膜、播种后滴灌应该严格掌握灌水量，不要过多，以免造成土温过低影响出苗，一般灌水量以每亩 8～10 m³ 为宜。

②育苗水。

玉米苗期土壤含水量应以田间持水量的 55%～65% 为宜，低于田间持水量的 60% 时应及时灌水需进行苗期灌溉。灌水定额在每亩 8～10 m³。苗期持续时间一个月左右，是否需灌水应根据具体玉米苗情、土壤墒情等情况灵活掌握。

③拔节水。

玉米出苗 35 d 左右即开始拔节。拔节期适宜土壤含水量应以田间持水量的 60%～70% 为宜，土壤水分降至田间持水量的 60% 以下时应及时灌水，灌水定额应控制在每亩 10～15 m³。拔节期随灌溉水每亩追施尿素 7 kg。

④抽雄水。

抽雄需水高峰期，也是黑龙江省西部降水较集中的时期，天然降雨与作物需水大致相当，适宜土壤含水量应以田间持水量的 60%～80% 为宜，如果遇到夏伏旱要及时补充灌溉。灌水定额应控制在每亩 15～20 m³ 为宜。抽雄期随灌溉水每亩追施尿素 7 kg。

⑤灌浆成熟水。

灌浆成熟期适宜土壤含水量应以田间持水量的 60%～80% 为宜，如果遇土壤墒情不足也应及时补充灌水。灌水定额应控制在每亩 12～17 m³。

黑龙江西部玉米全生育期灌水次数，根据不同水文年型而定。一般中旱年份（75% 频率年）可灌水 4 次。一般在玉米拔节期、抽雄期、灌浆期灌水。大旱年（90% 频率年）应灌水 5 次。一般在玉米苗期、拔节期、抽雄期、灌浆期灌水。

第 3 章　高效灌溉农艺配套综合技术集成研究

3.1 高效灌溉区水分高效利用玉米品种及耐密性筛选

3.1.1 抗旱棚抗旱鉴定

3.1.1.1 材料与方法

（1）试验设计

本试验在黑龙江省农业科学院试验基地抗旱棚进行。试验土壤为黑钙土，有机质含量为 34.2 g/kg，全氮含量为 1.35 g/kg，全磷含量为 0.41 g/kg，全钾含量为 0.76 g/kg，土壤 pH 6.56。供试玉米品种为 6 个，分别为早熟品种德美亚 3、罕玉 5，中熟品种禾育 187、吉单 441，晚熟品种先玉 335、迪卡 519。每个品种种植一个抗旱池中，3 次重复，每个品种种植 6 垄，行长 6 m，密度为 6.75 万株/hm²。选用人工精量点播，深施长效肥（氮、磷、钾质量含量分别为 26%、12%、12% 的复合肥 750 kg/hm²）做底肥施入，播后喷灌，玉米苗 2～3 叶期定苗，遇雨进行遮盖，干旱时喷灌，在抽雄期进行干旱胁迫，完熟期收获测量产量。

（2）测定指标

籽粒产量及产量性状。

（3）统计分析

用 SAS 进行方差分析，数据用 Excel 进行分析处理。

3.1.1.2 结果与分析

不同熟期 6 个玉米品种在抗旱棚进行抗旱鉴定，水分胁迫抗旱鉴定结果见表 3-1。由表可以看出，当以抗旱指数大于 0.9 为界时，水分高效利用型品种为抗旱指数达到 0.92 的晚熟品种先玉 335，抗旱指数达到 0.94 和 0.93 的中熟品种吉单 441、禾育 187，抗旱指数达到 0.96 的早熟品种罕玉 5。可将这 4 个品种作为水分胁迫条件下水分高效利用型品种。

表 3-1　水分胁迫抗旱鉴定结果（2014—2017 年）

品种	无水分胁迫下产量/（kg·hm⁻²）	干旱胁迫下产量/（kg·hm⁻²）	抗旱系数
先玉 335	11 181	10 312	0.92
迪卡 519	11 561	10 215	0.88
禾育 187	10 326	9 652	0.93
吉单 441	9 163	8 632	0.94

续表

品种	无水分胁迫下产量/（kg·hm^{-2}）	干旱胁迫下产量/（kg·hm^{-2}）	抗旱系数
德美亚 3	8 762	7 536	0.86
罕玉 5	11 773	11 322	0.96

注：抗旱系数=Ya/Ym，Ya、Ym 分别表示品种干旱胁迫和水分充足时产量。

3.1.2 大田水分高效利用型品种筛选

3.1.2.1 材料与方法

（1）试验设计

试验地点为肇州县，土壤类型为碳酸盐黑钙土。采取大区对比试验，大垄双行种植方式并进行膜下滴灌，平均行距为 65 cm，种植密度为 4500 株/亩。供试品种为当地主栽及新审定品种（共 29 个），每个处理设 6 行，行长 200 m。施复合肥（氮、磷、钾肥质量含量为 26%、12%、10%的复合肥 750 kg/hm^2），全部做底肥施入，根据降水情况进行适当灌溉，其他管理参照当地大田管理。

（2）测定指标

籽粒产量及产量性状。

（3）统计分析

用 SAS 进行方差分析，数据用 Excel 进行分析处理。

3.1.2.2 结果与分析

2013—2017 年共筛选品种 29 个，在综合性状较好的品种中产量超过 12 000 kg/hm^2、籽粒含水量低于 26%的品种有 10 个，分别为铁单 20、龙育 2、久龙 10、先玉 335、京科 968、京农科 728、天农 9、龙单 58、郑单 958 和平安 14（图 3-1）。

3.1.3 玉米品种耐密性筛选

3.1.3.1 材料与方法

（1）试验设计

本试验在黑龙江省农业科学院试验基地进行。试验采取裂区设计，以密度为主处理，品种为副处理，3 次重复，完全随机区组排列。试验设 5 000 株/亩和 6 000 株/亩两个密度水平。试验小区均为 6 行区，行距 0.65 m，小区面积 19.5 m^2。收获时，每小区取中间 2 行进行实收、测产与考种。试验于 4 月 29 日播种，5 月 29 日间苗，9 月 30 日收获，于播种时一次性施入金正大缓控肥（氮、磷、钾肥质量含量为 24%、12%、12%）600 kg/hm^2，全生育期无灌溉。其他种植与管理方式同当地大田生产。参试品种为京华 8、天成 10、稷秾 108、龙单 69、天农 9、利民 33、东农 255 和龙作 1 号。

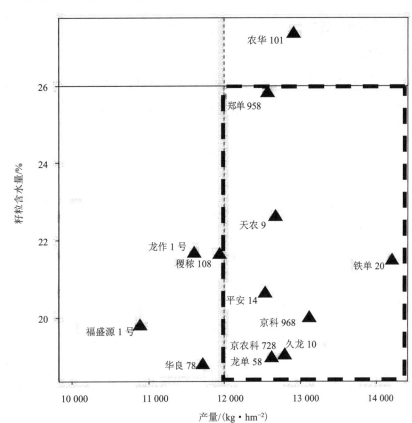

图 3-1 不同品种产量及籽粒含水量（2013-2017 年）

（2）测定指标

①生育进程。

生育进程包括播种期、出苗期、拔节期、抽雄期、吐丝期、成熟期及收获期，调查标准为各小区内植株达 50% 以上为记载期。

②植株性状及倒伏。

叶片数、株型、株高、穗位高、空秆、倒伏、倒折，按照区试标准在成熟期观测、记载。

③主要病虫害。

大斑病、小斑病、褐斑病、南方锈病、粗缩病、瘤黑粉病、丝黑穗病、青枯病等玉米主要病害以及虫害的发生情况，调查标准参考玉米区域试验记载标准。

④产量与穗部性状。

小区实收 2 行计入产量，并折算成标准含水量（14%）的产量；每小区选取 20 穗样穗考种，包括穗长、穗粗、轴粗、秃尖长、穗行数、行粒数、穗粒数、千粒重、出籽率、单穗粒重（小区实收产量除以小区实收穗数）。

3.1.3.2 结果与分析

（1）不同密度下不同品种植株性状比较

所有参试品种中，天成 10、龙单 69、天农 9、利民 33 和龙作 1 号为紧凑型株型，京华 8、稷秾 108 和东农 255 为半紧凑型株型。两个密度下，所有参试品种叶片数均在 18～20 片，天农 9、利民 33 和龙作 1 号叶片数相对较少，为 18 片；京华 8 叶片数较多，为 20 片。两个密度相比，所有参试品种的株高有差异，但未达到显著水平。图 3-2 和图 3-3 所示为与 5 000 株/亩密度相比，京华 8、天成 10、龙作 1 号在 6 000 株/亩密度下的株高略有升高；稷秾 108、龙单 69、利民 33 的株高略有下降；天农 9 和东农 255 的株高无变化。对于穗位高而言，除利民 33 外，其余品种在 6 000 株/亩密度下的穗位高均略低于或与 5 000 株/亩下的穗位高相同。

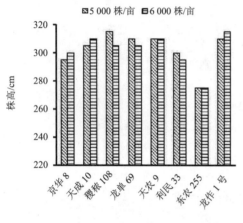

图 3-2 不同密度下不同品种株高比较

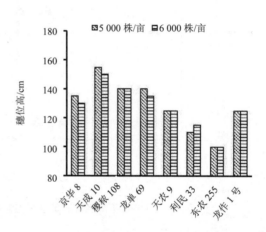

图 3-3 不同密度下不同品种穗位高比较

（2）不同密度下不同品种产量与产量构成因素比较

如图 3-4 和图 3-5 所示，两个密度下均以京华 8 的穗粒数为最少，天成 10 和天农 9 的穗粒数较多；与 5 000 株/亩密度下的穗粒数相比，京华 8、天成 10、利民 33 和龙作 1 号在 6 000 株/亩密度下的穗粒数均略有升高，而其他品种均略有下降。与 5 000 株/亩密度下的穗粒重相比，所有参试品种在 6 000 株/亩密度下的穗粒重均略有下降，其中以利民 33、东农 255 和龙作 1 号较为明显。图 3-6 所示为两个密度下，京华 8 的产量均最低，利民 33 的产量均较高。与 5 000 株/亩密度下的产量相比，京华 8、天成 10 和稷秾 108 在 6 000 株/亩密度下的产量均较高，而龙单 69、天农 9、利民 33、东农 255 和龙作 1 号的产量均较低。由综合产量构成因素可知，不同密度条件下不同品种产量形成中起主导作用的产量构成因素不尽相同。两个密度下，穗粒数和穗粒重是京华 8、天成 10、龙单 69、天农 9、东农 255 和龙作 1 号产量形成的主要因素，而在 6 000 株/亩密度下，亩穗数是稷秾 108 和利民 33 产量形成的主要因素。换而言之，稷秾 108 和利民 33 更适于密植，而京华 8、天成 10、龙单 69、天农 9、东农 255 和龙作 1 号的适宜密度不能超过 5 000 株/亩。

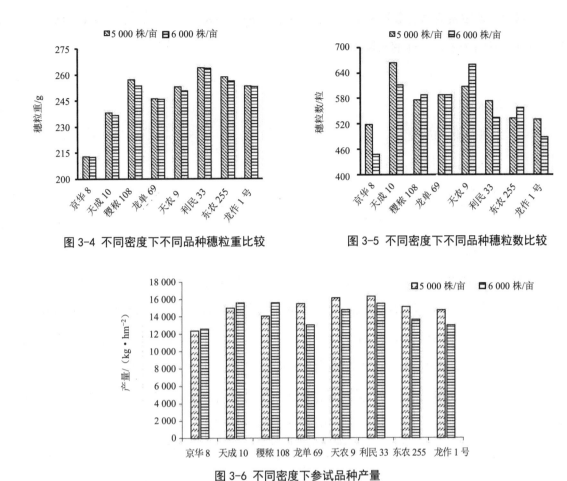

图 3-4 不同密度下不同品种穗粒重比较　　　　图 3-5 不同密度下不同品种穗粒数比较

图 3-6 不同密度下参试品种产量

3.2 灌溉玉米高产高效栽培技术集成模式验证与示范

3.2.1 覆膜与滴灌对玉米生长发育及土壤盐分积累特征的影响

3.2.1.1 材料与方法

（1）试验地概况

试验选择在黑龙江省大庆市肇州县，该区位于黑龙江省西南部，松花江之北，松嫩平原中部，海拔 130～228 m，属温带半干旱大陆性季风气候带，降水量少，蒸发量大，十年九春旱。全县平均年降水量 434.5 mm，平均蒸发量 1 800.4 mm，蒸发量是降水量的 4 倍多。作物生长季节的干燥度平均是 1.19。全年平均相对湿度为 62%。该区地处黑龙江省第一积温带，全县≥10℃有效年积温平均为 2 796.6℃，最高年份达 3 134.1℃。平均年日照时数 2 900 h，最多达 3 038.8 h，最少为 2 743.7 h。全县≥10℃有效积温开始日期平均在 5 月 3 日，结束日期平均在 9 月 28 日。无霜期较长，平均为 143 d，最多可达 156 d，最少仅有 130 d。

（2）试验设计

试验设 5 个处理，分别为雨养、覆膜、常规滴灌、覆膜常规滴灌、覆膜限量补灌。各灌溉处理从拔节期开始水分用量处理。限量灌溉的灌水量及灌水频次根据土壤墒情及天气预报确定。限量灌溉后使土壤含水量达到田间持水量的 75%，具体灌水量为

$$M=C×H×A×（W_2-W_1）×R \tag{3-1}$$

式中：M——灌水量，t；

C——土壤容重，t/m³；

H——计划湿润层厚度，m；

A——小区面积，hm²；

W_1——灌水前该土层的土壤含水量，%；

W_2——灌溉后的土壤含水量，%；

R——土壤湿润比（70%）。湿润层厚度在苗期取 20 cm，其他生育期取 50 cm。

采用大垄双行种植，灌溉处理采用玉米行间覆膜膜下滴灌的灌溉方式，平均行距 65 cm，株距 30 cm，滴灌带直径 20 mm，出水孔间距 30 cm，铺设在两行玉米中间，各垄滴灌带间距为 130 cm，连结滴灌带的输水支管为聚乙烯硬塑管，直径 65 mm。区组间留 1.5 m 宽区间道，每个小区配备一个施肥罐和一个水表，以保证每个小区单独灌水及施肥的要求。灌水量由供水支管与滴灌带连接处的水表与阀门共同控制。供试玉米品种为龙育 3。5 月 1 日施基肥、播种。采用机械条播的播种模式，播种、铺带、覆膜一次完成。每小区面积 104 m²（8 行 ×0.65 m/行× 20 m），无重复，随机排列。玉米播种后各处理统一灌水 300 m³/hm²。化肥施用量氮肥 180 kg/hm²，磷酸二铵 90 kg/hm²，钾肥 90 kg/hm²，其中 40% 氮肥及全部磷酸二铵、钾肥一次性基施，40% 氮肥拔节期随水追施，20% 氮肥灌浆期追施；而处理 1 和处理 2 氮肥 60% 拔节期追施，正常田间管理。试验处理及灌水定额如表 3-2 所示。

表 3-2 试验处理及灌水定额设计表 单位：m³/hm²

编号	处理	拔节期	灌浆期	总计
1	雨养	—	—	—
2	覆膜无滴灌	—	—	—
3	无膜常规滴灌	180	120	300
4	覆膜常规滴灌	180	120	300
5	覆膜限量补灌	90	60	150

（3）测定指标

土壤基本性质测定：主要包括土壤全量及速效氮、磷、钾和有机质含量，玉米不同生育期土壤剖面盐分含量。

农艺性状调查：在玉米拔节期和成熟期分别选取样 5 株定点测定株高，成熟期测定地上部干物质量积累。

玉米叶片 SPAD 值测定：在吐丝期选择 10 株玉米，测定玉米顶一全展叶，测定叶片上部 1/3 处、中部 1/2 处、下部 1/3 处，取其平均值。

玉米光合特性的测定：利用 LI-COR 便携式光合速率仪在抽雄期测定玉米穗位叶的中上部，避开主脉，测定时间为上午 9：00～11：00，指标包括胞间二氧化碳（Ci）、蒸腾速率（Er）、气孔导度（Gs）和光合速率（Pn）。

考种及测产：收获前每处理随机取样 10 穗，测定果穗长、穗粗、穗行数、行粒数、秃尖长、百粒重。玉米成熟后每处理去掉边行，收获中间 2 行，单收、脱粒、单晒，测定地上部分经济产量。

3.2.1.2 结果与分析

（1）试验地土壤基本理化性质

试验地点为肇州县。土壤类型为碳酸盐黑钙土，供试土壤基本理化性质如下：有机质为 28.2 g/kg、碱解氮为 132.7 mg/kg、速效磷为 43.7 mg/kg、速效钾为 206.1 mg/kg、pH 为 7.12、盐分为 0.2 g/kg，各土层基本理化性质如表 3-3 所示。

表 3-3 各土层理化性质

土层/cm	0～20	20～40	40～60	60～80	80～100
田间持水量/%	35.9	32.4	29.9	30.0	24.4
容重/（g·cm⁻³）	1.23	1.24	1.25	1.34	1.41

（2）覆膜与滴灌对玉米株高的影响

株高是冠层结构对水分响应的主要体现者，在一定程度上能够反映玉米植株的营养生长状况。从不同处理下玉米株高比较来看（表 3-4），在播种后 60 d（拔节期），此时未开始水分处理，不同处理主要表现在覆膜和不覆膜处理的差异上。结果显示覆膜的处理 2、处理 4 和处理 5 株高较高，显著高于未覆膜的处理 1 和处理 3。覆膜处理比不覆膜处理玉米株高平均增加 10.2 cm。而在玉米成熟期，无论是在覆膜还是在不覆膜条件下，相应的灌溉与不灌溉处理均对玉米株高影响不大。覆膜的处理 2、处理 4 和处理 5 玉米株高却低于未覆膜的处理 1 和处理 3，但各处理之间差异不显著。

表 3-4 不同处理下玉米株高变化   单位：cm

编号	处理	拔节期（60 d）	成熟期（150 d）
1	雨养	178.6 b	325.4 a
2	覆膜无滴灌	192.7 a	317.5 a
3	无膜常规滴灌	176.6 b	328.3 a
4	覆膜常规滴灌	185.7 a	321.2 a
5	覆膜限量补灌	184.9 a	318.4 a

（3）覆膜、滴灌对玉米叶片 SPAD 值的影响

由于 SPAD-502 叶绿素计是通过叶色（SPAD 值的大小）来间接反映植株的氮素营养状况，克服了各种外界因素对 SPAD 读数的影响。本试验在玉米吐丝期（7 月 31 日）测定叶片叶绿素 SPAD 值（图 3-7）。

由图 3-7 可以看出，在吐丝期不同处理对叶片 SPAD 值的影响较显著。SPAD 值以覆膜限量补灌>覆膜常规滴灌>覆膜无滴灌>无膜常规滴灌>雨养。说明覆膜和膜下滴灌可以提高叶片叶绿素含量，且膜下滴灌优于覆膜无滴灌处理。由于处理 4 和处理 5 的叶片 SPAD 值差异不显著，因此从农业节水考虑以覆膜限量补灌效果最佳。

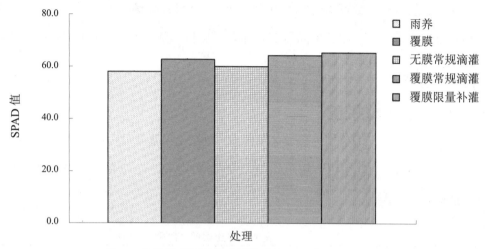

图 3-7 不同处理下玉米吐丝期叶片 SPAD 值

（4）覆膜与滴灌对玉米光合特性的影响

在玉米吐丝期对不同处理下玉米光合特性指标测定结果见表 3-5。与雨养相比，覆膜处理后（处理 2、处理 4 和处理 5）玉米的光合作用速率、蒸腾速率、气孔导度以及单叶水分利用效率均有所增加，而胞间 CO_2 浓度却有所下降。膜下滴灌处理随着灌水量的增加除胞间 CO_2 浓度下降外，其他各生理指标均呈上升趋势。覆膜无滴灌、无膜常规滴灌、覆膜常规滴灌、覆膜限量补灌处理的光合速率分别较雨养平均增加 11.1%、5.9%、22.1% 和 25.3%，蒸腾速率增加 2.2%、0.9%、9.8% 和 11.1%，气孔导度增加 24.8%、9.2%、34.0% 和 44.7%，胞间 CO_2 浓度降低 15.6%、13.0%、26.5% 和 29.8%。试验结果还表明，膜下滴灌处理的单叶水分利用效率显著高于雨养处理，膜下滴灌与覆膜无滴灌处理间差异不显著。

表 3-5 不同处理下玉米吐丝期叶片光合特性指标测定

编号	处理	光合速率（Pn）/（μmol·m⁻²·s⁻¹）	气孔导度（Gs）/（mmol·m⁻²·s⁻¹）	蒸腾速率（Tr）/（mmol·m⁻²·s⁻¹）	胞间 CO_2 浓度/（μmol·L⁻¹）	单叶水分利用效率/（LWUE）
1	雨养	25.3	141	3.16	157.2	8.0 b
2	覆膜无滴灌	28.1	176	3.23	132.7	8.7 b
3	无膜常规滴灌	26.8	154	3.19	136.8	8.4 ab
4	覆膜常规滴灌	30.9	189	3.47	115.6	8.9 a
5	覆膜限量补灌	31.7	204	3.51	110.3	9.0 a

注：单叶水分利用效率（LWUE）=光合速率（Pn）/蒸腾速率（Tr）。

（5）覆膜与滴灌对玉米生长发育及产量的影响

①覆膜与滴灌对玉米生物产量的影响。

不同处理下玉米收获期地上部干物质量积累存在着一定的差异（图 3-8）。与不覆膜相比，覆膜及膜下滴灌处理能够显著增加各生育期玉米地上部干物质量积累。与对照处理雨养相比,覆膜、覆膜常规滴灌和覆膜限量补灌玉米地上部干物质量积累的增幅分别为 15.5%、18.1%、18.4% 和 23.9%,其中覆膜及膜下滴灌增加幅度较大。虽然覆膜限量补灌的灌水量小于覆膜常规滴灌的灌水量,但地上部干物质量积累仍略大于覆膜常规滴灌。可见植株生物量并不是随着灌溉量的增加而无限增加的,水分过高可能造成无效损失。

膜下滴灌技术是在地膜覆盖栽培技术上发展起来的。膜下滴灌能够提高作物产量的重要原因是膜下滴灌为作物根区供水供肥,且供水供肥均匀,达到节水增产的效果。本试验结果表明,膜下滴灌处理有利于玉米的生长发育及产量的提高(表 3-6)。与雨养对照相比(处理 1),覆膜无滴灌(处理 2)及膜下滴灌虽然降低了百粒重,但增加了玉米的穗长和穗行数,因此显著增加了产量;在不覆膜的条件下,无膜常规滴灌处理增加了玉米的穗长和百粒重,增加产量显著。由表 3-6 还可以看出,无论灌溉与否,覆膜均可以增加玉米穗粒数,降低百粒重(处理 2 与处理 1 相比,处理 4 和处理 3 相比)。

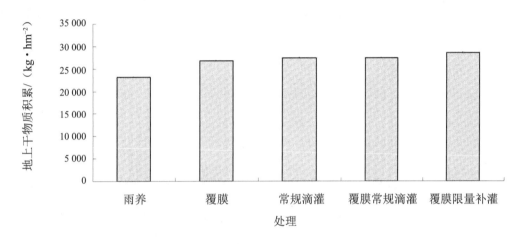

图 3-8 不同处理下玉米成熟期地上部干物质量积累

表 3-6 不同处理下玉米生长发育及产量

编号	处理	穗长 /cm	穗行数 /(行·穗⁻¹)	行粒数 /(粒·行⁻¹)	穗粗 /cm	秃尖长 /cm	百粒重 /g	产量 /(kg·hm⁻²)
1	雨养	18.1b	18.4ab	36.5b	5.4a	0.2a	38.5 b	11 965b
2	覆膜无滴灌	18.9 ab	18.1b	37.9ab	5.4a	0.4a	37.1 b	13 004ab
3	无膜常规滴灌	19.2a	19.1a	37.3b	5.5a	0.1a	42.0a	14 973a
4	覆膜常规滴灌	19.6a	18.7a	39.0a	5.5a	0.2a	36.6 b	14 157a
5	覆膜限量补灌	19.1a	18.5ab	39.1a	5.4a	0.1a	37.7 b	14 080a

②覆膜与滴灌对玉米产量的影响。

与对照处理雨养相比,处理 2、处理 3、处理 4 和处理 5 玉米产量分别增加 8.7%、25.1%、18.3% 和 17.7%。与对照处理相比,膜下滴灌具有显著的增产作用,其原因可能一方面是由于覆膜增加土壤温度,使出苗提前,植株生长健壮,增加穗粒数;另一方面是由于本试验中处理 1 和处理 2 仅在拔节期进行追氮,而常规滴灌和膜下滴灌处理在拔节期和灌浆期进行了两次灌水和两次追氮肥,水肥相对协调,更利于产量的提高。

从数据分析上可以看出，无膜常规滴灌玉米产量最高，甚至高于膜下滴灌，其原因可能是覆膜虽然有利于提高玉米生育前期的地温，但生育后期玉米根系分布浅，在相同灌溉与养分供应的情况下地膜覆盖对玉米生育后期产量形成可能具有不利的影响，这还有待于进一步的研究。

（6）覆膜与滴灌对土壤盐分含量的影响

玉米播种前和收获后取 0～20 cm、20～40 cm、40～60 cm、60～80 cm、80～100 cm 土层土壤进行盐分含量测定。由图 3-9 可以看出，该试验地土壤盐分含量很低。与试验前相比，在不覆膜的情况下，种植一季玉米后，无膜常规滴灌处理能够减少盐分积累，在 20～40 cm 差异显著。与对照处理相比，膜下滴灌处理显著降低了 0～40 cm 土层土壤盐分含量，但在 40～80 cm 土层盐分含量则有所增加。可见，不覆膜处理表层土壤盐分积聚极易导致土壤板结。在 0～20 cm 膜下滴灌处理较覆膜无滴灌处理显著降低盐分积累，膜下滴灌能够降低盐分表聚，抑制土壤返盐。一方面是由于覆膜能够有效降低土壤蒸发，切断了土壤环境与大气环境的水分交换，减少土壤水分向上运移，有效降低了地表盐分积聚，另一方面灌溉水能将表层部分盐分向下淋溶。

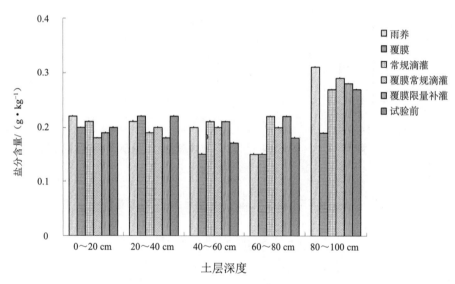

图 3-9 不同处理下土壤剖面盐分含量

3.2.1.3 小结

① 在拔节期，玉米株高覆膜处理显著高于不覆膜处理，而在玉米成熟期，覆膜与不覆膜处理的玉米株高差异不显著。

② 覆膜及膜下滴灌可以提高叶片叶绿素含量，且膜下滴灌优于覆膜无滴灌处理。在吐丝期 SPAD 值，覆膜限量补灌>覆膜常规滴灌>覆膜>无膜常规滴灌>雨养。

③ 覆膜及膜下滴灌处理的玉米的光合作用速率、蒸腾速率、气孔导度以及单叶水分利用效率均有所增加，而胞间 CO_2 浓度有所下降。膜下滴灌处理的单叶水分利用效率显著高于雨养，而与覆膜处理之间差异不显著。

④ 常规滴灌及膜下滴灌处理均有利于玉米的生长发育，增加玉米地上干物质量积累及籽粒产量。无

论灌溉与否，覆膜均可以增加玉米穗粒数，降低百粒重。

⑤与试验前相比，雨养处理显著增加了表层土壤盐分积累，易导致土壤板结。覆膜及膜下滴灌处理显著降低了 0～40 cm 土层土壤盐分含量。

3.2.2 不同整地时间对耕层土壤水热动态的影响

3.2.2.1 材料与方法

（1）试验设计

试验地点为黑龙江省农业科学院试验基地，土壤类型为黑钙土。采取大区对比试验，供试品种为先玉 335，设置春整地与秋整地两个处理，于播种时一次性施入金正大缓控肥（氮肥、磷酸二铵、钾肥的质量分配为 24%、12%、12%）600 kg/hm²，其他管理参照当地大田管理。研究春季与秋季耕整地措施对耕层土壤水热动态的影响，通过研究明确松嫩平原旱作保墒耕作技术措施。

（2）测定指标

干物质量积累、播前土壤养分含量、土壤耕层温度和含水量、籽粒产量及产量性状等。

3.2.2.2 结果与分析

（1）干物质量积累

由图 3-10 可知，干物质量积累随生育期的推进而逐渐增大至成熟期达最大值，春整地干物质量积累在吐丝期及成熟期均高于秋整地处理。

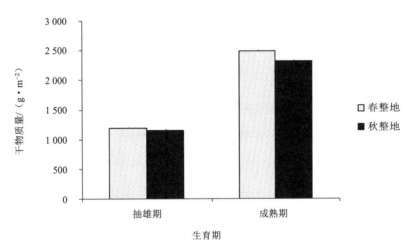

图 3-10 不同整地时间干物质量积累

（2）土壤含水量变化

整个生育期内不同整地时间处理土壤含水量的变化均表现为随土层加深而增大（图 3-11），且不同生育期均为秋整地的土壤含水量略大于春整地的土壤含水量，说明秋整地的保墒蓄水作用较好。

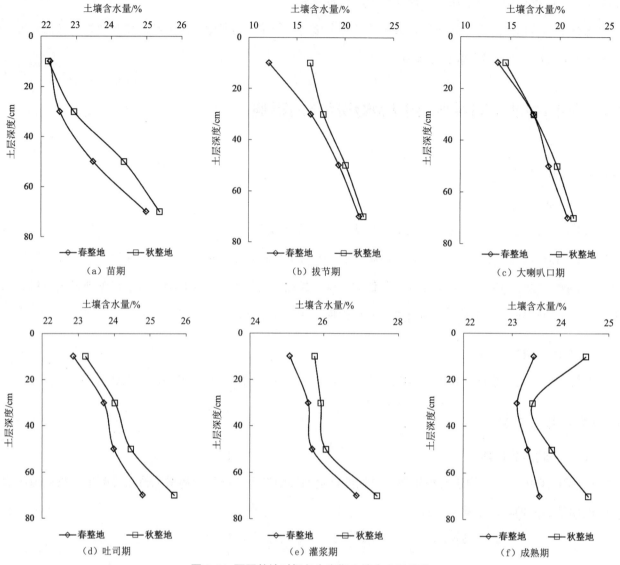

图 3-11 不同整地时间各生育期土壤含水量变化

（3）土壤温度变化

采用自动温度记录仪监测全生育期不同土层地温，每隔一小时记录一次，生育期内（苗期至拔节期）日平均温度数据见图 3-12 和表 3-7，不同处理间地温变化规律为随土层加深逐渐降低，同时秋整地处理各土层的平均地温略高于春整地的。

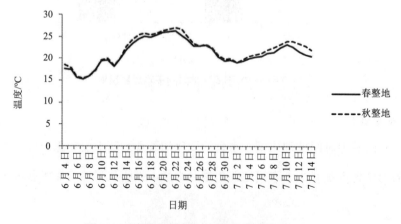

图 3-12 不同整地时间土壤平均温度变化

表 3-7 不同整地时间耕层土壤温度比较

土壤深度/cm	日平均温度/℃	
	春整地	秋整地
0	23.3	23.3
10	21.5	22.4
20	20.7	21.4
30	19.7	20.5

（4）产量及其构成

在产量及其构成方面，春整地处理的产量高于秋整地的，但两者间的差异不显著（表 3-8）。

表 3-8 不同整地时间产量及其构成

处理	穗数/（穗·hm⁻²）	穗粒数/粒	千粒重/g	产量/（kg·hm⁻²）
春整地	60 540a	632a	372.2a	12 049a
秋整地	60 030a	611a	373.6a	11 685a

3.2.2.3 小结

不同生育期均为秋整地的土壤含水量略大于春整地的土壤含水量，说明秋整地的保墒蓄水作用较好。地温变化规律均为随土层加深逐渐降低，同时秋整地处理各土层的平均地温略高于春整地。不同整地时间处理下，玉米产量差异不显著，秋整地的保水保温效果较好。

3.2.3 深松对耕层土壤及作物生长的影响

3.2.3.1 材料与方法

（1）试验设计

试验地点为大庆市肇州县。采取大区对比试验，供试品种为先玉 335，设置秋深松（30 cm）与常规旋耕两个处理，施复合肥（氮肥、磷酸二铵、钾肥的质量分配为 26%、12%、10%）750 kg/hm²，全部玉米播种时一次性施入，根据降水情况进行适当灌溉，其他管理参照当地大田管理。研究玉米行间深松对耕层土壤理化特性的影响，及深松土壤蓄水特征。通过研究明确适宜松嫩平原西部的深松技术措施。

（2）测定指标

叶面积指数、干物质量积累、根系特征、耕层土壤容重及含水量、土壤田间持水量、籽粒产量及产量性状等。

3.2.3.2 结果与分析

（1）吐丝期叶面积指数

深松与旋耕吐丝期叶面积指数均小于 5，叶面积指数的大小表现为深松略大于旋耕（图 3-13）。

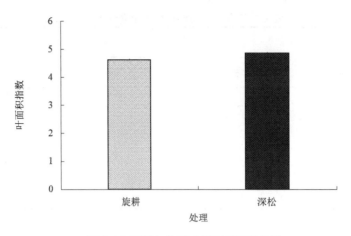

图 3-13 深松与旋耕吐丝期叶面积指数

（2）干物质量积累

干物质量积累的提高是籽粒产量提高的基础，提高干物质量积累并使之更多地分配到籽粒当中，是获得高产的重要途径之一。深松与旋耕干物质量积累均随生育期的推进而逐渐增大，至成熟期达最大，最终干物质量积累表现为深松大于旋耕（图 3-14）。

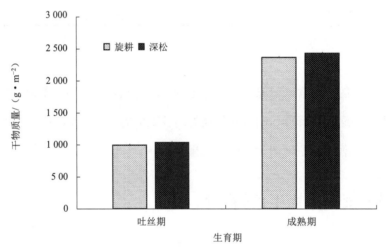

图 3-14 深松与旋耕干物质量积累

（3）根系特征

由图 3-15 可知，吐丝期深松的根干重要显著高于旋耕的根干重，说明深松有助于根系的生长。

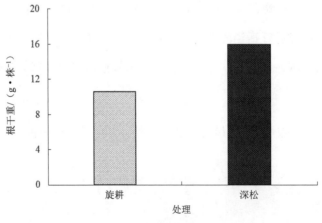

图 3-15 深松与旋耕吐丝期根干重

（4）土壤容重

由表 3-9 可知，成熟期秋深松土壤容重较常规旋耕降低 7.9%。

表 3-9 深松与旋耕成熟期土壤容重

处理	土层/cm	容重/（g·cm⁻³）	容重平均值/（g·cm⁻³）
旋耕	0～15	1.28	
	15～25	1.32	1.40
	25～35	1.59	
深松	0～15	1.13	
	15～25	1.27	1.29
	25～35	1.45	

（5）土壤含水量变化

在不同生育期及土层间，大致均为深松的土壤含水量略高于旋耕的 。因此，深松处理更有利于蓄水保墒（图 3-16）。

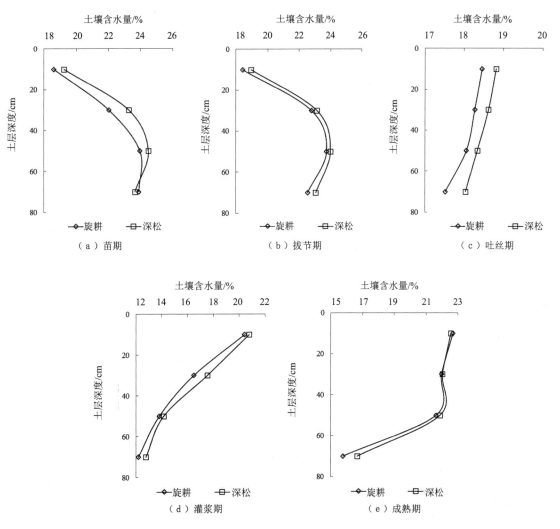

图 3-16 深松与旋耕土壤含水量变化

（6）土壤田间持水量

不同深松处理的田间持水量测定值见表3-10。结果表明，深松可以显著增加土壤田间持水量。收获后，秋深松田间持水量为30.8%，常规旋耕为27.0%。

表3-10 不同深松处理土壤田间持水量

处理	土层/cm	田间持水量/%	田间持水量平均值/%
旋耕	0～15	0.27	
	15～25	0.28	26.95
	25～35	0.26	
深松	0～15	0.34	
	15～25	0.30	30.79
	25～35	0.28	

（7）产量及其构成

在最终的产量表现上，深松处理要高于常规旋耕，且产量增幅达17.6%（表3-11）。

表3-11 深松与旋耕产量及其构成

处理	亩穗数/（穗·hm^{-2}）	穗粒数/粒	千粒重/g	产量/（kg·hm^{-2}）
旋耕	63 105a	702a	301.3b	10 845a
深松	65 160a	724a	351.0a	12 758a

3.2.3.3 小结

秋深松土壤容重较常规旋耕降低7.9%。秋深松与常规旋耕全生育期土壤含水量分别为20.7%、19.9%，深松在增加土壤含水量的同时，也提高了不同层次的土壤含水量。收获后，秋深松田间持水量较常规旋耕升高14.1%，说明深松可以提高土壤田间持水量，增强玉米田蓄水保墒能力。同时秋深松较旋耕有助于根系的生长，最终增产17.6%。

3.2.4 不同耕作方式对玉米生长发育及产量的影响

3.2.4.1 材料与方法

（1）试验设计

试验在黑龙江省农业科学院试验田进行。供试玉米品种为先玉335，试验土壤为黑钙土，有机质含量为34.2 g/kg，全氮含量为1.35 g/kg，全磷含量为0.41 g/kg，全钾含量为0.76 g/kg，土壤pH为6.56。设置三种不同耕作管理方式，分别为平作平管、平作垄管和垄作垄管。平作平管整个生育期内均保持平作状态，平作垄管处理结合追肥起垄，垄作垄管处理结合追肥扶垄，种植密度均为4000株/亩，于玉米播种时一次性施入金正大缓控肥（氮肥、磷酸二铵、钾肥的质量分配为24%、12%、12%）600 kg/hm²。小区行长35 m，

12 行区，随机区组排列，3 次重复。4 月末播种，9 月末收获。

（2）测定指标

本试验采用自动温度记录仪监测土壤各土层温度，将温度探头分别置于地表（0 cm）及耕层 5 cm、15 cm 和 30 cm，定期（每隔 1 h）采集温度数据。土壤水分的测定分别于抽雄期、成熟期采用 5 点法采集土样，测定耕层 0～10 cm、10～20 cm、20～30 cm、30～40 cm、40～60 cm、60～80 cm 土壤含水量，采用土钻取土烘干法测定。同时在吐丝期和成熟期取样测定叶面积及干物质量并分器官（叶、茎鞘、苞叶、籽粒、穗轴）粉碎用凯氏定氮法测定全氮含量。

3.2.4.2 结果与分析

（1）不同耕作方式对玉米主要农艺性状及产量的影响

从表 3-12 可知，不同耕作方式下最大叶面积指数均在 5 以上，叶面积指数的大小表现为平作平管＞平作垄管＞垄作垄管。平作平管的株高最大，而穗位高为垄作垄管的最大。不同耕作方式下叶面积指数、株高、穗位高间差异均未达显著水平。说明耕作方式的改进对玉米的农艺性状影响较小。

表 3-12 不同耕作方式下吐丝期叶面积指数、株高、穗位高比较

耕作方式	叶面积指数	株高/cm	穗位高/cm
平作平管	5.69a	377.7a	140.7a
平作垄管	5.54a	366.3a	145.9a
垄作垄管	5.51a	372.7a	146.3a

干物质量积累的提高是籽粒产量提高的基础，提高干物质量并使之更多地分配到籽粒当中，是获得高产的重要途径。不同耕作方式下干物质量积累均随生育期的推进而逐渐增大，至成熟期达最大值，最终干物质量积累表现为平作平管 > 平作垄管 > 垄作垄管，且不同耕作方式花后的干物质积累均要大于花前（图 3-17）。要想获得较高的产量，更要注重花后干物质量积累。

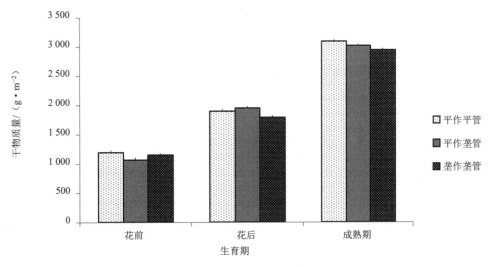

图 3-17 不同耕作方式下干物质量积累

由表 3-13 可知,不同耕作方式下垄作垄管的产量比平作垄管和平作平管处理分别高 3.8%和 5.2%,且亩穗数与穗粒数均较高,不同处理下玉米产量及产量构成因素间差异均不显著。不同处理的收获密度明显低于 60 000 株/hm² 的种植密度,要想产量进一步提高,必须保证群体的整齐度。在密度提高的同时,群体的倒伏率增加,而垄作可提高玉米的抗倒伏性,这也是垄作垄管产量较高的原因之一。

表 3-13 不同耕作方式下产量及其构成

处理	穗数 /(穗·hm⁻²)	穗粒数 /粒	千粒重 /g	产量 /(kg·hm⁻²)	出籽率 /%	氮肥偏生产力 /(kg·kg⁻¹)
平作平管	41 100a	663a	389.6a	10 643a	84.2	47.3
平作垄管	42 210a	653a	391.8a	10 784a	84.7	47.9
垄作垄管	42 975a	668a	391.4a	11 192a	83.2	49.7

(2) 不同耕作方式对土壤温度的影响

①不同耕作方式对土壤月平均温度的影响。

不同耕作方式下不同层次土壤的月平均温度大致均在 7 月达到最高值,其中增温幅度为垄作垄管 > 平作垄管 > 平作平管(图 3-18)。垄作耕作方式对表层土壤的增温效果明显,在后期的保温效果也要好于平作,垄作垄管与平作垄管土壤的平均温度差异不大,高于平作平管 1.26℃。不同土层土壤的月平均温度随土层深度的增加呈下降趋势。

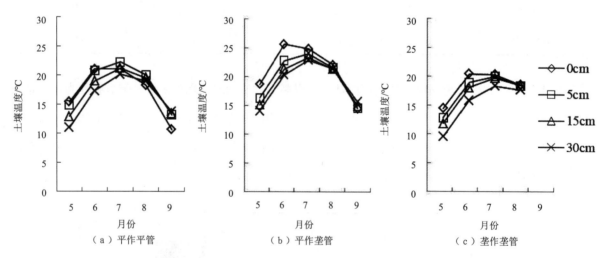

图 3-18 不同耕作方式下不同土层土壤月平均温度变化

②不同耕作方式对土壤月最低温度的影响。

不同耕作方式下不同层次土壤的月最低温度变化与平均温度变化趋势大体一致,均呈单峰曲线变化,峰值出现在 7 月(图 3-19)。垄作不同土层的土壤温度略高于平作,同样对表层的增温效果明显,后期垄作的土壤温度也高于平作。不同层次土壤的月最低温度随土层深度的增加呈升高趋势,说明深层土壤的温度稳定性要高于表层的。

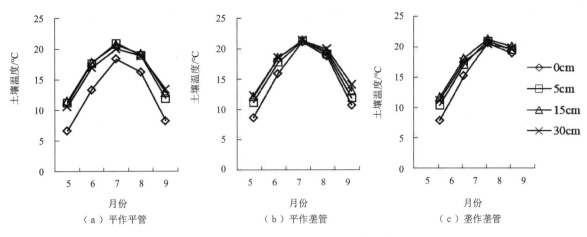

图 3-19 不同耕作方式下不同土层月最低温度变化

③不同耕作方式对土壤月最高温度的影响

不同耕作方式下不同土层土壤的月最高温度变化呈单峰曲线变化，0～5 cm 土层峰值出现在 6 月，15～30 cm 土层峰值出现在 6 月（图 3-20）。垄作不同土层的土壤温度同样略高于平作，后期垄作土壤温度也高于平作的。不同层次土壤的月最高温度随土层深度的增加呈降低趋势，说明深层土壤对温度的调控要好于表层的。

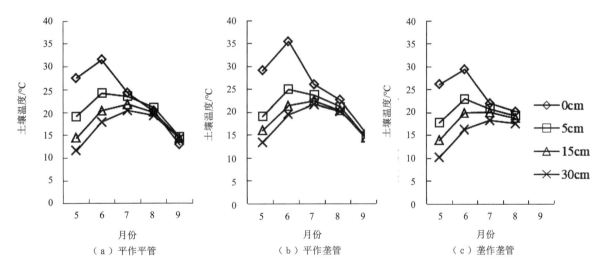

图 3-20 不同耕作方式下不同土层月最高温度变化

（3）不同耕作方式对土壤含水量的影响

吐丝期不同耕作方式下土壤含水量的变化趋势基本一致，随土层深度增加逐渐变大而后又变小（图 3-21）。低于 30 cm 土层土壤含水量为平作平管>平作垄管>垄作垄管，高于 30 cm 土层土壤含水量为平作垄管>垄作垄管>平作平管。平作平管在 20～30 cm 土层土壤含水量最大，平作垄管和垄作垄管均在 30～40 cm 土层土壤含水量最大。

成熟期不同耕作方式下土壤含水量的变化趋势与吐丝期大体一致，且各处理土壤含水量的最大值均出现在 20～30 cm 土层。低于 30 cm 土层土壤含水量大致为平作垄管>平作平管>垄作垄管，高于 30 cm 土层土壤含水量为平作垄管>垄作垄管>平作平管。不同耕作方式下浅层土壤含水量吐丝期小于成熟期，而深层土壤含水量成熟期要小于吐丝期。综合来看，平作可减少表层土壤水分的损失，垄作管理方式则可有效地增加深层土壤含水量。

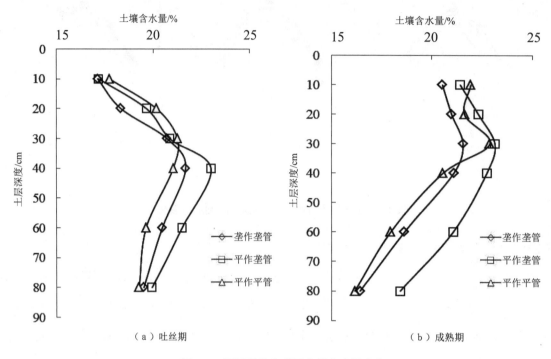

（a）吐丝期　　　　　　　　　　　　　　（b）成熟期

图 3-21 不同耕作方式下土壤含水量变化

3.2.4.3 小结

不同耕作方式对玉米农艺性状影响较小。不同耕作方式间产量的差异均不显著，垄作垄管的产量比平作垄管和平作平管处理分别高 3.8%和 5.2%，垄作耕作方式在生育初期可保持较高的土壤温度有利于种子的萌发，且对表层土壤的增温效果明显，深层土壤温度的稳定性较好，不同耕作方式下垄作垄管与平作垄管土壤的平均温度差异不大，高于平作平管 1.26℃。平作处理可有效减少表层土壤水分的损失，增加了雨水的入渗能力。在温度正常的年份，平作处理土壤含水量较高，保墒效果好，可提高出苗率，同时减少机械作业环节及次数，进而达到节本增效的目的。

3.2.5 玉米高产高效栽培模式验证

3.2.5.1 材料与方法

（1）试验设计

试验地点为肇州县。采取大区对比试验，供试品种为稷秾 108，种植方式为大垄双行、二比空及均匀垄，每个处理为 20 行区，行长 18 m，种植密度为 4 500 株/亩。施复合肥（氮肥、磷酸二铵、钾肥的质量分配为 26%、12%、10%）750 kg/hm²，全部为玉米播种时一次施入，根据降水情况进行适当灌溉，其他管理参照当地大田管理。

（2）测定指标

叶面积、土壤耕层温度和含水量、籽粒产量及产量性状等。

3.2.5.2 结果与分析

（1）农艺性状变化

不同栽培模式间二比空栽培模式通风透光好，群体捕获光合能力较强（表 3-14、表 3-15）。

表 3-14 不同栽培模式玉米农艺性状特征（2015 年）

处理	株高/cm	茎粗/cm	叶面积指数
大垄双行	364.8a	9.1a	5.56b
均匀垄	350.2a	8.6a	5.63b
二比空	358.7a	8.7a	6.15a

表 3-15 不同栽培模式玉米农艺性状特征（2016 年）

处理	株高/cm	茎粗/cm	叶面积指数
大垄双行	306.0a	8.4a	5.14a
均匀垄	301.2a	8.5a	4.98a
二比空	294.6a	7.9b	5.29a

（2）土壤含水量变化

如图 3-22 所示，大垄双行的土壤含水量要略高于其他两种栽培模式，但三种模式间的差异不明显，不同土层间的变化规律也大体一致。

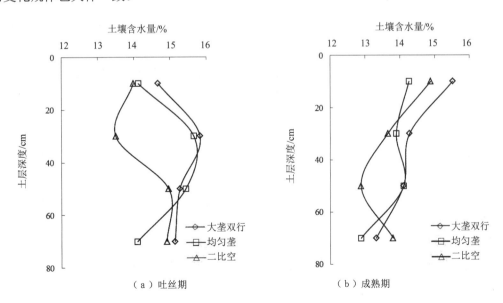

图 3-22 不同栽培模式土壤含水量变化

（3）土壤温度变化

不同栽培模式生育期内土壤温度的变化趋势基本一致，无论是地表还是深层，均为大垄双行和均匀垄栽培模式的地温略高于二比空的（图3-23）。

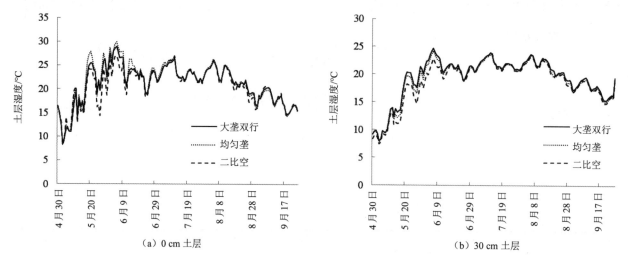

（a）0 cm 土层　　　　　　　　　　（b）30 cm 土层

图 3-23 不同栽培模式土壤温度变化

（4）产量及其构成

由表3-16、表3-17的测产结果表明，不同栽培模式下产量差异不显著，大垄双行栽培模式产量略高。大垄双行较均匀垄2014年和2016年平均增产2.6%，较二比空平均增产5.6%。

表 3-16 不同栽培模式产量及其构成（2014 年）

处理	亩穗数/穗	穗粒数/粒	千粒重/g	产量/（kg·hm⁻²）
大垄双行	4 105	707	382.5	14 544.0
均匀垄	4 378	687	380.6	13 917.0
二比空	4 036	693	390.9	13 579.5

表 3-17 不同栽培模式产量及其构成（2016 年）

处理	亩穗数/穗	穗粒数/粒	千粒重/g	产量/（kg·hm⁻²）
大垄双行	4 652a	578a	412.4a	12 540.0a
均匀垄	3 968a	682a	424.5a	12 471.0a
二比空	3 865a	634a	415.9a	12 040.5a

3.2.5.3　小结

西部地区高效灌溉模式为大垄双行膜下滴灌栽培模式，该模式保水保温效果较好，有利于通风透光，也利于作物生长使其获得较高产量。

3.2.6 膜下滴灌玉米高产高效栽培技术集成模式示范

3.2.6.1 玉米大垄双行膜下滴灌高效用水技术模式

（1）适用范围

东北干旱与半干旱地区大田作物灌溉，尤其是采用膜下滴灌技术的玉米种植。

（2）基本原理

该技术针对干旱与半干旱地区降水年际变化大、自然降水利用率低、农田蓄水能力差、粮食产量低而不稳等问题，采用大垄双行覆膜膜下滴灌高效用水技术，既能减少土壤水分蒸发，又能增加耕层土壤温度，从而促进作物的高产稳产。

（3）关键技术或设计特征

①品种筛选。

根据品种的耐密性、抗性、熟期、产量、水分利用效率等性状，选用优质、高产、水分高效耐密型品种。种子质量要达到纯度 99.9%、净度 99.9%、芽率 99%、芽势 99%、均匀度整齐一致，保证播种精度。

②整地。

秋季收获后进行以深松为基础的耕翻整地或采用播前免耕、苗期深松；深松深度 25 cm 以上。起平头大垄，垄距 1.3～1.4 m，及时镇压。大垄垄台高 15～18 cm，大垄垄台宽≥90 cm，大垄垄面平整，土碎无坷垃，无秸秆；大垄整齐，到边到头；大垄垄距均匀一致；大垄垄向直，百米误差≤5 cm。

③播种。

4 月下旬机器播种、铺带、覆膜，膜宽 130 cm。膜上玉米行距 40 cm，种植密度 4 500 株/亩，株距 22 cm，播深 5 cm，选用防地下害虫和丝黑穗病作用的种衣剂包衣。3～5 叶期进行苗后除草，6～8 叶期喷施化控剂，预防倒伏。

④田间肥水管理技术。

结合整地采用侧方位深施肥，施肥深度 20 cm 以上。亩施磷酸二铵 25 kg，亩施硫酸钾 20 kg，玉米拔节期、抽雄期、乳熟期视降水情况滴灌 1 次，每次灌溉量 10 m³，拔节期每亩追施尿素 10 kg，抽雄期每亩追施尿素 15 kg。出苗后 40～60 d 内将农膜揭除（也可选用能在该阶段开始降解的降解地膜）。

⑤玉米螟防治。

采用赤眼蜂防治玉米螟。每亩放卡 3 块，放蜂量在 15 000～30 000 头。

⑥收获。

在玉米完熟后进行机械化收获，秸秆粉碎还田。

3.2.6.2 玉米膜下滴灌水肥一体化技术模式

（1）技术模式构成

该技术模式是将水氮优化技术、膜下滴灌限量补灌技术、平衡施肥技术、大垄栽培技术等关键技术进行集成，而形成的技术模式。技术模式涉及耕作、栽培、土肥等领域，对膜下滴灌条件下，玉米的高产高效具有重要的指导作用。

（2）技术要点

①整地打垄。

选择耕层深厚、地势平坦、排灌良好、前茬未使用长残性除草剂的大豆、瓜菜、马铃薯茬或玉米茬。不宜选谷糜、甜菜、向日葵等茬口。在春季播种前及时灭茬、整地，结合施肥，起成 130 cm 的垄上平台大垄。要求灭茬深度 15 cm 以上，碎茬长度小于 5 cm，漏茬率小于 2%。

②品种选择。

根据区域生态栽培条件，选用通过国家或黑龙江省审定推广、籽粒均匀一致、没有病粒、杂物的种子，纯度大于 97%、净度大于 98%、发芽率大于 90%、生产潜力在 15 000 kg/hm² 以上的高产、优质、适应性强的适宜覆膜品种。

③播种及栽培密度。

适时播种。较常规播种提前 3～5 d，时间一般在 4 月 20 日至 5 月 1 日。播种做到深浅一致，覆土均匀，播深 3 cm。根据据品种确定适宜的种植密度，一般为 6.0～8.5 万株/hm²。采用土壤封闭处理，防治膜下杂草。

④地膜选择及覆盖。

地膜宽度为 1.1～1.3 m，厚度为 0.008～0.010 mm。在整好的大垄上采用机械开沟、施肥、播种、镇压后，一次完成喷药、铺管覆膜、膜上压土等多项作业。防止压土过多影响透光及压土不严刮风揭膜等现象发生。

⑤灌水次数和灌水量。

玉米生育期内灌水次数与灌水量分配依据玉米需水规律及灌溉前土壤含水量以及降水情况确定。播后及时滴灌，确保苗全、苗齐。苗期土壤含水量在田间持水量的 60% 以下进行灌溉，玉米生育期滴灌水 5～6 次。灌水采用限量补灌技术，灌溉后使土壤含水量达到田间持水量的 85%：湿润层厚度在苗期取 20 cm，其他生育期取 50 cm。除苗期外，其他生育期每次灌水量为：轻度干旱时，灌水定额为 105～150 m³/hm²；中度干旱时，灌水定额为 180～300 m³/hm²；重度干旱时，灌水定额为 300～450 m³/hm²。

⑥基肥及灌溉追施氮肥。

目标产量为 15 000 kg/hm²。高肥力区氮磷钾养分施用量为氮肥 160 kg/hm²、磷酸二铵 75 kg/hm²、钾肥 82.5 kg/hm²，有机肥施用量为 30 m³/hm²。氮肥"一基四追"（基肥、拔节肥、大喇叭口肥、抽雄肥、灌浆肥），其比例分别为 30%、20%、20%、20% 和 10%。

目标产量为 14 250 kg/hm²。中等肥力区氮磷钾养分施用量为氮肥 180 kg/hm²、磷酸二铵 82.5 kg/hm²、钾肥 90 kg/hm²；硫酸锌 15 kg/hm²；农家有机肥 40 m³/hm²。氮肥"一基四追"（基肥、拔节肥、大喇叭口肥、抽雄肥、灌浆肥），其比例分别为 30%、30%、15%、15%和 10%。

目标产量为 13 500 kg/hm²。低肥力区氮磷钾养分施用量为氮肥 220 kg/hm²、磷酸二铵 90 kg/hm²、钾肥 90 kg/hm²，硫酸锌 20 kg/hm²；农家有机肥 45 m³/hm²。氮肥"一基四追"（基肥、拔节肥、大喇叭口肥、抽雄肥、灌浆肥），其比例分别为 40%、20%、20%、10%和 10%。

有机肥、磷肥和微肥全部一次性开沟施入。各生育期灌水时追施氮肥。追肥时要掌握剂量，控制施肥量，以灌溉流量的 0.1%左右作为注入肥液的浓度为宜。

⑦收获。

适时晚收，即在玉米完熟后收获，收获后，及时清除秸秆和地膜，用旋耕机将根茬粉碎还田。

（3）应用效果

膜下滴灌水肥一体化技术模式 2017 年在黑龙江省宾县、肇州县示范效果明显，示范面积分别为 60 亩和 3 091.7 亩，玉米较常规生产增产 13.8%和 14.3%；水分生产效率分别提高了 13.8%和 17.4%。采用该技术模式能够有效发挥肥水作用，节水节肥（图 3-24 至图 3-26）。

图 3-24 水肥一体化技术示范一

图 3-25 水肥一体化技术示范二

图 3-26 肇州膜下滴灌示范区

（4）适用地区

该技术模式适用于黑龙江省覆膜条件下的田间玉米的种植生产，主要适用地区为黑龙江省西部干旱半干旱地区，如大庆、齐齐哈尔等地区。

（5）应用与示范

在大庆市肇州县建立了大垄双行膜下滴灌高效用水技术示范区 3091.7 亩。该技术以机械化覆膜、铺管、机械点播、化学除草等技术为核心，建立玉米膜下滴灌高效用水技术模式，实现了玉米增产、水热资源高效利用，增加了农民收入。五年累计辐射面积 3.6 万亩，粮食增产 172.7 万 kg。

3.2.6.3 松嫩平原西部玉米保蓄旱作节水技术模式

（1）技术模式构成

玉米保蓄旱作节水技术模式，以耐旱、高产、优质品种为基础，以秋季深松整地技术、春季平播技术、夏季中耕蓄水技术为核心，集成密植化控技术、机械化收获技术、秸秆还田技术，构建松嫩平原西部旱区保蓄旱作节水技术体系，在相应区域示范推广。秋季整地能起到保水保温的效果，选择耐密型水分高效品种，采用精量播种，适当增加玉米种植密度，以提高单产。玉米春季平播，在减少机械作业、减少投入的同时，更主要是减少表层土壤水分蒸发，达到节本增效的目的。机械化深松及秸秆还田，能有效打破犁底层，并使耕层实现蓄水增碳，改善耕层质量，提高玉米产量。

（2）技术要点

①品种筛选。

根据品种的耐密性、抗性、熟期、产量、水分利用效率等性状，选用优质、高产、水分高效耐密型品种。种子质量要达到纯度 99.9%、净度 99.9%、芽率 99%、芽势 99%、均匀度整齐一致，保证播种精度。

②种子处理。

选用防地下害虫和丝黑穗病的种衣剂进行种子包衣处理。

③播种。

免耕地块采用免耕播种机精量播种，秋整地地块采用气吸式播种机平播。种植密度在 4 500～4 600 株/亩，行距 65 cm，株距 22～23 cm（6.5～7.0 寸），播种量 2.0～2.5 kg/亩，播深 3～5 cm。

④施肥。

采用侧方位深施肥，施肥深度 15 cm 以上。种肥：磷肥（磷酸二铵含量 18%，P_2O_5 含量 46%）20 kg/亩，硫酸钾 10 kg/亩；追肥尿素（氮含量 46%）20 kg/亩。

⑤封闭除草。

播种后 1～5 d 内，用乙草胺进行化学封闭除草。

⑥中耕。

在玉米 3 叶期进行第一次中耕防寒，中耕深度 15 cm；玉米 6～8 叶期配合追肥进行夏季深松，深松深度在 22 cm 以上。

⑦化控防倒。

在玉米 6～8 叶期喷施吨田宝化学调节剂，控制玉米基部节间伸长，缩株壮秆预防倒伏。

⑧玉米螟防治。

采用赤眼蜂防治玉米螟。每亩放卡 3 块，放蜂量在 15 000～30 000 头。

⑨机械化收获。

在玉米完熟后进行机械化收获，粉碎秸秆抛撒在地表。

⑩耕整地。

以 3 年为一个周期，每 3 年秋季深松整地一次，以大马力拖拉机配套的多功能联合整地机械作业，一次性完成深松、耙地作业，深松深度不小于 30 cm，达到待播状态。中间两年秋季收获后玉米原茬越冬，翌年春季采用秸秆还田，机械对玉米秸秆二次粉碎，均匀抛撒田间。

（3）应用效果

通过玉米保蓄旱作节水技术实施，减少机械作业，减少投入，更主要是减少表层土壤水分蒸发。秋季整地促进保水保温，通过深松技术打破犁底层，中耕防寒改善通气透水差等问题，最终实现产量提高、节本增效。试验分别在大庆市肇州县及绥化市肇东市建立玉米保蓄旱作节水技术示范区各500亩，为实现玉米增产增效提供了先导模式，促进了玉米高产稳产（图3-27、图3-28）。

图 3-27 玉米保蓄旱作节水技术田间示范一

图 3-28 玉米保蓄旱作节水技术田间示范二

（4）适用地区

本技术模式适合松嫩平原干旱与半干旱地区大田作物。

（5）应用与示范

试验分别在大庆市肇州县及绥化市肇东市建立玉米保蓄旱作节水技术示范区各500亩，该技术以秋整地、秋深松、秸秆还田、密植、化学防控、机械化收获等技术为核心，建立玉米保蓄旱作节水技术模式，实现了耕层土壤蓄水增碳、水热资源高效利用、玉米增产、农民增收以及耕地可持续利用。五年累计两地的辐射面积分别为8.5万亩和3.6万亩，粮食增产432.9万kg和443.9万kg，产生了良好的经济效益、社会效益。

3.3 覆膜耕作对土壤环境质量影响研究

3.3.1 覆膜时限对土壤水热、玉米生长发育及其产量的影响

3.3.1.1 材料与方法

（1）试验设计

试验地点为肇州县，土壤类型为碳酸盐黑钙土。采取大区对比试验，供试品种为稷秾 108，种植方式为大垄双行膜下滴灌，行距为 65 cm，种植密度为 4 500 株/亩。设置 4 个覆膜时限，分别为出苗后覆盖 20 d、40 d、60 d、全生育期，以不覆盖为对照处理，每个处理为 8 行区，行长 25 m，施复合肥（氮肥、磷肥、钾肥的含量分别为 26%、12%、10%）750 kg/hm^2，全部为播种时一次性施入，根据降水情况进行适当灌溉，其他管理参照当地大田管理。

（2）测定指标

叶面积、干物质量、土壤耕层温度和含水量、水分利用效率、籽粒产量及产量性状等。

3.3.1.2 结果与分析

（1）不同覆膜时限对玉米农艺性状的影响

由表 3-18 可知，覆膜可增加玉米的株高和茎粗，而是否覆膜对玉米叶面积指数没有显著影响。

表 3-18 不同覆膜时限吐丝期农艺性状变化

年度	处理	株高/cm	茎粗/cm	叶面积指数
	T1	334.2b	8.9a	5.77a
	T2	332.0b	8.6a	5.70a
2015	T3	349.2ab	8.9a	5.62a
	T4	356.5a	8.7a	5.63a
	CK	332.5b	8.3a	5.60a
	T1	295.8a	8.1b	4.23b
	T2	308.2a	8.7a	5.09a
2016	T3	306.2a	8.3ab	5.00a
	T4	301.6a	8.3ab	4.36b
	CK	293.2a	7.9b	5.34a

不同覆膜处理下玉米干物质量积累变化表现为随生育期推进逐渐变大，不同处理下干物质量积累均高于对照处理，且随覆膜时间的延长先增大后减小（表 3-19、图 3-29）。

表 3-19 不同覆膜处理下玉米干物质量转运

处理	物质转运量/（g·m⁻²）			物质运转率/%			贡献率/%		
	叶	茎鞘	叶+茎鞘	叶	茎鞘	叶+茎鞘	叶	茎鞘	叶+茎鞘
T1	89.8	45.7	135.5	33.6	8.9	17.3	8.44	4.29	12.73
T2	42.8	86.6	129.4	16.4	16.2	16.3	4.25	8.59	12.84
T3	68.6	160.2	228.8	25.8	28.6	27.7	6.70	15.64	22.33
T4	92.8	72.9	165.7	35.5	14.1	21.3	8.80	6.92	15.72
CK	35.8	22.3	58.1	13.2	4.3	7.3	3.29	2.05	5.35

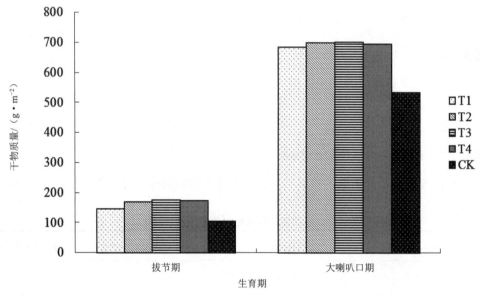

图 3-29 不同覆膜处理干物质量积累

在物质转运量方面，除处理 T2、T3 外，均是叶片的转运量大于茎鞘的，总物质转运量处理 T3 最大，在总物质转运率和贡献率同样是处理 T3 最大，随覆膜时间的增加，物质转运量、转运率及贡献率呈先增大后减小的趋势，说明后期覆膜不利于干物质量转运积累。

（2）不同覆膜时限对玉米叶片 SPAD 值的影响

SPAD 值是简便快捷的评价植株叶绿素含量的指标，从图 3-30 可见，不同覆膜处理下玉米 SPAD 值均高于对照处理，但差异并未达到显著水平，说明不同覆膜时限对叶绿素含量的影响并不明显。

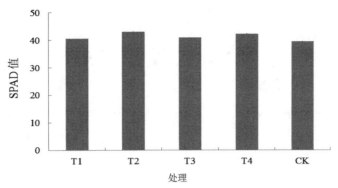

图 3-30 不同覆膜处理下玉米吐丝期 SPAD 值变化

（3）土壤含水量

从图 3-31 中可以发现，苗期覆膜处理表层土壤含水量明显低于不覆膜处理含水量，深层土壤含水量各处理间差异不大。综合分析降水与土壤含水量，可以发现，在苗期降水充足的情况下，覆膜影响了降水入渗，导致覆膜处理下 0～20 cm 土层土壤含水量明显低于不覆膜对照处理。吐丝期时，对 40 cm 以上土层土壤含水量，覆膜处理显著低于揭膜处理和对照处理，而深层土壤含水量全生育期覆膜处理及阶段覆膜处理要高于对照处理，分析结果表明，阶段覆膜处理的土层整体蓄水保墒效果较好。成熟期时，不同处理的土壤含水量基本略高于对照处理，而不同处理及不同土层含水量变化不大，可能是由于 9 月 9 日至收获时没有降水造成的。由此可见，在降水较少时段，覆膜处理要优于裸地处理。

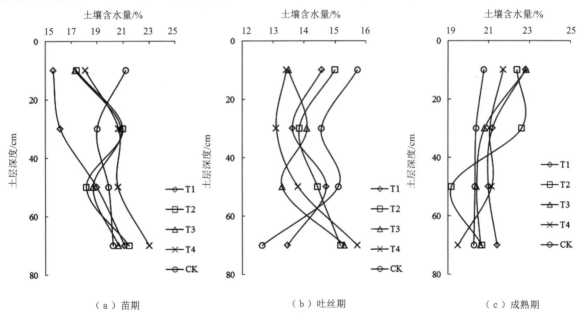

图 3-31 不同覆膜时限土壤含水量变化（2016 年）

（4）土壤温度

不同处理间土壤温度的变化趋势基本一致，从整个生育期来看，阶段覆膜处理的土壤温度要略高于不覆膜处理，且不同处理揭膜后土壤温度与不覆膜处理相差不大（图 3-32）。

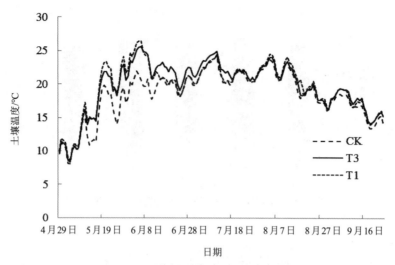

图 3-32 不同覆膜时限土壤温度变化

由表 3-20、表 3-21 可知，不同覆膜处理下土壤温度在不同土层均高于对照处理，随覆膜天数增加，土壤温度也略有增加，且覆膜的温度后期仍有一定作用。

表 3-20 不同覆膜时限土壤温度比较（2016 年）

土层深度/cm	日平均温度/℃		
	T1	T3	CK
0	20.7	20.9	19.5
10	19.9	20.2	18.6
20	19.4	19.4	18.2
30	18.7	18.4	17.3

表 3-21 不同覆膜时限土壤温度比较（2017 年）

土层深度/cm	日平均温度/℃		
	T2	T4	CK
0	20.4	20.7	19.8
10	19.7	20.0	19.0
20	19.2	19.2	18.5
30	18.4	18.7	17.8

从全生育期来看，不同覆膜处理均比不覆膜处理有显著的增温效果，且覆膜时间越长总的增温效果越明显。不同生育期覆膜处理较不覆膜处理均有不同程度的增温，且生育前期增温幅度较大，后期较小（表 3-22 和表 3-23）。

表 3-22 各生育期覆膜处理较对照增温效果（2016 年） 单位：℃

处理	5 月	6 月	7 月	8 月	9 月	全生育期合计
T1	2.7	57.0	7.7	22.7	15.4	105.5
T3	2.1	78.5	23.2	9.7	19.1	132.6

表 3-23 各生育期覆膜处理较对照增温效果（2017 年） 单位：℃

处理	5 月	6 月	7 月	8 月	9 月	全生育期合计
T2	35.2	35.6	3.2	3.7	7.0	84.4
T4	41.5	43.1	15.7	13.7	10.4	124.9

（5）产量及其构成

2015 年和 2016 年的产量表现，覆膜处理均较对照处理有不同程度的提高，且产量较高的处理为 T2 和 T3（表 3-24）。

表 3-24 不同覆膜时限产量及其构成

年度	处理	亩穗数/穗	穗粒数/粒	千粒重/g	产量/（kg·hm⁻²）
	T1	4 359	708	363.3	14 457
	T2	4 315	707	368.6	14 631
2015 年	T3	4 378	696	377.4	14 970
	T4	4 376	729	368.1	14 418
	CK	4 344	683	366.1	13 751
	T1	4 447ab	579a	384.3a	12 345b
	T2	4 823a	649a	408.0a	15 825a
2016 年	T3	4 207ab	621a	403.9a	14 975a
	T4	4 515ab	630a	402.8a	14 163a
	CK	3 797b	578a	411.6a	10 728b

（6）水分利用效率

比较不同处理发现，总耗水量较大的处理为覆膜时间最短的处理 T1 和无覆膜的对照处理。水分利用效率随覆膜时间延长呈先增大后减少的趋势，最高的为处理 T3，最低的为对照处理（表 3-25）。

表 3-25 不同覆膜时限处理水分利用效率（2015 年）

处理	降水量/mm	灌溉量/mm	总耗水量/mm	产量/（kg·hm⁻²）	水分利用效率/（kg·m⁻³）
T1	431.7	0	476.1	14 457	3.04
T2	431.7	0	463.8	14 631	3.16
T3	431.7	0	470.4	14 970	3.18
T4	431.7	0	470.2	14 418	3.07
CK	431.7	0	476.7	13 751	2.88

（7）效益分析

覆膜能否推行的关键是效益问题，因此对投入和产出进行具体分析，表 3-26 表明，随覆膜时间的延长，农膜回收的成本增大，从处理 T1 到 T3 人工管理费增加。在今年降水条件下，不同覆膜处理的净产值均小于对照处理，主要是由于覆膜增产的效果有限，而增产的收入没有抵销农膜、滴灌设施及人工费的投入，不同覆膜处理间处理 T3 净产值最高。

表 3-26 不同覆膜时限处理投入产出

处理	单产/ (kg·hm⁻²)	单价/ (元·kg⁻¹)	产值/ (元·hm⁻²)	投入费用/（元·hm⁻²）						费用合计/ (元·hm⁻²)	净产值/ (元·hm⁻²)
				种子	肥料	农药	农膜	人工费	其他		
T1	14 457	1.7	24 576.9	1 125	2 325	225	750	5 400	5 400	15 225	9 351.9
T2	14 631	1.7	24 872.7	1 125	2 325	225	750	5 550	5 400	15 372	9 500.7
T3	14 970	1.7	25 449.0	1 125	2 325	225	750	5 700	5 400	15 525	9 924.0
T4	14 418	1.7	24 510.6	1 125	2 325	225	750	4 800	5 400	14 625	9 885.6
CK	13 751	1.7	23 376.7	1 125	2 325	225	0	3 600	5 400	10 425	12 951.7

3.3.1.2 小结

覆膜具有增产效应。综合土壤水分、温度状况以及产量指标，覆膜 40~60 d，既有利于地膜回收，又有利于保墒增产。

3.3.2 覆膜方式对土壤水热、玉米生长发育及其产量的影响

3.3.2.1 材料与方法

（1）试验设计

试验地点为肇州县。采取大区对比试验，供试品种为龙育 3，设置 3 种覆膜方式：大垄双行垄上覆膜、大垄双行行间覆膜及均匀垄单垄覆膜。每个处理为 8 行区，行长 25 m。施复合肥（氮肥、磷肥、钾肥的质量比例为 26%、12%、10%）750 kg/hm²，全部为基施，根据降水情况进行适当灌溉，其他管理参照当地大田管理。

（2）测定指标

土壤耕层温度和含水量、籽粒产量及产量性状等。

3.3.2.2 结果与分析

（1）覆膜方式对土壤含水量的影响

不同覆膜方式土壤含水量在苗期及降雨较充沛的吐丝期差异不大，在降雨较少的成熟期表现为垄上覆膜的土壤含水量大于行间覆膜土壤含水量大于单垄覆膜土壤含水量（图 3-33）。

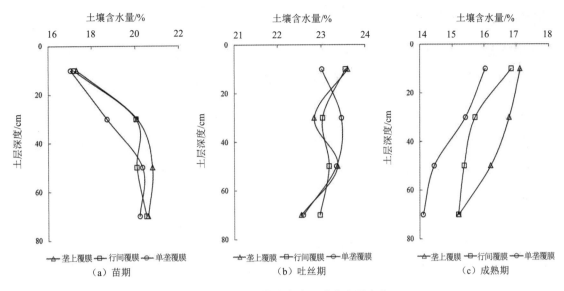

图 3-33 不同覆膜方式土壤含水量变化

（2）覆膜方式对土壤温度的影响

从不同覆膜方式各土层深度土壤温度的比较可知，垄上覆膜方式无论是表层还是深层的增温效果都要好于行间覆膜（表 3-27）。

表 3-27 不同覆膜方式处理下耕层土壤温度比较

土层深度/cm	日平均温度/℃	
	垄上覆膜	行间覆膜
0	27.02	23.17
10	25.30	22.27
20	23.84	20.96
30	22.49	19.96

（3）覆膜方式对玉米产量的影响

由表 3-28 可知，垄上覆膜方式产量最高，其次为行间覆膜，产量最低的为单垄覆膜。因此，大垄双行的覆盖方式要优于均匀垄覆盖覆膜方式。

表 3-28 不同覆膜方式处理下产量及其构成

处理	亩穗数/穗	穗粒数/粒	千粒重/g	产量/（kg·hm⁻²）
垄上覆膜	4 378a	690a	370.6a	14 044a
行间覆膜	4 053a	692a	369.3a	12 786b
单垄覆膜	4 412a	661b	346.8b	12 279b

3.3.2.3 合理的覆膜耕作制度

（1）适用范围

东北干旱与半干旱地区大田作物，尤其是采用膜下滴灌技术的玉米种植区。

（2）基本原理

针对干旱与半干旱地区降雨年际变异大、自然降水利用率低、农田蓄水能力差、粮食产量低而不稳等问题，该技术采用大垄双行覆膜膜下滴灌高效用水技术，既能减少土壤水分蒸发，又能增加土层土壤温度，从而促进作物的高产稳产。

（3）关键技术或设计特征

①品种筛选。

根据品种的耐密性、抗性、熟期、产量、水分利用效率等性状，选用优质、高产、水分高效、耐密型品种。种子质量要达到纯度99.9%，净度99.9%，出芽率99%，出芽势99%，均匀度整齐一致，保证播种精度。

②整地。

秋季收获后进行以深松为基础的耕翻整地或采用播前免耕、苗期深松，深松深度25 cm以上。起平头大垄，垄距1.3～1.4 m，及时镇压。大垄垄台高15～18 cm；大垄垄台宽大于等于90 cm；大垄垄面平整，土碎无坷垃，无秸秆；大垄整齐，到头到边；大垄垄距均匀一致；大垄垄向直，百米误差≤5 cm。

③播种。

4月下旬机械播种、铺带、覆膜，膜宽130 cm。膜上玉米行距40 cm，种植密度4 500株/亩，株距22.5 cm，播深5 cm，选用防地下害虫和丝黑穗病作用的种衣剂包衣。3～5叶期进行苗后除草，6～8叶期喷施化控剂，预防倒伏。

④田间肥水管理技术。

结合整地采用侧方位深施肥，施肥深度20 cm以上，依据肥料剂型选用适宜的施肥方法。缓（控）释肥一次性施肥技术：施复合肥（氮肥、磷肥、钾肥的质量分配为26%、12%、10%）50 kg/亩，全部为基施；或采用速效性肥料分次施肥技术：亩施磷酸二铵20 kg、硫酸钾10 kg，玉米拔节期、抽雄期、乳熟期视降水情况滴灌1次，每次灌溉量10 m³，拔节期每亩追施尿素10 kg，抽雄期每亩追施尿素10 kg。出苗后40～60 d内将农膜揭除（也可选用能在该阶段开始降解的降解地膜）。

⑤玉米螟防治。

采用赤眼蜂防治玉米螟。每亩放卡3块，放蜂量在15 000～30 000头。

⑥收获。

在玉米完熟后进行机械化收获，秸秆粉碎还田。

3.3.2.3 小结

垄上覆膜方式无论是表层还是深层的增温效果都要好于行间覆膜，同时保水效果也较好。大垄垄上覆膜与大垄行间覆膜均具有增产效果，垄上全覆膜方式增产更显著。

3.3.3 农田地膜污染调查与评价技术研究

3.3.3.1 材料与方法

（1）试验设计

本试验选择了四种典型地块，分别为覆膜 2 年（大庆市杜尔伯特蒙古族自治县一心乡，种植作物为玉米）、覆膜 3 年（大庆市肇州县双发乡，种植作物为玉米）、覆膜 7 年（大庆市肇州县，种植作物为烤烟）、覆膜 17 年（哈尔滨市新农镇，种植作物为玉米）。

（2）残留地膜的收集和处理

在整地后、播种前调查农膜残留量及分布特征。每个调查样地随机选取 5 个采样点，采样面积 0.25 m² （0.5 m×0.5 m 的正方形样方）。土层深度分为三层：0～10 cm、10～20 cm、20～30 cm。将 5 个样点同层土样混合、风干、过筛、人工收集残膜。将采集到的残膜带回实验室，首先去除掉附着在残膜上比较大的杂物，然后用超声波清洗仪进行洗涤，洗净后用滤纸吸干残膜上的水分，小心展开卷曲的残膜，防止残膜破裂，放在干燥处自然阴干，然后根据残膜面积大小（小于 4 cm²、4～25 cm² 和大于 25 cm²）进行分类统计残膜的片数，利用精度为 0.000 1 g 的电子天平进行称重。同时留取 20 g 新鲜土样用于土壤微生物多样性分析，取 50 g 风干土用于测定土壤理化特性。

3.3.3.2 结果与分析

（1）土壤中残膜污染水平

调查结果显示，土壤中地膜残留量较过去出现很大幅度的增加，所调查的四个典型地块中，地膜残留量为 53.4～125.2 kg/hm²，平均残留量高达 76.85 kg/hm²，其中残留量最高的为覆膜 7 年地块，达 125.2 kg/hm²，显著高于其他处理（图 3-34）。这主要是由于种植作物与其他三地不同，覆膜年限较长，且耕作管理方式也存在差异，最终导致残留量最高。

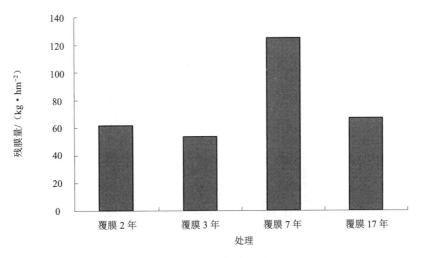

图 3-34 土壤残膜污染基本情况

（2）土壤中残膜污染分布特征

为研究残膜在土壤中的分布特征，在不同区域选择典型样块取样分析，不同覆膜年限下土壤残留地膜比例的空间分布见表 3-29。研究结果表明，残膜在土壤中各土层中分布具有明显的差异性，0~20 cm 内的土层是残膜污染的主要区域，占土壤中残膜总量的 90%以上，但由于研究区域的不一样，残膜在各土层的分布比重也有所不同，与哈尔滨地区相比，大庆地区 20~30 cm 这个层次，基本没有地膜污染，主要原因是该地区每年翻耕深度较浅，所以导致农膜污染基本停留在表层。

表 3-29 不同覆膜年限下土壤残留地膜比例的空间分布

深度 /cm	覆膜 2 年		覆膜 3 年		覆膜 7 年		覆膜 17 年	
	残膜量/ (kg·hm⁻²)	占比 /%	残膜量/ (kg·hm⁻²)	占比 /%	残膜量/ (kg·hm⁻²)	占比 /%	残膜量/ (kg·hm⁻²)	占比 /%
0~10	55.6	90.3	50.2	94.0	71.2	56.9	34.8	51.8
10~20	6.0	9.7	3.2	6.0	54.0	43.1	30.0	44.6
20~30	—	—	—	—	—	—	2.4	3.6

（3）土壤中残膜片数量和形态

由于自然和人为活动的作用，土壤中残留农膜都呈现不同形状的大小的碎片，已有研究结果显示，残留农膜的形态特征、数量和分布也是影响农田质量的一个重要因素。图 3-35 中的数据显示，随覆膜年限的增加土壤中残留地膜的片数增加，数量在 300~2 000 万片/hm²，连续 17 年覆膜种植玉米的农田土壤的残膜片数最多。

残膜片数的大小差异很大，面积从 1 cm² 到 600 cm² 不等，但主要以较小的残膜为主。按照小于 4 cm²、4~25 cm² 和大于 25 cm² 的 3 个标准进行统计，结果显示土壤中单块残膜面积大于 25 cm² 的片数在 1%~15%，4~25 cm² 的片数在 22%~45%，小于 4 cm² 片数在 42%~77%，这说明大部分的残膜主要是以小于 4 cm² 的大小存在于土壤中。同时，调查数据也反映由于不同样地和覆膜年限不同，残膜片的大小所占的比例有一定差异，这可能与种植过程中农艺措施及管理水平不同有关。

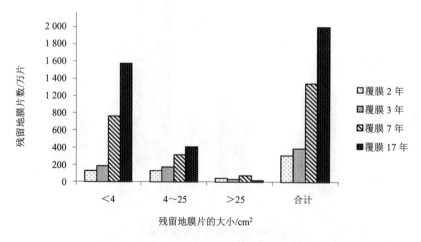

图 3-35 不同覆膜年限土壤的残留地膜片数分布

调查还发现，在耕层土壤中残膜存在的形态和分布呈现片状、棒状、球状和圆筒状等不规则形态存在，在土壤中分布形式多样，主要有水平状、垂直和倾斜状分布。同时，土壤中残留地膜片数同地膜残留量的关系密切。

（4）覆膜耕作对土壤微生物的影响

在四个调查样地，以不覆膜地块为对照处理，于收获后采集 0～10 cm 土层土壤鲜土，进行土壤微生物多样性分析，分析结果见图 3-36。覆膜耕作显著改变了土壤环境中微生物的分布，图中 1 与 4，10 与 13，16 与 19，分别为不同年限覆盖地膜与裸地对照的菌群丰度。可以发现，覆盖地膜的耕作措施显著增加了变形菌的相对丰度，降低了酸杆菌和芽单胞菌的相对丰度。长达 18 年的地膜覆盖，显著增加了 Candidate_division_TM7 菌的富集。不同菌群在耕层纵向上呈现明显的差异分布，酸杆菌随土层深度增加而增多，变形菌则随土层深度增加而减少。

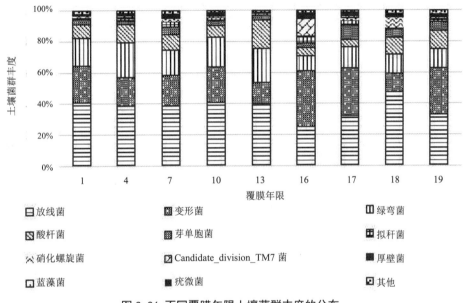

图 3-36 不同覆膜年限土壤菌群丰度的分布

（5）残留农膜对土壤饱和导水率的影响

随着覆膜年限的增加，土壤饱和导水率减小，其中覆膜 7 年的处理 0～20 cm 土层土壤饱和导水率最小。这主要是由于该处理农膜残留量最大导致的。20～30 cm 土层覆膜 17 年的处理土壤饱和导水率最小，这是因为在 20～30 cm 土层内该处理的残留量最大，而其他两个处理几乎没有农膜残留（表 3-30）。

表 3-30 不同覆膜年限下土壤饱和导水率变化　　　　　　　　　　　　　单位：m/s

深度	覆膜 3 年	覆膜 7 年	覆膜 17 年
0~10 cm	3.24×10^{-5}	8.8×10^{-6}	1.31×10^{-5}
10~20 cm	3.15×10^{-5}	4.4×10^{-6}	1.20×10^{-5}
20~30 cm	1.11×10^{-5}	1.05×10^{-5}	2.00×10^{-7}

（6）农膜对土壤养分及化学指标的影响

通过各项数据显示（图 3-37 至 3-42），覆膜年限对土壤中的养分及化学指标影响不大。覆膜 17 年的处理大部分指标都要高于其他处理，主要是因为哈尔滨地区的土壤质量整体要好于大庆地区的土壤质量。

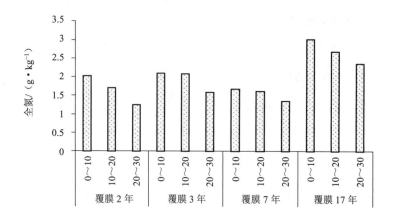

图 3-37 不同覆膜年限土壤全氮含量变化

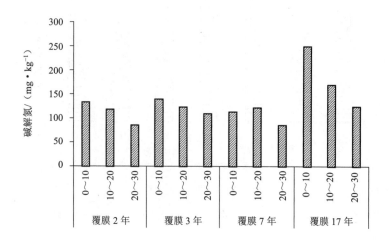

图 3-38 不同覆膜年限土壤碱解氮含量变化

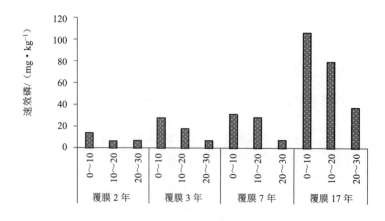

图 3-39 不同覆膜年限土壤速效磷含量变化

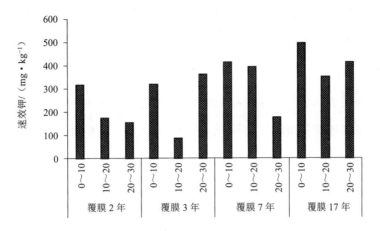

图 3-40 不同覆膜年限土壤速效钾含量变化

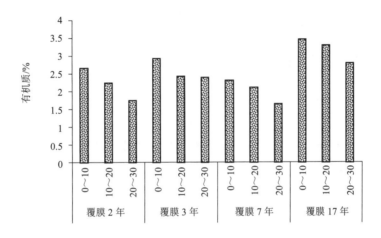

图 3-41 不同覆膜年限土壤有机质含量变化

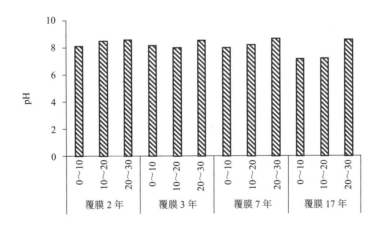

图 3-42 不同覆膜年限土壤 pH 值变化

3.3.3.3 小结

①四个调查样地的地膜残留量很大，平均量在 $53.4 \sim 125.2\ kg/hm^2$，地膜残留量的多少受覆膜年限和种植方式的影响，同时也与目前生产状况有关。土壤中残膜量与覆膜年限有关，覆膜年限越久，残留量越高。同时，种植模式对残膜量也存在一定的影响，连续 7 年覆膜种植的土壤中残留量最高，达到 $125.2\ kg/hm^2$。

②残留地膜主要集中在 0～30 cm 土层中，30 cm 土层以下基本不存在残留地膜，0～20 cm 土层土壤耕层是残膜污染的主要区域，占土壤中残膜总量的 90% 以上，但由于研究区域的不一样，残膜在各个层次的分布比重又有所不同。

③与土壤中农膜残留量大致相同，覆膜年限越长土壤中残膜片的数量越多，一般在 300 万～2 000 万片/hm²。同时，调查数据也反映不同处理和覆膜年限不同，残膜片的大小所占的比例有一定差异，这可能与种植过程中农艺措施的不同有关。

④覆膜耕作显著改变了土壤环境中微生物的分布，长期地膜覆盖显著增加了变形菌的相对丰度，降低了酸杆菌和芽单胞菌的相对丰度。

⑤随着覆膜年限的增加，农膜残留量增大，土壤饱和导水率减小。

⑥覆膜年限对土壤中的养分及化学指标影响不大。

3.3.4 农田地膜残留调查技术规程

（1）范围

《农田地膜残留调查技术规程》（简称规程）规定了农田地膜残留调查技术的术语和定义、调查准备、调查技术和残留地膜统计与评价。

规程适用于覆盖地膜种植的农田。

（2）规范性引用文件

相关规范性文件对于规程的应用是必不可少的。凡注年份的引用文件，仅所注年份的版本适用于规程。凡是不注年份的引用文件，其最新版本（包括所有的修改单）适用于该文件，如《GB/T 25413 农田地膜残留量限值及测定》。

（3）术语和定义

下列术语和定义适用于本标准。

①地膜。

用于农作物覆盖栽培的各种塑料薄膜的统称。

②地膜残留。

残存在农田里不可降解的地膜碎片。

（4）调查准备

①工具类。

铁锹、铁铲、筛子（直径 50 cm，筛孔 5 mm）、铁钎或木钎（长度约 60 cm）、线、铁锤、帆布一块（2 m × 2 m）等。

②器材类。

GIS 数据采集器、数码照相机、卷尺、样品袋、电子天平（精确度为 0.000 1 g）、微波清洗器等。

③文具类。

样品标签、采样记录本、铅笔、橡皮、记号笔、计算器、资料夹等。

④安全防护用品。

工作服、工作鞋、手套、药品箱等。

⑤交通及通信设备。

野外考察车辆、车载电源、车载照明灯、手机等。

（5）调查技术

①调查时间。

应选在上季作物收获后整地前和下季作物整地后播种前进行。

②调查地块选择。

应用过地膜及受地膜不同程度污染的地块。

③田间调查方法。

A.地块基础信息。调查地块确定后用 GIS 数据采集器定位，确定地块经纬度，并记载调查地块户主姓名、种植作物、种植方式（平作、垄作）、覆膜年限、覆膜方式、覆膜比例、地膜类型、揭膜时间、地膜回收方式和距离村庄距离等基本信息。

B.样点选择。采用对角线法、梅花点法、棋盘点法或蛇形线法确定样点位置。

C.样点数确定。调查面积小于或等于 1 亩的地块取样点不少于 3 个，面积超过 1 亩的地块取样点不少于 5 个。

D.样点规格。每个样点面积为 1 m×1 m 的正方形。

E.样方深度。样方深度为 30 cm，分别以地表、0～10 cm、10～20 cm、20～30 cm 分土层采集，测定地膜残留量。若耕作方式为垄作，以垄体中心（垄高 1/2 处）为 0 cm，垂直向下延伸 30 cm，垄体中心至地表土壤记入 0～10 cm 采集范围内。

F.残膜样品的收集。收集包括下面四个步骤。

步骤 1：在选定样点处，用铁钎与线绳围成一个 1 m×1 m 的正方形样方，然后向外扩展约 10 cm，挖去周围多余土壤，逐渐削至样方标准。

步骤 2：用直尺将样方从地表自上而下依次划出四个深度层次（地表、0～10 cm、10～20 cm、20～30 cm）。

步骤 3：在样点旁边铺上帆布，用铁锹将样点每层土放在筛子中，边筛土边人工捡拾膜，残膜以肉眼可见为标准，将捡拾的地膜分层放入标记好的自封袋保存。

步骤 4：每个样方残膜筛捡完后，将挖出的土壤按相应土层填回，尽量恢复采样点的原貌。

⑤残膜样品处理。

A.清洗。尽量去除附着在残膜上的土，同时防止残膜破裂，展开每个卷曲的残膜；进行一定时间（1 h）的浸泡，人工清除残膜表面泥土，之后用超声波清洗仪清洗残膜；清洗时间为10～20 min，小于10 g的残膜清洗时间以10～15 min为标准，清洗大于10 g的残膜清洗时间以15～20 min为标准。

B.晾干。用滤纸吸干残膜上的水分，并在阴凉干燥处自然晾干至恒重。

C.分级。选择颜色与残膜差异明显且易于辨认的纸板，分别剪出大小为2 cm×2 cm、5 cm×5 cm的正方形，然后将地膜仔细展开抹平，将地膜与纸板对比，将地膜按面积小于4 cm²、4～25 cm²、大于25 cm²标准分为三级，并记录每个级别的片数。

D.称重。精度为0.000 1 g的分析天平称重记载，最后进行统计分析。

（6）残留地膜统计与评价

①分别统计样方各层的残留地膜质量。

将每个样方同一土层内不同级别的残膜积加，求出平均值，记为耕层土壤某层次的平均残留地膜质量 M_i。

$$M_i=10000 \times （W_1+W_2+W_3+\cdots+W_n）/n \tag{3-2}$$

式中：M_i——该调查地区耕地某层土壤的平均残膜量，kg/hm²；

　　　　i——土层；

　　　　W_n——每个样方某层土壤的残膜总净重，kg；

　　　　n——调查样方的数量。

② 地膜残留总量。

将各层土壤的残膜质量求和，可得到每公顷耕地地膜残留总量 M，见式3-3。

$$M=M_0+M_1+M_2+M_3 \tag{3-3}$$

式中：M_i——该调查地区耕地某层土壤的平均残膜量，$i=0,1,2,3$，kg/hm²；

　　　　i——土层；

　　　　M——每公顷耕地地膜残留总量，kg/hm²。

③残留地膜在土壤中的分布。

用某层土壤残留地膜质量（M_i）占全耕层土壤残留地膜总质量（M）的百分比表示残留地膜在土壤中的分布情况。

④地膜残留系数。

$$C=（M-M_0）/A \times 100\% \tag{3-4}$$

式中：C——地膜残留系数，%；

　　　　M——作物收获后地膜残留总量，kg/hm²；

　　　　M_0——铺设地膜前地膜残留总量，kg/hm²；

　　　　A——地膜铺设量，kg/hm²。

⑤残膜破碎度（F）。

$$F=M/N \qquad\qquad (3\text{-}5)$$

式中：F——残膜破碎度，mg/块；

　　　M——样方内残膜总质量，mg；

　　　N——样方内残留地膜总块数。

⑥数据分类汇总。

分析不同作物、不同地膜覆盖方式及不同种类地膜和不同土层的地膜残留量、残留系数。

⑦地膜残留污染评价。

农田地膜残留量限值按 GB/T 25413 标准执行及以单位面积地膜残留量作为污染等级划分指标。污染等级可划分为五级：清洁级（地膜残留量＜25 kg/hm²）、轻度污染（地膜残留量 25～50 kg/hm²）、中度污染（地膜残留量 50～75 kg/hm²）、重度污染（地膜残留量 75～100 kg/hm²）和极重度污染（地膜残留量＞100 kg/hm²）。

第4章　基于高效灌溉的地下水安全保障模式研究

4.1　示范区地下水位特征监测井网络及控制性关键水位研究

4.1.1　区域自然地理和社会经济背景

4.1.1.1　松嫩平原

松嫩平原是东北平原的最大组成部分，位于大小兴安岭与长白山脉及松辽分水岭之间的松辽盆地中部区域，主要由松花江和嫩江冲积而成。整个平原大致形状呈菱形，松嫩平原上分布有嫩江、讷河、依安、五大连池、绥化、富裕、齐齐哈尔、肇州、安达、哈尔滨、长春、吉林、扶余、德惠和松原等 37 个市（县），跨黑龙江省西部、吉林省、内蒙古东北部三部分，其地理位置范围大致是东经 121°～127°，北纬 43°～48°，总面积约 17 万 km²。

松嫩平原在黑龙江省境内面积为 10.32 万 km²，占黑龙江全省总面积的 21.61%，本试验主要讨论位于黑龙江省西部的松嫩平原。松嫩平原东部、北部、西部三面均为台地，海拔 180～300 m，地面高低起伏形态复杂；中部是台地向内部延伸的冲积平原，海拔 110～180 m，地形平坦开阔，被第四系更新统黄土状亚黏土覆盖，占黑龙江省总面积的 10.3%；整体地势北高南低。松嫩平原耕地面积 5.6 万 km²，土壤肥沃，适宜作物生长，凭借优质的自然土壤条件，成为我国重要商品粮产区，盛产玉米、高粱、亚麻、大豆、甜菜和谷子等。松嫩平原因具有大面积且集中的平原草场，畜牧业同样发达。除了地表资源丰富之外，松嫩平原地下蕴藏着丰富的石油资源，有全国最大的原油生产基地。

4.1.1.2　黑龙江西部

本书所指的黑龙江省西部是从行政区划上划分的，主要包括大庆市，齐齐哈尔市、绥化市以及哈尔滨市（除尚志市、延寿县、方正县、通河县、依兰县以外）。

（1）大庆市

大庆市位于黑龙江省西部，松辽盆地中央坳陷区北部，位于东经 124°19'～125°12'，北纬 45°46'～46°55'，东与绥化市相连，南与吉林省隔江（松花江）相望，西部、北部与齐齐哈尔市接壤。滨洲铁路从大庆市中心穿过，大庆市总面积 21 205 km²，其中主市区面积 5 107 km²。

（2）齐齐哈尔市

齐齐哈尔市位于黑龙江省西南部的松嫩平原，位于东经 122°～126°，北纬 45°～48°。东北与绥化市、东南与大庆市、南与吉林省白城市、西与内蒙古自治区呼伦贝尔市、北与黑河市接壤，土地面积 42 255 km²。齐齐哈尔市地域平坦，平均海拔 146 m，东部和南部地势低洼。

齐齐哈尔市属中温带大陆性季风气候。四季特点十分明显：春季干旱多风，夏季炎热多雨，秋季霜早短暂，冬季干冷漫长。

（3）绥化市

绥化市位于黑龙江省中南部，松嫩平原的呼兰河流域，位于东经 124°13′～128°30′，北纬 45°3′～48°2′，北部与中俄口岸城市黑河市毗邻，东部与伊春市毗邻，南部与哈尔滨市毗邻，西南部与石油工业城市大庆市毗邻，西北部与齐齐哈尔市毗邻，土地面积 34 873 km²。

（4）哈尔滨市

哈尔滨市位于黑龙江省西南部，松嫩平原东南端，位于东经 125°42′～130°10′、北纬 44°4′～46°40′，周围与绥化市、大庆市、牡丹江市、佳木斯市毗邻，土地面积 53 076 km²。地势东南高西北低，由东南向西北倾斜，平均海拔 151 m。

哈尔滨市是中国纬度最高、气温最低的省会城市。四季分明，冬季漫长寒冷，而夏季则显得凉爽短暂。春、秋季属于过渡季节，气温升降变化快，时间较短。哈尔滨的气候属中温带大陆性季风气候，冬长夏短，四季分明。

哈尔滨市境内的大小河流均属于松花江水系，主要有松花江、呼兰河等。哈尔滨水资源特点是自产水偏少，过境水较丰，时空分布不均，水分部表征为东富西贫。

4.1.1.3 肇州县概况

（1）自然概况

①地理位置。

肇州县隶属黑龙江省大庆市，地处黑龙江省西南部，位于东经 124°48′12″～125°48′3″，北纬 45°35′2″～46°16′8″，松嫩平原的腹地，松花江北岸，背靠大庆油田，东部与肇东市相邻，西部与大同区交界，南部与肇源县接壤，北部与安达市相连，平均海拔高度 150 m，南北长度大约 77 km，东西宽度大约 72 km，幅员面积 2 445 km²。全县境内为冲积性平原，地势较为平坦。全县下辖 16 个乡镇，2 个农牧场，183 个行政村，人口 42.1 万人，其中农业人口 32.8 万人，有汉族、满族、蒙古族等；全县境内公路四通八达，但无江河和铁路。

②地势地貌。

肇州县属于冲击性平原地貌，为中生代的坳陷地带。地形自东向西逐渐偏低，由北向南逐渐偏低。海拔高程为 130～228 m，相对高差 98 m。地貌形态单一，基本为低平原，在低平原处有较多小的古代残留湖泊。

（2）水文气象

①降水。

肇州县地处于中高纬度地带，属于大陆性季风气候，四季冷暖干湿变化分明。春秋季多风少雨；夏季高温多雨；冬季气候寒冷干燥。区域多年平均降水量 460 mm。境内降水量年内年际变化均较大，其典型站典型年内分配见表 4-1 所示。从表中可以看出，玉米生育期 5—9 月降水量占全年降水量 87% 以上，其他月份合计不到 13%。

表 4-1 肇州县雨量代表站降水量年内分配　　　　　　　　　　　　　　　　　单位：mm

月份	丰水年（P=20%）	平水年（P=50%）	枯水年（P=75%）	多年平均
1 月	5.4	2.4	1.8	0.0
2 月	13.5	0.0	1.1	5.6
3 月	6.1	0.7	22.1	16.7
4 月	6.9	11.9	21.4	22.2
5 月	10.6	7.0	26.7	26.6
6 月	42.3	112.3	70.0	104.3
7 月	238.8	184.1	64.2	124.6
8 月	154.7	89.8	85.8	66.3
9 月	46.3	21.7	51.2	75.9
10 月	21.3	1.5	18.7	3.3
11 月	7.6	0.4	1.3	5.3
12 月	2.8	0.3	4.0	1.5
全年合计	556.4	432.0	369.2	452.1
5—9 月合计	492.7	414.9	297.9	397.7

②温度。

肇州县多年平均气温 3.8℃，极端最高气温 38.1℃，最低是 1 月，平均气温 -19.1℃。肇州县每月平均温度对比如图 4-1 所示。

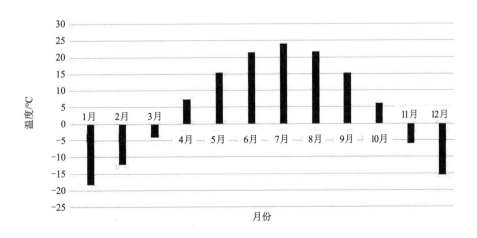

图 4-1 肇州县多年月平均温度

（3）河流水系

肇州县境内无自然江河，只有零星小面积的沼泽和一些排涝泄洪工程。现有大庆地区的泄洪工程安肇新河通过肇州县的西部边界，南部边界有南引水库泄水干渠通过，北部有大庆地区主要供水水源北部引嫩工程。境内较大的排涝工程有北大干渠和西大干渠。

安肇新河是大庆地区排泄供水的唯一通道，河道总长 108.1 km，集水面积 13 832 km²。安肇新河河道北起王花泡滞洪区，南部抵达松花江，东部邻接肇兰新河，西部至大庆市西排干，流域形状基本为狭长形。

（4）水资源量

①地表水资源量。

肇州县地表水资源主要来源于大气降水。根据《黑龙江水资源综合规划地表水资源量调查评价成果》，多年平均年径流深 16 mm，折合水量 0.39 亿 m³。

②地下水资源量。

根据黑龙江省水利勘测设计研究院 2010 年完成的《黑龙江省肇州县水资源配置初步成果》，肇州县全境多年平均地下水资源量为 1.35 亿 m³。采用可开采系数法计算肇州县地下水多年平均可开采总量为 1.11 亿 m³。

③水资源总量。

由于肇州县地处松嫩平原腹地，且境内农业以旱田为主，地下水资源量中不含井灌回归补给量，因此，不考虑地表、地下水资源重复计算量，肇州县水资源总量为 1.74 亿 m³。

4.1.1.4 肇州县典型性分析

肇州县气候干燥，尤其在春季和初夏降水量小，蒸发强度大，并且地表不存在天然江河，全县境内赋存地下水。肇州县的水文气象条件和水源条件决定了该区农业种植种类，该种植种类是松嫩平原中典型的种植旱田作物，该地区还是开采地下水的农业灌溉区。肇州县为农业县，全区需水，尤其是农业灌溉需水主要依赖于开采地下水资源，由于经济发展，现全区需水量逐年增大，地下水出现开采过多现象，因此对肇州县进行地下水安全保障研究。对肇州县地下水安全保障的研究，对于松嫩平原的同类地区具有借鉴意义。

4.1.2 理论技术背景

4.1.2.1 节水增粮

（1）东北四省区节水增粮行动

我国水资源严重短缺，尤其是北方粮食主产区水资源供需矛盾尖锐。水资源短缺是制约我国粮食稳定发展的主要瓶颈，干旱频繁已成为农业生产的主要威胁，必须把节水灌溉作为发展现代农业的一项根本性措施来抓。《中共中央、国务院关于加快水利改革发展的决定》、中央水利工作会议和全国人大审议通过的《中华人民共和国国民经济和社会发展第十二个五年规划纲要》都明确要求大力发展节水灌溉，推广普及农业高效节水技术。

（2）黑龙江省节水增粮行动

黑龙江省节水增粮行动实施方案发展的重点地区是黑龙江省西部地区，在东部和中部地区适度发展。黑龙江省是国家重要的商品粮基地，在东北四省区节水增粮行动的背景下，高效节水灌溉模式、装备类型及装备需求情况亟待解决。喷灌是目前黑龙江省旱田灌溉采用的主要灌溉模式。

（3）肇州县节水增粮行动产业政策

肇州县是东北四省区节水增粮行动项目区之一，根据《黑龙江省肇州县节水增粮行动实施方案（2012—2015年）》，建设项目采用"工程技术+技术节水+管理节水+信息化+水文化建设的五位一体"综合节水模式。工程建设后将大大提高肇州县农业节水能力，确保粮食的高产稳产，促进地区农业及经济的发展。对提高粮食保障和促进地方经济的发展意义重大。项目建设符合《中共中央、国务院关于加快水利改革发展的决定》中有关精神；符合《国务院办公厅关于开展 2011 年全国粮食稳定增产行动的意见》和《国务院办公厅关于实行最严格水资源管理制度的意见》等相关要求；符合《全国新增 1000 亿斤粮食生产能力规划（2009—2020 年）》等发展规划。

（4）取水有关规划

符合《黑龙江省农田水利条例》中"推行喷灌、微灌、滴灌等节水灌溉措施，推广控制灌溉面积、节水点灌等节水灌溉技术"的相关要求；符合《黑龙江省国民经济和社会发展第十三个五年规划》《黑龙江省土地利用总体规划（2006—2020 年）》《黑龙江省生态建设规划纲要》《黑龙江省环境保护"十三五"规划》《黑龙江省千亿斤粮食生产能力建设规划》等规划中提出"发展灌溉农业，特别是在缺水地区推广膜下灌、膜上灌、喷灌、微灌等，以提高水资源的利用效"的相关规划。

4.1.2.2　高效灌溉

（1）高效节水灌溉

高效节水灌溉是对除土渠输水和地表漫灌之外所有输灌水方式的统称。根据灌溉技术发展的进程，输水方式在土渠的基础上大致经过防渗渠和管道输水两个阶段，输水过程的水利用系数从 0.30 逐步提高到 0.90，灌水方式则在地表漫灌的基础上发展为喷灌、微灌直至地下滴灌水的利用系数从 0.30 逐步提高到 0.95。

（2）肇州县高效灌溉型式

喷灌是目前肇州县旱田主要采用的灌溉模式，喷灌设备以卷盘式喷灌、中小型低造价的涂塑软管移动式喷灌和轻小型机组喷灌居多，由于设备使用寿命短，亟待更新。

喷灌是先进的节水灌溉方式，节水增产效果明显，能大幅度减轻劳动强度，提高农业劳动生产率，是提升农业灌溉水平及实现农业机械化和现代化的重要手段，是中国现阶段推广应用的主要节水灌溉方式之一。

（3）灌溉制度及用水规模

①灌溉制度。

根据作物需水特性和当地气候、土壤、农业技术及灌水等因素确定灌水方案。其主要内容包括灌水次数、灌水时间、灌水定额。农作物的灌溉制度是指作物播种前（或水稻栽秧前）及全生育期内的灌水次数、每次的灌水日期和灌水定额。充分灌溉条件下的灌溉制度，是指灌溉供水能够充分满足作物各生育期的需水量要求而设计制定的灌溉制度。

②黑龙江省灌溉制度。

黑龙江省在玉米的生育期，都存在不同程度的缺水问题，需要实施灌溉。玉米的高效节水灌溉技术制度，主要针对各地不同的水资源状况，充分利用有效降水，按照以供定需的原则和玉米各生育期的用水需求，调整各生育期的灌水次数、灌水时间与灌水定额，达到节水增粮的目的。

③肇州县灌溉制度及用水过程。

针对试验区缺水及业主提供的近年灌溉定额实际情况、充分考虑玉米各阶段对水分的需求，适当调整生育期的灌水次数、灌水时间。玉米生育期划分为苗期、拔节期、抽雄期、灌浆期、成熟期。基于黑龙江省"十年九春旱"、全生育期降水不足的特征，重点在播种期、苗期春旱时灌水保苗，拔节期、抽雄期伏旱时灌水保证正常生长，灌浆期秋旱补水保产。

④用水规模及经济效益。

肇州县在节水增粮行动前农田灌溉方式主要是以管带输水地面灌溉为主，大部分农田无节水灌溉措施。通过建设和发展节水工程项目，全县的节水灌溉面积由原来的30.5万亩增加到77.0万亩，其中喷灌面积由原来的22.3万亩增加到73.6万亩，滴灌面积由原来的8.2万亩减少到3.4万亩，适宜节水措施选择及农业节水能力显著提高。肇州县主要种植作物为玉米，实施灌溉后与不灌溉情况相比，平均单产由460 kg/亩增加到650 kg/亩，每亩增加190 kg。节水增粮行动带动了当地农业生产方式的变革，进一步提高当地群众的科技意识和节水意识，提高农业生产效益和农民的增产增收，减轻农业劳动强度，实现了以有限的水资源保障农业稳产、增产，提高试验区的抗旱减灾能力。同时，对促进地方经济发展、建设社会主义新农村具有重要的意义。灌溉制度在改善了农业生产条件的同时，增加了土壤湿度，在一定程度上缓解土地退化、沙化，使农田水土流失大大减轻，并可有效减少无机肥用量，减轻土壤板结，防治土壤盐渍化，耕地质量得到提高，农业生态环境明显好转，对调节区域气候、保护环境都有积极的影响。

4.1.2.3 地下水可持续利用与地下水安全

（1）地下水可持续利用

地下水是水资源的主要组成部分，在很多方面我们都是将地下水作为主要的用水来源。地下水可持续开采量是指具有一定补给来源和储存能力的地下水系统，在遵循自然水循环规律和地下水流动原理的基础上，不超过多年平均补给量且保证地下水系统能够及时达到新的平衡条件下的可开采量。地下水不挤占维持生态和地质环境稳定所需的水量，其实质是在生态与环境承载力允许的条件下可以永续开采的地下水资源，其可开采量在经济、技术合理理念下进一步突出了生态和环境保护的目标，强调在生态和地质环境友好模式下的地下水可利用量。

（2）地下水过度开采及相关法律

地下水过度开采会引起地层沉降、塌陷，加速土壤的荒漠化、盐碱化。在雨季，降水对地下水的补充由于储水空间的缩小而减少补给甚至不补给，从而引起地下水资源的逐渐萎缩和枯竭。地下水的枯竭又会造成植被量的减少、荒漠化的加剧。在地下漏斗形成的洼地当中由于没有排水出路，水分蒸发导致盐分留在土壤当中使得土壤逐渐盐碱化。《中华人民共和国水法》增加了地下水开采禁限制度，其中的第三十六条规定："在地下水超采地区，县级以上地方人民政府批准……可以划定地下水禁止开采或者限制开采区。在沿海地区开采地下水，应当经过科学论证，并采取措施，防止地面沉降和海水入侵"。《中华人民共和国水污染防治法》对划定地下水资源保护区、回灌地下水及相应的法律责任等也做了规定。

（3）节水措施

采用耕作松土、覆盖保墒、增肥改土节水措施，可以有效地提高土壤保水能力，改善土地物理性状，提高耕作田土层的有机质含量，达到粮食增产的目的。

4.1.2.4 保障技术与保障模式

（1）研究背景及意义

肇州县是松嫩平原种植旱作物、地下水灌溉的典型代表地区，合理配置水资源实现高效灌溉是稳定提高其粮食产量的基本保障。随着黑龙江省西部节水增粮行动的开展，灌溉面积持续增加，肇州县农田灌溉的需水要求也随之增长，对于地下水的开采利用程度加大。这种发展态势有可能会破坏地下水均衡，使地下水资源自然调节能力失效，进而失去正常状态下的资源供给，影响区域地下水系统安全，制约该地区粮食稳定发展，因此有必要对该地区保障节水灌溉发展的地下水安全保障模式进行研究。

地下水系统是地下水安全的主体。地下水的数量、质量和调度运行情况直接影响地下水安全。地下水在人们的生活、工农业生产和城市建设中都起着重大的作用。为了维持灌溉区农业稳定和长效发展，应在保障地下水系统安全的基础上开发利用地下水。因此，建立与高效灌溉相适应的地下水安全保障评价模式对地下水管理及农业可持续发展显得至关重要。

（2）地下水安全保障模式分析

地下水安全保障模式是根据一个区域不同情况下的不同水量需求，以地下水位为控制性指标，从开采井、取水设备和取水规模等多个方面考虑共同构建的保障地下水安全的方案集合。所建区域数值模型经过识别验证后，可以利用其对该地区未来的地下水动态变化情况进行预测。

研究地下水安全保障模式主要目的是开发利用地下水时，在不破坏含水层结构、符合当地已有取水技术和经济发展政策等前提下，既满足用户需水要求，又能保持地下水系统可利用性，并追求最大的经济效益。

在研究肇州旱灌区地下水安全保障模式时，需考虑的要素有水量需求、地下水可供水量、含水层结构、地下水取水工程和农业经济发展政策等。水量需求是研究地下水安全保障模式时需考虑的前提条件，其他要素则是在制定地下水开采方案时为保护含水层结构稳定、符合当地实际设备技术和发展政策等必须满足的限制条件（约束条件）。根据一个区域不同情况下的不同水量需求，在符合约束条件下制定相应的地下水开发利用方案，集合形成该区域的地下水安全保障模式，其结构流程如图4-2所示。

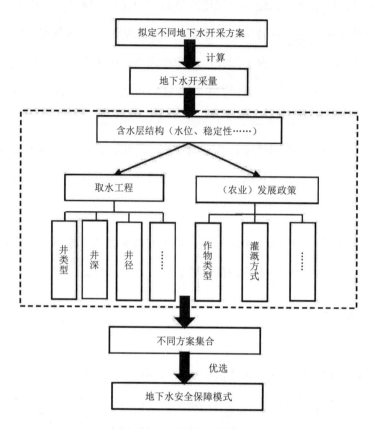

图 4-2 地下水安全保障模式结构流程

4.1.3 地下水位特征监测井网络

4.1.3.1 监测井的类型及结构

（1）监测井的类型

根据水文地质条件的差异，开发地下水的形式有很大不同，常见的地下水取水建筑物为管井。管井是肇州县农业灌溉和工业生产开采地下取水建筑物中应用最为广泛的一种形式。管井通常采用各种机械施工和水泵抽水，为了与人工掏挖的水井相区别，故习惯称之为机井，又将用于农业灌排和供水的机井称为农用机井。肇州县农业灌溉、工业生产、生活用水多以管井为主，地区级监测点可用机井、民井代替，因此肇州县区域监测井类型选用管井。

肇州县管井直径一般为 40～500 mm，在农业生产中多为 200～300 mm，超过 350～500 mm 者是比较少见的。在农业灌溉中需要较大的出水量，因此在条件许可的区域，也采用大直径的管井。

目前，根据肇州县的水文地质条件，管井的深度范围 10～200 m，通常为 150 m 以内。但在农业生产中，多系大面积开采浅层含水层或混层开采，故当前管井深度多为 60～200 m。

（2）监测井的结构

肇州县监测井的结构一般可分为井口、井身、滤水管（进水部分）、沉砂管四部分。农灌机电井结构如图 4-3 所示。

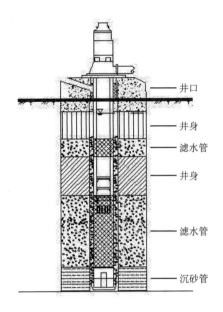

井口
井身
滤水管
井身
滤水管
沉砂管

图 4-3 农灌机电井结构图

肇州县监测井的沉砂管长度设计主要考虑井深，含水层厚度和含水层粒径大小。如果井深较大、含水层厚度较厚、含水层粒径较细时，沉砂管设计安装可长些，反之则短些。一般沉砂管安装长度在 2～12 m，且根据井管单节长度来决定。

为了不减少滤水管长度，尽量增大管井出水量，特别是对于完整井，尽量将沉砂管安装在含水层底板的隔水层。

4.1.3.2 监测仪器及方法

地下水位监测的一般仪器通常有四类：钟响、浮标式水尺、水位计、水位仪。本次监测井网所采用监测仪器为农灌机电井地下水监测仪。该仪器是在原有水位计的基础上改进的，不但可以测量地下水位，而且人在地面可以远程看清楚井下的情况，还可以测量一些水质的参数。另外配合 GPS 一起使用，用来测定监测井的地理坐标和井口高程。

对监测井进行监测前，首先对仪器进行调试，将仪器的各项指标都调试到精度允许范围之内，然后通过监测井对地下水进行监测。首先，接通电源，等待显示屏幕亮起，然后将探头顺着井口逐渐缓慢地向下输送，直至铃声响起，停止下放，此时表明探头已经接触井水水面，此时不要记录数据，为保证数据的准确性，将探头向上提出水面，以铃声不响为止，表明探头离开水面，然后再缓慢下放，直至铃声响起，记录此刻数据，下放的过程中还可以配合屏幕看清井下的情况。一般每个监测井测量 2～3 次，取平均值。用 GPS 测量井口高程和井口坐标，也一并记录。

4.1.3.3 监测井网的布置

（1）监测井网的布置原则

根据《地下水监测规范》（SL/T 183—2019）、《地下水动态监测规程》（DZ/T 0133—1994）、《供水水文地质勘察规范》（GB 50027—2016）中相关规定，监测井的布置应该在布设合理的基础上，尽量多地利用原有的井孔，数量不足时，可适当选取生产井。监测井的布置原则有如下几点：

①各个分区应至少选取一口监测井；

②对地下水开采重点区域，应加大监测井网密度，以便更准确可靠地对地下水降落漏斗进行监测；

③充分利用已有监测井；

④应选容易维护和管理的监测井。既要选择具有代表性监测井，又要方便监测井的维护、监测与管理；

⑤根据管理分区内地下水系统监测层位不同，选取可以分别对不同层位监测的代表性监测井；

⑥尽可能选取使用寿命长，并能长期进行监测的监测井；

⑦如果可能的话，尽量优先选用功能较多的监测井；

⑧综合考虑地形地貌、水文及地下水流向等因素，合理选择监测井。

（2） 肇州县监测井网布置

通过肇州县水文局工作人员的帮助，并查阅相关资料和实地探访，确定了由 26 眼长观井、85 眼统测井和 2 眼钻探井构成的肇州县监测井网。26 眼长观井详细信息如表 4-2 所示，分布图如图 4-4 所示。

表 4-2 肇州县长观井信息表

井号	位置	地理坐标	监测井类型	地下水类型	井深/m	井口高程/m	地面高程/m	监测频率
1	朝阳沟镇镇内	E125°39′40″，N45°44′22″	民井	潜水	21	170.04	169.6	5
2	二井镇朱家屯	E125°38′54″，N45°48′57″	民井	潜水	31	186.7	186.3	5
3	二井镇邹家屯	E125°28′11″，N45°50′13″	民井	潜水	15.3	190.07	189.7	5
4	朝阳乡后茶棚屯	E125°35′27″，N45°45′37″	民井	潜水	25	182.1	181.9	5
5	朝阳乡大双山子屯	E125°35′40″，N45°40′54″	民井	潜水	16.1	170.78	170.2	5
6	托古乡唐家岗子屯	E125°21′48″，N45°38′44″	民井	潜水	16	133.93	133.3	5
7	托古乡火车头屯	E125°25′12″，N45°40′49″	民井	潜水	28	152.49	152.6	5
8	丰乐镇镇内	E125°25′13″，N45°46′37″	生产井	承压水	56.5	170.34	170.3	5
9	永胜乡胡方屯	E125°19′47″，N45°49′19″	民井	潜水	18	158.22	158	5
10	永胜乡宝胜堂屯	E125°21′30″，N45°52′00″	生产井	承压水	66	161.88	162	5
11	兴城镇镇内	E125°18′46″，N45°59′53″	生产井	承压水	63	185.57	185.6	5
12	兴城镇鲁德屯	E125°14′07″，N45°56′33″	生产井	承压水	51.1	160.72	160.8	5
13	兴城镇大猪倌屯	E125°15′35″，N45°51′16″	民井	承压水	62.1	151.61	151.3	5
14	双发乡长发屯	E125°15′35″，N45°44′18″	生产井	承压水	56	148.85	148.7	5
15	肇州镇镇内西北街	E125°15′11″，N45°42′36″	民井	潜水	9	149.31	149	1
16	肇州镇水科所	E125°14′39″，N45°42′14″	民井	潜水	15.3	149.97	149.3	1

续表

井号	位置	地理坐标	监测井类型	地下水类型	井深/m	井口高程/m	地面高程/m	监测频率
17	肇州镇水科所	E125°14′39″，N45°42′15″	生产井	承压水	67.2	150.53	150.07	1
18	肇州镇镇内	E125°16′25″，N45°41′56″	民井	潜水	14	148.51	148.3	5
19	双发乡五家子屯	E125°09′30″，N45°46′19″	民井	潜水	38	141.78	141.6	5
20	新福乡四合屯	E125°08′04″，N45°49′18″	民井	潜水	41	142.4	141.2	5
21	新福乡对龙山屯	E125°07′32″，N45°52′52″	生产井	承压水	45	144.64	144.8	5
22	榆树乡孙家围子屯	E125°10′05″，N45°59′14″	民井	潜水	8	153.23	153	5
23	新福乡厢房屯	E125°00′13″，N45°50′42″	民井	潜水	13.3	137.77	137.6	5
24	乐园乡二分场	E125°05′12″，N45°47′20″	民井	潜水	16	137.58	137.1	5
25	永乐镇岳家围子屯	E125°03′35″，N45°44′00″	民井	承压水	51	138.25	137.8	5
26	永乐镇永乐中学	E125°00′58″，N45°46′09″	生产井	承压水	78	136.26	135.9	5

图 4-4 肇州县长观井分布图

4.1.3.4 监测井网的管理

为了能够加强对监测井网的有效管理，需要严格落实水井管理的责任制。在落实管理责任制时，应尽量从实际情况出发，尊重群众的意愿，并按水井管理的归属，实行各种形式的责任制，提高管理水平，节约成本。

①建立健全监测井档案。

②做好监测井运行记录。

③维护好监测井周围地面，以防塌方。

④定期对监测井进行维护性抽水。

⑤定期进行对监测井维护性清淤。

4.1.4 地下水动态分析

肇州县是黑龙江西部重要的旱田灌区，农业灌溉主要依赖于地下水，地下水动态分析是灌区地下水承载力评价的基础和前提。

4.1.4.1 地下水时间动态分析

（1）单井年内动态分析

根据肇州县 1980—2013 年的降雨资料，选出丰水年（1993 年）、平水年（2012 年）和枯水年（2000年）的代表年，如表 4-3 所示。

表 4-3 代表年地下水埋深数据

年份	降水保证率	年内埋深平均值/m	埋深年内变化/m	降水量/mm	年型
1993	25%	5.76	2.1	616.1	丰水年
2012	50%	7.98	1.3	465.9	平水年
2000	75%	6.77	1.7	382.0	枯水年

根据含水层分区各选出一眼代表井，分别为 4 号井、14 号井、23 号井，如表 4-4 所示。

表 4-4 代表井资料

井号	坐标	井附近地面高程/m	井类型	分区位置
4	E125°35′27″，N45°45′37″	181.93	潜水井	I 区
14	E125°15′35″，N45°44′18″	148.73	承压井	II 区
23	E125°00′13″，N45°50′42″	137.55	潜水井	III区

根据代表井在代表年的地下水埋深资料，绘制出地下水埋深与时间的动态变化关系，如图 4-5、图 4-6 所示。

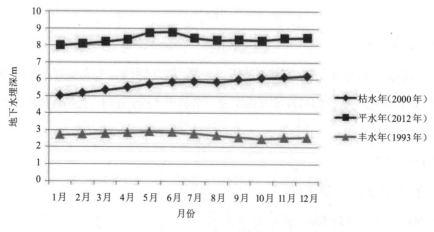

图 4-5 4 号潜水井不同水文年地下水埋深动态曲线

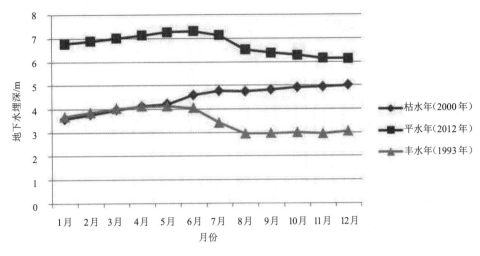

图 4-6 23 号潜水井不同水文年地下水埋深动态曲线

从 4 号潜水井（图 4-5）中可以看出，枯水年地下水埋深从年初至年末呈逐渐上升的趋势，且年内地下水埋深变幅为 1.2 m 左右，排泄大于补给；平水年地下水埋深从年初至年末先升后降的趋势，年内地下水埋深变幅为 0.2 m 左右，排泄略大于补给；丰水年地下水埋深从年初至年末呈先略升后略降的趋势，这是由于丰水年在灌溉季节不需开采地下水，地下水埋深不会出现明显上升的现象，由于 4 号潜水井在含水层Ⅰ区，地面高程较高，大气降水的入渗补给量会通过侧向排泄的方式补给含水层Ⅱ区，导致丰水年 4 号潜水井汛期地下水埋深也不会明显上涨，年内地下水埋深变幅为 0.1 m 左右，补给略大于排泄。

从 23 号潜水井（图 4-6）中可以看出，枯水年地下水埋深从年初至年末呈逐渐上升的趋势，灌溉季埋深上升明显，此时埋深增加是垂向补给所导致的，与 4 号潜水井相似，年内地下水埋深变幅为 1.4 m 左右，排泄大于补给；平水年地下水埋深从年初至年末呈先升后降的趋势，灌溉季埋深上升明显，亦是潜水垂向排泄所导致的，年内地下水埋深变幅为 0.8 m 左右，补给大于排泄；丰水年地下水埋深从年初至年末呈先升后降的趋势，23 号潜水井处于Ⅲ区，地面高程小于Ⅰ区和Ⅱ区，周围地下水埋深减小是由于大气降水和Ⅰ区和Ⅱ区的地下水侧向补给导致，年内地下水埋深变幅为 0.6 m 左右，补给大于排泄。

综上所述，从典型井周围的地下水埋深的动态变化曲线可以看出：枯水年的潜水埋深均呈逐渐上升的趋势，说明该年降水量较小，直接影响潜水的埋深变化，即说明大气降水是肇州县潜水补给的一个重要来源，平水年和丰水年均在 1—6 月地下水埋深呈上升趋势，其原因在于肇州县境内无自然江河，生产、生活和灌溉用水全部来源于地下水的开采，且 4—5 月上升较为明显，是由于肇州全县境内均为旱田，种植期间均以开采地下水灌溉为主，灌溉混层开采导致地下水位下降明显，水位也随之下降，致使 4 月全县地下水位下降较为明显，7—10 月地下水埋深呈下降趋势，其原因在于此时潜水接受大气降水补给。

（2）单井的多年动态分析

根据含水层分区条件，仍选取监测井 4 号和 23 号。根据 1980—2013 年典型井地下水位数据得出历年地下水平均埋深值，绘制多年地下水埋深变化动态曲线图，如图 4-7、图 4-8 所示。

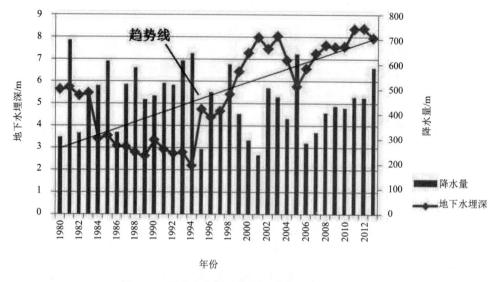

图 4-7 4 号井多年地下水埋深变化动态曲线

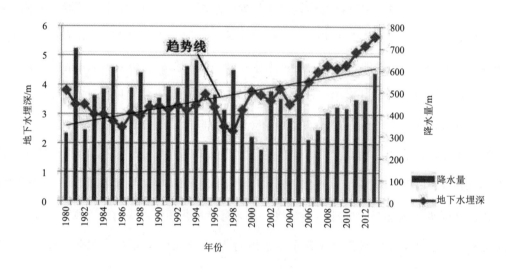

图 4-8 23 号井多年地下水埋深变化动态曲线

从 4 号潜水井（图 4-7）的多年地下水埋深变化动态曲线中可以看出，1980—2013 年，4 号井周围潜水埋深呈有升有降动态变化，但从长期的观测资料可以看出，4 号井周围潜水埋深呈上升趋势，而且结合降水量的柱状图可以看出 4 号井周围的潜水埋深明显受降水量的影响，且呈反比关系，即当年降水量大，则潜水埋深小，反之，潜水埋深大。另外，从图中可以看出，肇州县的降水量虽呈现动态变化，但从长期降水量资料来看，其降水量是在某一值上下波动，不会造成潜水的持续上升，这说明肇州县的潜水埋深的持续上涨，一是因为连续枯水年造成补给亏缺，二是因为肇州县的生产、生活和农业灌溉导致逐年加大开采地下水。

23 号潜水井（图 4-8）也呈与 4 号井大同小异的规律，在此不再赘述。

综上所述，4 号和 23 号潜水井周围潜水埋深变化受大气降水影响较为明显，呈反比关系，即降水量大埋深减小，降水量小埋深增长。此外典型井周围的地下水埋深均呈上升趋势，这是由于降水量在 2006—2010 年连续逢枯，侧向补给不增加，地下水开采量逐年增加，造成排泄大于补给，致使出现地下水位持续下降，地下水埋深增加。地下水动态图均可以说明 2012 年地下水埋深明显大于 1993 年和 2000 年的原因。肇州县地下水的历年开采量如图 4-9 所示。

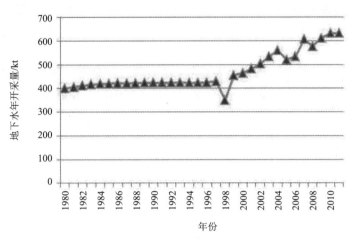

图 4-9 肇州县多年地下水开采量

4.1.4.2 地下水空间动态分析

（1）地下水年内空间动态

①地下水位动态。

肇州县位于中高纬度地带，属于大陆性季风气候，四季冷暖干湿变化明显。春秋季节少雨多风，夏季高温多雨，冬季寒冷干燥，因此肇州县的地下水位呈季节性变化。夏季多雨，地下水位抬升，地下水通过蒸发及径流排泄，至次年雨季以前，地下水位最低，全年地下水位呈单峰单谷形态，且呈年际周期性变化、略延迟的特征。现取 2012 年和 2013 年各月平均地下水位数据，绘制出 2012—2013 年肇州县地下水位动态曲线，如图 4-10 所示。

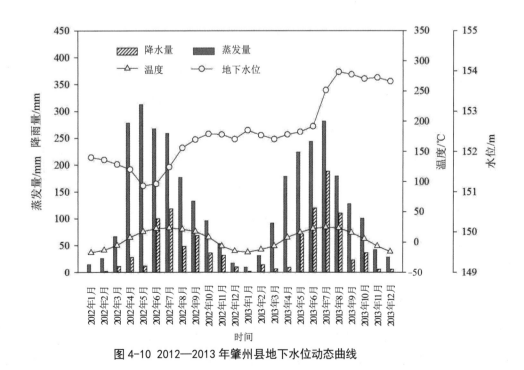

图 4-10 2012—2013 年肇州县地下水位动态曲线

由图 4-10 可以看出，地下水位在 2012 年 6—11 月呈曲线上涨，在 11 月地下水位达到最大值，2012 年 12 月至 2013 年 6 月呈曲线下降，在 6 月达到最低值，7 月又继续增长。且从图中可以看出 4—5 月地下水位下降得尤为明显，那是由于此时正是种植季节，大气降水很少，只能依靠开采地下水进行灌溉，灌溉的水分大部分被蒸发，少部分入渗到土壤包气带中变为结合水，基本很少能重新补给地下水。5—6 月已经到达雨季，正常情况下大气降水应该能够补给地下水，但是从图中可以看出在此期间地下水位依旧在下降。这是因为黑龙江省属于高寒地区，在 12 月至次年 6 月是冻土期，此期间土壤中存在冻土层，直接影响着土壤融雪入渗、降水入渗等一些水文地质参数，冻土影响下的水文特性参数变化过程如图 4-11 所示。W_0 是流域或土壤蓄水量，mm；E_p 为蒸发量，mm/s；H 为潜水上升变幅；q 为农田渗透量，mm/s；a 为径流系数；k 为土壤含水量消退系数，mm/d。

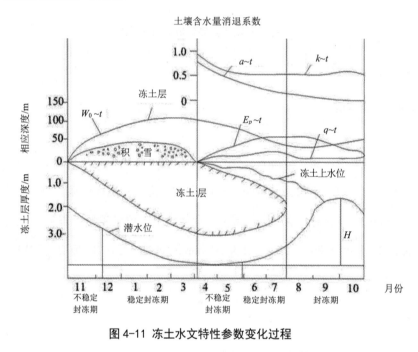

图 4-11　冻土水文特性参数变化过程

由图 4-11 可知，在 11 月由于气温降至 0℃ 以下，在地表慢慢形成冻土层，并随时间推移和温度的降低冻土图层逐渐变厚，土壤中的冻土层相当于不透水层，开始在冻结期降水、蒸发发生在雪面，降水入渗补给地下水终止，而深层潜水蒸发水分向上补给冻土层，且在冻土存在期间地下水开采依旧存在，基本全部用于生产、生活，而侧向补给缓慢，导致地下水位明显下降，11 月至次年 6 月地下水位下降，直到冻土化通后的 7—9 月主汛期，地下水位才明显上升，上升幅度与 7—9 月降水量密切相关。这就解答了上述提到的地下水位为什么是在每年的 6 月达到全年的最低值，而且地下水位上升不是从 5 月开始降雨之后而是从 7 月才开始的。

②地下水流网动态。

肇州县地形东北部分偏高，西部和南部较低，导致地下水大致流向为东北至西南。整个肇州县为一个地质单元，每个含水层和含水层分区之间都存在着密切的水力联系。现取平水年（2012 年），分别取特征水位 4 月 1 日（灌溉前）、5 月 21 日（雨季前）和 10 月 20 日（雨季后），对肇州县地下水（潜水）流网进行分析。

灌溉前地下水流网，如图 4-12 所示，浅色区域为水位 180～182 m，为此时肇州县的最高水位，但未达到 182 m，深色区域水位为 126～128 m，黑色区域为 124～126 m，但未到达 124 m。从图中可以看出地下水的流向大致为东北至西南。

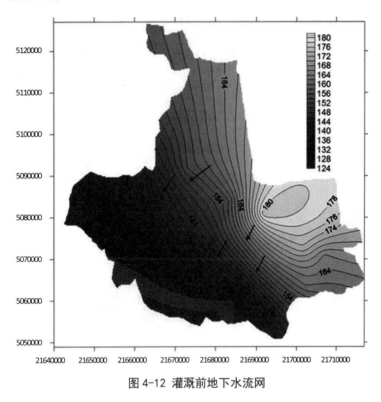

图 4-12 灌溉前地下水流网

雨季前地下水流网如图 4-13 所示，图中浅色、深色与黑色区域与上述的相同。将两幅图进行对比可以发现灌溉后地下水的流网变化不是很明显，流向依旧大致是东北至西南，但是黑色和深色区域变大，说明灌溉之后的地下水位在下降，且下降得较为明显，根据观测的数据显示，浅色区域在变小，说明该区域地下水位也在下降，只是图中显示得不太明显。

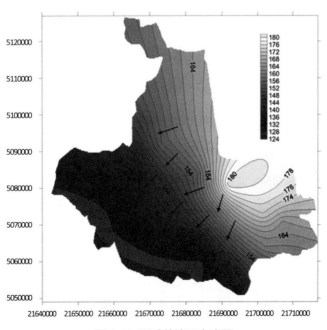

图 4-13 雨季前地下水流网

雨季后地下水流网，如图 4-14 所示。图中浅色、深色与黑色区域与上文中描述的相同，与图 4-12、图 4-13 有区别的是图 4-14 浅色中有一个很小的区域，此区域为 182～184 m 水位，此时地下水流向依旧是东北至西南。由此可以看出此时肇州县的地下水经过雨季的降水入渗补给和侧向补给，水位已经恢复到灌溉前且略有上升。

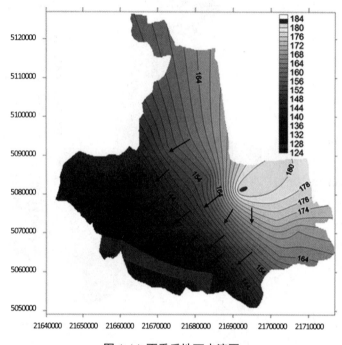

图 4-14 雨季后地下水流网

综上所述，由于地势的自然因素，肇州县的地下水流向始终是东北至西南，且整个肇州县的含水层水力系统联系较为紧密，这与当地含水层的强开放性有很大关系。

（2）地下水多年空间动态

根据 1980—2013 年肇州县 26 眼长观井地下水埋深历年平均值，可以看出肇州县的地下水埋深呈动态变化，各年之间上下波动，差距不是很大，但从长期的观测资料可以看出，地下水埋深呈上涨趋势，即地下水位呈下降的趋势。肇州县地下水埋深整体上呈上涨趋势，上述 4 号井和 23 号井多年地下水埋深呈上涨趋势绝非偶然。肇州县地下水埋深多年动态曲线，如图 4-15 所示。

图 4-15 肇州县多年年均地下水埋深动态曲线

地下水的动态变化是一个复杂的过程，影响肇州县的地下水动态变化的因素有很多，如降水量、蒸发量、开采量以及侧向补给量等，根据现有的资料绘制肇州县多种水文因素影响下的地下水埋深动态曲线如图 4-16 所示。

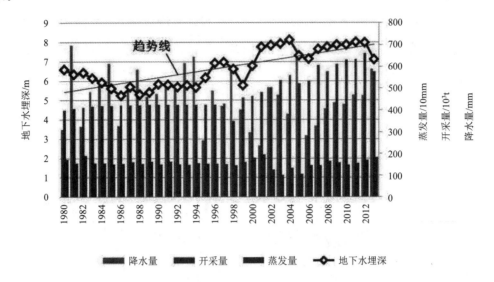

图 4-16 肇州县多种水文因素影响下的地下水埋深动态曲线

1980—1999 年地下水埋深变化较为均衡，2000—2013 年地下水埋深逐渐变大，而肇州县的历年蒸发量比较均衡，变化幅度不大，说明蒸发不是肇州县地下水埋深变化的主要因素；肇州县的降水量从长期的观测可以看出呈微弱下降趋势，可以作为地下水埋深增加的一个因素，但不是决定性因素；1980—1999 年肇州县的地下水开采量比较平稳，此时地下水埋深变化也不是很明显，2000—2013 年地下水开采量逐年增加，地下水埋深也随之增加，且较为明显，说明地下水开采量是肇州县地下水埋深增加的决定性因素。这是在地下水侧向补给和排泄均衡的情况下进行的，肇州县为强开放边界含水层，地下水交换量较为均衡，对肇州县的地下水埋深影响不大。

4.1.4.3 地下水流场

地下水动态监测资料，要经过系统的整理和分析，以便提供生产使用。一般要求每个水文年系统分析一次地下水动态的年内变化规律，每 5 年或 10 年系统分析一次地下水动态年际变化规律。这种变化规律包括地下水动态监测要素随时间的变化过程、变化形态及变化幅度、变化周期、变化趋势等。通过对不同地下水动态要素的动态特征进行对比，可分析确定他们之间的相关关系。

绘制大量原始资料的通用形式有编制地下水动态监测资料动态表及绘制年、多年动态曲线、绘制区域地下水流场图等。本书运用流场图来反映地下水位的空间变化。区域地下水流场图反映了肇州县的地下水位在宏观的流速、流向、范围等特征。根据肇州县 26 个水位观测点资料，分别从丰水期和枯水期的地下水位动态加以整理，并由这些数据画出流场图。

（1）丰水期地下水位流场图

一般情况下，潜水面以上无稳定的隔水层，潜水通过包气带与地表相通，因此，潜水与大气圈及地表水联系密切，气象、水文因素的变动，对其影响非常显著，且具有明显的季节变化特点。所以，流场图上应该注明测定水位的时间。通过不同时期等水位线图的对比，有助于了解地下水的动态。一般在一个地区应该绘制丰水期和枯水期等水位线图。

先把研究区的地图画出，描出各个测站点的位置；再根据肇州县各个县乡测站点 1999—2009 年的地下水位 10 月至次年 1 月的埋深监测的数据和各地井口高程，将水位高程相等的各点连线，即得该区的丰水期地下水位流场图，如图 4-17 所示。

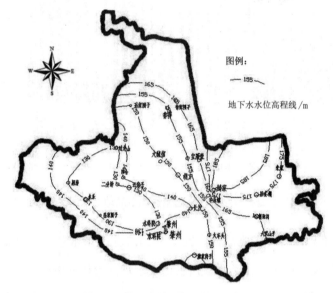

图 4-17 肇州县丰水期流场分布

潜水是沿着潜水面坡度最大的方向流动的，因此垂直于等水位线由高到低即为潜水流向。由流场图 4-17 可知，丰水期时，肇州县地下水流向由东北流向西南方向。再有根据肇州县的丰水期流场图显示，在肇州县的中心地区形成了一个降落漏斗，其中心永乐镇的最大高程为 130 m。形成降落漏斗的原因可能有当地的地下水开采量超过了最大开采量。

（2）枯水期地下水位流场图

根据肇州县各个县乡测站点 1999—2009 年的地下水位 4—7 月的埋深监测的数据和各地高程，将水位高程相等的各点连线，即得出该区的枯水期地下水位流场图 4-18。

由流场图 4-18 可知，枯水期时，肇州县地下水至也是由东北至西南。丰水期的降落漏斗中心长发区域的降落面积已经不再明显。地下水降漏斗中心反而移到四合，最低地下水位高程为 125 m。全肇州县区域的地下水流场保持微漏斗形态，所开采的地下水量基本与补给量相持平，基本能达到地下水均衡水平。

图例：

～140～

地下水水位高程线/m

图 4-18 肇州县枯水期流场图

4.1.5 肇州旱灌区地下水控制性水位管理

4.1.4.1 基本概念

（1）地下水开发总量

地下水开发总量，亦称地下水可开采量。浅层地下水可开采量是指在经济合理、技术可行且利用后不会造成地下水位持续下降、水质恶化、地面沉降等环境地质问题和不对生态环境造成不良影响的情况下，允许从地下含水层中取出的最大水量。

以现状条件下浅层地下水资源量、开发利用水平及技术水平为基础，根据评价区浅层地下水含水层的开采条件，在多年平均地下水总补给量的基础上，合理确定现状条件下的浅层地下水可开采量。

①可开采系数法。

在浅层地下水已经开发利用的地区，多年平均浅层地下水实际开采量、地下水位动态特征、现状条件下总补给量等三者之间关系密切相关，互为平衡。首先，通过对区域水文地质条件分析，依据地下水总补给量、地下水位观测、实际开采量等系列资料，进行模拟操作演算，确定可开采系数，再用类似水文比拟的方法，确定不同类型水文地质分区可采用的经验值，进而计算评价区的地下水可开采量计算式为

$$Q_{可采} = \rho Q_{总补} \tag{4-1}$$

式中：$Q_{可采}$——地下水可开采量；

ρ——可开采系数（$\rho \leqslant 1$）；

$Q_{总补}$——地下水总补给量。

对于开采条件良好[单井单位降深出水量大于 20 m/（h·m）]、地下水埋深大、水位连年下降的超采区，ρ 的参考取值范围 0.88～1.00；对于开采条件一般[单井单位降深出水量在 5～10 m/（h·m）]、地下水埋深大、实际开采程度较高地区或地下水埋深较小、实际开采程度较低地区，ρ 的参考取值范围 0.75～0.95；对于开采条件较差[单井单位降深出水量小于 2.5 m/（h·m）]，地下水埋深较小，开采程度低，开采困难的地区，ρ 的参考取值范围 0.60～0.70。

②典型年实际开采量法。

据实测的地下水位动态资料与调查核实的开采量资料分析，若某一年的地下水经开采后，其年末的地下水位与年初的保持不变或十分接近，则该年的实际开采量即为区域开采量。具体计算时，可在允许范围内多选几年，对求出的 $Q_{可采}$ 经分析后合理取值。

③扣除不可夺取的天然消耗量法。

浅层地下水补给量和消耗量是在地下水的交替转换过程中形成的，且随着自然和人为因素的影响，地下水各均衡项在不断变化。充分发挥地下水库的多年调节作用，尽最大可能地把地下水资源提取出来，达到物尽其用的水资源管理目标。但是，受水文地质条件的限制和大自然平衡的需要，必有一部分水量被消耗掉，地下水资源量扣除天然净消耗量即为地下水的可开采量。天然净消耗量包括潜水蒸发量、河道排泄量、地下水溢出量等。将现状条件下的多年平均地下水总补给量扣除天然消耗量，即可得到多年平均地下水可开采量。

（2）控制性关键水位

水资源不仅是维持其社会经济发展不可替代的重要资源，而且是稳定生态环境系统的重要因素。人们对水资源的不合理开发利用，往往造成水资源的大量浪费，并引起了一系列生态环境问题。针对我国因不合理开发利用使得地下水位升降所导致的地面沉降、塌陷、地裂缝、土壤沙化和荒漠化以及土壤次生盐渍化等问题，将地下水控制性关键水位类别划分为上界水位（主要是由于补给过量或开采量不足等造成的）和下界水位（主要是由于补给量不足或过量开采等造成的）两种。

由于地下水位空间变化的不均匀性，必须针对不同地域建立相应的关键水位。为合理指导地下水水资源开发和利用，促进地下水水资源的可持续利用，使得通过地下水位来监控和管理地下水资源成为可能，以实行最严格的水资源保护制度。针对不同的区域或功能区，根据地下水位的历史变化情况，制定不同的控制性关键水位，这样既可以对地下水超采进行预警，又可为及时治理地下水超采区提供依据。

由于地下水的形成机理和赋存条件较为复杂，很难精确测量地下水可开采量，但对长观井水位变化的实时监测则很容易实现。依据已建立的地下水可开采量与地下水位之间的定量关系，通过观测地下水位的变化情况来反映地下水可开采量的变化过程。为此，我们给出地下水控制性关键水位的一些基本概念，根据表征地下水的目的和意义不同，将地下水控制性关键水位划分为三类：一是，用于描述和表征地下水预警状态的水位，包括正常水位、警示水位和警戒水位；二是，用于指导地下水开发利用的水位，包括正常开采水位、限制开采水位和禁止开采水位；三是，用于监控和管理地下水动态的水位，包括蓝线水位和红线水位。

从用于描述和表征地下水预警状态的水位特点看，无论是抬升型还是下降型地下水控制性关键水位均可细化为正常水位、警示水位和警戒水位。

①正常水位是指处于地下水采补平衡，即地下水开采量近似于地下水可开采量时的水位值，此时地下水的资源功能、生态功能和环境地质功能均能发挥正常作用。处于正常水位范围内时，区域地下水及水环境处于"健康"状态。

②警示水位一般是指地下水位出现持续下降或上涨且水位降深或涨幅等于多年平均地下水头到隔水底板垂向距离的二分之一时，可能引起土壤沙化、地面沉降、水质变劣、地下水浸没淹没等一系列生态、环境与工程地质和资源问题时的水位值。处于警示水位范围内时，区域地下水及水环境处于"亚健康"状态。

③警戒水位一般是指地下水位出现持续下降或上涨且水位降深或涨幅等于含水层厚度三分之二时，极有可能引起或已经导致土壤沙化、地面沉降、水质变劣、地下水浸没淹没等一系列生态、环境与工程地质和资源问题时的水位值。处于警戒水位范围内时，区域地下水及水环境处于"不健康"状态。

（3）地下水可开采量—源汇项—水位的关系

地下水总量控制的核心在于允许开采量（地下水可开采量）的计算。地下水可开采量是指在地下水开采期内，通过技术水平相适应的取水工程，在保证生态环境和原始地质不受影响的前提条件下，在规定的期限内能从含水系统或取水地段取出来的最大出水量。

通常利用水均衡方法来计算。水均衡是指在某一个特定的区域内、特定的时间段内，地下水所有的输入补给量、所有的输出排泄水量与总的地下水蓄水变量之间的数量平衡关系。

补给项主要有五个来源：降水入渗、地表水（河流、湖泊等）补给地下水、含水层侧向径流补给、深层含水层顶托补给浅层含水层（越流补给）、农田灌溉回渗量（田间灌溉回渗和渠系灌溉回渗）；排泄项主要包括枯水期地下水补给地表水、潜水蒸发、含水层侧向径流排泄、浅层含水层越流补给深层含水层、人为开采量。各源汇项之间的平衡关系见图 4-19。

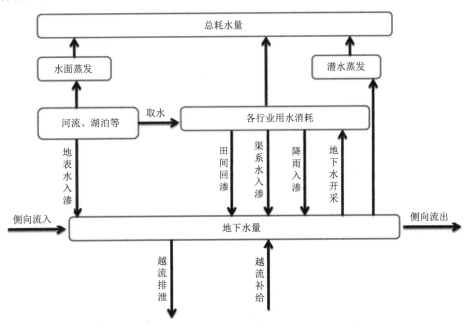

图 4-19 地下水均衡关系

据地下水均衡概念和各源汇项之间的关系可建立均衡关系方程如下：

$$\begin{cases} Q_{补给} - Q_{排泄} = \Delta Q_{储} = \mu \dfrac{\Delta h}{\Delta t} F \\ Q_{补给} = Q_{降渗} + Q_{灌渗} + Q_{渠渗} + Q_{河补} + Q_{侧补} + Q_{越补} \\ Q_{排泄} = Q_{溶蒸泄} + Q_{可采} + Q_{侧排} + Q_{河泄} + Q_{越泄} \end{cases} \tag{4-2}$$

式中：μ——含水层给水度；

$\quad\quad \Delta h$——t 时段内的地下水位变化值；

$\quad\quad F$——均衡区的面积。

将除地下水位、地下水开采量之外的量设为已知，经过转化可得

$$Q_{可采} = Q_{补给} - Q_{非采耗} - \mu \frac{\Delta h}{\Delta t} F \tag{4-3}$$

由式可看出，$Q_{可采} = f(\Delta h)$，地下水可开采量与地下水位之间存在函数关系，其约束条件为地下水位。由于地下水总开采量在计算上比较烦琐，根据式（4-3）所表述，地下水总量控制可通过控制性关键水位来管理。我国已经建立了分部广泛的地下水观测井，使得通过地下水位来管理地下水成为可能。

为此，针对不同的区域或功能区，根据地下水位的历史变化情况，制定不同的控制性关键水位，并且根据所设定的关键水位预先编制相应的应急预案和管理办法，这样既可以对地下水的超采进行预警，又可以为地下水超采区的及时治理提供依据。

4.1.6 控制性关键水位的确定

地下水控制性关键水位是指具有明确物理概念的一系列水位值的总称，它对应于地下水不同开发利用状态的一系列水位值。地下水控制性关键水位具有两个重要特征。第一，它并不是一个静态的数值，而是受地下水开发利用状况以及年内水文气象等影响的一组数值。比如，在汛期过后地下水会接受更多的入渗补给，地下水位随之抬升，此时各控制性关键水位也会发生相应的变化，即在不同时间尺度的情况下，其数值是不同的，是一组变动的数值。第二，地下水控制性关键水位是一个反映水行政主管部门在不同时期的管理目标、理念以及意志偏好等的表征指标，即为了实现其目标管理而设定的期望水位值，具有一定的时代特色。由于受各种因素的影响，地下水位经常变化不定。在枯水时期（或对于贫水地区），在没有外来水源的情况下，考虑到人们的生活及区域发展等问题，地下水的短期超采甚至是长期超采是被允许的。根据制定的地下水不同压采目标及管理目标，各水平年的地下水控制性关键水位是不同的，也是一个变动的数值。

我国地下水控制性关键水位可分为两种：抬升型关键水位和下降型关键水位。抬升型关键水位，主要是由于开采量不足或者补给过量等原因造成的；下降型关键水位，主要是由于过量开采或者补给量不足等原因造成的。在进行地下水控制性关键水位管理时，采取不同的管理策略、预案及措施以应对不同类型的地下水变化状态。

4.1.5.1 蓝线水位和红线水位

从利用控制性关键水位实施对地下水动态管理和地下水资源量化的角度出发，再根据地下水位下降或者抬升对地下水的地质环境功能、生态功能和资源功能等造成的影响程度，我们将研究区域的地下水控制性关键水位划分为蓝线水位和红线水位。其中蓝线水位为警示水位或者为限制开采水位，红线水位为警戒水位或者为禁止开采水位。蓝线水位一般是指地下水达到采补平衡时的水位值，或者是指为了实现某一时期地下水管理目标而设定的期望水位值。当地下水位从蓝线水位以内向外变动时，说明当前的地下水开发利用格局存在不合理因素，可能会产生地下水的资源功能、地质环境功能以及生态功能等方面的问题，严重时可能会导致灾难性后果。红线水位一般是指地下水开采量大于地下水可开采量并且出现地下水位持续下降，水位降深等于含水层厚度二分之一时的水位值，或者是指为了实现某一时期地下水管理目标而设定的期望水位值。当地下水位越入红线水位以外时，表明当前的地下水开发利用格局存在不合理因素，将产生地下水的资源功能、地质环境功能、生态功能等方面的问题，严重时将导致灾难性后果。

4.1.5.2 地下水红黄蓝管理策略

关于蓝线水位和红线水位的提出，是随着地下水红黄蓝管理策略的构想而产生的，红黄蓝管理策略是以蓝线水位和红线水位作为判别量化的指标，用以管理分区是蓝区、黄区或者红区。地下水蓝区是指，对于下降型关键水位区域处于下蓝线水位以上的管理区以及对于上升型关键水位区域处于上蓝线水位以下的管理区统称为蓝区，其地下水资源有进一步开发利用的潜力，可以按照正常的取水许可制度对地下水实施有效管理。地下水黄区是指，凡是处于相邻蓝线和红线水位之间的管理区统称为黄区；对于上黄区，即上升型关键水位区域，地下水处于正均衡状态，由于水位抬升有可能引发地下水大量蒸发损失、水质恶化、土壤次生盐渍化、沼泽化以及一系列的地质环境等问题，因此可按照取水许可管理制度鼓励地下水开采；对于下黄区，即下降型关键水位区域，其地下水资源进一步开发利用的潜力变小，可以按照取水许可制度对地下水实施积极管理，限制地下水的开发利用。地下水红区是指，对于上红区（上升型关键水位区域）处于上红线水位以上的管理区或者对于下红区（下降型关键水位区域）处于下红线水位以下的管理区统称为红区。对于上红区，地下水处于正均衡状态，因水位过度抬升已引发地下水大量蒸发损失、水质恶化、土壤次生盐渍化、沼泽化以及一系列的地质环境等问题，可按照取水许可管理制度进行危机管理，强制增加地下水的开采量；对于下红区，地下水已处于严重超采状态，应按照取水许可管理制度实施危机管理，对地下水进行强制性减采，甚至是禁采。根据地下水的特征、管理需要以及地下水的开发利用状态和存在问题的紧急程度，将地下水管理区划分为红区、黄区和蓝区。其中红区属于紧急程度最高的级别，黄区属于紧急程度中等的级别，蓝区属于紧急程度一般的级别。地下水开发利用状态的紧急程度和管理等级可以用此三种分区来表征（图4-20）。

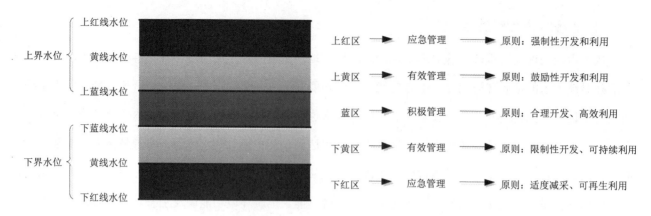

图 4-20 关键水位与管理原则

综上所述，可以利用选定的监测井的监测水位数据与给定的关键水位比较，以此来判别当前时段其管理分区的水位所处的状态，然后再根据预先设定的管理原则以及管理策略对地下水资源进行量化和科学管理。根据地下水红黄蓝管理的理念，针对红区、黄区和蓝区等三种状态的管理等级，提出不同的取水许可和水资源费征收等管理策略。

4.1.5.3 关键水位计算方法

（1）确定下红线水位

①根据不同地区的水位、水质条件，以现有工农业、生活供水井的开采条件为基础，以不对现有生产、生活供水产生大的影响为原则。

②以保证供水安全为约束条件。

③防止不良水体入侵和水质恶化，进而确定不同地区较适合的地下水位埋深的下限。

下红线水位是地下水在开采过程中生态环境不遭受破坏的最低水位，是划定地下水位警戒线水位的基础。采用地下水位动态模拟分析法和含水层厚度比例法确定的最高水位作为划定区初步的下红线水位，同时根据下红线水位确定的约束条件进行调整，最终确定下红线水位。下红线水位调整的约束条件：一是将因地下水位下降，可能激发新的地下水污染的临界水位定为下红线水位；二是将因地下水位下降，可能引起地面沉降、地面塌陷、地裂缝的临界水位定为下红线水位；三是考虑地下水取用水能力，以不超出取水能力的最大地下水位埋深为下红线水位。

（2）确定上红线水位

确定地下水位最小埋深的原则，以现有建筑物地基深度、垃圾场填埋深度、区域水文地质条件为基础，以不对现有建筑物产生大的影响、不浸泡垃圾填埋场、不产生地质灾害（如土壤的次生盐渍化）、不影响农林牧鱼的生产为原则，进而确定不同地区较适合的地下水位埋深的上限。

地下水位若超过上红线水位，则极有可能引起土壤次生盐渍化，甚至沼泽化的发生和发展，应当给予严重关注，根据事先制定好的应急管理预案启动应急措施，通过生态应急排水和降低水位的方式进行人为干预，遏制事态的进一步恶化。在此广大的农业生产区域，以不发生土壤次生盐渍化的地下水最高水位对应的埋深，作为上红线水位。

（3）确定下蓝线水位

下蓝线水位为地下水埋深下限值，是以下红线水位为起点，下红线水位以上满足降水保证率为 95% 的年内正常用水量所对应代表水位。

（4）确定上蓝线水位

上蓝线水位为研究区正常地下水埋深上限值，其确定方法与下蓝线相似，是以下红线水位为起点，下红线水位以上满足降水保证率为 75% 的年内正常用水量所对应的代表水位。

4.1.4.4 管理分区

根据不同的管理需求，考虑水文地质单元特点、地下水开发利用情况以及社会经济发展的需求，在流域分区、地下水功能区划和不同行政分区的基础上，按照不同级别和类别划分地下水控制性管理分区，并以此作为地下水开采总量控制与控制性关键水位管理的最小单元。

（1）分区原则

①控制性水位管理分区的划分首先要遵循自然规律，应当充分掌握地下水系统的组成和功能，分析地下水赋存条件和补给、径流、排泄条件，在掌握地下水系统的运移规律的前提下，按地下水系统的自然特点进行划分。

②要充分考虑地下水的自然资源属性、社会经济属性、生态与环境属性和水资源配置格局、生态与环境保护的目标要求等，综合各方面因素进行划分。

③所划分的地下水控制性管理单元应具有一定的区域独立性，根据不同的下垫面特征对地下水资源的影响划分不同类型的管理区，如城市与农村、荒漠与绿洲、森林与农田、水源地与非水源地等应区分。

④对划分的管理分区，根据地下水功能及管理需求，应按照不同的地下水状态及管理目标进行适时调整及动态管理，如根据用水需求水源涵养区可转变为开发区。

地下水控制性管理分区是在集合众多原则的基础上进行划分的。在地下水功能区划的基础上，根据水资源管理权限，将地下水控制性管理分区分为流域级（国家级）、省级、地级和县级等多个级别。其中，流域级（国家级）管理分区是指跨省级行政区界线的地下水控制性管理分区，省级管理分区是指跨地级行政区界线的地下水控制性管理分区，地级管理分区是指跨县级行政区界线的地下水控制性管理分区，县级管理分区是指跨乡级行政区界线的地下水控制性管理分区，其他可以此类推。

（2）管理分区

地下水管理分区类别，是在地下水功能区分类的基础上，考虑到不同级别的管理权限、管辖范围、重点及目标等综合予以划分和确定的。根据不同的管理需求，考虑水文地质单元特点、地下水开发利用情况以及社会经济发展的需求，在流域分区、地下水功能区划和不同行政分区的基础上，按照不同级别和类别划分地下水控制性管理分区，并以此作为地下水开采总量控制与控制性关键水位管理的最小单元。

地下水控制性管理分区是集合遵从自然规律的原则、独立性原则、实用性原则、分级负责原则、适时调整原则等众多原则的基础上进行划分的。

4.2 区域地下水水力数值模型研究

4.2.1 区域水文地质条件

肇州县所处大地构造单元为东北槽系松辽地块古龙至长岭坳陷区，沉积厚度很大，钻孔揭示的有第四系大兴屯组、哈尔滨组、齐齐哈尔组、林甸组、白土山组地层，第三系大安组和白垩系明水组地层，总厚度可达6 000 m。其地层分类及信息如表4-5所示。

表4-5 地层分类及信息简表

地层		分布	岩性
系	组		
第四系	大兴屯组	全境	(1) 厚度10～25 m； (2) 亚黏土、粉质黏土为主
	哈尔滨组	全境	(1) 厚度5～20 m； (2) 亚黏土、粉质黏土
	齐齐哈尔组	全境	(1) 厚度5～35 m； (2) 粉细砂、细砂、粉质黏土互层
第四系	林甸组	全境	(1) 厚度分布不均，10～25 m； (2) 粉质黏土、黏土、粉土夹砂
	白土山组	全境	(1) 厚度10～35 m； (2) 砂砾石间夹有白色高岭土
第三系	大安组	南部地区	(1) 顶部埋深45～70 m； (2) 上部泥岩，粉砂及含砾砂岩
白垩系	明水组	东部地区	(1) 顶部埋深150～200 m； (2) 泥岩、砂岩底部见砾石

①第四系。下更新统为白土山组，冰水堆积中粗砂，含砾石；中更新统为林甸组湖积淤泥质亚黏土；上更新统为哈尔滨组冰水冲积黄土层；全新统为冲积砂和亚黏土及湖沼沉积淤泥质层和风积砂。

②第三系。自下而上分为两组，即下第三系依安组、上第三系大安组。大安组在该县分布较广，上部为灰橘黄、灰绿色泥岩，粉砂岩夹砂砾岩，下部主要为灰色中粗砂岩和砾岩。

③白垩系。明水县钻孔揭示到下白垩系姚家组，粗度较粗，颜色较浅的灰色砂砾岩，紫灰色、灰白色砂岩，与暗紫红色、紫褐色及棕色泥岩的互层。

4.2.2 区域含水特征

4.2.2.1 含水层区划

根据水文地质条件，肇州县共分3个区13个亚区，肇州县含水层开采分区图如图4-21所示。

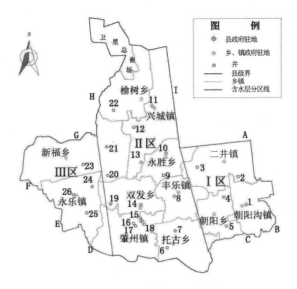

图 4-21 肇州县含水层开采分区图

4.2.2.4 结构特征

根据实际情况选取了 5 眼观测井的结构资料，分别为 5 号、9 号、12 号、23 号和 25 号，以此推测目标含水层的结构。

5 号观测井位于研究区东部边界处，地理坐标为东经 125°35′40″，北纬 45°40′54″，属于潜水非完整井。根据打井队提供的钻孔资料，5 号观测井井径为 300 mm，井管全长 16.1 m，滤水管长度为 10.0 m。

9 号观测井位于研究区南部边界处，地理坐标为东经 125°19′47″，北纬 45°49′19″，属于潜水非完整井。根据打井队提供的钻孔资料，9 号观测井井径为 840 mm，井管全长 18.0 m，滤水管长度为 10.0 m。

12 号观测井位于研究区南部边界处，地理坐标为东经 125°14′07″，北纬 45°56′33″，属于混合井。根据打井队提供的钻孔资料，12 号观测井井径为 300 mm，井管全长 50.0 m，滤水管长度为 25.6 m。

23 号观测井位于研究区西部边界处，地理坐标为东经 125°00′13″，北纬 45°50′42″，属于潜水非完整井。根据打井队提供的钻孔资料，23 号观测井井径为 300 mm，井管全长 13.3 m，滤水管长度为 4.0 m。

25 号观测井位于研究区南部边界处，地理坐标为东经 125°03′35″，北纬 45°44′00″，属于混合井。根据打井队提供的钻孔资料，25 号观测井井径为 200 mm，井管全长 51.0 m，滤水管长度为 25.0 m。

肇州县地层结构大致分为表土层、粉质黏土层或黄土状粉质黏土层、砂层以及隔水底板泥岩层。

①第一层为表土层，覆盖肇州县全境，厚度大约为 0.5 m，透水性属于半透水性。

②第二层为黄土状粉质黏土、粉质黏土或黏土，在全县境内不均匀分布，厚度为 5~30 m 不等，透水性属于半透水性。

③第三层为细砂，局部地区有中砂或粗砂，厚度 5～25 m 不等，透水性较好。

④第四层为黏土，局部地区有粉质黏土和黄土状粉质黏土，厚度为 8～30 m 不等，属于半透水性。

⑤第五层为中砂，局部地区有粗砂和砾砂，厚度为 6～15 m 不等，透水性较好。

⑥第六层为黏土，厚度 5～15 m，属于半透水性。

⑦第七层为粗砂，局部地区有中砂和砾砂，厚度为3～10 m不等，透水性较好。

⑧第八层为泥岩，属于隔水底板，基本属于不透水层。

4.2.2.2 目标含水层位置与规模

第四系孔隙潜水赋存于埋深5～30 m，其含水层岩性主要是细砂，局部地区含有中砂和粗砂，厚度为5～25 m，透水性较强，富水性较好，水质较好，并且下部的第四系、第三系及白垩系三层承压水含水层，其岩性主要是中砂、粗砂和砾砂。该岩层颗粒粗，含水层厚度大，分布稳定，透水性强，富水性强，水质较好。因此，可利用第四系孔隙潜水和下部的三层承压水的含水层为农业灌溉、城镇生活及工业用水的主要开采目的层，即此四层含水层为动态监测的目标含水层，概化为含有自由水面的混层开采潜水含水层。

根据3次对灌区内农户走访和调查，选定灌区内统测用机电井127眼，其中灌溉用机电井106眼，生活用水机电井21眼。大部分机电井为开放式机电井，可直接放置地下水位观测仪器进行测量，部分机电井井口有井盖或水泵，无法直接观测。通过筛选，其中可用于地下水位观测的开放式观测井86眼，大部分为小口径农用灌溉机电井。

4.2.3 概念模型与源汇项确定

4.2.3.1 概念模型

一般情况下，由于水文地质条件太过复杂，建立能够真实反映该类条件数学模型的难度较大，因此，在建立模型时要将水文地质条件进行概化，建立可以利用数学模型对水文地质条件进行描述的水文地质概念模型。概念模型的建立是依据现场观测和实验得到的数据及收集获得的当地一系列相关资料，是用于评价和管理地下水资源不可缺少的基础工具。

在充分了解研究区地质和水文地质条件后，对地下含水系统边界条件、内部结构、含水层水力特征、补给排泄条件及水文地质参数的分布等进行概化，以文字和数据等方式简洁地表达出来。一个正确的概念模型能够反映地下水系统整体运动规律及特点，为之后模型化地下水系统奠定基础。建立的水文地质模型应符合以下要求：一是所建水文地质概念模型应反映研究区地下水流系统的功能和特征；二是概念模型应当简洁明了，便于理解；三是所建水文地质概念模型可以用于定量描述，以便建立该区域地下水运动规律相符合的数学模型。

（1）模拟区范围确定

一般情况下，在确定模拟区范围时，应以相对完整的水文地质单元作为模拟区，设置边界在自然边界上，以便较准确地利用其真实的边界条件，避免人为边界在提供资料上的困难和误差。但在实际工作中因勘探范围有限，常不能完全利用自然边界，通常模拟区范围设置在容易确定流量或地下水位的人为边界处。

研究区肇州县位于松嫩平原的中部，地势地貌单一，没有明显的分水岭。根据已掌握的水文地质资料和26眼长期监测井地下水位监测数据，确定肇州县全境为模拟区范围，如图4-22所示。模拟区涉及双发乡、托古乡、肇州镇、永乐镇、新福乡、兴城镇、丰乐镇、永胜乡、榆树乡、朝阳沟镇、朝阳乡、二井镇、乐园良种场和卫星种畜场 14 个乡镇（场）。

图 4-22 模拟区范围示意

（2）含水层概化

肇州县位于松嫩平原的中部，除小部分的东部高平原和南部高漫滩台阶地外，区域内基本上为低平原，根据之前整理的研究区水文地质资料可知，肇州县区域地下水含水层结构按照埋藏条件在垂向上划分为潜水含水层、承压含水层及二者之间通过其发生水力联系的弱透水层。进行地下水流模拟时，将模拟区域含水层概化为 2 层：潜水含水层和承压含水层。

（3）边界条件

垂向边界：潜水含水层的自由水面，接受大气降水、灌溉入渗补给和蒸发排泄，是位置不断变化的水量交换边界；底部边界为含水层的下限，直接与相对隔水的泥岩接触，概化为隔水边界。

侧向边界：边界上流量可知，将此边界划分为二类边界。

（4）含水层水力特征

将区域内开采井概化为点井，区内地下水位逐年下降且各要素随时间发生变化，为非稳定流。水流运动基本符合达西定律，区内水流运动形式概化为准三维流。

（5）水文地质参数

水文地质参数是表征含水介质水文地质性能的数量指标，进行地下水资源评价的重要基础，在进行数值建模过程中，涉及的水文地质参数一般分为两类：含水层相关水文地质参数及用于计算补给排泄项与水文气象相关的参数。与含水层相关的水文地质参数有渗透系数 K、导水系数 T、潜水含水层的给水度 μ；与水文气象相关的参数有降水入渗系数 α、潜水蒸发强度 ε、灌溉入渗补给系数 β 等。

4.2.3.2 源汇项确定

（1）源汇项概化

模型在垂向上划分为 2 个含水层组：潜水含水层和承压含水层。含水层主要的补给排泄项如表 4-6 所示。

表 4-6 模型含水层主要的补给排泄项

含水层类型	补给项	排泄项
潜水含水层	降水入渗补给、地下侧向径流补给（承压水越流补给潜水）	潜水蒸发、人工开采、地下侧向径流排泄（潜水越流补给承压水）
承压含水层	地下侧向径流补给（潜水越流补给承压水）	人工开采、地下水侧向径流排泄（承压水越流补给潜水）

（2）数学模型

数学模型是一门将数学理论和实际问题联系起来，把实际问题用相应的数学问题来表示的新学科，在近年来逐渐得到了发展。数学模型是利用数学的一些理论概念及计算方法，从定量或定性的角度来描述实际存在问题的。地下水流系统的数学模型是一组用于描述地下水流在数量关系和空间形式的数学关系式，能够体现地下水流系统运动的基本特征。在建立一个地下水流系统的数学模型之前，首先要对研究区的地质情况和水文地质条件了解清楚，并对于天然的地质模型有清晰的认知。概念模型是一个高度概化后的物理模型，地下水流数学模型则是在充分了解这个物理模型基础上，用简洁的数学语言（一组数学关系式）将其表达出来。确定研究区范围、形状和方程中出现的各种参数值后，一个确定的数学模型就建立了起来，所建模型包括能够表述地下水运动规律的偏微分方程、初始条件和边界条件。

根据概念模型，研究区地下水补排和水位随时间变化，表现为非稳定流特性，目标含水层的厚度和岩性在区内均有不同程度的变化，将研究区地下水流系统概化为非均质各向同性、准三维非稳定地下水流系统。

潜水含水层数学模型为

$$\begin{cases} \left\{\dfrac{\partial}{\partial x}\left((H_1 - B)\dfrac{\partial H_1}{\partial x}\right) + \dfrac{\partial}{\partial y}\left((H_1 - B)\dfrac{\partial H_1}{\partial y}\right)\right\}K_1 - \sigma_{12}(H_1 - H_2) - W_1 = \mu\dfrac{\partial H_1}{\partial t}, t \geq 0 \\ H_1(x, y, t)\big|_{t=0} = H_{1-0}(x, y), (x, y) \in D \\ T_1\left(\dfrac{\partial H_1}{\partial n_1}\right)\Big|_{\Gamma_2} = q_1(x, y, t), (x, y) \in \Gamma_2, t \geq 0 \end{cases} \tag{4-4}$$

承压水含水层数学模型为

$$\begin{cases} \dfrac{\partial}{\partial x}\left(T_2\dfrac{\partial H_2}{\partial x}\right) + \dfrac{\partial}{\partial y}\left(T_2\dfrac{\partial H_2}{\partial y}\right) + \sigma_{12}(H_1 - H_2) - W_2 = S\dfrac{\partial H_2}{\partial t}, t \geq 0 \\ H_2(x, y, t)\big|_{t=0} = H_{2-0}(x, y), (x, y) \in D \\ T_2\left(\dfrac{\partial H_2}{\partial n_2}\right)\Big|_{\Gamma_2} = q_2(x, y, t), (x, y) \in \Gamma_2, t \geq 0 \end{cases} \tag{4-5}$$

式中：K_1，K_2——潜水含水层和承压含水层导水系数，m/d；

$\quad$ H_1，H_2——潜水含水层和承压含水层水头，m；

$\quad$ W_1，W_2——潜水含水层和承压含水层开采强度，m/d；

$\quad$ H_{1-0}，H_{2-0}——潜水含水层和承压含水层初始水位，m；

$\quad$ T_1，T_2——潜水含水层和承压含水层导水系数，m^2/d；

$\quad$ q_1，q_2——潜水含水层和承压含水层二类边界各点流量，m^2/d；

$\quad$ B——潜水含水层底板标高，m；

$\quad$ σ_{12}——潜水含水层与承压含水层间弱透水层的越流系数，1/d；

$\quad$ M——承压含水层厚度，m；

$\quad$ μ——潜水含水层给水度；

$\quad$ S——承压含水层弹性释水系数；

$\quad$ Γ_2——二类边界；

$\quad$ t——为计算时段；

$\quad$ D——模拟区范围。

（3）模拟软件

研究采用 GMS（Groundwater Modeling System）软件中的 MODFLOW 模块建立模型对肇州县地下水流系统进行数值模拟。在 GMS 软件中，一般可以通过两种方式构建 MODFLOW 模型：直接建模法和概念模型法。直接建模法是通过先划分有限差分剖分网格，之后直接在每个网格中添加源汇项和其他模型参数，方法直观，对于简单问题效果好。概念模型法是先采用 GIS 工具建立模拟区的三维模型，然后把边界条件等其他数据赋给三维模型，这种方法对于实际复杂的边界条件更有效。本研究采用的建模方法为概念模型法，在利用 GMS 软件建模前，首先要建立该研究区域的水文地质模型。根据研究区的水文地质结构和源汇项的特征，选择 Visual MODFLOW 中相应的子程序包来实现模拟地下水流。

（4）数据处理

①模拟区边界。

模拟区侧向边界定为第二类定流量边界，边界上各点流量已知。

②水文地质参数。

与含水层相关的水文地质参数有渗透系数 K、导水系数 T、潜水含水层的给水度 μ、承压含水层的储水系数 S 和弱透水层的越流系数 σ；与水文气象相关的参数有降水入渗系数 α、极限蒸发埋深 $ET.depth$、灌溉入渗补给系数 β。此次研究所建模型为 2 层模型，需要根据该研究区地质资料及水文地质资料分别对潜水含水层和承压含水层的水文地质参数进行赋值。

③含水层水文地质参数。

根据地质、水文地质条件及参数，结合研究区内监测井钻孔资料。潜水含水层分为 5 个参数分区，具体水文地质参数初值确定如表 4-7 所示，分区如图 4-23 所示；承压含水层分为 6 个参数分区，如图 4-24 所示，具体水文地质参数初值确定如表 4-8 所示。

表 4-7 模拟区潜水含水层水文地质参数初值

分区	渗透系数（K）/（m·d^{-1}）	越流补给系数（σ）	给水度（μ）
1	2.5	1.30×10^{-6}	0.10
2	2.5	0.86×10^{-6}	0.07
3	2.5	2.59×10^{-6}	0.07
4	2.5	0.26×10^{-6}	0.10
5	2.5	4.15×10^{-6}	0.10

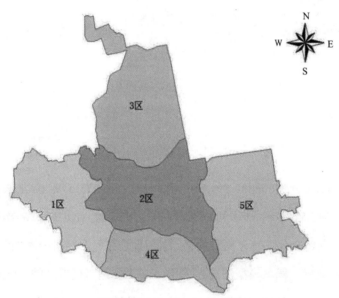

图 4-23 模拟区潜水含水层水文地质参数分区示意

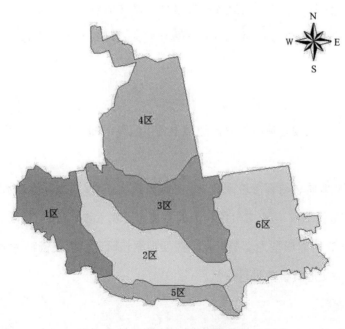

图 4-24 承压含水层水文地质参数分区示意

表 4-8 模拟区承压含水层水文地质参数初值

分区	导水系数（T）/（m·d^{-1}）	弹性释水系数（S）
1	100.0	9.0×10^{-5}
2	100.0	9.0×10^{-5}
3	50.0	7.0×10^{-5}
4	120.0	7.0×10^{-5}
5	50.0	7.0×10^{-5}
6	50.0	7.0×10^{-5}

④水文气象参数。

水文气象参数是通过水文地质条件，并参考各类参数当地经验值等相关内容确定的。大气降水补给、蒸发和灌溉入渗只发生在潜水含水层，该类参数只需赋给潜水含水层，参数具体值如表 4-9 所示。

表 4-9 模拟区水文气象参数

参数	参数值
降水入渗系数α	0.13
极限蒸发埋深 $ET.depth$/m	5.16
灌溉入渗补给系数β	0.13

⑤源汇项。

根据收集和整理的各类水文气象资料和地下水位监测数据，选择资料较为完备的 2013 年、2014 年两年的数据作为此次地下水数值模拟的基础数据。

研究区主要的源汇项有降水入渗补给、灌溉入渗补给、侧向径流补给（排泄）、越流补给（排泄）、蒸发和人工开采。在 GMS 软件中，将潜水水位值和承压水位值赋给模型运行后，侧向径流补给（排泄）和越流补给（排泄）会自动计算出来，降水入渗、灌溉入渗、蒸发和人工开采则人工计算并赋值到模型上。

A.降水入渗补给量。降水入渗补给是研究区的主要补给项，降水入渗到土壤中的水量与潜水水位、地层岩性和降水量相关。降水入渗量计算公式为

$$Q_{降} = aFq \qquad (4\text{-}6)$$

式中：$Q_{降}$——降水入渗补给量，m^3；

a ——降水入渗系数；

F——降水入渗面积，m^2；

q ——降水量，m。

根据已有水文气象资料，肇州县 2013 年、2014 年年降水量分别为 587.7 mm 和 453.6 mm。参考经验

数据将模拟区降水入渗系数取 0.13。模型中降水入渗采用的是 Source/sinks Packages 中的 Recharge（RCH）Package，要求将数据整理为单位面积降水补给速率 Recharge rate（m/d），如表 4-10 所示。

表 4-10 模拟区降水量计算表

年份	月份	月降水量/mm	天数	日平均降水量/m	Recharge rate/（m·d⁻¹）
	1	1.2	31.0	0.387×10^{-4}	0.503×10^{-5}
	2	1.4	28.0	0.500×10^{-4}	0.650×10^{-5}
	3	12.0	31.0	3.871×10^{-4}	5.032×10^{-5}
	4	0.5	30.0	0.167×10^{-4}	0.217×10^{-5}
	5	58.0	31.0	18.710×10^{-4}	24.323×10^{-5}
	6	154.2	30.0	51.400×10^{-4}	66.820×10^{-5}
2013	7	207.6	31.0	66.968×10^{-4}	87.058×10^{-5}
	8	103.4	31.0	33.355×10^{-4}	43.361×10^{-5}
	9	30.8	30.0	10.267×10^{-4}	13.347×10^{-5}
	10	16.8	31.0	5.419×10^{-4}	7.045×10^{-5}
	11	1.4	30.0	0.467×10^{-4}	0.607×10^{-5}
	12	0.3	31.0	0.097×10^{-4}	0.126×10^{-5}
	1	0.9	31.0	0.290×10^{-4}	0.377×10^{-5}
	2	1.1	28.0	0.393×10^{-4}	0.511×10^{-5}
	3	9.3	31.0	3.000×10^{-4}	3.900×10^{-5}
	4	0.4	30.0	0.133×10^{-4}	0.173×10^{-5}
	5	44.8	31.0	14.452×10^{-4}	18.788×10^{-5}
	6	119	30.0	39.667×10^{-4}	51.567×10^{-5}
2014	7	160.2	31.0	51.677×10^{-4}	67.180×10^{-5}
	8	79.8	31.0	25.742×10^{-4}	33.465×10^{-5}
	9	23.8	30.0	7.933×10^{-4}	10.313×10^{-5}
	10	13	31.0	4.194×10^{-4}	5.452×10^{-5}
	11	1.1	30.0	0.367×10^{-4}	0.477×10^{-5}
	12	0.2	31.0	0.065×10^{-4}	0.084×10^{-5}

B.灌溉入渗补给量。灌溉入渗补给量与包气带岩性和灌溉量有关，一般农田灌溉期在 5—7 月，雨季雨量充足不需要抽取地下水进行灌溉，只有灌溉期才会发生灌溉入渗。根据地下水动态资料并参考经验参数，灌溉入渗系数取 0.13。模型中灌溉入渗采用的是 Source/sinks Packages 中的 Recharge（RCH）Package，

要求将数据整理为单位面积灌溉入渗补给速率 Recharge rate（m/d），如表 4-11 所示。

表 4-11 模拟区灌溉入渗量计算表

年份	行政区	年灌溉量/万 m³	日灌溉入渗总量/m³	面积/km²	模拟区日灌溉入渗量/m³
2013	双发	151.8	2 145.0	146.52	$14.639\ 6\times10^{-6}$
	托古	166.8	2 357.0	185.07	$12.735\ 5\times10^{-6}$
	肇州镇	390.6	5 519.3	201.51	$27.389\ 9\times10^{-6}$
	永乐	185.7	2 624.0	176.88	$14.835\ 0\times10^{-6}$
	新福	333.0	4 705.4	359.79	$13.078\ 3\times10^{-6}$
	兴城	287.9	4 068.2	341.54	$11.911\ 2\times10^{-6}$
	丰乐	174.6	2 467.2	133.20	$18.522\ 3\times10^{-6}$
	永胜	164.8	2 328.7	137.03	$16.994\ 1\times10^{-6}$
	榆树	186.4	2 633.9	185.28	$14.215\ 9\times10^{-6}$
	朝阳沟	189.8	2 682.0	157.05	$17.077\ 1\times10^{-6}$
	朝阳	147.7	2 087.1	132.64	$15.734\ 8\times10^{-6}$
	二井镇	297.8	4 208.0	231.37	$18.187\ 5\times10^{-6}$
	卫星	60.2	850.7	86.06	$9.884\ 4\times10^{-6}$
	乐园	22.8	322.2	26.26	$12.268\ 6\times10^{-6}$
2014	双发	172.0	2 430.4	146.52	$16.587\ 7\times10^{-6}$
	托古	199.4	2 817.6	185.07	$15.224\ 6\times10^{-6}$
	肇州镇	209.3	2 957.5	201.51	$14.676\ 7\times10^{-6}$
	永乐	206.8	2 922.2	176.88	$16.520\ 7\times10^{-6}$
	新福	436.1	6 162.3	359.79	$17.127\ 4\times10^{-6}$
	兴城	311.5	4 401.6	341.54	$12.887\ 6\times10^{-6}$
	丰乐	204.3	2 886.8	133.20	$21.673\ 0\times10^{-6}$
	永胜	204.3	2 886.8	137.03	$21.067\ 3\times10^{-6}$
	榆树	219.3	3 098.8	185.28	$16.725\ 0\times10^{-6}$
	朝阳沟	246.7	3 486.0	157.05	$22.196\ 6\times10^{-6}$
	朝阳	186.9	2 641.0	132.64	$19.910\ 9\times10^{-6}$
	二井镇	406.2	5 739.8	231.36	$24.808\ 9\times10^{-6}$
	卫星	32.4	457.8	86.06	$5.319\ 8\times10^{-6}$
	乐园	10.0	141.3	26.26	$5.381\ 0\times10^{-6}$

C.潜水蒸发量。模型中蒸发采用的是 Source/sinks Packages 中的 Evaptranspiration（ETV） Package，用于计算蒸发量的有极限蒸发埋深 *ET ext.depth*（m）和最大蒸发速率 max ET rate（m/d）。极限蒸发埋深根据当地经验值取 5.16 m，根据肇州县水文站的历年蒸发量资料，计算蒸发速率如表 4-12 所示。

表 4-12 模拟区蒸发量计算表

月份	天数	2013 年			2014		
		E20/mm	E601/mm	蒸发速率/(m·d⁻¹)	E20/mm	E601/mm	蒸发速率/(m·d⁻¹)
1	31	9.7	5.82	1.88×10^{-4}	12.6	7.56	2.44×10^{-4}
2	28	31.2	18.72	6.69×10^{-4}	27.6	16.56	5.91×10^{-4}
3	31	91.3	54.78	17.67×10^{-4}	96.6	57.96	18.70×10^{-4}
4	30	178.6	107.16	35.72×10^{-4}	245.1	147.06	49.02×10^{-4}
5	31	223.6	134.16	43.28×10^{-4}	362.5	217.50	70.16×10^{-4}
6	30	243.7	146.22	48.74×10^{-4}	290.3	174.18	58.06×10^{-4}
7	31	281.6	168.96	54.50×10^{-4}	228.6	137.16	44.25×10^{-4}
8	31	179.1	107.46	34.66×10^{-4}	186.8	112.08	36.15×10^{-4}
9	30	127.9	76.74	25.58×10^{-4}	158.8	95.28	31.76×10^{-4}
10	31	100.2	60.12	19.39×10^{-4}	118.0	70.80	22.84×10^{-4}
11	30	41.9	25.14	8.38×10^{-4}	43.6	26.16	8.72×10^{-4}
12	31	27.6	16.56	5.34×10^{-4}	15.2	9.12	2.94×10^{-4}

⑥地下水开采量。

地下水开采量是模拟区地下水主要的排泄项。根据肇州县 2013 年、2014 年用水统计表可知模拟区各个乡镇的年地下水开采总量，如表 4-13 所示。研究区开采地下水时承压含水层为主要开采层，开采水量大约占总量的 80%。赋开采量时采用的是 Source/sinks Packages 中的 Well Package，考虑该模拟区实际用水情况，在模拟区的各个乡镇平均布井，分别计算潜水含水层和承压含水层的开采速率 Q（m³/d）。

表 4-13 模拟区各乡镇年地下水开采总量　　　　　　　　　　　　　　　　单位：万 m³

年份	双发	托古	肇州镇	永乐	新福	兴城	丰乐
2013 年	338.4	372.1	871.1	414.2	742.8	642.1	389.4
2014 年	346.6	314.1	693.5	458.1	708.8	659.2	335.6
年份	永胜	榆树	朝阳沟	朝阳	二井镇	卫星	乐园
2013 年	367.7	415.8	423.4	329.5	664.2	134.4	50.78
2014 年	328.7	382.9	373.3	286.9	585.3	27.8	27.8

⑦地下水位观测数据。

肇州县境内设有 29 眼长期监测井，井中 20 眼为潜水井，9 眼为承压水井，井位置如图 4-25、图 4-26 所示。长期监测井的资料较为完备、详细且时段较长，地下水长期监测井大部分为 5 日监测井，小部分为每日监测井。根据长期监测井的监测资料，整理了 2013 年和 2014 年观测井的地下水位。

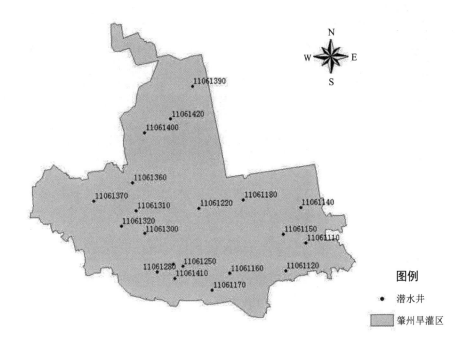

图 4-25 潜水观测井位置示意

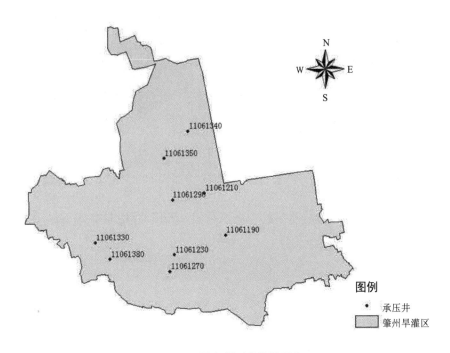

图 4-26 承压水观测井位置示意

4.2.4 地下水数值模型

4.2.4.1 地下水数值模型构建

（1）模型网格剖分

为了细致刻画研究区，需要对模拟区进行矩形网格剖分，将研究区剖分成若干小区域。根据 GMS 模拟软件的要求，对研究区进行矩形网格剖分，将模拟区域剖分为 100 行、100 列，共 10 000 个网格。将研究区范围定义为活动单元，范围外定义为非活动单元，活动单元格为 7 932 个，如图 4-27、图 4-28 所示。

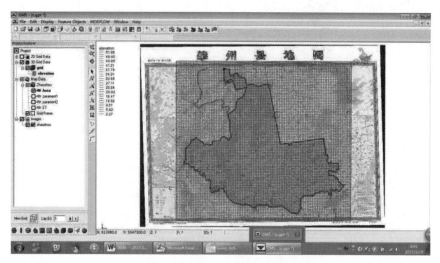

图 4-27 模拟区网格剖分界面

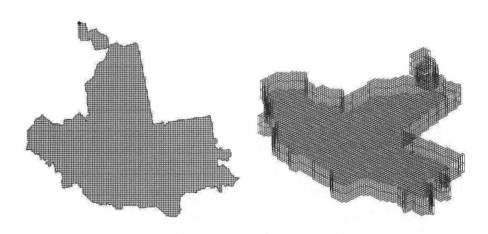

图 4-28 模型 3D 网格剖分图（GMS）

根据 29 眼监测井的钻孔资料中各含水层的顶底板高程，利用 GMS 软件进行地层插值，建立模拟区含水系统的三维结构模型，如图 4-29 所示。

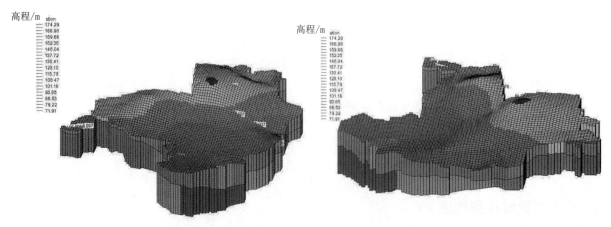

图 4-29 模拟区不同视角下含水系统三维结构模型

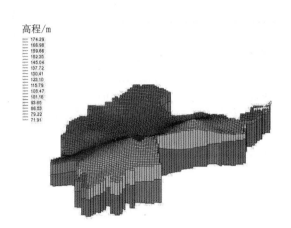

图 4-29 模拟区不同视角下含水系统三维结构模型（续）

（2）模拟期确定

从地下水资源评价的角度出发，为了更好地分析地下水均衡和评价地下水资源，应尽量选择一个水文年或一个日历年作为模拟期。根据收集到的相关资料可知，肇州县全境设有 29 眼长期监测井，可为地下水流模拟提供时间跨度足够大的监测数据。模拟识别期选取 2013 年 1 月 1 日至 2015 年 1 月 1 日，选取 2013 年 1 月 1 日至 2014 年 1 月 1 日进行模型识别，2014 年 1 月 1 日至 2015 年 1 月 1 日进行模型验证。

模拟期确定后，给出初始时刻地下水流场，并给出各结点的水位用以表达渗流区的初始状态，即给定某一选定的时刻（通常用 $t=0$ 来表示），渗流区内各点的水头值表示为

$$H(x,y,z,t)\big|_{t=0} = H_0(x,y,z),(x,y,z)\in D$$

式中，$H_0(x,y,z)$ 为渗流区 D 内的已知函数。

选定 2013 年 1 月 1 日作为初始时刻，潜水含水层和承压含水层观测井初始水位值为如表 4-14、表 4-15 所示，据其可得到地下水初始流场。

表 4-14 初始时刻潜水含水层各监测井水位值

井编号	大地坐标		地下水位/m
	X/m	Y/m	
11061150	701 561.062	5 072 796.382	173.63
11061160	688 539.856	5 063 488.131	144.57
11061220	681 047.622	5 079 025.128	152.00
11061250	677 076.212	5 065 222.262	143.49
11061260	674 766.561	5 065 744.126	138.57
11061300	667 878.955	5 073 093.469	137.30
11061310	665 873.200	5 078 570.054	136.90
11061320	662 255.488	5 074 828.756	133.08

续表

井编号	大地坐标		地下水位/m
	X/m	Y/m	
11061360	665 006.48	5 085 158.768	138.07
11061110	707 105.509	5 070 660.501	167.06
11061120	702 125.442	5 064 068.261	164.05
11061140	705 829.634	5 079 117.782	177.68
11061170	684 238.985	5 059 497.021	127.34
11061180	691 875.557	5 081 019.32	182.57
11061280	670 833.662	5 063 904.827	131.34
11061370	655 640.841	5 080 900.080	131.40
11061400	667 984.870	5 097 041.745	149.57
11061410	675 144.026	5 062 325.042	137.00
11061420	674 202.804	5 100 335.050	166.42
11061390	679 551.695	5108 121.229	162.68

表 4-15 初始时刻承压含水层各监测井地下水位值

井编号	大地坐标		地下水位/m
	X/m	Y/m	
11061330	656 824.572	5 072 495.834	127.98
11061340	679 163.032	5 098 561.369	166.75
11061350	673 332.769	5 092 214.889	154.61
11061290	675 505.597	5 082 481.094	148.29
11061270	674 767.427	5 065 713.252	133.31
11061230	675 870.661	5 069 575.699	137.57
11061190	688 236.330	5 074 232.851	159.45
11061210	683 124.142	5 084 061.165	155.75
11061380	660 319.458	5 068 599.574	130.36

（3）数据输入

建立地下水流数值模拟模型所需数据可分为三类：边界水位数据、水文地质参数、源汇项和观测点水位数据。

4.2.4.2 地下水数值模型识别验证

（1）识别

模型的识别在数学运算过程中称为解逆问题，在识别过程中，不仅要对水文地质参数进行调整。前面已知模型的识别期为 2013 年 1 月 1 日至 2014 年 1 月 1 日。

通过反复识别调整参数，拟合流场，水位拟合的平均误差小于 0.5 m 的观测井占总观测井的 80%，拟合效果较好。模拟模型水文地质参数取值如表 4-16、表 4-17 所示，水位拟合如图 4-30、图 4-31 所示。

表 4-16 模拟区潜水含水层参数识别结果

分区	渗透系数 $K/(m \cdot d^{-1})$	给水度 μ
1	2.5	0.15
2	8.4	0.08
3	7.8	0.10
4	5.4	0.11
5	8	0.08

表 4-17 模拟区承压含水层参数识别结果

分区	导水系数 $T/(m^2 \cdot d^{-1})$	弹性释水系数
1	127.0	9×10^{-5}
2	225.0	4×10^{-5}
3	50.0	14×10^{-5}
4	129.0	7×10^{-5}
5	58.0	5×10^{-5}
6	196.0	3×10^{-5}

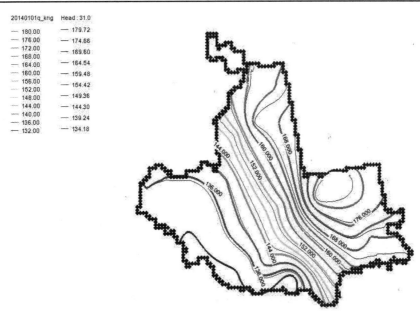

图 4-30 模型识别末刻流场拟合图（潜水含水层）

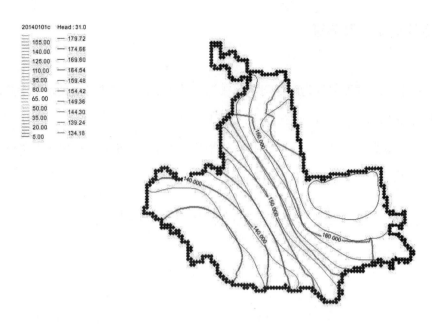

图 4-31 模型识别末刻流场拟合图（承压含水层）

从流场拟合和观测孔地下水位的拟合曲线上看，实测水位与模拟水位的等值线在整体上达到了较好的拟合。因此所建模型基本上能正确反映模拟区内的水文地质条件，经过识别的模型可以进行下一步模型验证。

（2）验证

经过识别校正后的模型一般还要进行验证，进一步验证所建模型的仿真性。识别和验证过程采用相互独立的不同时间段资料，并采用以识别的参数，观察地下水数值模型的计算结果与实际观测数据的拟合程度。验证期定为 2014 年 1 月 1 日至 2015 年 1 月 1 日。验证期地下水位观测孔拟合情况见图 4-32、图 4-33 所示。地下水位拟合图及单个观测井地下水位拟合曲线如图 4-34 至图 4-39 所示。

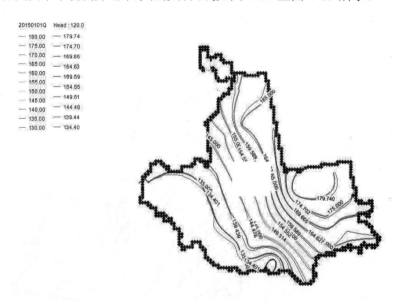

图 4-32 模型验证末刻流场拟合图（潜水含水层）

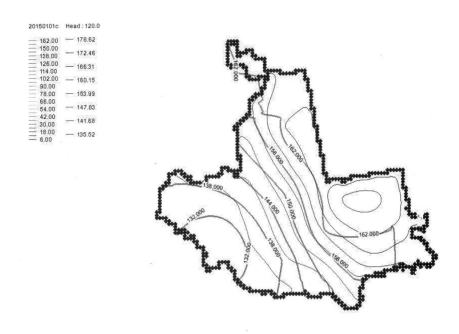

图 4-33 模型验证末刻流场拟合图（承压含水层）

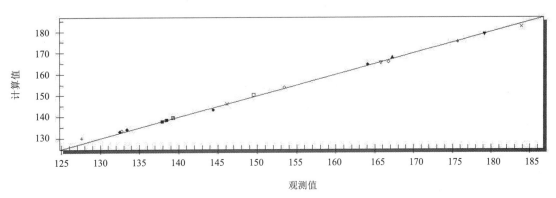

图 4-34 验证期地下水位计算值和观测值拟合图（潜水含水层）

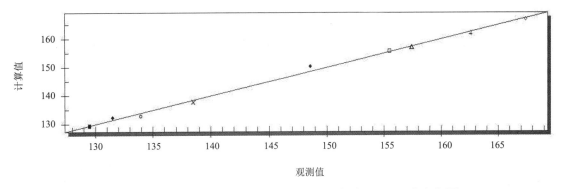

图 4-35 验证期地下水位计算值和观测值拟合图（承压水含水层）

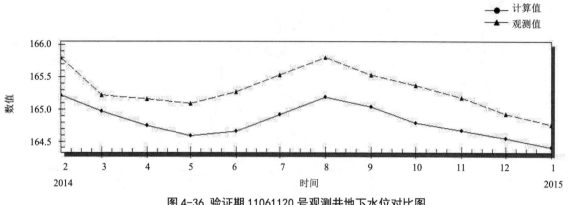

图 4-36 验证期 11061120 号观测井地下水位对比图

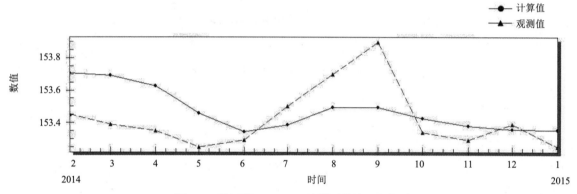

图 4-37 验证期 11061220 号观测井地下水位对比图

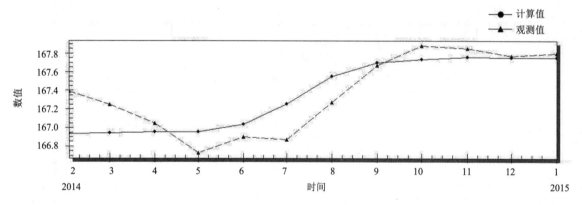

图 4-38 验证期 11061340 号观测井地下水位对比图

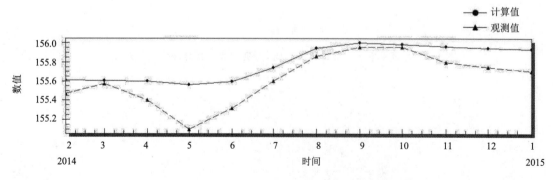

图 4-39 验证期 11061350 号观测井地下水位对比图

从流场拟合和观测孔地下水位的拟合曲线上看，实测水位与模拟水位的等值线在整体上达到了较好的拟合，采用参数符合实际的水文地质条件。

4.2.5 地下水开发控制性总量

基于所构建的数值模型，计算并评价区域地下水多年平均允许开采量，补给量为降水入渗补给量、地表水体渗入补给量、灌溉回渗补给量（灌溉用水主要来源于井取地下水，所以不考虑灌溉回渗量）。

4.2.5.1 补给量计算

补给量是天然条件下形成并进入含水系统的水量，包括降水入渗、地表水入渗、地下水侧向径流补给、垂向越流补给等。

（1）降水入渗补给量：采用降水入渗系数法。

当采用降水入渗系数法计算时：

$$Q_{降渗} = \alpha FX \tag{4-7}$$

式中：$Q_{降渗}$——多年平均降水入渗补给量，$m^3/年$；

F——降水入渗计算面积，m^2；

α——多年平均降水入渗系数；

X——多年平均降水量，m。

用降水入渗系数法计算各类典型年中的降水入渗量。有效降水量=0.8×测量降水量，降水入渗面积=0.8×肇州县区域面积，其中 0.8 为经验值。

降水入渗系数取 α =0.14，降水入渗面积为肇州县面积 2 445 km^2，年降水入渗量的计算结果见表4-18。

表 4-18 典型年降水入渗量

	丰水年 （P=20%）	平水年 （P=50%）	特枯水年 （P=95%）
年降水量/mm	556.4	452.1	268.5
降水入渗量/万 m^3	12 189.17	9 904.25	5 882.08

（2）地表水体渗入补给量（湖泡水渗入补给量）。

水表水体渗入补给量计算公式为

$$Q_{湖} = K_s（1+H/Z_s）Ft \tag{4-8}$$

式中：K_s——湖泡底泥导水率，取 $2.1×10^{-4}$ m/d；

Z_s——潜水平均埋深，取 0.87 m；

F——湖泡水体面积，km^2，取 202.47 km^2；

t ——计算时段，取 365 d。

经计算入渗补给量为 $1845.9 \times 10^4 \text{m}^3/$年。

（3）侧向径流补给量。

侧向径流补给量计算公式为

$$Q_{侧} = KBIH \qquad\qquad (4\text{-}9)$$

式中：　$Q_{侧}$ ——侧向径流量，$\text{m}^3/$年；

　　　　K ——含水层透水系数，m/d；

　　　　B ——计算断面宽度，m；

　　　　I ——天然水力坡度；

　　　　H ——含水层平均厚度，m。

为计算侧向径流补给量取 B1 为侧向径流补给断面，根据肇州县地图（比例尺为 1：50000）量得地图上过水断面宽度为 54.1 cm，实际过水断面宽度为 44 000 m。渗透系数 $K = 10$ m/d，根据《肇州县节水增粮水资源论证报告书》中查得，渗透系数可取 8～11 m/d，因此取平均值 10 m/d，水力坡度为两等水位线间地图上距离为 54.1 cm，实际距离为 27 050 m，侧向径流补给断面 B1 = 44 000 m，地下水位线图见图 4-40。

肇州县第四系齐齐哈尔组、哈尔滨含水层、第三系大安组含水层及白垩系明水组砂砾含水层均受侧向补给，则潜水含水层与承压含水层厚度和为 $H = 26$ m，根据式（4-9），则 $Q_{侧补}$ 为 41.756 万 $\text{m}^3/$年，如表 4-19 所示。

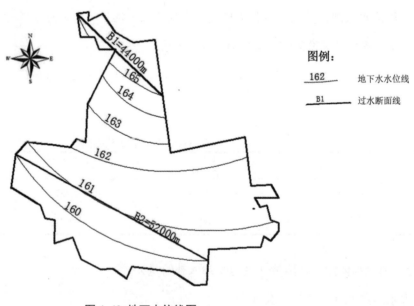

图 4-40　地下水位线图

表 4-19　二井镇侧向补给量计算表

渗透系数/m·d⁻¹	过水断面宽度/m	水力坡度	含水层厚度/m	侧向补给量/(万 m³·年⁻¹)
10	44 000	0.000 1	26	41.756

（4）总补给量。

补给量主要为降水入渗补给量、地表水体入渗补给量、侧向径流补给量和灌溉回渗量，总补给量即为上述四项之和，即 $Q_{总补}=Q_{降渗}+Q_{侧}+Q_{地表入渗}$，计算结果见表 4-20。

表 4-20 总补给量

年型	年降水/mm	降水入渗/万 m³	地表水体入渗/万 m³	侧向补给/万 m³	总补给量/万 m³
丰水年	556.4	12 189.17	1 849.5	41.756	14 080.426
特枯水年	268.5	5 882.08	1 849.5	41.756	7 773.336
平水年	452.1	9 904.25	1 849.5	41.756	11 795.506

4.2.5.2 排泄量计算

地下水的排泄方式主要有三种，即蒸发排泄、侧向径流排泄、人工开采。潜水蒸发排泄为主，计算区属干旱、半干旱季风气候区，尤其是春末和初夏多风少雨。由于气候干燥，年降水量小（400～500 mm），蒸发强度较大（1 100～1 600 mm），因此潜水蒸发是主要的排泄方式。侧向径流排泄为辅，地下水通过同一含水层向区域西南部或南部径流流出区域。此外还有人工开采，由于二井镇地表水资源匮乏，水资源的开发利用集中在对地下水资源的开发。

（1）潜水蒸发排泄量。

潜水蒸发排泄量计算公式为

$$Q_{蒸发}=E_0(1-\Delta_n/\Delta_0)nF \tag{4-10}$$

式中：$Q_{蒸发}$——潜水蒸发量，m^3/年；

E_0——潜水接近地面湿的蒸发强度，mm/年，可根据蒸发器观测的水面蒸发量 E_{20} 间接估算而得，即 $E_0=aE_{20}$（a 为经验系数，取 0.53）；

Δ——潜水水位平均埋深，m；

Δ_0——潜水蒸发极限埋深，m；

n——无量纲指数，与土壤质地有关，一般取值范围 $1\leqslant n\leqslant 3$；取平均值 2；

F——蒸发面积，km^2，取 2 400 km^2。

其计算结果见表 4-21。

表 4-21 潜水蒸发量

计算面积/km^2	水面蒸发强度/mm	地下水平均埋深/m	潜水蒸发极限埋深/m	土壤质地系数	潜水蒸发量/(亿 $m^3 \cdot$ 年$^{-1}$)
2 400	1 016.2	3.64	5.16	2	0.01

潜水蒸发为主要排泄量。依据肇州县实际调研数据，则 $Q_{蒸发}=0.01$ 亿 m^3/年。

（2）侧向径流排泄量。

地下水侧向径流排泄量按达西公式计算，其计算公式为

$$Q_{侧排}=KIBM \tag{4-11}$$

式中：$Q_{侧排}$——地下水侧向径流排泄量，m³/年；

　　　K——含水层渗透系数，m³/d；

　　　I——天然状态或开采条件下的地下水水力坡度；

　　　B——计算断面宽度，m；

　　　M——含水层厚度，m。

根据肇州县的地下水位线，计算侧向径流补给量与之后的侧向径流排泄量时，取 B_1 为侧向径流补给断面，B_2 为侧向径流排泄断面。渗透系数 $K = 10$ m/d，水力坡度 $I = \dfrac{\Delta H}{\Delta L}$，侧向径流补给断面 $B_2 = 52\,000$ m，潜水含水层与承压含水层厚度和为 $H = 26$ m，计算结果见表 4-22。

表 4-22 侧向径流排泄量

渗透系数/ M·d⁻¹	过水断面宽度 /m	水力坡度	含水层厚度 /m	侧向排泄量/ (万 m³·年⁻¹)
10	52 000	0.000 1	26	49.35

根据式（4-11），则 $Q_{侧排}$ 为 49.35 万 m³/年。

4.2.5.3 水量均衡计算

水量均衡法是全面研究计算区（均衡区）在一定时间内（均衡期）地下水补给量、储存量和消耗量之间数量转化关系的方法。通过均衡计算，计算出地下水允许开采量。

水量均衡法的计算步骤可分为四步。

①划分均衡区。

均衡区的划分依据地下水资源评价的目的和要求而定，在区域地下水资源评价中，应以天然地下水系统边界圈定的范围作为均衡区。局域地下水水量计算的均衡区需人为划分，划分时均衡区的边界应尽量选择天然边界或边界上地下水的交换量容易确定。

②确定均衡期。

地下水资源具有四维性质，不仅随空间坐标变化，还随时间变化，因此，水量均衡计算需要确定出计算时间段。一般以一个水文年为单位。

③确定均衡要素，建立均衡方程。

均衡要素是指通过均衡区周边界及垂向边界流入或流出的水量项。

④计算与评价。

将各项均衡要素值代入均衡方程中，计算 $Q_补$ 与 $Q_排$ 的差值，检查其与地下水储存量的变化是否符合。若不符合，检查各项均衡要素的计算是否准确，作适当修改后，再进行平衡计算，直至使方程平衡为止，

计算结果见表 4-23。

表 4-23 典型年允许开采量表

年型	年降水量 /mm	降水入渗量/ 万 m³	地表水体入渗量/ 万 m³	侧向补给量/ 万 m³	蒸发量/ 万 m³	侧向排泄量/ 万 m³	允许开采量/ 万 m³
丰水年	556.4	12 189.17	1 849.5	41.756	−100	−49.35	13 931.08
特枯水年	268.5	5 882.08	1 849.5	41.756	−100	−49.35	7 623.99
平水年	452.1	9 904.25	1 849.5	41.756	−100	−49.35	11 646.16

计算公式为

$$\begin{cases} \Delta\omega = \left(Q_{补} - Q_{排}\right) \\ \Delta\omega_{潜} = \mu\Delta h \\ \Delta\omega_{承压} = \mu^{*}\Delta h \end{cases} \tag{4-12}$$

式中：μ——潜水含水层的给水度；

　　　μ^{*}——承压含水层的弹性释水系数；

　　　F——开采时引起水位的下降面积，m²；

　　　Δh——潜水或承压水水位变幅，m。

肇州县地下水均衡计算中补给量包括降水入渗补给量、地表水体入渗补给量、侧向径流补给量，在丰水年、平水年和特枯水年降水入渗补给量分别为 12 189.17 万 m³、9 904.25 万 m³、5 882.08 万 m³，地表水体入渗补给量为 1 849.5 万 m³，侧向径流补给量为 41.756 万 m³，排泄量包括潜水蒸发排泄量、侧向径流排泄量，潜水蒸发量为 100 万 m³，侧向径流排泄量为 49.35 万 m³，在丰水年、平水年和特枯水年地下水允许开采量分别为 13 931.08 万 m³、11 646.16 万 m³、7 623.99 万 m³。

4.3 地下水安全开采模式研究

4.3.1 需水规划

4.3.1.1 预测原则与方法

（1）预测原则

①以各规划水平年国民经济发展指标为依据，贯彻可持续发展的原则，统筹兼顾社会、经济、生态、环境等各部门发展对水的需求。

②考虑水资源紧缺对需水量增长的制约作用，全面贯彻节水的方针，将肇州县建成节水型城市。

③考虑社会主义市场经济体制、经济结构调整和科技进步对未来需水的影响。

④重视现状基础调查资料，结合历年实际用水情况进行规律分析和合理的趋势外延，力求需水预测符

合肇州县特点。

（2）预测方法

①生活需水。

生活需水预测包括城镇生活需水、农村生活需水和牲畜需水。

生活需水在一定范围内，其增长速度是比较有规律的，因而可以用综合分析定额方法推求未来需水量。此方法考虑的因素是用水人口和需水定额。用水人口以计划部门预测数为准。需水定额以现状用水调查数据为基础，分析历年变化情况，考虑不同水平年居民生活水平的改善及提高程度，拟定其相应的需水定额。其计算公式为

$$W_生 = P_0(1+\varepsilon)^n K \tag{4-13}$$

式中：$W_生$——某一水平年生活需水总量；

P_0——现状人口数；

ε——人口年增长率；

K——某一水平年拟定的生活需水综合定额；

n——预测年数。

牲畜需水仍采用定额法，其计算公式为

$$W_牲 = \sum n_i m_i \tag{4-14}$$

式中：$W_牲$——某一水平年牲畜需水量，m^3；

n_i——某一水平年某种牲畜数量，头；

m_i——某一水平年相应牲畜需水定额，$L/（头\cdot d）$。

②工业需水。

工业需水的变化与今后工业发展布局、产业结构的调整和生产工艺的改进等因素密切相关，涉及的因素较多。目前，工业需水量预测常用方法有趋势法、重复利用率提高法、产值相关法。

定额法：用产值和万元产值定额推算工业用水量，其计算公式为

$$S = \sum w_i p_i \tag{4-15}$$

式中：S——预测年的工业需水量，m^3；

w_i——某一水平年某一分区的万元产值，万元；

p_i——某一水平年某分区的万元产值需水定额，$m^3/万元$。

本书对工业需水量采用定额法进行预测。

③农业灌溉需水。

农业灌溉需水受气候地理条件的影响，在时空上变化较大；同时还与作物的品种、组成、灌溉方式和技术、管理水平等具体条件有关，影响灌溉需水量的因素较多，本书对农业灌溉需水采用定额法进行预测。

灌溉需水量预测，涉及三个关键指标：各类作物的净灌溉定额、灌溉水利用系数和灌溉面积。其计算公式为

$$W_{灌} = \sum m_{ij} w_{ij} / \eta_i \tag{4-16}$$

式中：$W_{灌}$——全区总灌溉需水量，m^3；

w_{ij}——某种作物的灌溉面积，hm^2；

m_{ij}——某种作物的净灌溉定额，$m^3/$万元；

η_i——分区灌溉水利用系数。

4.3.1.2 需水量预测

（1）肇州镇生活需水量预测

根据肇州县现状年发展情况，依据发展规划和趋势，对 2030 年预测国民经济发展指标。肇州镇 2013 年（基准年）人口为 7.35 万人，人口综合增长率各水平年分别采用 0.35% 和 0.30%，预测到 2030 年增加到 7.76 万人。采用人均综合综合生活用水定额预测肇州镇生活需水量。肇州镇现状水平年折算人均综合生活用水定额为 104 L/（人·d），与黑龙江省内其他同等规模城镇用水量相比偏低，也低于有关标准要求的指标。随着人民生活水平的提高，肇州县综合需水量将越来越高，依据《城市给水工程规范》（GB 50282—98）、《黑龙江省地方标准用水定额》（DB23/T 727—2003），2020 年、2030 年肇州镇平均日综合用水定额分别为 137 L/（人·d）、170 L/（人·d）。则利用式（4-13）计算城镇生活需水量，结果如表 4-24 所示。

表 4-24 城镇生活需水量预测表

项目	2013 年	2020 年	2030 年
平均日综合用水定额/(L·人⁻¹·d⁻¹)	104	137	170
肇州镇人口/万	7.35	7.53	7.76
综合生活需水量/万 m³	279	378	483

（2）肇州县农村生活需水预测

农村生活需水与各地水源条件、用水设施、生活习惯和生活水平有关。现状肇州县农村居民人均生活用水定额为 50 L/（人·d），与《黑龙江省地方标准用水定额》（DB23/T 727—2003）相比，农村居民用水定额略低于规定范围。根据肇州县现状居民生活用水情况，考虑不同水平年合理增长，选取肇州县农村居民用水定额为 2020 年和 2030 年分别为 60 L/（人·d）和 70 L/（人·d），则利用式（4-13）计算农村生活需水量，结果如表 4-25 所示。

表 4-25 农村生活需水量预测表

项目	2013 年	2020 年	2030 年
平均日综合用水定额/(L·人$^{-1}$·d^{-1})	50	60	70
农村人口/万	37.34	38.23	38.55
农村生活需水量/万 m³	681	840	988

（3）肇州县农村牲畜需水预测

根据肇州县牲畜用水现状及《黑龙江省地方标准用水定额》（DB23/T 727—2003），考虑不同水平年合理增长，选取 2020 年和 2030 年大牲畜、小牲畜、家禽用水定额分别为 60 L/（头·d）、25 L/（头·d）、3 L/（头·d）和 70 L/（头·d）、25 L/（头·d）、3 L/（头·d）。则利用式（4-14）计算肇州县农村牲畜需水量，结果如表 4-26 所示。

表 4-26 肇州县农村牲畜需水量预测表

项目	2013 年	2020 年	2030 年
大牲畜需水定额/(L·头$^{-1}$·d^{-1})	55	60	70
小牲畜需水定额/(L·头$^{-1}$·d^{-1})	20	25	25
家禽需水定额/(L·只$^{-1}$·d^{-1})	2.5	3	3
牲畜总水量/万 m³	980	1 268	1 340

（4）肇州县工业需水预测

2010 年，肇州县委、县政府为加快经济发展方式的转变，带动农民增收，增加城镇就业，推动肇州县经济实力迈上新台阶，按照"布局合理、功能明确、用地节约、产业集聚"的方向，建设了肇州工业园区。2011 年 11 月肇州工业园区成功晋升为省级工业园区，2013 年 9 月肇州工业园区被国家科技部批准为国家农业科技园区，同时肇州工业园区还被授予省级循环产业园区、省级农业科技园区，并获得哈大齐工业走廊政策支持。肇州工业园区位于肇州县城北 18.2 km，规划总面积 20 km²，已开发建设 7 km²。肇州工业园区重点建设产业项目 24 个，其中，超 10 亿元的项目 1 个、超 5 亿元的项目 2 个。

根据肇州县国民经济和社会发展第十一个五年计划纲要，以肇州县 2003—2005 年统计年鉴和当地建设发展的实际情况为依据，考虑肇州县利用自身农业资源的石油产业优势大力发展工业的规划思想和建立杏山工业园区的建设目标，预计 2010—2020 年工业总产值增长率为 7.6%，到 2020 年工业总产值达到 62.65 亿元，其中杏山项目区增长率为 11.2%，工业产值达到 36.20 亿，其他一般工业产值增长率为 4.2%，工业产值达到 26.46亿元；2020—2030 年工业总产值增长率为 4.94%，到 2030 年工业产值达到 101.4 亿元，其中杏山项目区增长率为 6.0%，工业产值达到 64.8 亿元，其他一般工业产值增长率为 3.3%，工业产值达到 36.6 亿元。

（5）肇州县一般工业园区需水预测

通过调查统计，2013 年肇州镇工业产值为 17.09 亿元，万元产值新水量为 38.0 m³，调查 2013 年肇州县主要工业行业的重复利用率为 60%。考虑今后一段时期替代产业发展及节水水平的提高，工业万元产值耗水量任将呈下降趋势，结合当地主要工业行业的调整改造发展计划，拟定不同年型的重复利用率，推算其万元产值新水量，则利用公式计算肇州镇一般工业园区需水量，其结果如表 4-27 所示。

表 4-27 肇州镇一般工业需水量预测表

项目	2013 年	2020 年	2030 年
工业产值/亿元	17.9	25.7	35.5
重复利用率/%	60.0	72.6	80.0
万元产值需水量/m³	38.0	26.0	19.0
工业生产需水量/万 m³	649	667	675

2015 年肇州工业园区杏山项目区开发面积达 7 km²，入驻产业项目数达 80 个，投产项目 65 个，实现销售收入 100 亿元，利税 8 亿元。依据杏山项目区规划资料，结合实际情况，分析预测园区工业用水重复利用率及万元产值需水量，利用公式计算肇州镇杏山工业园区需水量，其结果如表 4-28 所示。

表 4-28 肇州镇杏山工业园区需水量预测表

项目	2013 年	2020 年	2030 年
工业产值/亿元	12.48	36.20	64.82
重复利用率/%	60.0	80.0	87.0
万元产值需水量/m³	53.8	26.9	17.5
工业生产需水量/万 m³	672	974	1 134

（6）肇州县农业灌溉需水预测

肇州县是农业大县，全国粮食主产区，玉米是主栽作物，全县 222 万亩耕地中，大约有 190 万亩的耕地种植玉米，玉米单产连续两年在黑龙江省位列第一。根据大庆市及肇州县农业发展计划，肇州县农业种植结构全部为旱田，规划大力发展旱涝保收田，灌溉方式以喷灌滴灌为主，以坐水种为辅。根据《黑龙江省地方标准用水定额》（DB23/T 727—2003），根据当地实际情况选取喷灌、滴灌净定额为 67 m³/亩，水利用系数为 0.9；坐水种定额取 6 m³/亩。利用公式计算，灌溉需水量 2020 年为 5 932 万 m³，2030 年为 11 100 万 m³。

（7）肇州石油开采需水量预测

肇州县境内分布有大庆油田有限责任公司、大庆方兴投资有限公司、大庆榆树林油田开发有限公司、中亚油田有限公司、大庆榆林油田开发有限责任公司、中国华油集团公司、大庆头台油田有限公司、大庆油公司十厂等采油区。依据肇州县境内近年来油田开采情况和大庆油田发展规划和高产稳产目标，油田产能量 2020 年为 344 万 t，2030 年为 362 万 t。

石油开采用水主要包括注水、洗井用水、锅炉补水、蒸发损耗、工业用水以及生活用水等，按《黑龙江省地方标准用水定额》（DB23/T 727—2003），石油开采用水定额为 8～10 m³/t。根据调查咨询结果，大庆地区石油开采业通过采用新技术、新材料，实际用水定额低于标准规定值，按现状年大庆油公司第十采油厂实际用水情况分析结果产能用水量为 6.42 m³/t。本次考虑其他油田开采范围较分散，产能低，单位产能用水量指标要高于采油十厂用水，且随着石油开采程度的加深，单位产能用水量也将增加，综合分析后单位产能用水定额采用 7.1 m³/t。按照预测的产能量，计算肇州县境内石油开采需水量 2020 年为 2 442.4 万 m³，2030 年为 2 570.2 万 m³。

（8）其他需水量预测

其他需水量主要包括城市环境用水量（浇洒广场和绿地用水）、管网漏失水量和未预见水量三部分。其中城市环境用水量按 0.2 万 m³/（km²·d）乘以浇洒时间计算，管网漏失水量按居民综合用水和工业用水和环境用水合计的 10％考虑，未预见水量按前四项合计的 8％计算。其他需水量预测结果如表 4-29 所示。

表 4-29 其他需水量预测结果表		单位：万 m³
项目	2020 年	2030 年
环境需水量	48.0	69.0
管网失漏水量	206.6	236.1
未预见水量	181.8	207.8
合计需水量	436.4	512.9

4.3.1.3 需水量汇总

总需水量包括生活需水量、工业需水量、农业灌溉需水量、石油开采需水量和其他需水量五个部分，则总需水量表汇总结果如表 4-30 所示。

表 4-30 需水量汇总表		单位：万 m³
项目	2020 年	2030 年
生活需水量	2 486.0	2 811.0
工业需水量	1 640.0	1 809.0
农业灌溉需水量	5 932.0	11 100.0
石油开采需量	2 442.4	2 570.2
其他需水量	436.4	512.9
合计需水量	12 936.8	18 803.1

4.3.2 可供水量规划

4.3.2.1 水资源配置原则

根据肇州县水资源量分析和需水量预测成果可以看出，肇州县水资源可利用量有限，经济发展面临严重缺水限制，水资源供需矛盾日益突出。肇州县水资源配置应以水资源可持续利用支持经济社会可持续协调发展为主线，本着"以供定需"的基本原则，地表水与地下水统一调度，开源与节流相结合，统筹兼顾生产、生活、生态环境用水，对水资源进行科学规划，合理利用，优化配置。水资源配置首先要考虑充分利用本地水资源，然后考虑外埠调水。

在供需平衡分析中，首先满足重点供水对象，并兼顾各用水部门，首先为城市居民用水，其次为工业用水，再次为农田灌溉用水、牲畜用水及林牧渔苇和环境用水；同时依据水资源的数量，考虑到水质差别，优质优供，低质低供，对于水质较差的潜水和再生水，有针对性地确定其用途并进行平衡分析。

根据肇州县的特点，由于缺少地表水，地下水首先用于满足居民生活和城市工业用水。地下水的供水量不可超过开采量。

4.3.2.2 可供水量分析

（1）当地水资源可利用量

肇州县境内没有自然河流，只有丰水年夏季较大降水才能产生地表径流，由于境内地面平坦，形成的径流由东部和北部沿地形坡度向西部和南部漫散，最后蒸发、入渗消耗。受地表径流年内、年际分配不均影响以及地形条件限制，其开发利用地表水难度大，境内现有 14 座中小型水库年供水量 538 万 m³。从地形条件和径流条件分析，肇州县境内已基本没有地表水资源开发潜力，因此，地表水资源可利用量按现有工程供水能力考虑，为 538 万 m³/年。

根据肇州县水文地质初步勘查结果，地下水可利用量为 8 271 万 m³/年。

肇州县地表、地下水可利用量合计为 8 809 万 m³/年。

（2）周边地区水资源可利用量

肇州县南部边界有南引水库泄水干渠经过，再往南隔肇源县有松花江流经本区域；西部边界有人工开挖的安肇新河通过；北部有作为大庆地区主要供水水源的北部引嫩工程；东部为昌五高地，没有可利用江河经过。从可利用水资源角度分析，西部的安肇新河为保卫大庆油田的防洪排涝体系，不具有兴利功能，没有水资源可利用量供给肇州县。可考虑的引水资源分别为松花江、南引水库和北部引嫩工程。

①松花江。

松花江水量充沛，而松嫩平原内部水资源匮乏，在大庆地区南部的外部油田开采之初，就考虑引取松花江地表水来保证油田用水，并于 1993 年经国家立项批准，建设了采油十厂松花江取水泵站，设计取水规模 10 万 m³/d，折合年取水能力 3 650 万 m³。由于外围油田分布范围较广，迄今为止松花江引水工程配套的输水设施只配置到了采油十厂范围内，取水设施、输水设施能力仅为 5 万 m³/d，实际引水量 2 万 m³/d，年引水量 650 万 m³，其中肇州境内年用水量 545 万 m³。其他油田用水均以开采地下水为主，形成了与当地生活、生产争水的局面。

因此，在水资源配置中，充分利用已批准的松花江引水量为肇州县石油产业和生活、生产提供用水量是合理可行的。考虑预留采油十厂肇源县用水后，松花江可利用水量按 3 300 万 m³/年计。

②北部引嫩工程。

北部引嫩工程的主要任务是为大庆地区城市供水，以及为沿程农业灌溉及改善生态环境等综合利用，是具有多目标开发的引、蓄、提相结合的综合利用的大型引水输水工程。在上报的尼尔基水利枢纽配套项目引嫩扩建骨干一期工程可研报告中，肇州县没有申请用水指标，故在北部引嫩扩建工程布局和水资源配置中均没有考虑肇州县用水指标。2007 年开始，肇州县委、县政府有关领导多次与有关部门沟通协调，要求在北部引嫩扩建一期工程已经分配的用水指标中，给肇州县调剂部分水权。

经过多方案研究，并结合油田企业因技术创新用水指标富余的实际情况，初步拟定从北引灌区和大庆市工业用水指标中近期调剂 4 000 万 m³/年、远期调剂 6 000 万 m³/年供给肇州县的方案。该部分水量以北引反调节工程东湖水库为水源，通过 90 km 引水干渠引水至肇州境内，通过新建杏山水库调节后供给肇州县各行业用水。经计算，北部引嫩工程来水扣除蒸发、渗漏等损失后，近期可供水量为 3 300 万 m³/年，远期为 4 900 万 m³/年。

③南引水库。

南引水库开发任务是改善生态环境、工业供水、农业灌溉、养鱼育苇等，其水源为嫩江，通过南引总干渠引嫩江水进入南引水库，经水库调蓄后满足各业用水需求。根据南引消险设计成果，设计年工业供水量 4 000 万 m³，灌溉用水 19 000 万 m³，鱼苇用水 6 300 万 m³。

按南引工程原设计成果，南引水量通过南引泄水干渠下泄后进入牛毛沟水库，经望海闸与松花江相连，沿程灌溉肇源县、肇州县部分农田，其中肇州县农业供水量约 2 100 万 m³。故本次南引水库向肇州县可供水量按 2 100 万 m³/年考虑。

④周边地区可供水量合计。

按上述分析，肇州县周边地区可供水量合计近期水平年为 8 700 万 m³，远期为 10 300 万 m³。

4.3.3 可持续承载力评价

4.3.3.1 可持续承载力概念与评价方案

（1）水资源承载力定义

水资源承载力定义：在国内水资源承载力的统一定义缺失情况下，根据水资源承载力感应定义的文献检索，结合本书所定义的承载力评价研究内容的基础上，提出水资源承载力的关系。在一个历史发展阶段的一个特定的区域，按照可持续发展的原则，在可预见的技术条件下，在保证水资源合理利用和生态环境良性循环有效需求能力的发展符合区域水资源社会经济前提下的经济社会发展水平，其经济与生态协调支持能力的复杂系统。

（2）水资源承载力与可持续发展的关系

我国很多专家对水资源的可持续发展都做过相关方面的研究和论述。

陈述彭指出，资源、环境监管不限于监管工业化和城市化所引起的环境污染，也不仅仅是对自然资源与生态环境的良好发展，最主要、最终极的目标是保证人类与自然的和谐相处和人类社会的可持续发展。快速人口增长和经济增长的情况下，环境的保护和资源的可持续利用，需要以合理的成本和适度的承载力找到合理的动态平衡点。

刘传祥研究表明，可持续发展必须以保护自然资源和环境为先决条件，满足资源与环境的协调性，发展与资源和环境保护是互相关联的，他们共同形成一个有机的整体，以实现可持续发展为目的，资源的利用与大自然的保护必须是发展过程中的一个有机的、完整的结构。

张坤民指明，可持续发展是一个有关于人类长远发展的战略模式，它是独特地从环境和大自然的角度来考虑的问题。它不仅是指发展要在时间上连续性，还是指环境和资源在发展过程中的重要性及发展对自然环境的重要性。可持续性发展的提出，从理论上否定了环境和经济相互对立起来的错误观点，并明确表示，他们应该是相互关联、相辅相成的。

从以上专家对承载力和可持续发展的研究中可以得出一个结论，资源承载力和可持续性发展的关系已得到了大家的肯定，二者是一个有机的整体，在某种意义上甚至是一致的。因为可持续性发展与水资源承载力观点的相继出现，20 世纪 80 年代末有人提出了另一种观点，它是关于水资源配置的，并逐渐开始运用在地下水资源规划和管理当中。水资源合理配置是指在规定的流域中，保证这样一种有效的、公平的和可持续性的标准，对限量的水资源，通过各种措施合理科学地分配到各用水对象之间，为了提高整体地区的用水效率，保证地区水资源的可持续性开采利用，提升该地区的可持续性发展战略。因此，水资源承载力和可持续性发展以及水资源合理配置三者之间有着非同一般的关系，三者是相互联系的，且都是根据现代人们面临的现实问题（人口、资源、环境）提出的，都着重提出了发展与自然资源之间的联系，解决的最主要问题也都是发展与资源、自然之间的相关问题。

然而，三者的侧重点各有不同。可持续性发展是站在整个人类的视角来看问题的，强调人与自然之间的关系，人的发展不可能脱离自然环境的影响。承载力则是从最基本的问题出发，以可持续发展为原则，通过对资源实际承载能力的确定，来确定我们发展规模的大小，强调发展的极限性。水资源合理配置则是通过对于水资源的最优规划和配置来保障社会经济的发展，使资源实现最大的合理化利用，强调了资源利用率。可以说，可持续发展是我们最终的目的，水资源和大自然是我们人类能够可持续发展的重要支撑，水资源的合理配置是实现人类可持续发展这一目的的重要手段。因此，在我们对水资源承载力进行研究评价过程中，要把可持续发展作为我们的最终目的，必须把水资源承载力放在可持续性发展的观点中进行相关研究。

（3）评价指标体系的建立

研究水资源承载能力评价必然涉及水资源、社会、经济和生态环境等领域。水资源是该地区经济发展的必要资源，是该地区可持续性发展的重要支撑。要在该地区实现可持续性发展，水资源的合理配置是重中之重，合理开发和保护水资源是在该地区实现可持续发展的先决条件。生态子系统是这个有机整体系统的基石，同时作为一个至关重要的组成部分。经济发展也是可持续发展的最主要内容，经济的健康发展为人类的生活质量提供了保障，能使人类有更多的精力和经济基础去保护环境和发展科技。所以，社会经济系统是一个不断发展的复杂子系统。通过从系统的角度来研究，社会子系统的生存环境状况是由生态环境子系统提供的，社会子系统赖以生存的物质保障是由经济子系统支撑的，社会子系统能够存在的基本支撑则是因为水资源子系统的存在，水资源社会经济系统的复杂性也是因为各子系统之间的相互依存关系的存在而存在，地下水资源承载力的综合评价指标也是由他们共同组成的。

①指标体系建立的原则。

地下水资源承载力，需要做一个更全面、及时、准确的评价，虽然模糊了定性的比较，但肯定了定量比较，并可以清楚地指出地下水资源的利用率和一些基本的问题。所以我们需要构建一个具有代表性的和能够反映关键问题的综合指标体系，也需要构建一个既具有侧重点又具有内在联系的指标体系。选定指标的主要原则：一是对水资源承载力的综合评价应该把地区作为评价主体，经常运用于行政地区，有时也运用于流域，包括了自然与人类、发展预测与现状要求、主观条件与客观条件；二是能够表现出水资源可持续利用的内在含义和目的。可持续发展涉及的范围极其广泛，既需要实现社会经济系统和水资源系统自身的发展目的，还需要表现出各系统之间的协调发展和水资源使用状况，它对社会各方面都有所体现。所以，我们需要构建一个科学、合理的综合评价指标体系；三是在尽可能多方位体现地下水资源承载力特性的先决条件下，选取最优指标数目；四是选择指标的时候，我们需要选取那些能够通过文献资料和当地部门能够查阅的指标，一些具体有数字无法表述和数据不能得到的指标可以不必一定放在指标体系内。

我们需要从宏观管理的角度去选取指标，把观察、评价、考察和宏观管理相结合，用来保障宏观管理的积极作用。

②指标体系设计的指导思想。

在区域水资源承载力的研究过程中，水资源承载力评价指标体系的建立通常都作为重点的研究内容。目前国内外有两种对水资源评价指标体系的探索方向：第一种是通过分析地区水资源供需是否平衡来评价该地区的水资源承载力；第二种是通过选取能够影响水资源承载力的指标因素，并求助于数学模型，对水资源承载力做出综合评价。第一种探索方向能够有效地体现当地的供需平衡现状，但不能体现各子系统之间的独特性和其对水资源承载的作用。第二种研究方向能够指出各系统之间的内在联系和各系统对水资源承载力的作用，但是却不能体现该地区供需平衡状况，这是我国学者的主要研究方向。

③承载力综合指标。

从地下水资源特性为出发点，是研究肇州县地下水资源承载力的主要思路。根据国内外研究成果，构建一个具有具体意义并能够全方位体现各系统之间联系及水资源可持续性利用关系的综合指标体系，从而能够对肇州县的水资源做出合理的规划和配置。这一综合指标体系包括了以下几点：一是水资源能够体现肇州县的供需平衡状况、承载状况及其开采利用潜力；二是不仅能够体现水资源的总量和其水质、可利用率、开采状况对水资源承载力的影响，也能够体现各系统对水资源承载力的作用。

4.3.3.2 可持续承载能力计算

肇州县地表水资源量为 3 900 万 m³，地下水总量为 20 261 万 m³，根据 2014 年大庆市统计年鉴，肇州县地表水与地下水相互转换率为 15%，相互转换量为 3 617 万 m³，肇州县水资源总量为 20 544 万 m³。肇州县多年平均可供水量为 11 392 万 m³，多年平均需水量为 6 167 万 m³。

根据可供水量分析，2020 年的可供水量为 0.87 亿 m³，需水量为 1.29 亿 m³，缺水量为 0.42 亿 m³；2030 年的可供水量为 1.03 亿 m³，预测需水量为 1.88 亿 m³，缺水量为 0.85 亿 m³。肇州县近、远期仍面临缺水危机。

根据肇州县地下水资源开发利用规划报告，2020 年新增打井数 1 060 眼，使机电井达到 3 830 眼，投入资金 8 480 万元，规划水平年地下水开采量为 0.936 亿 m³/年，其中承压水开采量为 0.63 亿 m³/年。

由于肇州县的经济快速发展和城镇化程度的不断提高，加上肇州县县内地表水资源的缺乏和地下水开采问题日益加剧，如何处理好地下水资源与经济可持续发展的关系成了肇州县的当务之急。根据评价结果可知，肇州镇地下水开采利用已达到相当的规模，其开发潜力较小。为了最优化利用水资源，使肇州县有限的水资源发挥其最大的作用，应该尽快实现由广泛开采到技术开采的转变，从浪费水资源经济结构向节约用水型经济结构的转变。同时，要加强国民的节水意识，充分利用非工程措施来提高农业用水效率，实施节水灌溉。

（1）建立节约型社会

节约用水并不仅仅是对用水进行限制，而应该是加强用水效率和消除浪费使用。节约用水应该要个人、团体、企业和所有的人都要节约用水，形成节水型社会。要在全民范围内开展节约用水的教育，提升全民节水认知，让大家做到从自己做起，从身边的小事做起，珍惜水资源，节约用水。提高用水效率、减少用水定额是节约用水的目的。农业、工业的发展走节水之路是保护水资源的重要途径，同时也不能降低对生活用水的要求。而且肇州镇的开发潜力非常小，要从现在做起，大力培养全民节水意识。节水形势更加严峻的是，肇州镇的人口密度较大，而由于当地水资源的缺乏，使得人均地下水资源量远低于黑龙江省平均水平，已经造成了水资源与社会系统的不协调。所以，增强全民节水意识是当务之急。

①农业用水。

农业用水是肇州县各用水量当中最主要的，农业也是肇州县的主要经济来源，所以肇州县作为农业县，发展节约水型农业对当地节约用水有着举足轻重的地位，能够得到立竿见影的效果。评价结果表明，肇州县的农业灌溉发展水平不高，存在大量浪费水资源的状况，水资源利用效率也不高，所以非常有必要发展节水灌溉技术，更加科学地开采利用地下水资源。

A.节水灌溉技术的改良。肇州县农业灌溉方式主要是软管输水、田间沟灌的灌溉技术，喷灌、滴管技术应用规模有限，农业用水浪费非常严重。在很多缺水地区国家及地区采用大面积滴灌的技术。肇州县的缺水程度比较严重，可以借鉴国外的先进技术结合自己的实际情况以改良自己的灌溉技术。

B.加强灌溉工程建设。灌溉过程中的输水损失是肇州县农业损失的主要部分，造成了大量的浪费。现如今肇州县的灌溉工程过于老旧，没有及时地维修和更新，以至于损失更加严重。所以肇州县需要加强灌溉工程的建设，对于一些过于老旧的工程进行翻修，新建的灌溉工程应及时进行检测与维修，保证灌溉工程的良好运行。

②工业用水。

工业节水在肇州县用水中所占比重相对较小，但是用水集中在肇州镇、新富乡和二井镇等几个乡镇，而且工业用水浪费得比较严重，重复使用率低下，单位产值用水量大，因此肇州县在工业生产上节约用水也很有必要。

A.设备和技术的更新。工业生产流程复杂多样，有很多可以节约用水的环节。因为肇州县工业设备更新不足，许多20世纪70年代的设备仍在使用当中，工业耗水量高。更新设备和技术是工业节水的根本性措施之一，对于一些设备落后的企业、公司，必须引进先进技术，更新设备，改用节水型的设备和技术。

B.加强废水利用率。肇州县工业浪费水量较大，很大的原因是水重复利用率低，我们可以加强工业废水再循环利用，在公司、工厂专门建设废水处理站，给予建有废水处理站的公司优惠政策，鼓励工厂废水再利用。

③生活用水。

肇州县的生活用水占有比重较高，在用水比例中仅次于农业用水，是肇州县的第二大用水主体，因此，在生活上节水具有重要的意义。随着肇州县的人口快速增长和人民物质文化的不断提高，肇州县的人均生活用水量也在逐渐增加，并且对用水质量也有了相应的提高，所以对肇州县在生活用水范围内节约用水是十分有必要的。

A.改用新型节水型用水设备和计量工具。肇州县有多地方的供水管网比较落后，多年没有及时翻修和更新，使得居民在用水过程中出现各种漏水、使用量过大等问题，这是肇州县生活用水中存在大量水资源浪费的一个重要原因。因此，及时更新和维修供水管网是在肇州县必需要做的工作之一。在家庭当中，我们也应该应用一些节水型设备，比如说节水型水龙头，能够避免一些不必要的漏水及浪费的现象。采用先进的计量工具也能对节约用水有很明显的效果。

B.实行计划用水。对居民家庭严格实施按表收费政策，要求每家每户都有对应的计水表。对于肇州镇等居民集中区，实施定额管理办法，给予每个家庭相应的用水定额，在用水定额范围内用水按标准收费，对于超出部分采取加价收费政策。对于一些大型的工厂和企业内的用水也实施定额管理，对于节约用水单位给予表扬和相应的减免政策。

C.加强水污染的治理。目前肇州县的水污染问题日渐严重，水体的质量得不到保障，加剧了当地水资源短缺的矛盾，并且对居民的身体健康也造成了一定的威胁。现阶段肇州县的产业结构中的造成水污染的企业比较多，废水排放率高，因此，加强水污染治理对于提高肇州县的水体质量和节约用水有很大作用。加强水污染治理的首要工作是抓好污染源的治理，对于那些高污染企业，我们必须进行集中管理和强制管理，监控好他们的污水排放，对于那些污水处理不达标就排放的企业和工厂，给予严厉的惩罚。对于那些污染较少的工厂和企业，我们要积极鼓励他们对污水再处理之后排放，对于做得好的企业和工厂给予一定奖励。新建的企业必须经过严格的审查，让他们必须采取相应的污水处理措施，经过有关部门检查合格后才给予通过。我们要加强治理已经污染的水源，通过污染源的治理，使得水污染不会进一步加重，还给居民一个安全、放心的水环境。

（2）合理开采和保护地下水资源

由于肇州县地表没有江河湖泊，地表水资源缺乏，因此对肇州县地下水资源的开发和利用是关系到肇州县能否实施可持续发展战略的关键所在。随着肇州县的居民生活水平已基本进入小康水平，合理开发利用和有效保护地下水资源显得尤为重要。对于肇州县地下水开采利用中存在的问题必须及时处理，否则会对于肇州县的经济结构和居民生活水平形成严重的威胁。加强肇州镇地下水开采超量区的治理工作已经是肇州县的当务之急。

①完善地下水动态观测网，科学地指导地下水资源开采。

地下水资源可以说是肇州县唯一的水资源，并且是有限的水资源，不能够无限、不加保护地开采，所以应该从保护肇州县地下水资源的角度来出发开展监测工作，地下水动态监测是对地下水资源保护中的一个关键工作。目前，在肇州县水资源管理体系还不够完善的情况下，肇州县政府应明确相应的负责单位和部门，来共同构建肇州县的地下水井动态观测数据库，在肇州镇等主要用水地区增加观测井数量，形成较为完善的地下水动态监测网，形成地下水动态监测资料序列，控制肇州县主要地下水开采区和含水层。一要根据水位监测，对地下的开采进行相应的调整，达到采补平衡、供需平衡，为地下水合理开采提供有效的依据。二要根据水位监测及时掌握地下水位的变化情况，对于地下水的开采方案进行有效的调整；三要根据地下水水质检测，及时得到相应的水质状况，采取相应的措施，为居民提供良好的水资源。四要通过完善肇州县的地下水动态监测网，为合理开采和使用肇州县的地下水资源提供可靠的保证。

②加强水务管理工作，依法监察和保护地下水资源。

肇州县水务部门应加强对肇州镇内水政监察执法力度，认真调查该地区水井数量、用水等状况，对于私自凿井行为依法进行严肃处理，对于乱挖乱凿行为给予制止，加强对肇州镇等超量开采区地下水资源开采利用状况的检查力度；严格进行对地下水资源的开采利用，禁止在地下水超量开采区进行打井和开采地下水。对水资源费用重新定价，提升大家对水资源的认知度；对水质监测要进行定期检查，发现水质问题积极处理，使居民身体健康得到保障；对于钻井施工队伍的资质要格外重视，坚决制止私自凿井行为。

基于地下水控制性水位管理和开发总量控制，结合区域地下水生态环境可持续发展要求，确定水资源、工业需水、农业需水、人口等子系统状态变量和表函数，建立水资源承载力系统模型，用因果树分析主要变量的因果关系，明确缺水程度对工业产值、农田灌溉面积及人口增长速度的影响。研究得出，肇州县水资源承载力由 2009 年的 156 492 hm^2 增加到 2013 年的 255 938 hm^2，大体呈上升趋势。水资源总生态量先增加后减少，生活用水量、工业用水量、生态环境用水量均逐年增加，2011—2013 年农业用水生态量明显减少，说明节水灌溉工程建设与发展对于有效合理利用水资源起到重要作用。

4.3.4 地下水安全保障模式的影响因素及设计方案

4.3.4.1 影响因素分析

地下水安全保障模式是根据一个区域不同情况下的不同水量需求，以地下水位为控制性指标，从开采井、取水设备和取水规模等多个方面考虑，共同构建的保障地下水安全的方案集合。地下水安全保障模式可大致分为可持续安全保障模式和应急安全保障模式两类。

在可持续安全保障模式中，地下水设计开采量应小于等于地下水的允许开采量（即 $Q_{设} \leq Q_{允}$），只有 $Q_{设} \leq Q_{允}$ 时，地下水系统才能保证未来能够可持续利用。可持续模式根据其特点可分为绝对可持续模式和调节可持续模式两种。

要素是构成事物必不可少的因素，又是组成系统的基本单元。研究区为肇州旱灌区，其水源为地下水，是以种植旱作物为主的农业区。在研究肇州旱灌区地下水安全保障模式时，需考虑的要素有水量需求、地下水可供水量、含水层结构、地下水取水工程和农业经济发展政策等，如表 4-31 所示。

表 4-31 安全保障模式组成要素

要素项目	要素内容
水量需求	需水量
含水层结构	水位、含水层稳定性
地下水取水工程	井类型、井深、井径
农业发展政策	作物结构、灌溉方式
地下水监测	井网布设、井位置、进网布设密度

①水量需求。

水量需求是当地生活生产所需开采的地下水的数量和质量；在不同水文年、不同要求和不同地区所需地下水数量不同，根据其制定的地下水开采方案也不同；除了数量以外，地下水水质有时也是地下水开发利用时需要考虑的因素，但在此次研究中不考虑水质因素。

②含水层结构。

考虑含水层水位下降幅度是否在含水层所能承受的范围之内，实际开采量不能大于区域的地下水允许开采量。若水位下降幅度过低，后期地下水位无法得到一定的恢复，水位的持续下降则可能引起地面塌陷和沉降等一系列的地质问题。

③地下水取水工程。

地下水取水工程是指从地下水含水层引水来满足农田灌溉、工业和生活用水的需要而修筑的建筑物，如管井、大口井和渗渠等；对于取水工程而言，若是含水层水位下降得过低，抽水部件取不到水，这样的取水工程没有可利用价值，不能满足该地区的用水需求。

④农业发展政策。

我国是农业大国，对于用水量较大、以农业为支柱产业的地区，水资源量对于该地区经济发展具有至关重要的作用。水资源是万物之源，是人类的生存之本，是经济社会发展的战略资源和经济资源。农业经济发展政策决定着该地区的水资源开发利用程度，同时水资源也限制着该地区的经济发展。

⑤地下水监测。

为了更好地了解和掌握区域地下水动态变化、开采利用程度，需要设置区域地下水动态监测井网。以浅层地下水及作为主要开采层的深层地下水为重点，进行地下水动态长期监测，为控制地下水资源开发利用提供依据。

水量需求是研究地下水安全保障模式时需考虑的前提条件；其他要素则是在制定地下水开采方案时为保护含水层结构稳定、符合当地实际设备技术和发展政策等必须满足的限制条件（约束条件）。根据一个区域不同情况下的不同水量需求，在符合约束条件下制定相应的地下水开发利用方案，集合形成该区域的地下水安全保障模式。

研究地下水安全保障模式的前提是确定开采量，对于类似研究区的农业县，农业用水在总用水量占有极高的比例，不同水文年、灌溉方式和地点的农业用水量存在差异，从而对地下水开采量有所影响，因此确定区域开采量，不仅要考虑开采地下水的数量问题，同时要考虑年内降水、灌溉位置和灌溉时间等相关因素。

4.3.4.2 地下水安全保障模式的方案设计

对于研究区而言，考虑影响地下水开采量的主要因素有降水入渗补给、侧向补给排泄、开采区域和灌溉方式等。在考虑可能的地下水开采方案时，设计采用降水保证率为20%、50%、75%和95%四种不同水文年；考虑到周边地区可能对于研究区地下水系统的影响，侧向补给排泄项可设定为侧向补给排泄量固定、周边充分补给研究区两种情况；肇州县抽取地下水主要用于农业灌溉，考虑作物需求，灌溉取水考虑充分灌溉和80%灌溉两种情况；研究区域考虑肇州县全县和节水灌溉区两个尺度。不同情况组合形成多样的地下水开采方案，针对全县和节水灌溉区，降水保证率分别为20%、50%、75%和95%时，以固定补给排泄和充分补给排泄两种侧向补给排泄方式，分别进行充分灌溉、80%灌溉两个设计。

在所列不同设计方案中，根据已有研究区资料分析可知，在设计降水保证率为20%的年份，降水充足，整个地下水系统的补给量大于消耗量，因此设计保证率为20%的情况可不予讨论；关于周边补给排泄情况，邻县地下水利用情况及地下水系统大致的动态和与研究区相仿，因此周边补给排泄项可以看作固定情况。以此，根据上述实际情况选取6种地下水开采方案进行分析，即考虑降水率为50%、75%和95%，以固定补给排泄和充分补给排泄两种侧向补给排泄方式，分别进行充分灌溉、80%灌溉。

根据2020年肇州需水结果计算研究区充分灌溉和80%灌溉情况下需水量及不同灌溉条件下研究区的需水量如表4-32。

表 4-32 不同灌溉条件下研究区的需水量　　　　　　　　　　　　　　单位：万 m³

灌溉条件		充分灌溉	80%灌溉
研究区需水量	全县	7 435.4	6 571.52
	节水增粮区	6 532	5 753.18

参考现状年已有数据，根据计划部门人口及牲畜的增长预测、肇州县工业及农业的发展规划，采用定额法计算 2020 年研究区需水量。根据不同设计情况的需水要求，考虑降水情况，得到不同设计情况地下水开采量，如表 4-33 所示。

表 4-33 不同设计方案研究区地下水开采量

序号	降水保证率	研究区	侧向补给排泄	灌溉方式	地下水开采量/万 m³
方案 1	50%	全县	固定补给排泄	充分灌溉	6 750.4
方案 2	50%	全县	固定补给排泄	80%灌溉	5 886.5
方案 3	75%	全县	固定补给排泄	充分灌溉	6 849.4
方案 4	75%	全县	固定补给排泄	80%灌溉	5 985.5
方案 5	95%	全县	固定补给排泄	充分灌溉	7 009.4
方案 6	95%	全县	固定补给排泄	80%灌溉	6 145.5

4.3.4.3 关键技术

区域若发生地下水开采，需要保证形成的新平衡无论对于含水层本身还是外界其他条件都处于安全状态，因此需要通过各种约束条件来控制地下水的使用情况，这是地下水安全保障模式的核心。在研究区域地下水安全保障模式时，关键内容是建立开采量与含水层结构、取水工程技术和农业发展政策等各种约束条件之间的关系。有一种方法是将开采量和含水层结构等通过数学方程联系在一起，并采用合适的数学解法去求解，可凭借此方法来达到建立开采量和其他约束条件关系的目的，所建数学方程为

$$\begin{cases} Q = f(h) \\ \text{工程技术} = f(h, \text{含水层稳定性}) \\ \text{政策} = f(Q, \text{工程技术，当地需求}) \end{cases} \tag{4-17}$$

式中：Q——开采量；

h——地下水位。

在研究中采用数值模拟来确定开采量和地下水位之间的关系。通过建立数学模型来描述地下水流数量和空间形式之间的关系，能够体现地下水流系统运动的基本特征。在研究地下水运动的过程中，渗流连续性方程是采用的基本方程。各种渗流连续性方程和反映质量守恒定律的方程共同构建了地下水运动的微分方程，即

$$\frac{\partial}{\partial x}\left[KM\frac{\partial H}{\partial x}\right]+\frac{\partial}{\partial y}\left[KM\frac{\partial H}{\partial x}\right]+W=S\frac{\partial H}{\partial t} \tag{4-18}$$

式中：K——渗透系数；

M——含水层厚度；

W——单位时间和单位体积流入或流出含水层的水量（垂向方向越流或开采，流入为+，流出为一）；

S——释水系数（贮水系数），单位体积含水层水头下降（或升高）一个单位时释放（贮存）的水量。

一般地下水流系统呈现非稳定流状态，各物理量（如水位、流速和流向等）的大小随时间而发生变化。

利用数值模型建立开采量与水位之间的关系之后，以水位为控制性指标，从取水技术条件、经济发展要求、地下水位监测等多个方面构建区域地下水安全保障模式。

4.3.5 地下水安全模式分析

4.3.5.1 不同情景下地下水安全模式分析

利用所建数值模拟模型，对 6 种设计方案进行模拟，获得结果分析如下：

①设计降水保证率为 50%。

全县范围内，充分灌溉条件下的地下水位埋深年初年末水位值变化幅度不明显，在灌溉期地下水位埋深明显增大，潜水水位降深幅度不大，承压水水位降深幅度 2~3 m，水位埋深下降幅度未达多年平均地下水头到隔水底板垂向距离的二分之一，满足水位约束条件，后期雨季降水充足，地下水得以补充，水位回升、埋深减小；80%灌溉条件下地下水消耗量能够得到充分补给，地下水位变化幅度不大。

②设计降水保证率为 75%。

充分灌溉条件下的地下水位埋深年初年末水位值变化幅度不明显，年内变化规律与平水年（50%）基本相同，相比之下，潜水水位降深变化不大，承压水水位降深较其增大 1 m 左右，水位埋深总下降幅度同样未达到多年平均地下水头到隔水底板垂向距离的二分之一，满足水位约束条件，后期雨季降水充足，地下水得以补充，水位回升、埋深减小。80%灌溉条件的地下水变化规律亦与平水年（50%）基本一致。

③设计降水保证率为 95%。

降水量少，研究区地下水主要补给来源为降水入渗补给，地下水开采量增加。充分灌溉条件下的地下水位埋深年初年末水位值变化幅度为 0.5~1.5 m。灌溉期间，潜水地下水位降深 0.7~1.5 m，承压含水层作为主要开采层水位降深幅度可达 8 m，双发、肇州镇、二井镇地区埋深下降幅度超过多年平均地下水头到隔水底板垂向距离的三分之一，未达到二分之一，含水层结构仍可承受；雨季降水入渗补充地下水，但补给地下水量不足以满足含水层消耗量，因此水位虽回升却较年初有所下降；80%灌溉条件下的地下水位埋深年初年末水位值变化幅度不大，年内潜水位降深变化不大，承压水水位略微下降，后期雨季降水充足地下水得以补充，水位回升。

4.3.5.2 地下水安全保障模式适用性分析

研究区是以地下水为水源的农业区，农业灌溉需水量在总需水量中占有极高的比例，结合该区域的农业经济发展和区域地下水生态环境可持续发展要求，以服务区域高效灌溉需水要求为目标，考虑区域地下水可持续利用，以地下水位为控制性指标，从开采井、取水设备、取水规模等多个方面构建区域地下水安全开采模式。

通过对拟定的开采方案分析并结合当地实际情况及约束条件得到地下水安全保障模式内容。

（1）水量需求和含水层结构约束

所设计的方案在满足用水需求基础上，水位下降幅度不会对地下水含水层结构产生破坏，满足含水层结构约束条件。但是考虑到含水层可持续利用时，部分方案采用时应有所考虑，如方案 1 和方案 3 的设计降水保证率分别为 50%、75% 时，在充分灌溉条件下，地下水位埋深年末较年初增大，但是增大幅度范围为 0.1～0.2 m，灌溉期间地下水位下降幅度较大，但后期雨季可以得到补充，整体处于均衡状态，属于调节型；方案 5 的设计降水保证率为 95%，充分灌溉条件下，年内整体地下水位埋深增加，含水层水资源储量明显减少，含水层系统处于负均衡，若遇到连续枯水年，含水层系统可能遭到破坏，该设计方案属于应急型，并不推荐使用。

（2）地下水取水工程

开采井一般采用完整井，井身贯穿整个含水层。研究区内大多数地区潜水含水层埋藏深度为 5～15 m，新福乡和双发乡部分地区可能达到 20 m，承压含水层埋藏深度为 35～75 m。考虑含水层厚度、地下水位最大降深及井结构，潜水井井深需在 15～25 m，新福乡和双发乡部分地区应达到 35 m 以上，承压井井深需在 65～105 m，并随实际情况适当增减。井管材料要具有一定的抗拉、抗压和抗挤压强度，材料要满足因地制宜和经济耐用的需求，考虑当地实际情况可采用混凝土井管和钢筋混凝土井管，管口需平整并与管中心线垂直、管身无弯曲。考虑到抽水需求和当地地下水位埋深，水泵可采用 IS 型单级单吸离心泵（转速 2 900 r/min 或 1 450 r/min，吸入口直径 150～200 mm，流量 151.2～9 600 m^3/d，扬程 5～125 m）。

（3）农业经济发展政策

研究区是以种植旱田作物为主的农业县，农业为该研究区的主要经济产业，在地下水需求量中农业灌溉水量占极高的比例。研究区内可以种植旱田作物，目前作物种植种类和灌溉需求可以得到满足，根据实际年份情况需进行适当调整。研究区肇州县是农业大县，全国粮食主产区，全县 222 万亩耕地，考虑研究区水源条件及可利用程度，根据大庆市肇州县农业发展计划，肇州县农业种植结构为旱田，以种植玉米为主，灌溉方式以高效节水的喷灌、滴灌为主，以坐水种为辅。

（4）地下水监测井网布设

为保障区域地下水安全，还需完善地下水监测井网。研究区原设有 29 眼监测井，在布设合理的基础上尽量多利用原用井，双发、二井镇和肇州镇内地下水开采重点地区井网布设密度应加大。区域网监测密度为每 1 000 平方公里 4～5 点，重点地区为每 100 平方公里 4～5 点。原有 29 眼监测井大多分布在研究区的中部地区，增加西部的新福乡、永乐镇、东部朝阳沟镇和北部榆树乡、卫星农场等地区监测井布设数量。

（5）控制性关键水位

为合理开发和利用地下水资源，促进地下水资源的可持续利用，需要确定地域相应的关键水位，通过地下水位来监控和管理地下水资源。为避免地下水位下降或者抬升对地下水地质结构、生态和资源等功能造成影响，将地下水控制性关键水位划分为下红线水位和上红线水位。下红线水位埋深是指地下水位达到多年平均地下水头到隔水底板垂向距离的二分之一的数值；上红线水位埋深以不发生土地浸没为准，在农田种植区该值与区域土壤类型和农作物根系层深度有关，研究区取值为 3.2 m。根据区域地质及含水层结构特征，设计完成了节水灌溉分区 4 种典型井结构，及对应的控制性关键水位。采用完整井结构，新福乡和双发乡部分地区潜水井井深应达 35 m 以上，承压井井深需在 65～105 m，随勘探实际情况适当调整；井管材料设计采用混凝土井管和钢筋混凝土井管；依据肇州县种植结构现状和农业经济发展规划，灌溉方式以节水高效的喷灌、滴灌为主，以坐水种为辅。

为保障区域地下水安全，依据地下水监测井网监测功能，建立了地下水"水位+水量"双控管理模式。在玉米灌溉期按照地下水监测井网的监测数据和控制关键性水位，选取灌溉方案。在下蓝线水位以上，采用绝对可持续模式，充分开采地下水保证受旱区高效灌溉方式的灌溉用水；当水位在下蓝线与下红线之间时，采用调节可持续方案，控制灌溉用水量，保证灌溉期内不突破下红线，年内地下水位可恢复至蓝区的相对平衡状态；当地下水位下降至下红线水位之下，采用应急保障模式确定灌溉用水量，满足重要区域农作物基本需水，详情见表 4-34、图 4-42。

表 4-34 区域地下水安全保障模式

开采方案			地下水取水工程	农业经济发展政策	地下水监测井网布设
分类	降水保证率	灌溉方式			
可持续安全保障模式　绝对可持续模式	50%	充分灌溉	（1）潜水井井深需在15～25 m，新福乡和双发部分地区应达35 m以上，承压井井深需在65～105 m，随实际情况适当增减 （2）井管可采用混凝土井管和钢筋混凝土井管	（1）肇州县农业种植结构为旱田，以种植玉米为主 （2）灌溉方式以高效节水的喷灌、滴灌为主，以坐水种为辅	（1）多利用原用井，双发、二井镇和肇州镇内地下水开采重点地区井网布设密度加大，区域网监测密度为每1 000平方公里4～5点，重点地区每100平方公里4～5点 （2）增加西部的新福乡、永乐镇、东部朝阳沟镇和北部榆树乡、卫星农场等地区监测井布设数量
	75%	85%灌溉			
	95%	60%灌溉			
可持续安全保障模式　调节可持续模式	75%	90%灌溉			
	95%	70%灌溉			
应急安全保障模式	95%	80%灌溉			

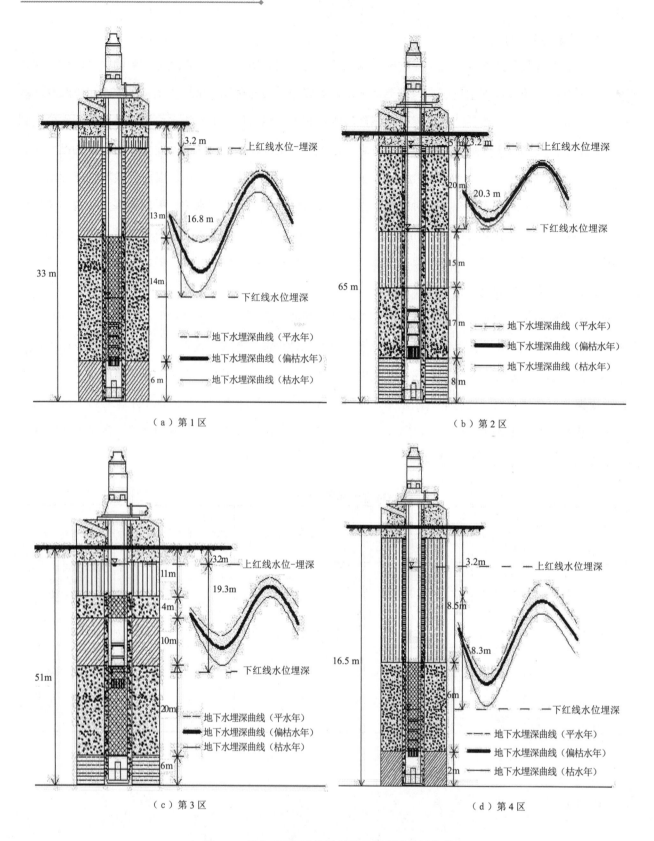

图 4-42 节水增粮区典型井结构及控制性关键水位

第 5 章　高效灌溉规模化工程模式及长效运行保障机制研究

5.1 黑龙江省基于降雨的干旱时空分布及玉米灌溉需水规律研究

干旱对农业造成的损害在世界各国广泛出现，并在所有自然灾害造成的损失中位居第一。中国作为一个农业大国，易受气象灾害影响，特别是受干旱的影响，而东北地区作为中国重要的农业生产区自然也易受气象灾害影响。黑龙江省是中国重要的商品粮生产基地，也是干旱灾害发生比较频繁的地区之一。干旱灾害造成的粮食减产直接影响着区域的经济发展，研究农业干旱灾害发生的风险水平及其空间分布，是各级政府部门进行防灾减灾、提高农田抗灾标准的重要依据。

黑龙江省享有"北大仓"的美誉，是我国重要的玉米、水稻、豆类等粮食生产基地，，农业生产以"雨养"为主。玉米种植在黑龙江省有悠久的历史，是当地重要的粮食和饲料作物。由于水资源时空分布不均，农作物生长季节与降雨供给匹配较差，造成该区域极易发生季节性干旱。干旱主要出现在春季和夏季，其中以春旱居多。春旱影响玉米播种、出苗以及幼苗生长，夏旱则影响玉米正常生长发育，导致减产或绝产。因此，研究黑龙江地区玉米不同时期的需水规律以及干旱的时空分布规律，明确干旱对玉米需水量的影响，对黑龙江地区春玉米不同生育期有效抗旱减灾措施具有重要现实意义。

干旱可分为四种类型：气象干旱（由降水和蒸发不平衡所造成的水分短缺现象）、农业干旱（以土壤含水量和植物生长形态为特征，反映土壤含水量低于植物需水量的程度）、水文干旱（河川径流低于其正常值或含水层水位降落的现象）、社会经济干旱（在自然系统和人类社会经济系统中，由于水分短缺影响生产、消费等社会经济活动的现象）。而降水短缺是造成各类型干旱的主导因素，一般用降水距平百分率来确定降水短缺程度。降水距平百分率的优点是计算简单，只考虑降水，不考虑其他干旱影响因子。在以往的研究中，往往是根据实际的降雨数据来求某实际年的降雨距平，很少有人通过降雨频率来研究某地区的干旱分布规律。

目前，黑龙江地区干旱研究主要集中在干旱与气象因子关系、干旱演变趋势、干旱时空特征上，对玉米生育期的干旱研究得较少。此外，结合黑龙江地区不同时段降水规律以及降水距平来研究不同降水频率下玉米需水规律的研究还少见报道。本书主要根据黑龙江省 72 个站点 1990—2015 年的降水数据，分析了各地区 5—9 月的降水时空分布，并根据计算的降水距平，确定了 50%、75%、90%降水概率下的干旱情况，同时，得到了不同降水概率下的黑龙江省各地区玉米净灌溉需水的空间分布。据此，全面分析黑龙江各地区旱情以及玉米在生育期的需水情况，将研究尺度细化到县域尺度，为黑龙江省的玉米种植提供了理论支持。

5.1.1 资料与方法

5.1.1.1 研究区概况

黑龙江省的地势大致是西北部、北部和东南部高，东北部、西南部低，主要由山地、台地、平原和水面构成（山地24.7%、丘陵25.8%、平原37%、水面及其他2.5%）。大、小兴安岭和东部山地，以及松嫩平原、三江平原与穆棱—兴凯湖构成了黑龙江省最基本地形地貌轮廓。黑龙江省耕地面积1 586.6万hm²，其中水田384.3万hm²，玉米种植面积772.3万hm²；草原206.3万hm²；森林面积2183.7万hm²，森林覆盖率48.3%。

黑龙江省是我国重要的粮食生产基地，粮食产量在全国占有举足轻重的地位。同时又是全国严重缺水的省份之一，黑龙江水资源总量810亿m³，仅占全国水资源总量的2.9%；耕地亩均占有水资源量340 m³，仅相当于全国平均水平的23%，且水资源时空分布极不均匀，东部多、西部少，山区多、平原少；全省年降水量平均为400～650 mm，主要集中在6—9月，占全年降水量的60%～80%。

5.1.1.2 数据来源与处理

利用黑龙江省1990—2015年各地区72个站点的月降水资料，推求各站点5—9月各月平均降水量，以及玉米生全生育期（5—9月）的平均降水量。同时，应用适线法得到玉米全生育期（5—9月）的50%、75%、90%降水频率下的降水量。

5.1.1.3 研究方法

（1）降水距平百分率及干旱等级划分

降水距平百分率能直观反映降水异常引起的干旱，是表征某时段降水量较常年同期值偏多或偏少的重要指标之一，同时也是我国气象干旱评估的主要参数之一。

某时段降水距平百分率（P_a）为

$$P_a = \frac{P - \overline{P}}{\overline{P}} \times 100\%$$

（5-1）

式中：P——某时段降水量，mm；

$\overline{P}$——计算时段同期气候平均降水量，mm。

本书先将1990年1月至2015年12月共26年月降水量数据作为历史资料样本，对5—9月同期气候平均降雨量 进行求解。对该时间段的降雨频率曲线进行计算，得到50%，75%以及90%概率下的降水量，计算黑龙江地区不同降水频率下的降水距平百分率，并对1990—2015年5—9月的气象干旱空间演变过程进行分析。

基于降水距平百分率的气象干旱标准，如表5-1所示。

表 5-1 基于降雨距平百分率的气象干旱标准

降水距平百分率	1 个月	连续 2 个月或累积 2 个月	连续 3 个月以上或累积 3 个月以上
−50%~−25%	—	—	干旱
−80%~−50%	—	干旱	重旱
−100%~−80%	干旱	重旱	—

（2）研究框架

黑龙江省玉米灌溉需水规律研究框架如图 5-1 所示。

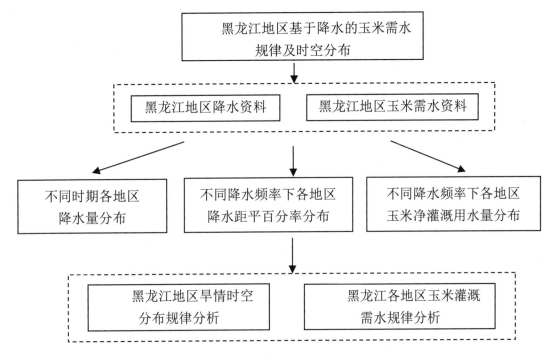

图 5-1 黑龙江省玉米灌溉需水规律研究框架

5.1.2 结果与分析

5.1.2.1 黑龙江地区降雨时空分布规律

利用 1990—2015 年的降水数据，计算 5—9 月（玉米全生育期）的多年平均降水量。从时间尺度来看，以 7 月降水最为丰富，各地降水多集中在 120~150 mm；6 月，8 月降水次之，各地降水多集中在 60~120 mm；而 5 月、9 月降水最少，各地降水多集中在 30~60 mm。在玉米的生育期（5—9 月）。从空间尺度来看，黑龙江中部地区（伊春、绥化、哈尔滨及其所属各县）、东部地区（佳木斯、鹤岗、双鸭山及其所属各县）在各月降水均较丰富；黑龙江西部（齐齐哈尔、大庆及其所属各县）、北部地区（大兴安岭地区）降水较少。5 月，黑龙江西部地区降水最少，在 30 mm 左右，黑龙江南部及东部地区降水最多，在 60 mm 左右；6 月，大兴安岭地区及抚远、饶河、同江、绥滨地区降水最少，在 70 mm 左右，伊春、鹤岗地区降水最多，能够在 110 mm 以上；7 月，大兴安岭、佳木斯西部地区以及牡丹江降水最少，降水量在 120 mm 左右，伊春降水量最多，能够在 160 mm 以上；8 月，大兴安岭、大庆地区降水量最少，降水量在 80 mm 左右，伊春、绥化以及哈尔滨地区降水量最多，在 130 mm 左右；9 月，各地降水量差别不大，月降水量集中在 40～60 mm。从全生育期来看，黑龙江地区的降水量以黑龙江中部为中心向四周递减，在中部降水量较多地区，可以达到 500 mm，在西部以及大兴安岭降水较少地区，降水量在 350 mm 左右。

将黑龙江玉米的生育期划分为苗期（5 月 11 日至 6 月 20 日）、拔节期—孕穗期（6 月 21 日至 7 月 15 日）、抽穗期—开花期（7 月 16 日至 8 月 10 日）和灌浆期—成熟期（8 月 11 日至 9 月 30 日）。黑龙江省西部半干旱玉米 5—9 月需水量依次为：45.0～51.5 mm、115.0～136.5 mm、185.0～215.8 mm、130.0～158.7 mm 和 65.0～72.0 mm。其他地区玉米生长季需水量接近或略低于该参考值。推算得知，黑龙江西部齐齐哈尔及大庆地区 5 月需要灌溉 10～20 mm，东部地区及中部地区基本可以超过需水量，北部地区基本也可以达到需水量；6 月玉米需水增加，但是黑龙江省整体降水量较少，因此除伊春等中部地区，其他地区均需进行灌溉，降水较少的大兴安岭地区需要灌溉 40 mm 左右，其他地区需灌溉 30 mm 左右；7 月各地区降水较丰富，但玉米需水量也较多，西部地区需灌溉 30～50 mm，其他地区需要灌溉 20～40 mm；8 月各地降水量增多，但玉米需水量减少，除西部地区需灌溉 20 mm 左右，其他地区均不需要灌溉；9 月黑龙江除西部地区需灌溉 15 mm 左右外，其他地区均不需要灌溉。

5.1.2.2 黑龙江地区干旱空间分布规律

利用 1990—2015 年的降水数据，针对玉米全生育期（5—9 月）降水量，计算得到 50%、75% 以及 90% 降雨频率下的降雨距平百分率分布数据。结合表 5-2 分析得出：在 50% 降雨频率下，黑龙江省各地区降水距平百分率大部分集中在-10%～0%，在该降雨条件下，全省各地基本处于非干旱状态；在 75% 降水频率下，全省各地降水距平百分率大部分集中在-30%～-10%，此时，黑龙江西部地区、东北部地区均出现干旱情况，但旱情并不严重。大庆、齐齐哈尔地区降雨距平百分率较低，在-25% 左右，刚刚达到干旱水平，其他地区降雨距平百分率在-15% 左右；在 90% 降雨频率下，全省各地降雨距平百分率大部分集中在-50%～-30%，黑龙江中部、西部以及佳木斯地区均达到干旱标准，且以龙江、泰来、明水、黑河以及鹤岗地区最为严重。而牡丹江地区降水距平百分率最低，东宁、绥芬河等地在此降水频率下也未达到干旱标准。

表 5-2　不同降雨频率下黑龙江地区降水距平百分率

降水频率	市（县）	降水距平百分率/%
50%	龙江县、明水县、阿城区、双城区、鹤岗市区	-17.0～-8.0
	加格达奇区、漠河市、塔河县、呼玛县、黑河市区、孙吴县、讷河市、甘南县、富裕县、依安县、克山县、克东县、哈尔滨市区、呼兰县、巴彦县、木兰县、宾县、延寿县、尚志县、绥滨县、佳木斯市区、汤原县、富锦市、抚远市、桦南县、双鸭山市区、友谊县、宝清县、饶河县、勃利县、牡丹江市区、林口县	-7.9～-3.0
	鄂伦春自治旗、五大连池市、逊克县、北安市、齐齐哈尔市区、泰来县、绥化市区、海伦市、绥棱县、庆安县、青冈县、望奎县、伊春市、萝北县、五常市、依兰县、方正县、集贤县、桦川县、鸡西市区、密山市、虎林市、海林市、宁安市、穆棱市、绥芬河市、东宁市	-2.9～-2.0
	嫩江县、大庆市区、肇州县、安达市、肇东市、兰西县、通河县、七台河市区、鸡东县、同江市	2.0～8.0

续表

降水频率	市（县）	降水距平百分率/%
	龙江县、明水县、大庆市区、肇州县、鹤岗市区	−29.0～−25.0
75%	孙吴县、五大连池市、北安市、齐齐哈尔市（除龙江县）、林甸县、肇源县、杜尔伯特蒙古族自治县、绥化市区、海伦市、绥棱县、庆安县、望奎县、青冈县、伊春市区、铁力市、阿城区、双城区、尚志市、依兰县、木兰县、佳木斯市区、汤原县、桦川县、富锦市、抚远市、绥滨县、双鸭山市区、友谊县、饶河县、勃利县	−24.9～−18.0
	大兴安岭地区、嫩江县、逊克县、嘉荫县、哈尔滨市区、呼兰区、巴彦县、方正县、延寿县、宾县、五常市、萝北县、同江市、桦南县、集贤县、宝清县、密山市、虎林市、牡丹江市（除海林市）	−17.9～−13.0
	黑河市区、安达市、肇东市、兰西县、通河县、海林市、同江市、七台河市区、鸡东县	−12.9～−6.0
90%	黑河市区、五大连池市、北安市、龙江县、甘南县、泰来县、富裕县、依安县、克东县、克山县、拜泉县、明水县、大庆市区、林甸县、肇州县、肇源县、鹤岗市区、双鸭山市区	−44.0～−36.0
	大兴安岭地区、嫩江县、孙吴县、逊克县、齐齐哈尔市区、讷河市、杜尔伯特蒙古族自治县、绥化市（除明水）、伊春市、哈尔滨市（除市区、巴彦县和延寿县）、萝北县、绥滨县、佳木斯市（除桦南县）、双鸭山市（除市区）、勃利县、鸡西（除鸡东县）、宁安市、林口县、穆棱市	−35.9～−25.0
	哈尔滨市区、巴彦县、延寿县、桦南县、七台河市区、牡丹江市区、海林市、绥芬河市	−24.9～−18.0
	东宁市、鸡东县	−17.9～−1.0

5.1.2.3 不同降水频率下玉米灌溉需水量空间分布特征

对黑龙江省全生育期玉米需水量进行分区，分区结果如表 5-3 所示，结合得到的 50%、75% 以及 90% 降水频率下的各地区降水量，得到黑龙江各地区的玉米灌溉需水量，如表 5-3、表 5-4 所示。根据所得到结果可知：在 50% 降水频率下，只有黑龙江西部的泰来县、杜尔伯特蒙古族自治县、肇源县等地需要灌溉，且需水量均在 50 mm 以下，大部分均可以采取雨养方式；在 75% 降水概率下，缺水程度增加，需要灌溉的地区增多，灌溉需水量整体增加，以黑龙江西部以及佳木斯市、双鸭山市、七台河市部分地区灌溉需水量最多，西部的泰来县、杜尔伯特蒙古族自治县、林甸县、肇源县在 100 mm 以上，东部的富锦市、宝清县、友谊县在 70 mm 左右。大兴安岭地区以及黑龙江中部地区需水量较少，雨养即可满足作物生育需水要求；在 90% 降水频率下，黑龙江省各地区都需要对于玉米进行灌溉。黑龙江省西部需水最多，泰来县、龙江县、肇源县、杜尔伯特蒙古族自治县、林甸县以及富裕县等地，灌溉需水量在 170 mm 左右，大兴安岭地区灌溉需水量最少，在 30 mm 左右。

表 5-3　黑龙江省需水量分区

分区	所包含地区	玉米全生育期需水量/mm
一区	大兴安岭、呼玛、塔河、漠河	300
二区	鄂伦春、抚远、黑河、嘉荫、嫩江、孙吴、同江、五大连池、逊克	350
三区	其他地区	400

表 5-4　不同降雨频率下玉米灌溉需水量统计表

降水频率	市（县）	需水量/mm
50%	黑龙江省其他县市区	0～3.2
	龙江县、明水县、兰西县、双城区、绥滨县、勃利县	3.2～20.0
	齐齐哈尔市区、富裕县、林甸县、杜尔伯特蒙古族自治县、富锦市、宝清县、友谊县	20.0～37.4
	泰来县、肇源县	37.4～56.2
75%	黑龙江省其他县市区	0～22.0
	北安市、克山县、克东县、拜泉县、望奎县、青冈县、安达市、绥化市区、哈尔滨市区、呼兰县、依兰县、绥滨县、集贤县、饶河县、七台河市区、鸡西市区、鸡东县、密山市、牡丹江市区、宁安市、穆棱市、东宁市、绥芬河市、佳木斯市区、桦川县、桦南县、汤原县	22.0～55.0
	齐齐哈尔市区、甘南县、龙江县、依安县、讷河市、兰西县、阿城区、双城区、富锦市、双鸭山市区、宝清县、友谊县、勃利县	55.0～91.0
	富裕县、林甸县、杜尔伯特蒙古族自治县、泰来县、肇州县、肇源县、大庆市区	91.0～137.0
90%	黑龙江省其他县市区	0～51.0
	鄂伦春自治旗、黑河市区、嫩江县、孙吴县、逊克县、五大连池市、绥化市区、海伦市、庆安县、呼兰区、宾县、五常市、通河县、方正县、鹤岗市区、汤原县、桦南县、同江市、饶河县、七台河市区、鸡西市区、鸡东县、虎林市、饶河县、林口县、海林市、宁安市	51.0～91.0
	依安县、讷河市、克山县、克东县、拜泉县、北安市、望奎县、青冈县、安达市、兰西县、肇东市、阿城区、双城区、依兰县、绥滨县、富锦市、佳木斯市区、桦川县、双鸭山市区、宝清县、友谊县、勃利县、穆棱市	91.0～134.0
	齐齐哈尔市区、甘南县、龙江县、富裕县、泰来县、林甸县、杜尔伯特蒙古族自治县、肇源县	134.0～207.0

5.1.3 结论

干旱已成为威胁黑龙江省农业的主要自然灾害之一，正日益威胁着我国粮食安全与生态安全，制约着经济发展。研究结果表明，黑龙江省在 75% 及以上的降水概率下，玉米的生长就会收到干旱的威胁。本书基于降水距平指数分析了 1990—2015 年黑龙江地区春玉米全生育期在不同降水频率下的干旱分布空间特征，同时得到了玉米的灌溉需水量分布情况。

在空间分布上，黑龙江省比较易发生干旱的地区为黑龙江西部的齐齐哈尔、龙江、杜尔伯特、泰来、大庆、肇州、肇源等地以及黑龙江东北部的鹤岗、桦川等地。从降水量来说，降雨量较多的是黑龙江的中部以及南部地区，主要包括佳木斯、哈尔滨以及牡丹江及其所属市县。

在时间尺度上，7、8 月是降雨较多的月份，但同时也是玉米需水量最多的月份，因此，该时间段也是灌溉需水量最多的月份。需水最多的黑龙江西部地区 7 月灌溉水量为 30～50 mm，8 月灌溉水量在 20 mm 左右。与前人研究结果相符。

考虑不同降水频率，在 50% 降水频率下，黑龙江大部分地区都没有发生干旱，除黑龙江西部的齐齐哈尔、富裕、林甸、杜尔伯特、泰来、肇源以及东部的富锦、友谊以及宝清等地，基本不需要进行灌溉；在 75% 降雨概率下，黑龙江有少部分地区发生干旱，包括龙江、肇州、明水、鹤岗，此时，黑龙江西部大部分地区及黑龙江东部的佳木斯、双鸭山及其所属市县根据需要进行灌溉；在 90%降水频率下，除东宁、海林、哈尔滨、巴彦、桦南等少部分地区，黑龙江大部分地区都达到了干旱标准，几乎所有地区均需要进行灌溉。

5.2 高效灌溉工程建设模式研究与田间供水工程优化设计

5.2.1 高效灌溉工程建设模式研究

高效节水灌溉工程的建设模式及其规划设计合理与否，直接关系到其投资规模和效益的正常发挥，而高效节水灌溉工程是一个复杂的系统，区域发展节水灌溉技术，应根据自然条件、水源和现有水利工程状况、种植结构、经济条件、管理水平等确定高效节水灌溉工程模式的优先顺序。黑龙江省西部地区发展的高效节水灌溉模式主要有中心支轴式喷灌工程、绞盘式喷灌工程、移动管道式喷灌工程和微滴灌工程。各种灌溉工程模式的投入产出和对地形、水源、田块格局、电力配套、经济条件、管理水平等的要求存在差别。因此，要做到高效节水灌溉工程效益最大化，必须在不同类型区域找出最适宜的高效节水灌溉工程建设模式。

本研究充分考虑黑龙江省西部田块格局、水资源开发利用条件、地形、土壤、作物、种植结构、动力配套能力、灌溉设备特性、农户使用水平、社会经济水平、运行管护经验等影响因素，建立了多层次、多目标、半结构的节水灌溉设备适宜性评价指标体系，应用半结构性模糊决策模型，对西部地区进行高效节水灌溉工程模式适宜性分区，细分到各市（县、区）、乡镇区划范围内，因地制宜提出高效节水灌溉工程建设模式，科学开展三级区节水灌溉设备适宜性评价。

5.2.1.1 节水灌溉设备适宜性评价

（1）节水灌溉设备评价研究概况

节水灌溉项目及其规划设计合理与否，直接关系到项目投资规模和效益的正常发挥。大型节水灌溉工程规划设计的首要条件就是首先确定科学合理的节水灌溉技术方案。而一个地区应重点发展和采用何种节水灌溉工程技术，主要取决于该地区的自然条件、水资源条件、农业种植状况、经济发展水平、生产管理体制以及技术与社会等诸多因素，在这些众多的影响和制约因素中，有的因素可以量化，有的因素难以量化。因此，有必要对节水灌溉项目在当地综合条件下的适宜性进行评价，以优选最佳灌溉模式，发挥节水灌溉最大效益。

国外关于节水农业综合效益的评价研究开展得并不多，已有的研究更多的还是针对节水农业的经济效益和环境效益进行的评价研究，并且研究的切入点主要集中于节水灌溉系统，通过分析节水灌溉系统的节水生产效益或者节水灌溉工程的经济效益来评价节水灌溉农业的综合效益。相对国外而言，国内对节水灌溉效益评价研究的较多。随着资源与环境的矛盾愈来愈突出，节水灌溉效益评价从最初的只进行技术和经济评价发展到综合考虑各方面因素的综合评价。除了采用传统的技术、经济评价指标以外，还考虑经济、资源、社会、环境、政策、管理等方面的指标。综合效益评价方法主要有模糊综合评判法、层次分析法、主成分分析法等，这些方法各有其自身的特点。戈翠等结合马铃薯灌溉的特点，建立一个具有3个层次，13个评价指标的节水灌溉工程综合评价体系，指标体系包括经济类、技术类、资源类及社会类指标，并对相关指标进行阐述，最后采用 TOPSIS 法进行综合效益评价。周华运用模糊评价理论，对河套节水灌溉工程从政治、技术、经济、资源、环境、社会等方面建立综合评价体系。对几种不同方案进行综合评估对比，指出灌区节水必须综合应用多种措施，组成一个以工程技术措施为主的完整的节水技术体系。罗金耀等应用灰色关联分析理论，从经济、技术、社会三个方面对节水灌溉工程典型实例计算分析。高峰等提出了农业节水灌溉工程模糊神经网络综合评价方法，建立了一个由政策、技术、经济、财务、资源、环境、社会七大类指标组成的全面的评价指标体系，各大类指标又细分为若干个子指标，综合评价结果直观、合理。路振广等提出节水灌溉工程综合评价指标体系建立的方法，在广泛调研和咨询的基础上，建立了完善的节水灌溉工程综合评价指标体系，并对少数内涵宽泛的指标加以阐述，给出定性指标的量化方法。赵竞成等针对农业高效用水的特点，分析、筛选影响因素，分类、定义评价指标，从技术、工程、管理、生态环境以及经济等角度建立了较完整的农业高效用水工程综合评价体系。由于地区作物种类不同、地区发展状况各异以及土地环境等的差别，致使节水灌溉工程在推广应用中会出现技术效果不佳、投资浪费严重、工程运行管理困难等问题，只有工程技术与应用地区相适宜，才能充分发挥效益。针对上述问题，王蒙进行了低压管道输水灌溉工程技术应用适宜性评价。

（2）节水灌溉设备适宜性评价指标体系建立

①评价指标体系建立的方法。

首先，选择具有代表性的在建和已建节水灌溉工程，深入调查了解工程从方案确定到规划设计以及运行管理各阶段的经验做法和存在问题，从中分析节水灌溉工程实施和正常运行的各种主客观影响因素，确定评价对象与评价体系之间的映射关系，以及评价体系内部各层间的映射关系。其次，广泛征求咨询专家、行政领导和灌区管理人员以及农民的意见和建议，并借鉴已有研究成果，在其基础上经过多次反复修改补充与完善，设计出节水灌溉工程综合评价指标体系。

②建立评价指标体系。

节水灌溉设备适宜性评价的目的是评判所选择的工程形式和各项措施是否适合当地自然、经济、社会、环境条件，是否具有良好的功能性和经济性，因此指标选取从政策、技术、经济、社会资源等角度出发，根据系统性、可行性、科学性、引导性等原则，通过大量的调查、分析与综合，将评价指标分为政策类指标、技术类指标、经济类指标、社会环境类指标。评价结构模型共三层：最高层为目标层，即适宜性；中间层为准则层，分为政策、技术、经济、社会资源四个子系统；最低层为反映适宜性的15个具体指标。各指标细分如下。一是政策类指标：a.符合节水农业要求；b.符合区域农业要求；c.政府推广力度，政府补贴。二是技术类指标：a.对作物的适应性；b.对地形的适应性；c.对地块规模的适应性；d.灌水均匀度；

e.运行管理难易程度；f.配套动力要求。三是经济类指标：年运行费用。四是社会资源类指标：a.节水程度；b.省工程度；c.耗能程度表（表 5-3）。另外，节水灌溉工程还具有改善农田小气候、实现水资源可持续利用、缓减面源污染和土壤盐碱化等效益，由于各种节水灌溉措施在这些方面的效益差异不明显，因此不将其作为评价指标。

表 5-5 节水灌溉工程综合评价指标体系

目标层	准则层	指标层
适宜性	政策	符合节水农业要求
		符合区域农业要求
		政府推广力度，政府补贴
	技术	对作物的适应性
		对地形的适应性
		对地块规模的适应性
		对供水要求
		灌水均匀度
		运行管理难易程度
		配套动力要求
	经济	年运行费用
	社会资源	粮食增产能力
		节水程度
		省工程度
		耗能程度

③各指标阐释。

A.政策类指标。经调研黑龙江省西部地区有关县（市、区）的农业区域综合开发总体规划、水资源综合开发总体规划以及农田水利规划与节水灌溉规划等，提出的农业总体布局、农业生产发展方向以及农业水利化方向等，对区域节水灌溉工程技术的选择在整体上具有一定的指导作用。因此，选用符合节水农业要求、符合区域农业要求、政府推广力度三个子指标作为政策类影响因素。

B.技术类指标。一是对作物适应性指标。此指标包括各种灌溉技术对玉米的耕作方式、种植密度、作物高度等的适应性。而且良好的灌水技术必须方便与其他农业技术措施，如施肥、喷药等密切配合，为共同促进作物优质、稳产、高产创造有利的条件。中心支轴式喷灌机适应作物最大高度为 2.0～2.4 m，其他灌溉设备不受限制。滴灌适合在宽行作物上使用。玉米是需水需肥较多的作物，在水分胁迫下，合理地使用肥料，充分发挥肥和水的激励机制和协同效应，能提高水肥分利用效率，也是应对水资源匮乏、肥料生产成本及能耗增加的有效途径之一。在玉米生育后期，最有效的追肥方法就是叶面追肥。中心支轴式喷灌机雾化性能良好，喷灌均匀度能到90%以上，灌溉机与肥料喷射泵及化肥灌连接，还可喷洒液体化肥和除草剂等农药，其优点更为突出。滴灌系统安装施肥罐装置后也可进行作物施肥。其他灌溉设备在喷药、施肥方面性能略差。二是对地形的适应性。移动管道式喷灌和绞盘式喷灌灌溉地块的地面坡度不宜大于20%，坡度太大会产生地表径流。中心支轴式喷灌机灌溉地块的地面坡度不宜大于15%，坡度太大会导致中心支轴式喷灌机行走困难。滴灌系统设计规范要求两个滴头之间的压力差要求不大于20%，因此其对坡度要求很高，由于各滴灌系统的毛管长度和滴头间距不一，根据实践经验，设定滴灌地块地面坡度不宜大于10%。三是对土地规模的适应性。中心支轴式喷灌机可依据地块大小选择跨数，考虑其投资的经济型，单机控制面积宜为400～800亩。移动管道式喷灌单机控制面积为60～400亩。绞盘式喷灌机机动性好，规格多，单机控制面积可达300亩。单处滴灌系统控制面积为50～200亩。四是对供水要求。拟灌作物所需的充足水量在其需要时必须保证供应。供水量常常是灌溉可行性以及可灌面积的决定性因素，因此需充分考虑可用的水源、流量、水量、水质等因素。中心支轴式喷灌机由于单机控制面积大，需要水源流量一般为50～120 m^3/s，其他灌溉设备为20～30 m^3/s。五是灌水均匀度。灌水均匀度高，灌水质量就会高，这是评价各种灌水方法优劣的一项重要指标。灌水均匀度受设计参数影响。在灌溉系统设计时，中心支轴式喷灌机灌水均匀系数不应低于90%，在田间可达93%。移动管道式喷灌系统的喷灌均匀系数不应低于85%，在田间可达87%。绞盘式喷灌机灌水均匀系数不应低于85%，在田间可达85%。滴灌系统灌水均匀系数不低于90%，在田间可达95%。六是运行管理难易程度。操作灵活、简便、劳动强度小和拆装、维修保养方便的设备比较受欢迎。技术操作要求高，农户难以掌握，技术就难以推广。中心支轴式喷灌机运行工作自动化程度高，操作简便，维修难度大。绞盘式喷灌机灌水工作半自动化。移动管道式喷灌需要人力移动灌溉，且金属管道式比软管管道式移动麻烦。滴灌系统安装、拆装工程复杂。七是对配套动力的要求。在进行灌溉设备选择时，需考虑当地动力源配套情况。中心支轴式喷灌机需要电力提供动力，其他灌溉设备的动力可由电力和柴油发电机组提供。

C.经济类指标。黑龙江省节水灌溉工程投资主要为国家投资，农民自筹所占比例很小，在工程经济投入有保障时，年运行费用成为影响灌溉设备适宜性评价的一个重要指标。

D.社会资源。一是粮食增产能力。随着国家人口的增加以及日益严峻的气候危机，粮食安全成为人们面临的一大问题。建设节水灌溉工程的主要目的就是在节水的同时能增加粮食产量，增产效果的好坏对于节水灌溉工程意义重大。二是节水程度。我国水资源短缺，提高农田灌溉水有效利用系数不仅牵涉用户使用成本，还关系整个国民经济的可持续发展。三是省工程度。劳力成本和生产效率关系到用户的效益回报问题。四是耗能程度。

（3）评价方法

建立节水灌溉工程综合评价体系需要确定评价对象与评价体系之间的映射关系，以及评价体系内部各层间的映射关系，而确定这些映射关系必须面对各影响因素的模糊性。采用模糊的概念认识问题，采用模糊的方法处理问题，应该是进行节水灌溉工程适宜性评价的一种合理的方法。另外，适宜性评价指标体系中有一类定性指标难以通过实测、调查或设计确定其数值，但为便于分析评价，必须对此类指标进行量化。半结构性决策可变模糊方法由结构性决策和非结构性决策综合而成。综合的关键是在确定定量目标与定性目标的相对优属度时，具有相对统一的标准。本研究拟用该方法对节水灌溉工程进行适宜性评价和优选。

（4）案例分析

①基本情况。

黑龙江省西部地区应用的节水灌溉设备主要有大型喷灌设备、绞盘式喷灌设备、移动管道式喷灌设备以及滴灌设备，各种设备的投入、产出和对地形、水源、田块格局、电力配套、经济条件、管理水平等要求存在差别。

②建立评价指标体系。

根据节水灌溉设备适宜性评价指标体系，黑龙江省西部节水灌溉设备适宜性的指标包括政策、技术、经济和社会环境 4 项大指标，其中 4 项大指标又包括了 15 项子指标，即 $n=15$。其中：政策指标包含了符合农业节水要求、符合区域农业要求和政府推广力度 3 个子指标（$n_1 \sim n_3$）；技术指标包含了对作物的适应性、对地形的适应性、对地块规模的适应性、对供水的要求、灌水均匀度、运行管理难易程度、配套动力要求等 7 个子指标（$n_4 \sim n_{10}$）；经济指标包含了年运行费用 1 个子指标（n_{11}）；社会环境指标包含了粮食增产能力、节水程度、省工程度、耗能程度 4 个子指标（$n_{12} \sim n_{15}$）。其中：灌水均匀度和年费用指标为定量指标，其余都为定性指标。优选工程方案有中心支轴式喷灌设备（x_1）、绞盘式喷灌设备（x_2）、金属管道移动式喷灌设备（x_3）、涂塑软管管道移动式喷灌设备（x_4）和滴灌设备（x_5）5 个方案。由于不同的灌溉设备对作物有不同的匹配性，不同作物产生的效益也有差异，而黑龙江省西部地区以玉米等粮食作物为主，因此进行适宜玉米的节水灌溉设备筛选评价。各种灌溉设备的年费用和粮食增产能力见表 5-6。

表 5-6 各种灌溉设备年费用和粮食增产能力

设备指标	中心支轴式喷灌系统	绞盘式喷灌系统	管道移动式喷灌系统	涂塑软管移动式喷灌系统	滴灌系统
年费用/（元·亩⁻¹）	60	30	20	18	15
粮食增产能力/kg	260	200	200	200	300

③确定定性指标对优的相对隶属度矩阵。

决策集就定性目标 i 的优越性作二元比较，给出定性排序标度矩阵，且通过优越性排序一致性检验，标度矩阵各行求和后按从大到小排序，并用排序第 1 位决策与第 j 位决策关于目标 i 优越性的二元比较，最后根据陈守煜建立的模糊语气算子与模糊标度、相对隶属度之间的对应关系（表 5-7），得到其模糊标度和相对隶属度。

表 5-7 模糊语气算子与模糊标度、相对隶属度的关系表

语气算子	同样	稍稍	略为	较为	明显	显著	十分	非常	极其	极端	无可比拟
模糊标度	0.50	0.55	0.60	0.65	0.70	0.75	0.80	0.85	0.90	0.95	1.0
相对隶属度	1.000	0.818	0.667	0.538	0.429	0.333	0.250	0.176	0.111	0.053	0

A. 对符合节水农业要求 n_1 经过 5 个方案之间的二元比较, 得到标度矩阵 E_{n1}, 并通过一致性检验。

$$E_{n1} = \begin{bmatrix} 0.5 & 1 & 1 & 1 & 0 \\ 0 & 0.5 & 1 & 1 & 0 \\ 0 & 0 & 0.5 & 0.5 & 0 \\ 0 & 0 & 0.5 & 0.5 & 0 \\ 1 & 1 & 1 & 1 & 0.5 \end{bmatrix} \quad \begin{matrix} \text{行和} & \text{排序} & r_{1j} \\ 3.5 & 2 & 0.818 \\ 2.5 & 3 & 0.739 \\ 1 & 4 & 0.667 \\ 1 & 4 & 0.667 \\ 4.5 & 1 & 1.000 \end{matrix} \quad (5\text{-}2)$$

根据优越性一致性标度矩阵 E_{n1} 各行和数从大到小的排列, 给出方案集对对优的定性排序为: (1) x_5, (2) x_1, (3) x_2, (4) x_3, (5) x_4。

B. 对符合区域农业要求 n_2 经过 5 个方案之间的二元比较, 得到标度矩阵 E_{n2}, 并通过一致性检验。

$$E_{n2} = \begin{bmatrix} 0.5 & 0 & 0 & 0 & 1 \\ 1 & 0.5 & 0.5 & 0.5 & 1 \\ 1 & 0.5 & 0.5 & 0.5 & 1 \\ 1 & 0.5 & 0.5 & 0.5 & 1 \\ 0 & 0 & 0 & 0 & 0.5 \end{bmatrix} \quad \begin{matrix} \text{行和} & \text{排序} & r_{2j} \\ 1.5 & 2 & 0.818 \\ 3.5 & 1 & 1.000 \\ 3.5 & 1 & 1.000 \\ 3.5 & 1 & 1.000 \\ 0.5 & 3 & 1.000 \end{matrix} \quad (5\text{-}3)$$

根据优越性一致性标度矩阵 E_{n2} 各行和数从大到小的排列, 给出方案集对对优的定性排序为: (1) x_1, (1) x_5, (2) x_2, (3) x_3, (3) x_4。

C. 对政府推广 n_3 经过 5 个方案之间的二元比较, 得到标度矩阵 E_{n3}, 并通过一致性检验。

$$E_{n3} = \begin{bmatrix} 0.5 & 0.5 & 1 & 1 & 1 \\ 0.5 & 0.5 & 1 & 1 & 1 \\ 0 & 0 & 0.5 & 0.5 & 1 \\ 0 & 0 & 0.5 & 0.5 & 1 \\ 0 & 0 & 0 & 0 & 0.5 \end{bmatrix} \quad \begin{matrix} \text{行和} & \text{排序} & r_{3j} \\ 4 & 1 & 1.000 \\ 4 & 1 & 1.000 \\ 2 & 2 & 0.739 \\ 2 & 2 & 0.739 \\ 1 & 3 & 0.333 \end{matrix} \quad (5\text{-}4)$$

根据优越性一致性标度矩阵 E_{n3} 各行和数从大到小的排列, 给出方案集对对优的定性排序为: (1) x_1, (1) x_2, (2) x_3, (2) x_4, (3) x_5。

D. 对作物的适应性 n_4 经过 5 个方案之间的二元比较, 得到标度矩阵 E_{n4}, 并通过一致性检验。

$$E_{n4} = \begin{bmatrix} 0.5 & 1 & 1 & 1 & 1 \\ 0 & 0.5 & 0.5 & 0.5 & 0 \\ 0 & 0.5 & 0.5 & 0.5 & 0 \\ 0 & 0.5 & 0.5 & 0.5 & 0 \\ 0 & 1 & 1 & 1 & 0.5 \end{bmatrix}$$

	x_1 x_2 x_3 x_4 x_5	行和	排序	r_{4j}
		4.5	1	1.000
		1.5	3	0.739
		1.5	3	0.739
		1.5	3	0.739
		3.5	2	0.818

(5-5)

根据优越性一致性标度矩阵 E_{n4} 各行和数从大到小的排列，给出方案集对对优的定性排序为：（1）x_1，（2）x_5，（3）x_2，（3）x_3，（3）x_4。

E.对地形的适应性 n_5 经过 5 个方案之间的二元比较，得到标度矩阵 E_{n5}，并通过一致性检验。

$$E_{n5} = \begin{bmatrix} 0.5 & 0 & 0 & 0 & 1 \\ 1 & 0.5 & 0.5 & 0.5 & 1 \\ 1 & 0.5 & 0.5 & 0.5 & 1 \\ 1 & 0.5 & 0.5 & 0.5 & 1 \\ 0 & 0 & 0 & 0 & 0.5 \end{bmatrix}$$

	x_1 x_2 x_3 x_4 x_5	行和	排序	r_{5j}
		1.5	2	0.818
		3.5	1	1.000
		3.5	1	1.000
		3.5	1	1.000
		0.5	3	0.739

(5-6)

根据优越性一致性标度矩阵 E_{n5} 各行和数从大到小的排列，给出方案集对对优的定性排序为：（1）x_2，（1）x_3，（1）x_4，（2）x_1，（3）x_5。

F.对地块规模的适应性 n_6 经过 5 个方案之间的二元比较，得到标度矩阵 E_{n6}，并通过一致性检验。

$$E_{n6} = \begin{bmatrix} 0.5 & 0 & 0 & 0 & 0 \\ 1 & 0.5 & 0.5 & 0.5 & 0 \\ 1 & 0.5 & 0.5 & 0.5 & 0 \\ 1 & 0.5 & 0.5 & 0.5 & 0 \\ 1 & 1 & 1 & 1 & 0.5 \end{bmatrix}$$

	x_1 x_2 x_3 x_4 x_5	行和	排序	r_{6j}
		0.5	3	0.667
		2.5	2	0.818
		2.5	2	0.818
		2.5	2	0.818
		4.5	1	1.000

(5-7)

根据优越性一致性标度矩阵 E_{n6} 各行和数从大到小的排列，给出方案集对对优的定性排序为：（1）x_5，（2）x_2，（2）x_3，（2）x_4，（3）x_1。

G.对供水要求 n_7 经过 5 个方案之间的二元比较，得到标度矩阵 E_{n7}，并通过一致性检验。

$$E_{n7} = \begin{bmatrix} 0.5 & 0 & 0 & 0 & 0 \\ 1 & 0.5 & 0.5 & 0.5 & 0 \\ 1 & 0.5 & 0.5 & 0.5 & 0 \\ 1 & 0.5 & 0.5 & 0.5 & 0 \\ 1 & 1 & 1 & 1 & 0.5 \end{bmatrix}$$

	x_1 x_2 x_3 x_4 x_5	行和	排序	r_{7j}
		0.5	3	0.667
		2.5	2	0.818
		2.5	2	0.818
		2.5	2	0.818
		4.5	1	1.000

(5-8)

H.运行管理难易程度 n_9 经过 5 个方案之间的二元比较，得到标度矩阵 E_{n9}，并通过一致性检验。

$$
E_{r9} = \begin{bmatrix} 0.5 & 1 & 1 & 1 & 1 \\ 0 & 0.5 & 1 & 1 & 1 \\ 0 & 0 & 0.5 & 0 & 1 \\ 0 & 0 & 1 & 0.5 & 1 \\ 0 & 0 & 0 & 0 & 0.5 \end{bmatrix}
$$

	x_1 x_2 x_3 x_4 x_5	行和	排序	r_{9j}
		4.5	1	1.000
		3.5	2	0.739
		1.5	4	0.481
		2.5	3	0.538
		0.5	5	0.379

（5-9）

根据优越性一致性标度矩阵 E_{r9} 各行和数从大到小的排列，给出方案集对对优的定性排序为：（1）x_1，（2）x_2，（3）x_4，（4）x_3，（5）x_5。

I. 对配套动力要求 n_{10} 经过 5 个方案之间的二元比较，得到标度矩阵 E_{m10}，并通过一致性检验。

$$
E_{m10} = \begin{bmatrix} 0.5 & 0 & 0 & 0 & 0 \\ 1 & 0.5 & 0.5 & 0.5 & 0.5 \\ 1 & 0.5 & 0.5 & 0.5 & 0.5 \\ 1 & 0.5 & 0.5 & 0.5 & 0.5 \\ 1 & 0.5 & 0.5 & 0.5 & 0.5 \end{bmatrix}
$$

	x_1 x_2 x_3 x_4 x_5	行和	排序	r_{10j}
		0.5	2	0.905
		3.0	1	1.000
		3.0	1	1.000
		3.0	1	1.000
		3.0	1	1.000

（5-10）

根据优越性一致性标度矩阵 E_{m10} 各行和数从大到小的排列，给出方案集对对优的定性排序为：（1）x_2，（1）x_3，（1）x_4，（1）x_5，（2）x_1。

J. 节水程度 n_{13} 经过 5 个方案之间的二元比较，得到标度矩阵 E_{m13}，并通过一致性检验。

$$
E_{m13} = \begin{bmatrix} 0.5 & 1 & 1 & 1 & 0 \\ 0 & 0.5 & 0 & 0 & 0 \\ 0 & 1 & 0.5 & 0.5 & 0 \\ 0 & 1 & 0.5 & 0.5 & 0 \\ 1 & 1 & 1 & 1 & 0.5 \end{bmatrix}
$$

	x_1 x_2 x_3 x_4 x_5	行和	排序	r_{13j}
		3.5	2	0.905
		0.5	4	0.600
		2.0	3	0.667
		2.0	3	0.667
		4.5	1	1.000

（5-11）

根据优越性一致性标度矩阵 E_{m13} 各行和数从大到小的排列，给出方案集对对优的定性排序为：（1）x_5，（2）x_1，（3）x_3，（3）x_3，（4）x_2。

K. 省工程度 n_{14} 经过 5 个方案之间的二元比较，得到标度矩阵 E_{m14}，并通过一致性检验。

$$
E_{m14} = \begin{bmatrix} 0.5 & 1 & 1 & 1 & 1 \\ 0 & 0.5 & 1 & 1 & 0 \\ 0 & 0 & 0.5 & 0.5 & 0 \\ 0 & 0 & 0.5 & 0.5 & 0 \\ 0 & 1 & 1 & 1 & 0.5 \end{bmatrix}
$$

	x_1 x_2 x_3 x_4 x_5	行和	排序	r_{14j}
		4.5	1	1.000
		2.5	3	0.667
		1.0	4	0.538
		1.0	4	0.600
		3.5	2	0.818

（5-12）

根据优越性一致性标度矩阵 E_{m14} 各行和数从大到小的排列，给出方案集对对优的定性排序为：（1）x_1，（2）x_5，（3）x_2，（4）x_3，（4）x_4。

L. 耗能程度 n_{15} 经过 5 个方案之间的二元比较，得到标度矩阵 E_{m15}，并通过一致性检验。

$$E_{n15} = \begin{bmatrix} 0.5 & 1 & 1 & 1 & 1 \\ 0 & 0.5 & 0 & 0 & 0 \\ 0 & 1 & 0.5 & 0.5 & 0 \\ 0 & 1 & 0.5 & 0.5 & 0 \\ 0 & 1 & 1 & 1 & 0.5 \end{bmatrix}$$

x_1 x_2 x_3 x_4 x_5	行和	排序	r_{15j}
	4.5	1	1.000
	1.0	4	0.667
	2.0	3	0.739
	2.0	3	0.739
	3.5	2	0.905

(5-13)

根据优越性一致性标度矩阵 E_{n15} 各行和数从大到小的排列，给出方案集对对优的定性排序为：（1）x_1，（2）x_5，（3）x_3，（3）x_3，（4）x_2。

指标体系中定量指标包括灌水均匀度、亩投资、效益费用比、投资回收期和粮食增产能力，投资回收期和亩投资为越小越好，其余为越大越好。越小越优指标利用 $r_{ij} = x_{\min}/x_{ij}$，越大越优指标利用 $r_{ij} = x_{ij}/x_{\max}$ 进行量纲统一化计算。

④综合相对隶属度。

将定性指标和定量指标综合，4 个子系统的指标相对优属度矩阵如下：

$$R_1 = \begin{bmatrix} 0.905 & 0.818 & 0.739 & 0.739 & 1.000 \\ 0.905 & 1.000 & 1.000 & 1.000 & 0 \\ 1.000 & 1.000 & 0.739 & 0.739 & 0 \end{bmatrix}$$ (5-14)

$$R_2 = \begin{bmatrix} 1.000 & 0.739 & 0.739 & 0.739 & 0.818 \\ 0.818 & 1.000 & 1.000 & 1.000 & 0.739 \\ 0.667 & 0.818 & 0.818 & 0.818 & 1.000 \\ 0.667 & 0.818 & 0.818 & 0.818 & 1.000 \\ 0.949 & 0.867 & 0.888 & 0.888 & 1.000 \\ 1.000 & 0.739 & 0.481 & 0.538 & 0.379 \\ 0.905 & 1.000 & 1.000 & 1.000 & 1.000 \end{bmatrix}$$ (5-15)

$$R_3 = \begin{bmatrix} 0.25 & 0.5 & 0.6 & 0.75 & 1 \end{bmatrix}$$ (5-16)

$$R_4 = \begin{bmatrix} 0.867 & 0.667 & 0.667 & 0.667 & 1.000 \\ 0.905 & 0.600 & 0.667 & 0.667 & 1.000 \\ 1.000 & 0.667 & 0.538 & 0.600 & 0.818 \\ 1.000 & 0.667 & 0.739 & 0.739 & 0.905 \end{bmatrix}$$ (5-17)

⑤定性和定量指标的权向量。

根据二元对比法，确定各指标的权向量。各子系统指标对于重要性的相对隶属度向量为：

$W_1 = \begin{bmatrix} 0.600 & 0.905 & 1.000 \end{bmatrix}$，$W_2 = \begin{bmatrix} 0.818 & 0.667 & 0.739 & 0.739 & 1.000 & 0.905 & 0.607 \end{bmatrix}$，$W_3 = 1.000$，$W_4 = \begin{bmatrix} 1.000 & 0.808 & 0.667 & 0.667 \end{bmatrix}$。

四个子系统的对于重要性的相对隶属度向量为：

$\boldsymbol{W} = [0.905 \quad 1.000 \quad 0.538 \quad 0.905]$。

⑥各子系统相对优属度计算。

应用模糊决策模型计算公式如下：

$$\mu_j = \sum_{i=1}^{m} W_i r_{ij} \qquad (5-18)$$

式中：μ_j——决策集的综合相对优属度；

$\qquad$ W_i——指标 i 的权重；

$\qquad$ r_{ij}——为样本 j 指标 i 的相对隶属度。

经计算得到，μ_1=0.702，μ_2=0.670，μ_3=0.649，μ_4=0.681，μ_5=0.647。

根据计算结果可知，各种灌溉设备从优到劣的排序为：中心支轴式喷灌、涂塑软管移动式喷灌、绞盘式喷灌、金属管道移动式喷灌、滴灌。

⑦小结。

计算结果表明，在黑龙江省西部地区，优选灌溉设备为中心支轴式喷灌，其次为绞盘式喷灌和涂塑软管移动管道式喷灌，最后为金属管道移动式喷灌和微滴灌。

5.2.1.2 高效节水灌溉工程建设模式研究

（1）高效节水灌概分区

①分区方法与原则。

充分考虑区域内自然情况、自然规律、农业水土资源开发条件、农业发展中对节水灌溉工程的需求程度等因素，重点考虑水资源开发利用条件、局部微地形地貌及作物等因素，结合行政区划，采用分级逐层划分的方法，将高效节水灌溉工程建设模式划分为西部地区、县（市、区）和乡镇的三级区。

分区原则一是划分区域内的气候、地貌、地形、土壤等自然地理条件基本相似或一致；二是同一区域内节水农业发展模式及对应的资源条件基本相同；三是保持区域划分在结合水利区划、农业区划为前提下的独立性；四是重点考虑作物种类，比如玉米等大田作物与马铃薯、木耳等经济作物，对于灌溉工程的投资标准影响较大。

②分区结论。

A.一级区（I区）以黑龙江省西部地区为单元。区域耕地面积 10 162 万亩，海拔 120～200 m，主要由河漫滩和一级阶地组成，地面十分平坦。水资源总量 269.87 亿 m³。其中：地表水资源量 156.81 亿 m³，地下水资源量为 113.06 亿 m³，区域种植作物主要以玉米、大豆、杂粮等旱田作物为主，农业灌溉以开发利用地下水为主，开采目的层包括松散岩类孔隙水、碎屑岩孔隙水和碎屑岩孔隙水与玄武岩孔洞裂隙水。

B.二级区（II区）以黑龙江省西部地区所涉及的 28 个县（市、区）为单元划分为 II_1 区、II_2 区和 II_3 区。种植作物主要以玉米、大豆、杂粮等旱田作物为主，农业灌溉开发利用地下水开采目的层包括松散岩类孔隙水、碎屑岩孔隙水和碎屑岩孔隙水与玄武岩孔洞裂隙水。

C.三级区（III区）以黑龙江省西部地区所涉及的 28 个县（市、区）覆盖的 258 个乡镇为单元划分为III区。具体见表 5-8。

表 5-8 黑龙江省西部地区高效节水灌溉分区

一级区	分区编号	二级区		三级区(乡镇)
		县（市、区）	水文地质分区	
黑龙江省西部地区 I	II₁	甘南县	嫩江河谷漫滩孔隙潜水区	平阳镇
			诺、雅河间孔隙潜水区	兴隆乡，甘南镇（部分），兴十四镇（部分），长山乡（部分），中兴乡（部分），东阳镇（部分），巨宝镇（部分），宝山乡（部分）
			西部山前台地深藏孔隙潜水区	甘南镇（部分），兴十四镇（部分），长山乡（部分），中兴乡（部分），东阳镇（部分），巨宝镇（部分），宝山乡（部分）
		龙江县	嫩江河谷漫滩孔隙潜区	广厚乡
			诺、雅河间孔隙潜水区	白山乡，黑岗乡，哈拉海乡，七棵树镇，山泉镇，鲁河镇，济沁河乡，龙江镇，龙兴镇
			诺、绰河间扇形地孔隙潜水区	景星镇，头占乡，杏山乡（部分）
			西部山前台地深藏孔隙潜水区	杏山乡（部分）
		泰来县	嫩江河谷漫滩孔隙潜水区	大兴镇，江桥镇，汤池镇
			诺、绰河间扇形地孔隙潜水区	和平镇，克利镇（部分），平洋镇（部分），胜利乡（部分），塔子城镇（部分）
			中部低平原孔隙潜水－承压水区	克利镇（部分），平洋镇（部分），胜利乡（部分），塔子城镇（部分）
	II₂	富裕县	嫩江河谷漫滩孔隙潜水区	塔哈乡
			嫩江一级阶地弱承压水区	二道湾镇，友谊乡，忠厚乡
			乌裕尔河河谷孔隙水区	富路镇，龙安桥镇
			中部低平原孔隙潜水－承压水区	富海镇，繁荣乡(部分)，绍文乡（部分）
			讷、乌河间微孔隙裂隙潜水－承压水区	繁荣乡(部分)，绍文乡（部分），富裕镇
		林甸县	中部低平原孔隙潜水－承压水区	东兴乡、四合乡、三合乡、宏伟乡、林甸镇、红旗镇、四季青镇、花园镇
		杜蒙县	中部低平原孔隙潜水－承压水区	胡吉吐莫镇、烟筒屯镇、他拉哈镇 、一心乡、克尔台乡、白音诺勒乡、敖林西伯乡、巴彦查干乡、腰新乡、江湾乡、泰康镇、烟筒屯镇、一心乡、克尔台乡、连环湖镇、敖林乡、胡吉吐莫镇、江湾乡、巴彦查干乡
		安达市	中部低平原孔隙潜水－承压水区	羊草镇
			通、呼河西微孔隙裂隙潜水－承压水区	昌德镇、吉星岗镇、任民镇、升平镇、太平庄镇、中本镇
		肇源县	中部低平原孔隙潜水－承压水区	古龙镇，大兴乡，浩德乡，义顺乡，新站镇，头站镇，肇源镇（部分）
			松花江河谷孔隙潜水区	和平乡，福兴乡，超等，肇源镇（部分），二站镇，民意乡，古恰镇，茂兴镇
		明水县	通肯河河谷孔隙水区	
			中部低平原孔隙潜水－承压水区	崇德镇，双兴乡，通达镇，育林乡
			中部高平原微孔隙裂隙潜水－承压水区	
		青冈县	通肯河河谷孔隙水区	建设乡

续表

一级区	分区编号	二级区		三级区
		县（市、区）	水文地质分区	
黑龙江省西部地区 I	II₂	青冈县	中部低平原孔隙潜水－承压水区	新村乡，中和镇，祯祥镇（部分）
			中部高平原微孔隙裂隙潜水－承压水区	劳动乡，连丰乡，祯祥镇（部分）
		肇东市	松花江河谷孔隙潜水区	里木店镇
			松花江一级阶地弱承压水区	黎明镇，海城乡（部分），洪河乡（部分），姜家镇（部分），太平乡（部分），五里明镇（部分），跃进乡（部分），肇东镇（部分）
			通、呼河西高平原微孔隙裂隙潜水－承压水区	海城乡（部分），洪河乡（部分），姜家镇（部分），太平乡（部分），五里明镇（部分），跃进乡（部分），肇东镇（部分）
		肇州县	中部低平原孔隙潜水－承压水区	肇州镇，朝阳沟镇，丰乐镇，永乐镇，兴城镇，二井镇，榆树乡，永胜乡，双发乡，朝阳乡
			通、呼河西高平原微孔隙裂隙潜水－承压水区	托古乡，新福乡
		嫩江县	嫩江河谷漫滩孔隙潜水区	联兴乡，临江乡，嫩江镇，长江乡
			讷谟尔河河谷孔隙水区	海江镇，前进镇，长福镇
			讷谟尔河北高平原微孔隙裂隙潜水－承压水区	伊拉哈镇
		宾县	松花江河谷孔隙潜水区	滨西镇，鸟河乡，胜利镇，糖坊镇，新甸镇
			松花江南微孔隙裂隙潜水－承压水区	宾安镇，宾州镇，常安镇，经建乡，民和乡，宁远镇
		阿城区	松花江河谷孔隙潜水区	新立街道
			松花江南微孔隙裂隙潜水－承压水区	蜚克图镇，红星镇，交界镇，料甸镇，舍利街道，双丰街道，杨树乡
		讷河市	嫩江河谷漫滩孔隙潜水区	二克浅，二克浅镇，九井镇，孔国镇，拉哈镇，六合镇，龙河镇，讷南镇，兴旺乡
			讷谟尔河河谷孔隙水区	和盛乡，老莱镇，同心乡，通南镇，同义镇，长发镇
			讷谟尔河北微孔隙裂隙潜水－承压水区	学田镇
			讷、乌河间微孔隙裂隙潜水－承压水区	
		依安县	乌裕尔河河谷孔隙水区	太东乡，新屯乡，新发镇
			中部低平原孔隙潜水－承压水区	新兴镇
			讷、乌河间微孔隙裂隙潜水－承压水区	红星乡，上游乡，先锋乡
			通、呼河西微孔隙裂隙潜水－承压水区	三星镇，依龙镇，中心镇
		克山县	乌裕尔河河谷孔隙水区	古城镇，河南乡，双河乡，西河镇，西联乡
			讷、乌河间微孔隙裂隙潜水－承压水区	北兴镇
			通、呼河西微孔隙裂隙潜水－承压水区	
		海伦市	通肯河河谷孔隙水区	伦河镇
			通、呼河东微孔隙裂隙潜水－承压水区	共和镇，永和乡，联发乡
		望奎县	呼兰河河谷孔隙水区	通江镇，前进乡，祥富镇，海兴镇，长发乡

续表

一级区	分区编号	二级区		三级区（乡镇）
		县（市、区）	水文地质分区	
黑龙江省西部地区 I	II₂	望奎县	通肯河河谷孔隙水区	后三乡，灵山乡，先锋镇
			通、呼河东微孔隙裂隙潜水－承压水区	火箭乡
		巴彦县	松花江河谷孔隙潜水区	红光乡
			松花江一级阶地弱承压水区	巴彦镇，松花江乡
			通、呼河东高平原微孔隙裂隙潜水－承压水区	兴隆镇
		呼兰区	松花江河谷孔隙潜水区	长岭镇
			松花江一级阶地弱承压水区	大用镇、二八镇、方台镇、莲花镇、孟家乡、沈家镇、许堡乡、杨林乡、长岭镇
			通、呼河东高平原微孔隙裂隙潜水－承压水区	白奎镇，石人镇，康金街道
		双城区	松花江、拉林河河谷孔隙潜水区	
			松花江一级阶地弱承压水区	单城镇，韩甸镇，兰陵镇，新兴乡
			松花江南微孔隙裂隙潜水－承压水区	朝阳乡，公正乡，乐群乡，联兴乡，农丰镇，青岭乡，双城镇，水泉乡，团结乡，希勒乡，杏山镇，幸福乡，周家镇
	II₃	五大连池市	讷谟尔河河谷孔隙水区	引龙河
			讷谟尔河北高平原微孔隙裂隙潜水－承压水区	龙镇，双泉镇，团结镇
			讷、乌河间微孔隙裂隙潜水－承压水区	和平镇，龙门阵，太平镇，新发乡，兴隆乡
			五大连池玄武岩台地孔洞裂隙水区	
		兰西县	呼兰河河谷孔隙水区	兰西镇
			通、呼河西高平原微孔隙裂隙潜水－承压水区	北安乡，奋斗乡，红光乡（部分），康荣乡（部分），燎原乡，平山镇，榆林镇，远大乡
			通、呼河东孔隙潜水－承压水区	兰河乡，临江镇，长岗乡，红光乡（部分），康荣乡（部分）
		拜泉县	通肯河河谷孔隙水区	长春镇
			通、呼河西微孔隙裂隙潜水－承压水区	丰产乡，富强镇，永勤乡，爱农乡
		北安市	乌裕尔河河谷孔隙水区	城郊乡，东胜乡，通北镇
			讷谟尔河河谷孔隙水区	二井镇，石泉镇
			通肯河河谷孔隙水区	
			通、呼河西微孔隙裂隙潜水－承压水区	
		克东县	乌裕尔河河谷孔隙水区	蒲峪路镇，宝泉镇
			讷、乌河间微孔隙裂隙潜水－承压水区	
			通、呼河西微孔隙裂隙潜水－承压水区	克东镇、玉岗镇、乾丰镇、润津乡、昌盛乡

（2）建立高效节水灌溉分区工程模式

根据节水灌溉设备筛选评价结论，黑龙江省西部地区的高效节水灌溉设备主要有中心支轴式喷灌机、绞盘式喷灌机、移动管道式喷灌系统和微滴灌系统等四种类型，结合区域已取得的高效节水灌溉工程建设经验与教训，分析得出黑龙江省西部地区适宜的高效节水灌溉工程模式及优先发展的顺序。

①一级区：I区（黑龙江省西部地区）。

I区涉及黑龙江省西部地区的28个县（市、区）覆盖的258个乡镇，适宜的高效节水灌溉工程模式及优先发展的顺序依次为中心支轴式喷灌、绞盘式喷灌、移动管道式喷灌和微滴灌。

②二级区：II区（黑龙江省西部地区所涉及的28个县市区）。

A.II$_1$区涉及龙江县、甘南县和泰来县。区域水资源开发利用条件普遍较好，适宜的高效节水灌溉工程建设模式及优先发展的顺序依次为中心支轴式喷灌、绞盘式喷灌、移动管道式喷灌和微滴灌。

B.II$_2$区涉及富裕县、阿城区、望奎县、海伦市、巴彦县、杜蒙县、呼兰区、克山县、依安县、肇东市、肇州县、明水县、肇源县、青冈县、讷河市、安达市、林甸县、双城区、宾县和嫩江县。区域水资源开发利用条件普遍一般，适宜的高效节水灌溉工程建设模式及优先发展的顺序依次为绞盘式喷灌、中心支轴式喷灌、移动管道式喷灌和微滴灌。

C.II$_3$区涉及五大连池市、北安市、克东县、拜泉县和兰西县。区域水资源开发利用条件普遍较差，适宜的高效节水灌溉工程建设模式及优先发展的顺序依次为移动管道式喷灌、绞盘式喷灌和微滴灌。

③三级区：III区（黑龙江省西部地区所涉及II区范围内258个乡镇）。

III区涉及II区范围内28个县（市、区）覆盖的258个乡镇，根据区域水资源开发利用条件特点，适宜的高效节水灌溉工程建设模式及优先发展的顺序见表5-9，表中节水灌溉设备排序自左向右顺序为高效节水灌溉工程模式及优先发展先后顺序。

表5-9 黑龙江省西部三级区高效灌溉工程建设模式及优先发展顺序

县（市、区）	序号	乡镇名称	高效节水灌溉工程模式			
			中心支轴式喷灌	绞盘式喷灌	移动管道式喷灌	微滴灌
龙江县	1	白山乡、广厚乡	1	2	3	
	2	黑岗乡、哈拉海乡、景星镇、头站乡、杏山乡、七棵树镇、鲁河乡、济沁河乡、龙江镇、龙兴镇	1	2	3	4
	3	山泉镇				1
泰来县	1	大兴镇、和平镇、江桥镇、克利镇、平洋镇、胜利乡、塔子镇、汤池镇	1	2	3	4
甘南县	1	甘南镇、东阳镇、巨宝镇、长山乡、中兴乡、兴隆乡、宝山乡	1	2	3	
	2	兴十四镇			1	2
	3	平阳镇	1	2	3	4
富裕县	1	二道湾镇、繁荣乡、富海镇、龙安桥镇、绍文乡、塔哈乡、友谊乡、忠厚乡	2	1	3	
	2	富路镇	2	1	3	4
	3	富裕镇			1	

续表

县（市、区）	序号	乡镇名称	高效节水灌溉工程模式			
			中心支轴式喷灌	绞盘式喷灌	移动管道式喷灌	微滴灌
阿城区	1	蜚克图镇			1	2
	2	红星镇、料甸镇			1	
	3	交界镇	2	1	3	
	4	舍利街道、双丰街道		1	2	3
	5	新利街道	2	1	3	4
	6	杨树乡		1	2	
望奎县	1	火箭乡、通江镇、后三乡、灵山乡、先锋镇	2	1	3	
海伦市	1	伦河镇、共合镇、前进乡、祥富镇、海兴镇、永和乡、联发乡		1	2	
	2	长发乡			1	
巴彦县	1	巴彦镇、兴隆镇、红光乡	2	1	3	4
	2	松花江乡			1	
杜蒙县	1	胡吉吐莫镇、烟筒屯镇、一心乡、克尔台乡、白音诺勒乡、敖林西伯乡、巴彦查干乡、江湾乡				
	2	他拉哈镇、泰康镇、克尔台乡、敖林乡、胡吉吐莫镇	2	1	3	
	3	腰新乡、连环湖镇		1	2	
	4	烟筒屯镇、一心乡、江湾乡、巴彦查干乡			1	
呼兰区	1	白奎镇、二八镇、方台镇、沈家镇、		1	2	
	2	大用镇、康金街道、石人镇、长岭镇	2	1	3	
	3	莲花镇、孟家乡、许堡乡、杨林乡			1	
克山县	1	北兴镇、古城镇、河南乡、双河乡、西河镇、西联乡		1	3	
依安县	1	红星乡、三兴镇、上游乡、太东乡、先锋乡、新兴镇、依龙镇、中心镇	2	1	3	
	2	新发乡		1	2	
	3	新屯乡	1		2	
肇东市	1	海城乡、洪河乡、姜家镇、里木店镇、跃进乡、肇东镇		1	2	
	2	黎明镇	2	1	3	4
	3	太平乡、五里明镇	2	1	3	
肇州县	1	肇州镇		1	2	3
	2	朝阳沟镇、丰乐镇、二井镇、永胜乡、朝阳乡				1
	3	永乐镇、兴城镇、托古乡、榆树乡、双发乡、新福乡	2	1	3	4

续表

县（市、区）	序号	乡镇名称	高效节水灌溉工程模式			
			中心支轴式喷灌	绞盘式喷灌	移动管道式喷灌	微滴灌
明水县	1	崇德镇、育林乡	2	1	3	4
	2	双兴乡、通达镇		1	2	3
肇源县	1	古龙镇、和平乡、超等乡、大兴乡、民意乡、浩得乡、义顺乡、古恰镇、新站镇、头台镇、茂兴镇	2	1	3	4
	2	福兴乡、二站镇、		1	2	3
	3	肇源镇			1	
青冈县	1	建设乡				1
	2	劳动乡			1	
	3	连丰乡、永丰镇			1	2
	4	新村乡、祯祥镇、中和镇	2	1	3	4
讷河市	1	二克浅		1	2	
	2	二克浅镇、和盛乡、九井镇、孔国乡、拉哈镇、老莱镇、六合镇、龙河镇、讷南镇、通南镇、同心乡、同义镇、兴旺乡、长发镇	2	1	3	
	3	学田镇	2	1		
安达市	1	昌德镇、任民镇、太平庄镇、羊草镇	2	1	3	4
	2	吉星岗镇、升平镇	2	1	3	
	3	中本镇		1	2	
林甸县	1	东兴乡、四合乡、三合乡、宏伟乡、林甸镇、红旗镇、四季青镇、花园镇	2	1	3	4
双城区	1	朝阳乡、乐群乡、联兴乡、水泉乡、新兴镇、幸福乡、周家镇		1	2	
	2	单城镇、希勤乡			1	
	3	公正乡、农丰镇、青岭乡、团结乡、杏山镇	2	1	3	
	4	韩甸镇、兰棱镇、双城镇				1
宾县	1	宾安镇、宾西镇、经建乡、鸟河乡、胜利镇、新甸镇	2	1	3	
	2	宾州镇			1	
	3	常安镇				1
	4	民和乡、宁远镇	2	1	3	4
	5	糖坊镇	1			2
嫩江县	1	海江镇、前进镇	2	1	3	4
	2	联兴乡、长福镇				1
	3	临江乡			1	

续表

| 县（市、区） | 序号 | 乡镇名称 | 高效节水灌溉工程模式 | | | |
			中心支轴式喷灌	绞盘式喷灌	移动管道式喷灌	微滴灌
嫩江县	4	嫩江镇	2	1	3	
	5	伊拉哈镇		1	2	3
五大连池市	1	和平镇、双泉镇、太平乡			1	
	2	龙门镇				
	3	龙镇、兴隆乡	3	2	1	
	4	团结乡、新发乡、引龙河		2	1	
拜泉乡	1	丰产乡、富强镇、长春镇、永勤乡、爱农乡		2	1	
北安市	1	城郊乡、东胜乡		2	1	
	2	石泉镇、通北镇			1	
兰西县	1	北安乡、奋斗乡、兰河乡、燎原乡、长岗乡			1	
	2	红光乡、红星乡、康荣乡、临江镇		2	1	
	3	兰西镇、榆林镇、远大乡		2	1	3
	4	平山镇			1	2
克东县	1	克东镇、玉岗镇、蒲峪路镇、润津乡、昌盛乡				
	2	宝泉镇、乾丰镇			1	

5.2.2 田间供水灌溉工程优化设计研究与高效节水灌溉工程设计指南编制

5.2.2.1 田间供水灌溉工程优化设计方法

高效节水灌溉工程中管材等设备应用较多，其中投资最大的一般是微滴灌管网工程，因此管道系统的优化就显得尤为重要，根据微滴灌工程设计建立田间供水工程优化设计方法。

（1）系统工作制度优化

为有效利用系统设备，方便管理和减少工程投资，一般要求采用分组轮灌方式进行灌溉，对于固定式滴灌系统，轮灌组的划分必须保证每种作物在其灌水周期内完成一次灌水，还要充分利用一天内的系统工作时间，可一天进行多组灌溉。轮灌组的划分是否合理直接影响管网系统中管道的最大工作流量，从而导致管径的变化，一般在灌水定额相同的情况下，尽量保证各轮灌组灌溉面积相等或接近，这样可使所选管径经济合理，节省投资。

（2）管道灌溉工程系统流量优化

管道灌溉系统设计流量主管、干管、分干管流量按各片区最大轮灌组流量来确定。要特别注意的是系统工作时间 t 和作物一次灌水延续时间作物 T_i 的取值是否恰当。管道灌溉系统在管道输水至田间后配合出水口、给水栓来进行灌溉，系统工作时间 t 取值与出水口出水后如何进行灌溉有直接关系，有的设计方案中是出水口接软管进行人工浇灌，每天 $8\sim10$ h，这种方式理论上是可行的，但实际在大面积的管灌系统中，若每个出水口都同时需一个劳动力去浇灌 $8\sim10$ h 是不可行的。因此，按出水口结合田间沟畦进行自流灌溉的方式更为合理可行，系统工作小时数可取每天 $20\sim22$ h；作物一次灌水延续时间 T_i 由于考虑了轮灌方式，轮灌组的划分必须保证每种作物在其灌水周期内完成一次灌水，系统工作小时数在每天 $20\sim22$ h 的情况下，一天只能灌一个轮灌组，而且一天内必须灌完，因此作物一次灌水延续时间 T_i 应取 1 d，而不是取灌水周期的天数，否则将人为减小了管道流量。

（3）管网水力计算优化

管网水力计算主要通过计算各级管道的水头损失，来确定各级管道合理的内径。管道灌溉管网布置一般支管垂直于干管等距布置，支管上等距布置出水口，在一个轮灌组内各支管及出水口同时工作，且出水口流量基本相等；滴灌管网布置毛管接支管等距布置，毛管上等距布置滴头，在一个轮灌组内支管及滴头同时工作，且滴头流量相等。因此各级管道沿程水头损失应按等距、等量分流多孔来进行计算。多孔出流折减系数 F 对各级管道沿程水头损失影响较大，而在很多管网工程设计中对这一取值往往存在疏忽，有时直接就不考虑折减系数，这直接导致所计算的管道水头损失比实际值偏大，从而选择了更大的管径，增加了投资，带来了不必要的浪费。

（4）管材选择优化

高效节水灌溉工程中管道用量较大，而各种管材性能及价格差异较大，因此适宜的管材选择尤为重要，否则将带来投资的浪费。目前国内常用输水压力管主要有钢管［球墨铸铁管、无缝钢管、镀锌钢管、焊接钢管、石英玻璃钢管（FRP）］、塑料管［硬聚氯乙烯（UPVC）、聚氯乙烯（PE）、改性聚丙烯（PP）］等。以上管材各有优缺点。钢管的优点是承载力强，不易被损坏等；缺点是（大口径）价格昂贵，耗费钢材多，易锈蚀、水头损失相对较大。塑料的管优点是质量轻，便于搬运，施工容易，能适应一定的不均匀沉陷，内壁光滑，不生锈，耐腐蚀，水头损失小；缺点是存在老化脆裂问题，随温度升降变形大，但埋地下可减缓老化。高效节水灌溉工程管道一般均要求埋设于地下，遭到人为破坏的可能性不大，因此宜选择聚氯乙（PE）管或硬聚氯乙烯（UPVC）管。PE 管具有强度高、耐高温、抗腐蚀、无毒、耐磨、可弯曲和连接方便等特点，被广泛应用于给排水领域。PVC 管具有质量轻、搬运便利、耐腐蚀、化学稳定性强、流体阻力小、耐老化、寿命长、价格低、施工方便和安装费用低等优点，但柔韧性较差。跟 PE 管相比，PVC 管最大的优势是价格低廉，同等管径及公称压力条件下，其价格比 PE 管价格低一半左右，其性能也基本能满足灌溉工程的要求，因此适当选择 PVC 管可有效降低管网工程投资。综上，在工程设计中，要根据管网工程布置情况，根据不同的水力工作条件和外部环境，作必要的方案对比分析，本着安全、可行、经济的原则，选择适宜管材。

5.2.2.2 编制高效节水灌溉工程设计指南

高效节水灌溉工程设计指南包括高效节水灌溉工程及特点、高效节水灌溉工程设计步骤及技术特点、高效节水灌溉工程管理及技术要点、高效节水灌溉工程设计相关规范和常用高效节水灌溉工程设计实例章节内容。

5.3 节水增粮工程示范区长效管理体制与运行机制研究

5.3.1 高效灌溉工程管理机制确立

5.3.1.1 管理主体的确立

（1）建设主体

黑龙江省大型喷灌设施建设与监管主体一般为各市（县）水务局、农村工作委员会（简称农委）、农业开发办公室、土地局、财政局等，保证工程建成并交付使用，负责工程资产的登记、移交、调拨和监督管理，并提供技术咨询、培训、指导等，确保工程良性运行。

（2）产权主体

产权主体一般为乡镇政府，建设主体与乡镇政府通过协议的形式移交工程设备、设施，明确乡镇政府责任与义务。

（3）管理主体

乡镇人民政府是建设的工程及设备的管理主体，移交后建立乡级固定资产账，组织项目区工程运行管理。

（4）管护使用主体

由乡镇政府根据工程地点、村屯土地及农户、合作社等现状及意愿，委托大农户、公司、专业合作社等管护使用主体，负责对工程及设备使用、维修和保养。

5.3.1.2 管护使用主体的组织机构

大农户、公司等管护使用主体应依照相关的法律、行政规定，进行灌溉设施及相关农事生产的管理，明确多方责任与义务；合作社形式的管护使用主体，其组织机构的组建、职责、权力等，应遵从 2006 年 10 月 31 日颁布的《中华人民共和国农民专业合作社法》规定。

5.3.1.3 工程区土地流转模式

（1）全流转模式

①土地互换。

在满足合作社与农民各自需要条件下，对各自土地的承包经营权进行的简单交换，合作社方便规模化、集约化经营，灌溉统一管理。

②土地出租。

农民将承包土地经营权出租给合作社，合作社按年度以货币或实物的形式向农民支付土地经营权租金，出租的期限和租金支付方式由双方自行约定。

③股份合作。

按照"群众自愿、土地入股、集约经营、收益分红、利益保障"的原则，引导农户以土地承包经营权入股，农户以土地经营权为股份共同组建合作社。

（2）不流转模式

农户自主经营承包土地，服从灌溉需要的作物种类、种植时间等统一指导方案。

5.3.1.4　生产管理与利润分配模式

全流转模式：互换、出租、股份合作。

不流转模式：自主管理。

5.3.1.5　工程灌溉运行管理模式

（1）管护使用主体独立式管理

①管护使用主体拥有土地经营权。

②管护使用主体采取统一生产准备、统一栽培模式、统一栽培品种、统一投入标准、统一农机生产、统一节水灌溉、统一收获、统一分红。

③管护使用主体负责对工程及设备使用、维修和保养。

④管护使用主体负责对工程设备进行技术培训，印发设备操作手册，使相关技术人员达到熟练操作设备。

⑤在生产、管理、管护过程中，电费、人工费、材料费、生产管理费、工程运行费、维修养护费等所有支出费用由管护使用主体承担或入社农户缴费、分红扣费。

⑥土地收益归管护使用主体所有。

⑦管护使用主体在年终盈余中按规定提取折旧费，用于工程及设备的更新改造。

（2）管护使用主体半独立式管理

①农民拥有土地经营权。

②管护使用主体为农户提供高效节水灌溉工程系统平台。

③管护使用主体负责统一节水灌溉，向农民提供统一栽培模式、统一栽培品种指导性建议。

④农民负责生产准备、耕种、施肥、收获等田间管理。

⑤生产投入，收成产出、收益等费用全部归农户承担和所有。

⑥工程及设备的运行管理费用，包括电费、人工费、维修费、养护费、折旧费等，由管护使用主体收取，受益农户按面积分摊。

⑦管护使用主体负责对工程及设备使用、维修和保养。

（3）管护使用主体参与式管理

①农民拥有土地经营权。

②农民负责耕种、生产、灌溉、施肥、收获等所有田间管理。

③生产投入，收成效益产出等费用全部归农民承担与所有。

④农民提前向管护使用主体提出申请，管护使用主体通过协议方式将工程及设备租赁给农民，向农民收取一定租金。

⑤管护使用主体向农民派出工程技术人员，负责装备使用时的技术指导。

⑥农民负责该工程及设备的检修，维护保养和管理工作，在使用期间发生损坏或丢失，由农民包赔全部损失。

⑦出租的期限、租金支付方式、使用责任和权利由双方自行约定。

5.3.1.6 管护使用主体设备管护职责

①管护范围主要是各类喷灌工程的设备、水源工程、地埋供水管线、其他渠道建设的配电工程。

②操作维修人员要熟悉灌溉设备及设施的操作、检测、维修等基本技术要求，对灌溉设备及设施经常进行维护保养。

③对灌溉设备采取防护措施，防止丢失、损坏、防腐防盗。

④在非灌溉期，根据要求，将易损、易坏、易冻等设备及部件存放在库房，达到随时使用，随时调拨，保障设备运行正常。

⑤不得在设备折旧期、经济纠纷期、破产解散期出卖、抵偿债务，分配国家投资的设备及设施。

⑥在工程使用期限内不得改变其使用用途，电费、看护费等一切费用由管护使用主体负责。

⑦根据设备控制区内农户灌溉用水的需要，保证及时给农户灌溉，不准以任何理由不向控制区内农户提供用水服务。

⑧积极配合政府、水利等相关部门的检查与监督，有违规违法操作工程及设备情况，工程及设备的产权和使用权将被收回。

⑨折旧费要足额上缴，设专户储存，不得挤占挪用。

⑩协调当地水行政主管部门，有组织、有计划、因地制宜地对有关人员进行必要的培训和指导，加强管理人员的专业技术和灌溉管理培训。

5.3.1.7 奖惩措施

①管理主体应组织设备管理评比活动，对灌溉设备及设施综合管理中做出显著成绩的管护单位和个人予以表彰和奖励。

②管理主体对灌溉设备及设施管理混乱，严重失修损坏，或者保管不利造成失窃，根据情节轻重，追

究有关责任人的责任。

③对玩忽职守、违章指挥、违章操作以及人为原因造成灌溉设备损坏的，要自行修复好；造成整体报废的，按照当年的折旧价格处以两倍的罚款。

④造成重大损失或构成犯罪的，由司法机关依法追究其刑事责任。

5.3.2 黑龙江省高效灌溉工程建后管护模式

5.3.2.1 建立长效管理体制与运行机制的要点

节水增粮工程推行建后管护模式，建立长效管理体制与运行机制，强化工程建后管理工作，及时发挥灌溉作用，应重点把握四个关键要点。一是落实管护主体。本着谁受益谁管护原则，受益村集体即为工程管护主体，指导各地通过合同将管护责任落实到了具体责任人，水务局、项目所在乡镇发挥运行指导、督促养护、协同管理作用。二是理清建、管、用三者关系。水务局负责工程建设，保证工程建成并交付使用。项目所在乡镇、村是工程运行管理主体，负责组织项目区工程运行管理。农户作为受益者，向管理者按亩缴纳运行管理费用，保障工程运行管理。三是探索费用收缴办法。指导受益农户、管理主体、管理者三方根据受益耕地面积，确定费用收缴标准，由村集体或管理者向受益农户按亩提取运行管理费用，用于设备运行管理等开支。四是加强制度约束。工程建成后，要求各地水务局建立县（市、区）级设备台账明细表，并通过使用移交合同，将工程设备使用权移交给项目所在乡镇。乡镇建立设备台账明细表，明确设备状态，再通过使用合同，将设备使用权交给村集体。村集体建立设备台账明细表，通过合同将设备摆给终端用户，并与直接管理者签订管护合同，明确各方权利和义务。通过"三级"台账、移交使用合同、管理合同的层层约束，规范了运行管理各个环节。

5.3.2.2 以"安达"为典型建立示范区长效管理体制与运行机制

示范区长效管理体制与运行机制建立应按照出台相关政策办法、建立工程运行管护平台、明细工程产权、明确工程管护主体及强化运行管护模式等五个步骤实施。安达市依托节水增粮行动项目建设与运行管理成效显著，建立管理体制与运行机制确保了工程效益有效发挥。

以安达市为典型示范区，其长效管理体制与运行机制的建立主要实施五个步骤。一是出台管理办法。安达市为了加强节水灌溉设备的建后运行管理和维护，出台了《安达市"节水增粮行动"项目运行管理办法》和《安达市"节水增粮行动"项目运行管理实施细则》，用于指导节灌设备的产权界定、管理模式确定、维修养护资金收取及灌溉收费标准等。二是建立工程管护平台。安达市成立了运行管理中心，负责工程资产的登记、移交、调拨和监督管理，并提供技术咨询、培训、指导等。为细化分工，增强维修管护力量，安达市加强了机构配置，在此基础上，成立水务110服务中心，设专门电话，全天候值班，由其联系设备厂家对项目区设备进行更换维修等事宜，在接到报修电话2h之内到达；同时还加强了设备库房建设，与厂家协调备留了一大批设备易损件等存放在专用库房，确保随时使用，随时调拨，保障设备正常运行。

三是明晰工程产权。产权归村集体、农民用水合作组织（农机合作社、种植合作社）、农户个人所有、乡镇水利站。四是明确管护主体。根据工程责、权、利相统一的原则，明确节水灌溉工程设备的产权人就是工程的管护主体和责任主体，产权人必须履行工程管理和安全管理的义务，服从市水务局的业务指导和监督。五是强化运行管理模式。行合作社管理模式（设备产权归合作社所有，以其为载体，出资购买农户土地，自主管理设备运转和维修看护，实现集约经营、自主灌溉）、村集体管理模式（设备产权归村集体，统一种植品种，由村集体统一灌溉，工程维修养护费用由农户按面积出资）、大户管理模式（设备产权归村集体，动员群众将土地转包给种田大户，由其管理设备运转和维修看管，实施自主灌溉）、基层水利服务机构管理模式（工程所有权归乡镇水利站所有，由其管理维护喷灌设备）、农户管理模式（工程所有权归农户个人所有，由其自行管理维护设备设施）。

黑龙江省西部地区通过节水增粮行动项目建设，总结出针对农村合作组织覆盖的村屯推行合作社管理模式，针对土地分散经营推行村集体管理模式、联户管理模式或针对土地集中流转经营推行大户管理模式等建后管理三种模式，有效保证了节水增粮工程建成后长效运行管理。

5.3.2.3 管护运行模式类型

（1）"农业生产合作社+土地全流转"管理模式

①运行管理方式。

合作社是劳动群众自愿联合起来进行合作生产、合作经营所建立的一种合作组织形式。"农业生产合作社+专管人员"的高效节水灌溉工程管理模式，其主要包括农村土地流转合作社、农业种植合作社以及农机合作社与专管人员合作共同管理的模式。以"农村土地流转合作社+专管人员"模式为代表，在家庭承包经营的基础上，由享有农村土地承包经营权的农户和从事农业生产经营的组织，为解决家庭承包经营土地零星分散、效益不高、市场信息不灵等问题，自愿联合、民主管理，把家庭承包土地的经营权采取入股、委托代耕和其他流转方式进行互助性合作、集中统一规划、统一经营。高效节水灌溉工程由合作社筹资配套国投资金建设。工程建成后，产权归合作社所有，聘请专人运行管理，专管人员工资及工程运行管理维护费由合作社承担，入股农民享受合作社收益分红。乡镇人民政府及村委会发挥协调和监管作用，县级水务局负责技术服务和行业监管作用。

②适用条件。

适用于经营效益良好、运行管理规范的农业生产合作社。合作社通过 2 年以上运行后，已经积累一定运转资金，社长要具备丰富的生产、经营管理经验，入股农户对运转资金管理、高效节水灌溉技术、劳动力转移等方面的认知和接受程度相对较高。其主要具有以下特点：一是强化合作社与社员之间经济利益关系，有效解决土地分散承包与现代农业发展之间的矛盾，有利于优势产业规模化、集约化、专业化发展。二是实现统一农资供应、统一作物品种、统一农机作业、统一田间管理、统一产品销售，降低农户生产投入、销售风险、节省劳力、节约运行成本，提高农户收益。三是适合高效节水灌溉新技术、新设备的推广应用。四是专管人员责任明确、责任心强、专业管理水平相对较高，利于灌溉、施肥制度的科学控制及灌溉设备设施的维修养护，有效提高灌溉效率和灌溉工程设施设备使用率，节水、肥效、增产增收效益显著。

③案例。

克山县立涛马铃薯专业合作社，由双河乡中心村孙立涛等 9 户农民发起，2011 年 5 月成立。合作社现有社员 268 户，其中，土地入股社员 69 户，现金入股社员 67 户，社员入股折合股金 684.82 万元；合作社种植经营面积 10 200 亩；拥有职工 42 人，固定资产 2 000 余万元。已建立农村土地流转模式，即"土地入股，保底分红；规模种植，高效益管理；一体多元，公司化发展"模式。合作社吸纳普通社员以土地和现金入股，实行保底分红，保证现金入股农户每年分红不低于股金的 12%，土地入股每年每亩保证成本500 元、红利为每亩成本的 12%，其余盈利实行二次分红。鼓励农民自愿入股、自愿参与管理、自愿从事生产的"三自愿"原则，达到了农民地租收入、土地股金收益、参与管理收益、劳动务工收益等多元化增收的目标。合作社的 10 200 亩土地依托"节水增粮行动"建设水源井工程 32 处，中心支轴式喷灌工程 26处，工程总投资 1 100 万元，合作社筹资 120 万元配套，分属 26 个喷灌单元，单处喷灌工程（包括水源井、配套动力及中心支轴式喷灌机）配置 1 个专职管理人员，由社员大会推举产生，负责泵房管理、喷灌机操作以及化肥、农药的施用。管理人员的工资与其负责管理的土地面积、灌溉用水、化肥、农药成本以及喷灌工程设备设施维修养护费直接相关，管理人员工资由合作社发放，平均为 20 元/（人·亩）。

（2）"农民用者水协会（村集体）+土地分散经营"管理模式

①运行管理方式。

农民用者水协会特指农民以一个高效节水灌溉单元为范围，自觉自愿组织起来的自我管理、自我服务的管水组织，它既是一个群团组织，又是具有法人资格，实行自主经营、独立核算的非营利性的法人组织。"农民用者水协会（村集体）+专管人员"的高效节水灌溉工程管理模式，通过"一事一议"民主决策，统一种植结构，统一高效节水灌溉工程建设，由用者水协会组织农户筹资（或以劳折资）配套国投资金建设。工程建成后，产权归农民用者水协会（村集体）所有，聘请专人运行管理，专管人员工资及工程运行管理维护费由农民用者水协会（村集体）向会员按亩均价格统一收取，农民用者水协会（村集体）和农户之间不涉及土地经营权和经营利益关系。乡镇人民政府发挥协调及监管作用，县级水务局负责技术服务和行业监管作用。

②适用条件。

该模式适用于先成立农民用者水协会，后建工程，或者农民用者水协会运行规范、村集体凝聚力、经济实力较强，协会会长（村书记、村主任）的威望较高的农民用者水协会（村集体）。由于农民用者水协会（村集体）与农户之间经济利益关系较为松散，农业产业化经营理念不强，在未实现集中统一规划、统一经营的前提下，可以实现田间灌水管理、工程设备设施维修养护统一。其主要具有以下特点：一是强化农民用者水协会（村集体）与会员（农户）之间凝聚力，有效协调土地分散承包与现代农业发展之间的矛盾，有效推进优势产业规模化、集约化、专业化发展。二是实现统一节水工程建设、统一作物种植、统一灌溉管理，节省灌溉劳力、降低节水灌溉工程运行成本，提高农户收益。三是适合高效节水灌溉新技术、新设备的推广应用。四是专管人员责任明确、责任心强、专业管理水平相对较高，利于灌溉、施肥制度的科学控制及灌溉设备设施的维修养护，有效提高灌溉效率和节水灌溉工程设施设备使用率，节水、肥效、增产增收效益显著。

③案例。

龙江县山泉镇核心村农民用者水协会（村集体）通过"一事一议"，民主决策由村民出资（以劳折资）配套节水增粮行动项目建设了 500 亩滴灌工程，种植膜下滴灌玉米。通过民主选举 2 人，负责机电井和滴灌首部（过滤器、施肥罐及配件）管理，管理人员报酬由农户按每亩 8 元均摊，施肥时由农户提供化肥统一通过滴灌系统施肥，灌溉时由管理人员按照轮灌编组统一灌溉，农户代表监督。统一采用节水滴灌技术，每亩节水 50%，节肥 10%，两项合计亩均节约成本 50 元。每年在播种后灌溉季节前先预收取工程年运行管理费，即电费和管理费每亩 8 元（管理人员劳动报酬），年底收取每亩 5 元的设备折旧费和维修养护费。

（3）"大户（私人农场）"管理模式

①运行管理方式。

高效节水灌溉工程产权归大户（农场主）所有，自行聘用专人对节水灌溉工程进行管理。

②适用条件。

由大户（农场主）出资建设水源工程，出资建设或出资配套相关国家项目购买田间喷灌设备设施，大户（农场主）聘用农户从事田间劳动或节水灌溉工程管理工作。其主要具有以下特点：一是有效解决了高效节水灌溉工程建设自筹资金配套难的问题。二是农业生产管理水平相对较高，专管管理人员相随对稳定，责任心强，且具有一定的实践经验。利于灌溉、施肥制度的科学控制及灌溉设备设施的维修养护，有效提高灌溉效率和节水灌溉工程设施设备使用率，节水、肥效、增产增收效益显著。三是实现节水工程建设、种植、灌溉、施肥、田间管理、收获、销售统一管理，节省劳力，降低节水灌溉工程运行成本，有效提高农业收益。四是适合高效节水灌溉新技术、新设备的推广应用。五是由于水权、用水监管等机制不健全，工程建设及运行管理有待进一步规范。

③案例。

大庆市让胡路区红骥牧场二队种田大户侯振河，承包红骥牧场土地 2.0 万亩，承包期 10～20 年不等，主要种植黏玉米、水稻小麦（轮作）、小麦白菜复种以及西瓜等作物。自己出资建设机电井 28 眼，配套率 100%。自己出资建设以及依托"节水增粮项目"自筹配套资金累计 300 余万元，建成高效节水灌溉面积 1.08 万亩，其中，中心支轴式喷灌 20 台套、灌溉面积 0.65 万亩，绞盘式 18 台套、灌溉面积 0.35 万亩，膜下滴灌系统 4 处、灌溉面积 800 亩。聘请专业人员对高效节水灌溉工程进行灌溉季节运行和非灌溉季节维修养护管理，管理人员报酬按月工资形式发放。

5.3.3 合作社为管理主体的机构模式及管理制度

5.3.3.1 合作社组织机构模式

①成立理事会。

设置理事长 1 人，理事 3～5 人，总经理 1 人，下设生产管理部、财务部。

②组建监事会。

设置监事长 1 人，监事 3～5 人。

5.3.3.2 合作社的各项管理制度

（1）理事会职权

①组织召开成员大会并报告工作，执行成员大会决议。

②制定合作社发展规划、年度业务经营计划、内部管理规章制度等，提交成员大会审议。

③制定年度财务预决算、盈余分配和亏损弥补等方案，提交成员大会审议。

④组织开展成员培训和各种协作活动。

⑤管理本合作社的资产和财务，保障本合作社的财产安全。

⑥接收、答复、处理执行监事或者监事会提出的有关质询和建议。

⑦决定成员入社、退社、继承、除名、奖励、处分等事项。

⑧决定聘任或者解聘本合作社经历、财务会计人员和其他专业技术人员。

（2）理事长岗位责任制

①制定本合作社的总体发展目标和年度计划，负责全面工作。

②负责召开理事会会议，制定年度生产、销售计划。

③严格执行章程，及时妥善解决出现的问题。

④负责社员退会、除名、继承等事项，提名产生本农民专业合作经济组织总经理及下设分支机构管理人员。

⑤检查工作进展情况，对出现的问题及时妥善解决。

⑥组织召集社员开会，财务及有关事宜定期公开，建立完善的各项规章制度。

（3）总经理岗位责任制

①协助理事长做好理事会的各项工作。

②拟定原料采购、生产、销售计划。

③定期向理事长汇报工作，并拟定下一步工作计划。

④总经理指导各部门负责人，分工负责抓好技术指导、购销服务、日常事务等工作。

⑤掌握商业信息，把握本组织生产经营大方向，招揽客户，促进产品销售，带动社员增收。

⑥按时完成理事会的其他工作。

（4）监事会权责

①监事会有权监督理事会对社员大会（或社员代表大会）决议和本合作社章程的执行情况。

②监事会有权监督检查本合作社的经营业务和财务审计情况。

③监事会有权监督理事和本合作社工作人员的服务情况。

④监事会有权向社员大会提出监察工作报告。

⑤监事会有权列席理事会议，向理事会提出改进工作的建议；理事有违背章程行为时，可要求理事召开临时社员大会（或社员代表大会）。

⑥监事会履行社员大会授予的其他职责。

⑦社员对理事及经营管理人员有何意见及建议可以直接提出，监事会必须记录在案，并向理事会提出，要求理事作出答复。

5.3.3.3 合作社收入与分配管理制度

（1）收入、支出管理办法

①收入范围包括社员会费、社员股金，利润收入，接受的捐赠款物，政府和有关部门的扶持资金，提取的设备折旧费、租赁费等，以及其他收入。

②开支范围包括日常办公费，本合作社经营性支出，科研、咨询、培训、推介和宣传教育等开支，聘用人员及管理人员的工资费用，其他符合财务制度规定的开支，本合作社税后利润按一定比例提取预留费与风险基金。

③管护主体自行收取电费、人工费、维修费，每次灌溉亩收费实行保本微利的灌溉方式。

④管理主体按规定向管护主体提取折旧费，镇政府设专户管理，用于工程及设备的维修、更新及改造。

⑤设备达到使用年限时，将折旧基金和残值用于设备重新购置或以红利形式分配给合作社内的各入股农户。

⑥工程及设备更新改造时，由合作社提出申请，由政府、水利相关部门批准使用。

⑦用财政扶持资金购买的农业机械设备和建造的配套设施，由农机合作社经营管理。

（2）收益分配制度

①分配对象为所有在册的合作社股份成员。

②各级财政投入合作社的扶持资金可以计入农机合作社股本，单独体现，不参加分红，该股本产生的收益归合作社所有。

③年终盈余分配前，财务人员要做好财物清查，准确核算全年的收入、成本、费用和盈余，清理资产和债权、债务。

④扣除当年经营成本并上缴税金后，为年终盈余。

⑤按年终盈余 10%的比例提取公积金，用于扩大服务能力或弥补亏损。

⑥按年终盈余 10%的比例提取公益金，用于文化、福利事业。

⑦在分红总额中，60%按社员产品交易量进行分配，40%用于按股分红。

5.3.3.4 合作社财务管理人员工作职责及财务管理制度

（1）财务主管工作职责

①编制和执行预算、财务收支计划、信贷计划，拟定资金筹措和使用方案，多渠道筹资，有效地利用资金。

②费用预测、计划、控制、核算、分析和考核，督促本组织有关部门降低消耗、节约费用、提高经济效益。

③建立健全经济核算制度，利用财务会计资料进行经济活动分析。

④做好其他工作。

（2）会计工作职责

①国家会计制度规定的记账、报账等做到手续完备，数字准确，账目清楚，按期报账。

②按照经济核算原则，定期检查，分析合作组织财务、成本和利润的执行情况，挖掘增收节支潜力，考核资金使用效果，及时向社长提出合理化建议，当好参谋。

③妥善保管会计凭证、会计账簿、会计报表和其他会计资料。

④完成合作组织的其他财经工作。

（3）出纳工作职责

①认真执行现金管理制度。

②严格执行库存现金限额，超过部分必须及时送存银行，不坐收支现金，不以白条抵现。

③建立健全现金出纳各种账目，严格审核现金收付凭证。

④严格支票刮泥制度，编制支票使用手续，使用支票须经社长签字后，方可生效。

⑤积极配合银行做好对账、报账工作。

⑥配合会计做好各种账务处理。

⑦完成合作组织的其他财经工作。

（4）合作社财务管理制度

①会计年度自 1 月 1 日起到 12 月 31 日止。

②会计凭证、会计账簿、会计报表和其他会计资料必须真实、准确、完整，并符合会计制度的规定。

③财务工作人员办理会计事项必须填制或取得原始凭证，并根据审核的原始凭证编制记账凭证，会计、出纳必须在记账凭证上签字。

④财务工作人员定期进行财务清查，保证账簿记录与实物、款项相符。

⑤财务工作人员应根据账簿记录编制会计报表上报社长，并报送有关部门。会计报表每月由会计编制

并上报一次,会计报表必须由会计签名或盖章。

⑥实行财会监督,财务工作人员对不真实、不合法的原始凭证,不予受理;对记载不准确、不完整的原始凭证,予以退回,要求更正、补充。

⑦财务工作人员发现账簿和实物、款项不相符时,应及时向社长书面报告,请求查明原因,并做出处理。

5.3.3.5 合作社档案管理

(1)生产档案记录制度

①建立健全合作社内部各专业生产技术标准,建立健全生产技术操作规程,实行标准化生产。

②及时记录生产过程和生产技术操作规程实行情况。生产资料来源记录包括自制、购买的名称、数量、采购时间、地点等记录和样品等相关资料、凭证的保存。投入使用的生产资料及生产记录包括投入的资料的种类、数量、投入时间的全过程。

③建立检测制度。本合作社对其成员的铲平经行经常性检测,保证产品质量安全。要经常性地开展产品抽查,并做好检测记录。在收购成员产品过程中,按销售户、分批次对其成员的产品进行抽查,把好入口关。

④整理归档。档案记录人员要在年底前,对产品生产记录进行认真整理、分类、装卷、存档。

⑤建立专人负责制,确定一名专门人员,具体负责生产档案记录工作,确保档案记录翔实。

(2)档案管理制度

①合作社内部按要求将各自分管的工作及时装订归档。

②档案专人负责,专人保管。

③合作社的档案分三种:财务档案、信息档案、文书档案。

④档案的查、借、阅要经理事长批准,否则不予查、借、阅。

⑤各种档案保管期限按档案管理规定执行。

⑥档案要注意防火、防盗、防霉、防潮、防虫蛀、防强光灯。

5.4 智能灌溉决策系统与灌溉效果遥感评价研究

5.4.1 智能灌溉决策系统研发

5.4.1.1 项目区概况

项目区设在肇州县二井镇,位于黑龙江省大庆市肇州县,东经 125°14′,北纬 45°42′,海拔 155 m,属温带季风性气候,气候干燥,春秋季节多风少雨,夏热冬寒,昼夜温差大。年平均气温 3.6 ℃,≥10 ℃积温 2 796.6 ℃,日照时数全年 2 900 h,平均风速 4.3 m/s,无霜期 143 d。多年平均降水量 458.9 mm,且季节分配不均,主要集中在 7、8 月份。玉米为当地的主要作物之一,一年一熟制。土壤类型为黑土,0～

80 cm 土壤平均容重 1.35 g/cm³，饱和含水率为 35.12%，田间持水率 28.32%，凋萎系数 15.43%。生育期内多年平均降雨量约为 390 mm，无霜期 138 d。属于第一积温带，地下水深度在 7 m 左右。土壤为碳酸盐黑钙土，黑钙土的自然肥力较其他土壤要高，它的成土母质为壤土质淤积物和黏质。于每年 4 月 27 日统一播种施肥，种植方式为大垄双行模式种植。

5.4.1.2 项目执行路线和技术架构

（1）执行路线

本项目将武汉大学水利学科先进的节水灌溉技术积累和新时代的"互联网+农业物联网"理念结合，综合运用农田水利、物联网、智慧农业等相关知识，在肇州县二井镇示范区建设一套高度智能化、自动化的智能灌溉信息化系统。结合云平台、移动网络等新技术，提升农业管理水平，并保证平台的功能良好、稳定易用，以促进节水灌溉和智慧灌溉技术在基层农业中的推广应用。

项目执行流程图如图所示。

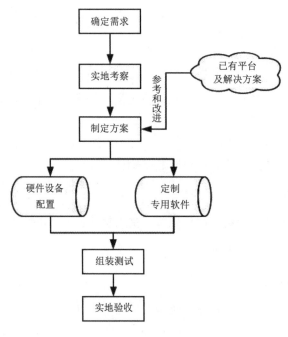

图 5-2 项目执行流程图

（2）技术架构

智能灌溉信息化系统涉及信息采集、传输、存储、应用和服务等，系统总体构成包括数据采集模块、数据传输模块、远程控制模块、灌溉决策模块等部分。项目结合自身特点和当地具体情况有序开展，最终在示范区进行推广示范，具有实际应用价值和推广意义。管理系统技术架构如图 5-3 所示。

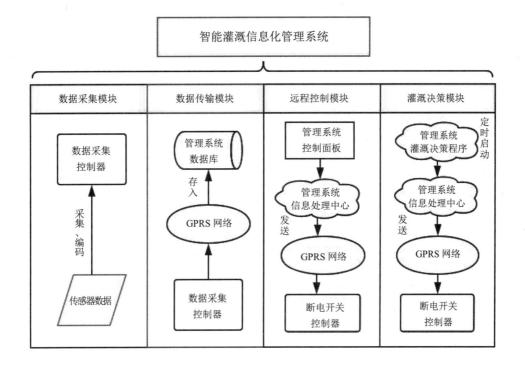

图 5-3 管理系统技术架构

5.4.1.3 智慧灌溉决策系统体系

（1）智慧灌溉理念概述

智能灌溉信息化管理系统的设计，主要分为传感器数据采集、数据传输、远程控制电动闸阀及对灌溉实时决策四个方面。系统设计依托于互联网+智慧灌溉平台，其运行模式如图 5-4 所示。

管理平台通过 GPRS 网络传输信号与数据，可以收集大范围、分属不同灌溉系统管辖的土壤水分数据，并通过发送预先设定的控制指令完成控制过程。用户可以通过 Web 客户端和移动客户端查询、下载数据，管理自己的系统，并设定灌溉策略与完成手动调试。同时管理平台具备在后台将各灌溉系统水分数据归类、统一的能力，并收集、抓取各地的天气数据以供实现灌溉决策，可同时进行多终端、多设备、多系统的管理，实现了从系统到平台的跨越。

管理平台基于物联网与云服务器，脱离了有线网络对距离与硬件设施的限制，可以同时管理成千上万个庭院草坪小型灌溉系统，或基于全田块水循环实时模拟模型及灌区水流精准快递技术的复杂大型灌区。

产品主要技术：一是以 20 多年的研究成果为基础开发灌溉智慧管控平台，能够实现在平台上进行统一管理操作，平台具有高度智能化，并能够进行自主学习；二是根据灌区实时监测的数据及未来天气情况，提供更为精确的灌溉决策方案，利用移动互联网技术进行数据传输、控制指令传达以及效果反馈；三是最终智慧灌溉平台进行集成，做到大范围、全天候、高精度管控。

（2）产品构成及特点

①产品硬件组成。

硬件控制器采用 STC80C51（宏晶科技 8 位单片机）作为控制核心，通过 A/D（Digital Analog Converter，数字模拟信号转换器）模块读取传感器模拟量转成数字量后通过串口与 GPRS（General Packet Radio Service，通用分组无线服务技术）模块通信，然后发送到服务器。GPRS 模块可以采用常见的 GPRS DTU（Data Transfer unit，将串口数据转换为 IP 数据或将 IP 数据转换为串口数据的模块）模块。

配套传感器有水位传感器和水分传感器两种。静压式液位计是一种测量液位的压力传感器，采用压力敏感传感器，将静压转换为 4~20 mA 电流输出模拟量信号，可用于常压液体的深度测量。经过调校量程，液位计可用于测量田间水层深度（量程 0.1~0.5 m），且可达到精度 1 mm。传感器输出采用三线制。

TDR 型土壤水分传感器具有稳定性高，安装维护操作简便等特点。土壤水分传感器不受腐蚀，可长期埋入土壤中使用。土壤湿度传感器输出信号采用标准 4~20 mA 电流输出模拟量信号，拥有抗干扰能力强，传送距离远，测量精度高，响应速度快等优点。

土壤水分传感器用晶体振荡器产生高频信号，并传输到平行金属探针上，产生的信号与返回的信号叠加，通过测量信号的振幅来测量土壤水分含量。由于水的介电常数较大，传感器探针处介电常数随水分含量多少而变化，根据土壤介电常数与土壤水分之间的对应关系可测出土壤的水分。土壤水分传感器方便读数、响应快的特点，可应用于在线监测，实现自动化、智慧化监测水分。

系统采用 12 V 直流大容量电瓶供电，传感器电源由硬件控制器提供。

控制器通过继电开关可实时控制电磁阀、电动阀门等装置。电磁阀是用于控制流体的自动化基础元件，选用 DC12V 常闭型，口径可根据管道直径选型，实现向指定位置放水。电动阀门有各种类型，包括球阀、蝶阀、调节阀等。支持工业自动控制系统的阀门，均可连接至管理系统，实现统一管理。

②平台采用通信和软件编程技术。

控制器内装 GPRS 模块使用移动 2G 物联卡，依靠 GPRS 网络与服务器建立连接，并通过 Socketio 连接保持通信，传输控制器获取的数据。

管理系统通信模块采用 Modbus 协议，通过 Socketio 通信在服务器端与控制器终端保持长连接。在通信过程中，服务器端会对终端控制器进行超时检测和掉线检测，并具有一定的容错机制。

Web 端采用 Socketio（由 JavaScript 实现，基于 Node.js，支持 Web Socket 协议用于实时通信、跨平台的开源框架）技术，兼容各种浏览器（IE6.0 以上）并保证实时控制。

系统拓扑结构如图 5-4 所示，控制节点与闸门和传感器连接，并通过 GPRS 网络与服务器通信。服务器有灌溉历史、天气数据、灌溉决策等数据库，用于灌溉决策。数据交换中心与控制节点保持 Socket 连接，负责收发数据。服务接口接受 Web 端的请求，把数据转到处理中心处理，处理中心根据请求返回相应结果。若是对硬件设备进行操作，则转到数据交换中心，并通过它发送到硬件设备。

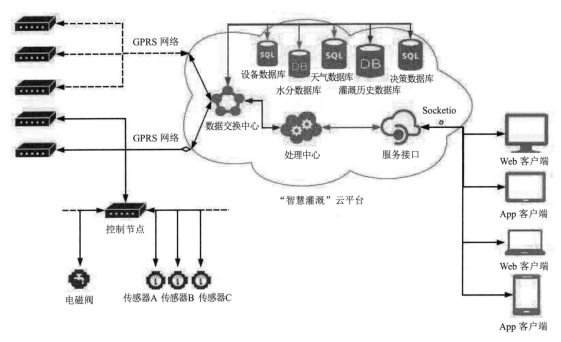

图 5-4 系统拓扑结构

（3）系统操作流程

平台命令执行步骤如下。

在移动端点击开启闸门时，首先检测 Socket 通信是否建立，未建立连接则通过"http"发送错误信息到服务器，由服务器进行诊断。

当开启闸门命令被发送到服务器时，由一个专门的命令执行控制程序来处理，它首先与数据库中的设备状态相比较，如果要控制的设备已经是开启的状态，则直接返回到客户端，如果不是开启状态，则向控制程序发送开启命令到控制节点等待执行结果。

控制节点接到开启闸门命令的时候，通过闭合继电器达到开启闸门的目的，开启完毕后通过读取闸门开关量来确保开启成功，若未正常开启则设备故障，返回故障状态码到服务器，若正常开启，则返回开启成功状态。

服务器接到控制节点返回的正常开启状态后，推送给客户端成功开启消息。

设备通信状态主要有以下几种情况。

设备未连接：设备由于断电或断网或配置错误从未连接到服务器。

设备正常连接：设备与服务器通信连接正常。

设备断线：设备正常连接时突然由于断网或断电关闭连接。

设备连接超时：在约定的心跳包时间间隔内，未收到设备任何消息。

闸门和开关的开启流程如图 5-5，通信状态检测流程图如图 5-6 所示。

实时决策的执行流程如图 5-7 所示。

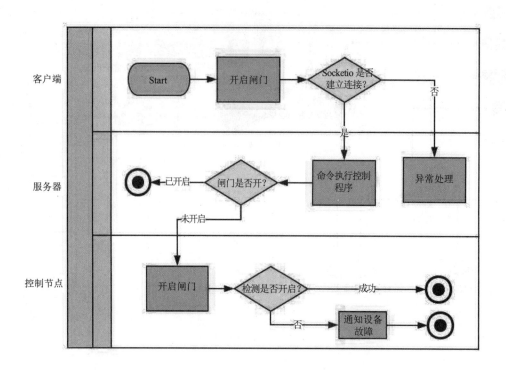

图 5-5 闸门和开关的开启流程图

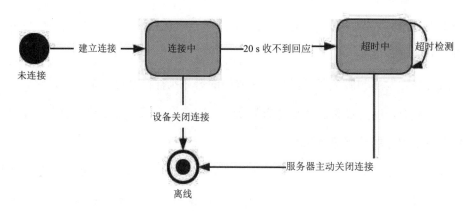

图 5-6 网络状态转换图

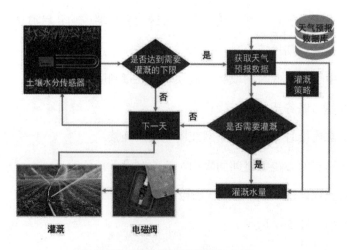

图 5-7 实时决策的执行流程示意图

①对专业天气预报官方网站的数据,用"Memcached + PHP + MySQL + Crontab"的构架实时自动抓取,通过网络爬虫获取实时天气信息并存入数据库。

②系统将定时获取土壤水分信息,在水分(水层)达到用户设定下限后在指定时间段通过判断表达式依据系统内的实时决策模块计算灌水定额与开阀时间,并在 Web 端提供控制交互选项,在用户批许后根据策略种类(风险规避、风险偏好、风险中庸等)进行与远端控制器的通信。

③接收到传输信号并确认无误后,开始执行灌溉计划,并在完成后反馈给系统,还可将灌溉后水层变化以及实际天气状况录入数据库,以供未来提供的数据分析服务参考。

(4)产品 Web 端使用指南

管理平台采用了固定 IP 的 Linux 云服务器,通过其上搭载的 Nginx 服务器软件和 MySQL 数据库软件,使用 PHP 语言和 Code Igniter 框架等实现控制与数据库调用,在用户界面层上使用了 Html、CSS、Java Script 等前端技术。管理平台基于云服务搭建,跳出了工业局域网的限制,扩大了数据传输的范围,数据传输基于 GPRS 移动网络,稳定便捷。

管理平台的开发采用浏览器/服务器(B/C)模式,网站以 LNMP(Linux+Nginx+PHP+MySQL)架构为基础。以"新浪云"服务器上的 Linux 操作系统为底层运行灌溉预报核心程序以及 Linux 自带的 Crontab(计划任务)功能,采用免费开源的 MySQL 数据库管理系统以及 PHP 扩展库中内置的数据库操作函数,可以对数据进行方便的增、删、改、查操作。由方便内嵌于 Web 页面的 CSS、Java Script 语言等组成交互友好的前端界面,采用 MVC 设计模式,可以将管理平台模块化,分离系统的数据控制和表示功能,并通过 Code Igniter 框架整合统一,为管理平台的后续升级提供便捷。采用具有承载能力、多并发、开源免费的 Nginx Web Server 软件向用户、管理人员提供安全、稳定的网络连接。

①Web 客户端平台。

Web 客户端管理平台中的功能选项有控制终端设备、管理设备信息、读取与整理水分数据、实施智慧灌溉策略、数据下载等,通过一系列功能的配合完成对土壤、作物水分参数的精确管理,并达到"智慧灌溉"的目标。图 5-8 展现了管理平台功能模块。

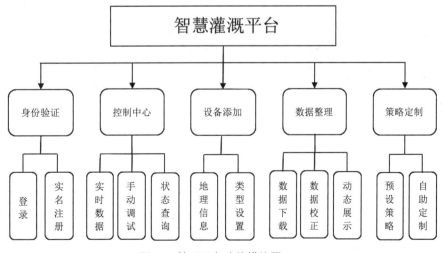

图 5-8 管理平台功能模块图

②控制中心。

用户合法登录后，可在"控制中心"页对账号所属的设备实时观测数据、手动操作和调试，并观察设备在线状态。用户界面中可实时查看传感器数据，并通过开关手动控制田间用水（图5-9）。

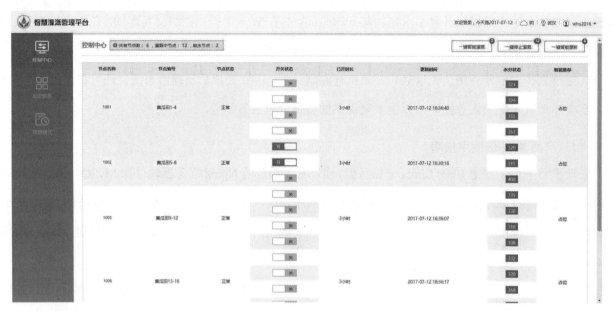

图5-9 Web端控制中心界面图

③设备添加。

用户在设备管理标签下可添加设备，选择必要参数，并自主为设备命名此处地理位置较为重要，主程序将读取所设置地区的天气预报以进行智慧灌溉决策（图5-10）。

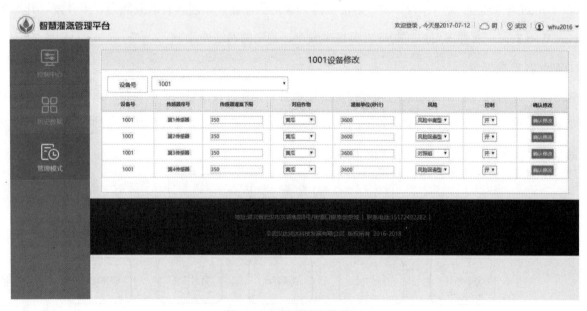

图5-10 智慧灌溉决策界面

④传感器数据整理。

通过"管理模式"选项卡，用户可以通过公式编写自行对传感器数据进行校正。同时用户可以在"传感器数据"页面查看近期内数据，并提供数据下载功能（图5-11）。

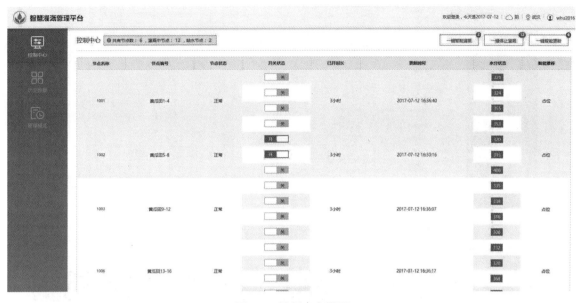

图 5-11 控制中心界面

⑤灌溉决策。

在"管理模式"中选择智慧灌溉决策，可以对指定设备的指定开关进行不同的个性化设置，如水分下限、是否开启智慧灌溉模式等，还可选择决策类型、作物种类、单位灌溉时长等，系统会根据平台结合天气数据与土壤水分状况（图 5-12）做出综合决策决定灌溉时长，根据指定的时长确定实际灌水时间。其余功能，可登录平台网址（http://test.smartirrigation.org/cn）体验（图 5-13）。

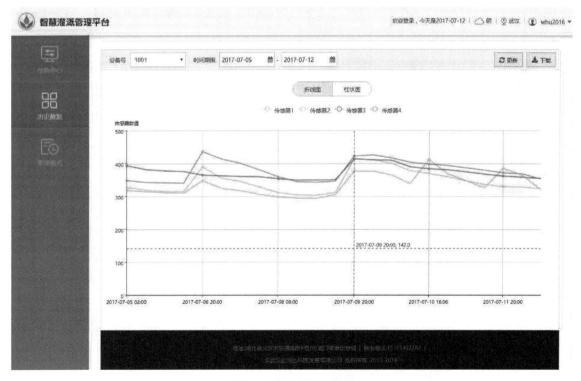

图 5-12 数据折线图展示

图 5-13 设备添加页面

（5）移动客户端使用指南

针对实际需求，智能灌溉信息化管理系统推出了移动客户端，实现能在安卓移动端的 App 操作，且操作简便，满足了实际田间考察测试的需求。

移动端功能较网页端简化，在控制面板提供了基本的控制功能和数据读取功能。用户可以实时观测所属账户下设备的传感器数据，并通过手动发送命令对数据和状态进行更新（如图 5-14、图 5-15）。用户还可通过选项卡进入灌溉策略管理模式，通过设定可以管理并开启灌溉决策程序的自动运行。

图 5-14 管理页面

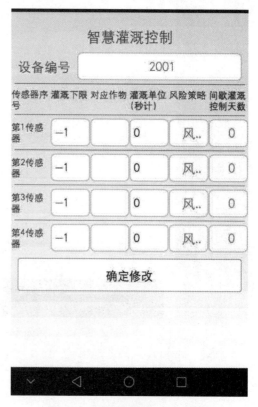

图 5-15 智慧灌溉控制及设定页面

5.4.2 灌溉效果遥感评价研究

5.4.2.1 研究目标与研究内容

项目研究目标：在黑龙江省西部松嫩平原选取合适研究区，开展灌溉效果遥感评价方法研究及结果验证，在此基础上研制开发灌溉效果遥感评价系统，为指导当地农业灌溉节水提供决策信息支撑。

项目研究任务包括三部分，具体如下：

一是面向对象的土地利用与作物类型遥感监测。基于卫星遥感数据，结合土地覆盖数据和作物物候信息，开展研究区农作物（玉米）类型遥感监测。

二是灌溉效果遥感评价方法研究。利用研究区分块产量数据，结合作物生育期，建立遥感 NPP 与产量关系，获取灌区作物产量空间分布信息；采用遥感 ET 和作物产量，结合作物生育期降水数据，开展灌溉效果遥感评价方法研究，并在松嫩平原区域开展示范应用和效果评价分析。

三是灌溉效果遥感评价原型系统研发。采用 IDL 语言，以遥感 ET、NPP 和降水为主要输入数据，开发灌溉效果遥感评价原型系统，实现一个生长季灌区灌溉效果遥感评价。

5.4.2.2 技术路线和研究方法

（1）技术路线

研究技术路线图如图 5-16 所示。

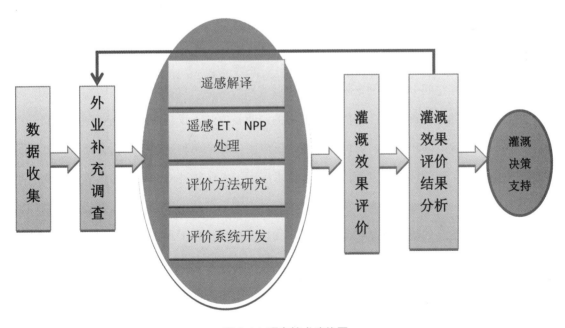

图 5-16 研究技术路线图

①数据资料收集。

②外业调查。开展野外调查，获取不同地类的样本数据。

③农作物类型遥感解译。采用卫星遥感影像获得研究区土地覆盖数据、农作物类型分布及面积信息。

④灌溉效果遥感评价方法研究。利用产量数据，结合作物生育期，建立遥感 NPP（净初级生产力）与产量关系，获取灌区作物产量空间分布信息。采用遥感 ET（作物蒸散量）和作物产量指数，结合作物生育期降水数据，开展灌溉效果遥感评价方法研究，并在松嫩平原区域开展示范应用和效果评价分析。

⑤灌溉效果遥感评价原型系统研发。采用 IDL 语言，以遥感 ET、NPP 为主要输入数据，开发灌溉效果遥感评价原型系统，实现灌区用水参数和作物参数的业务化快速提取和灌溉效果遥感自动评价。

⑥评价结果分析。利用实测数据对评价结果进行统计分析，为抗旱决策提供技术支撑。

（2）研究区概况

松嫩平原位于黑龙江省西部与西南部，包括黑龙江省西部齐齐哈尔、大庆、绥化和哈尔滨四个地市（与本项目研究区域土地面积重合度达到 78%），主要由松花江、嫩江及其支流冲积而成，总面积 17.8 万 km^2。该地区幅员辽阔，地势平坦，属于半湿润温带大陆性季风气候，耕地分布相对集中连片，土地肥沃，素以黑土地闻名天下，是黑龙江省主要商品粮、牧业生产基地，也是比较典型的旱作农业区。区内为一季作物种植区，农事活动期为 4—10 月，作物在春季播种出苗、夏季生长发育、秋季灌浆成熟。其主要农作物是玉米、大豆，总人口占黑龙江省总人口的 55.0%，耕地面积占黑龙江省的 45.6%，粮食产量占黑龙江省的52%。年平均降水量在 400～700 mm，60%的降水集中处于 6—8 月的时候，所以容易发生春旱夏涝的危害，全年无霜期为 100～140 d，地表水资源量仅占全省的 5.7%，农业供水严重不足，水资源短缺已成为制约该地区经济发展，特别是农业发展的主要因素。

5.4.2.3 主要研究结果

（1）农作物种植面积遥感监测技术研究

①研究背景。

农作物种植面积及其空间分布是制定粮食政策和调整种植结构的重要依据。我国官方发布的农作物种植面积数据主要是通过抽样调查和统计部门逐级上报的，此类方法不仅耗时耗力而且缺乏空间分布信息。遥感技术因其高时效、宽范围和低成本等优点正被广泛应用于对地观测活动中，为大区域尺度开展农作物种植面积遥感监测提供了新的科学技术手段。遥感技术应用于农作物种植面积，遥感监测主要是根据不同农作物光谱特征的差异，通过遥感影像记录的地表信息，识别不同的农作物类型，统计农作物种植面积。通过遥感技术能够实现信息的快速收集和定量分析，大幅度减少野外工作量，有效提高工作效率。

本项目采用 GF-1 影像数据作为研究数据源，以黑龙江省松嫩平原为研究区，获取作物连续时相的卫星影像数据，通过对不同监测时相作物光谱特征分析，确定作物的最佳监测时相；采用分区决策树和面向对象相结合的方法，利用土地利用和野外地面调查数据，通过分区解译方式，提取了研究区主要作物种植结构信息，并检验其精度，为作物种植产业区划、灾害监测和估产提供参考依据。

②数据准备。

研究采用 GF-1 /WFV 传感器的蓝色、绿色、红色和近红外四个光学波段，空间分辨率为 16 m。GF-1 /WFV 图像的预处理主要包括辐射定标、大气校正和几何精校正四个部分，预处理全部过程在 ENVI

5.1 软件环境中完成。利用 30 m 分辨率 DEM 数据进行无控制点正射校正功能。依据资源卫星应用中心提供的辐射定标系数将 GF-1 卫星各载荷的通道观测值计数值 DN 转换为卫星载荷入瞳处等效表观辐亮度数据，消除或减弱传感器获得的测量值与光谱辐射亮度间存在的差异。根据 GF-1 载荷光谱响应函数及波段半波长信息，利用 ENVI 的 Flash 模块进行大气校正，以消除大气、光照和气溶胶的散射等因素对地物反射的影响。几何精校正首先采用 GF-1/WFV 卫星自带的 RPC 参数进行无控制点有理多项式模型区域网平差几何校正，满足多时相遥感影像分类所需的亚像素精度要求，并使用研究区域县界矢量图层作为裁剪框，对转换后的数据进行裁剪。

为验证结果精度，项目组于 2016 年 8 月和 2017 年 6 月两次前往松嫩平原的部分市县进行野外调查工作，为了区分作物与其他地类，调查采样的地物主要有玉米、水稻、其他作物及林地、草地、建筑和水体共 7 类地物 121 个样本数据，并用 GPS 记录地理坐标。在 ArcGIS 软件平台中生成与遥感数据地理坐标、投影、地理位置匹配的野外样本数据集，用作训练预测模型的依据和精度检验的样本，并划分为训练和验证两组。

此外，本项目还收集了研究区境内农作物生长发育状况资料，以及研究区境内中国气象局的观测记录的主要农作物发育期名称和生长覆盖密度，图 5-17 所示为玉米生长发育期。

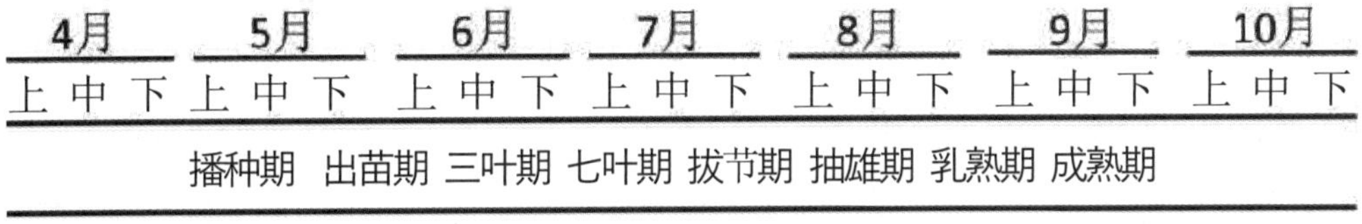

4月			5月			6月			7月			8月			9月			10月		
上	中	下	上	中	下	上	中	下	上	中	下	上	中	下	上	中	下	上	中	下

播种期　出苗期　三叶期　七叶期　拔节期　抽雄期　乳熟期　成熟期

图 5-17 研究区玉米生长发育期

③作物光谱特征分析。

每种地物在遥感影像光谱上都会表现出不同或者相同的特征，也就是"同物异谱，同谱异物"现象，可以直接影响春玉米面积的解译精度。通过分析不同地物的光谱信息，可快速区分不同地物的光谱特性，为后期的遥感分类提供指导依据。

由于作物具有季相节律性和物候变化规律性的特点，利用时间序列遥感数据的时相变化规律可以实现不同农作物类型的识别。获取每种农作物不同时相的高分一号影像数据，在影像中对目标作物采集一定数量的样点数据，统计其光谱信息，比较分析不同地物在各个波段上所表现出的光谱特性及其之间的关系。在影像中对目标作物采集一定数量的样点数据，并统计其光谱信息，比较分析不同地物在各个波段上所表现的光谱特性及其之间的关系（图 5-18）。

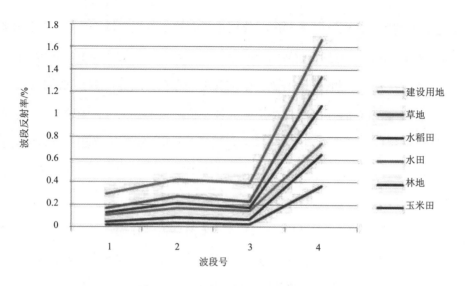

图 5-18 不同地物的光谱特性曲线

④基于分区决策树的面向对象分类方法研究。

农作物生长过程具有明显的季相变化特征，时相特性是农作物种植结构遥感提取的核心理论基础。随着农作物的生长，植被叶片内叶绿素吸收和细胞结构反射功能增强，使得由红波段和近红外波段构建的归一化植被指数值逐渐增大。直到农作物生长物质累积达到顶峰，其归一化植被指数也达到生长过程中的最大值。持续一段时期后，步入农作物生长衰退阶段，随着叶片枯萎、叶绿素吸收和叶片细胞结构反射减弱，红光反射增强，近红外反射率降低，归一化植被指数逐渐减小。因而农作物时序植被指数数据可表征作物的季相节律特征，跟踪作物生长的动态轨迹以直观反映作物从播种期、出苗期至成熟期等过程。

除了各生长发育期的农作物光谱曲线特征存在差异外，由于不同作物类型具有各异的物候特征和生长规律，同一生长期的不同农作物光谱曲线也存在差异，因此通过分析时序曲线可以推断农作物类型和种植结构。因而，科学合理地利用农作物季相节律的变化特征是区分作物与作物、作物与其他绿色植被的关键理论依据。因此，充分利用农作物光谱特征差异可以实现农作物种植结构遥感提取。

基于决策树的面向对象分类过程，首先采用多尺度分割方法对预处理后的遥感影像进行分割处理，在得到一个个分割对象的前提下，对这些对象进行特征提取，然后利用决策树算法通过选择的训练样本建立决策树，根据建立的决策树，对图像中已经提取的对象的特征属性进行分类，最后生成分类结果图（图5-19）。

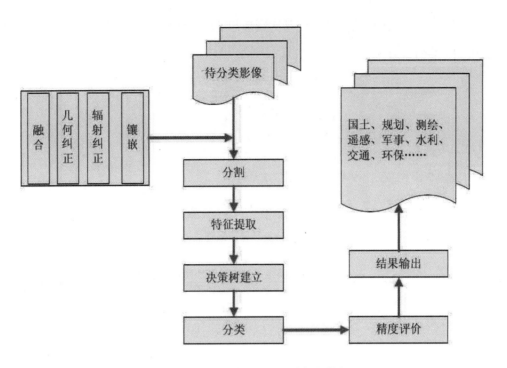

图 5-19 基于决策树的面向对象分类步骤

⑤基于分区决策树的面向对象分类方法研究。

获取 2016 年 4—10 月覆盖主要农作物生育期的 GF-1 /WFV 卫星影像，根据作物物候选取了 3 个时相的数据（包括 5 月底和 6 月初、8 月中旬和 9 月下旬）。对研究范围内的时序影像集进行空间综合分析，从中筛选合适的特征参数和敏感时相；且不同作物生长具有明显的物候特征，在不同特征参数的敏感时期存在一定差异，通过多次分析调试确定各地物的分类阈值，形成了研究区各区县的决策树分类规则，通过 ENVI 软件对研究区进行分区决策树分类。图 5-20 为提取的松嫩平原玉米的播种面积分布图。

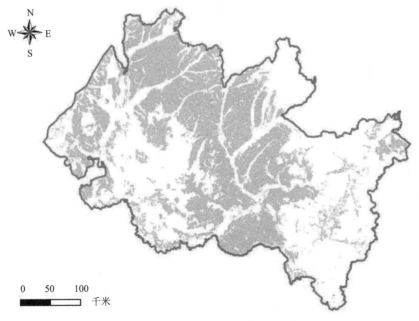

图 5-20 松嫩平原玉米播种面积分布图

本研究利用实地采样作物分布数据对分类结果进行精度评价。通过对分类结果图和分类精度评价结果表分析可以发现，利用该方法进行的分类精度是比较理想的，总体精度达到了90%以上，作物分类精度比较高达95%以上（图5-21、表5-10）。

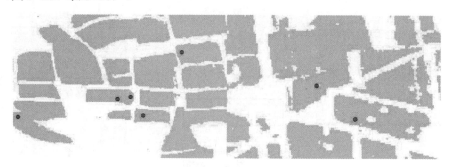

图5-21 玉米分类结果与采样点对比图

表5-10 遥感分类结果与统计旱地面积对照表　　　　　　　　　　　　　单位：万 hm²

旱地		水田	
统计面积	遥感提取面积	统计面积	遥感提取面积
13.933	14.600	0.133	0.135
14.800	15.200	0.020	0.021

（2）基于遥感的灌溉效果评价方法研究

①研究背景。

客观评价节水的真实效果关系到农业技术和节水灌溉措施的重新定位、生态环境的保护和实现水资源的可持续利用。以往，农业节水的评价主要根据典型区域的监测来实现，无法做到宏观、大面积评价。评价方法习惯于采用渠系水利用系数、田间灌溉水利用系数和灌溉水利用系数等基于供水效果的灌溉水利用效率评价指标体系，目标是提高用水保证率，节水措施以工程性为主，是对灌溉水平的评价。

农作物的生长发育状况，与农田蒸腾耗水量有密切关系，改变农田的蒸散值（ET），对农作物的产量有直接影响。与以往专门针对灌溉的评价指标不同，水分生产率是将水分与作物产量直接挂钩来评价水的利用效率，是指特定活动中单位用水量的产出，反映植物生产过程中的能量转化效率，是用来衡量农业生产水平和农业用水科学性与合理性的综合指标，应用得越来越广泛。近年来，国内外越来越多地采用"水分生产率"来衡量水资源利用状况或灌区的用水管理水平。例如，崔远来等基于遥感 ET 和作物产量计算了漳河灌区 4 年的水分生产率，并从空间尺度和时间尺度上进行了对比，实现了用水效果的评价分析；在GEF 海河项目中，利用遥感 ET，主要是采用纵向对比和横向对比方法来对农业技术和管理水平提高的效果进行评价，纵向对比是用当年监测的产量、收入水平及遥感 ET 与多年平均值进行对比，横向对比是同年度项目区和非项目区的产量、收入水平以及腾发量的对比（田园），该评价方法的研究是以遥感 ET 耗水量与调查统计产量或水分生产率指标为依据，在空间或时间上对比分析，能在一定程度上反映耗水的差异情况。

研究表明，作物产量与不同生育期的耗水量紧密相关，耗水量对作物水分利用效率有一定的影响。遥感技术监测 ET、产量等农业要素信息的不断成熟，使得在有限水量灌溉条件下利用遥感方法研究区域作物耗水规律、产量与水分的关系和灌溉制度的优化成为可能。因此，基于遥感监测作物 ET 和作物产量指标，结合区域尺度的作物耗水规律变化，研究区域内作物耗水量与作物产量指标、作物耗水量与作物水分生产率的关系，建立基于遥感的作物耗水量—作物产量指标模型和作物耗水量—水分生产率模型，使得构建高效节水灌溉技术模式成为可能，从而为灌溉用水的精确规划与管理提供重要理论依据。

遥感技术被认为是区域尺度上估算蒸、散、发的最可行办法，具有较好的时效性和区域特点。

② 数据准备。

MODIS 产品数据成像面积大，资料来源均匀、连续、实时性强，成本低，不受地域条件限制，因此被广泛应用于区域、国家甚至全球范围农作物分类、作物面积提取及生产力研究。

A.作物种植面积分布。将提取的玉米分布结果重采样间隔 500 m，用于玉米掩膜图层。

B.遥感 ET 数据。NASA 的 MODIS 全球蒸散发产品 MOD16，提供了较高时空分辨率的陆面蒸散发数据集，已在全球得到较为广泛的应用。国内贺添等利用中国陆地生态系统通量观测研究网络通量站观测数据，分别在站点尺度和区域尺度上评价了 MOD16 产品在整个中国区域的应用精度。姜艳阳等利用地面观测的流域逐月降水、流量数据，以及 GRACE 卫星观测数据与 GLDAS 模拟的逐月流域蓄水量变化数据，根据水量平衡方程计算流域实际 ET，评价了 MOD16 在中国流域的应用结果，认为二者相关性较高相关性较好，MOD16 蒸散产品在北方松花江流域优于南方的长江流域。因此本项目采用 MOD16 蒸散发产品来计算作物水分生产率。

因 MOD16 蒸散发产品时间分辨率为 8 d，并结合松嫩平原区玉米生长发育情况，对玉米的生育期进行划分，即出苗期为 5 月下旬至 6 月上旬、3 叶 7 叶期为 6 月下旬至 7 月上旬、拔节期为 7 月中下旬、抽穗期为 8 月上中旬、乳熟期为 8 月下旬至 9 月上旬、成熟期为 9 月中下旬至 10 月上旬。将 MOD16 按照生育阶段进行累加，并用前面得到的玉米图层进行掩膜处理，得到松嫩平原玉米种植区蒸散值空间分布图。

③ 遥感作物产量指标。

植被净初级生产力（NPP）是指绿色植物在单位面积、单位时间内由光合作用所产生的有机物总量中扣除自养呼吸后的剩余部分。其主要测定方法为收割绿色植物后，测定其在单位时间、单位面积内所积累的干物质数量，来确定植物的净初级生产力。

遥感作物产量数据，这里是指经济产量，即作物单位面积上所收获的有经济价值的主产品的质量，是作物总干物质量的一部分。任建强等使用基于净初级生产力模型可以实现作物产量的估算，公式为

$$NPP = \varepsilon \cdot f_{PAR} \cdot PAR \tag{5-19}$$

$$B_a = NPP \cdot \alpha \tag{5-20}$$

$$Y = B_a \cdot HI \tag{5-21}$$

式中：PAR——光合有效辐射，MJ/m^2；

　　　f_{PAR}——光合有效辐射分量；

　　　ε——作物光能转化为干物质的效率；

α——植物碳素含量与植物干物质量间的转化系数，对于一种作物而言，α 为常数；

$B_α$——作物地上部分生物量，g/m^2；

Y——作物单产，kg/hm^2；

HI——作物收获指数，在作物成熟期将作物地上部分进行实割实测，并进行脱粒、晾晒和称量，将单位面积作物籽粒质量与地上生物量之间的关系确定为 HI，对于同一地区同一种作物可将收获指数定为常数。

从公式可知，α 和 HI 都为常数的情况下，农作物 NPP 与其经济产量呈显著正相关关系。因此，本项研究采用玉米生育期的 MOD17 A3 NPP 产品，空间分辨率为 500 m × 500 m，单位为 g/（m^2·年）作为遥感作物产量指标。

MOD17 A3 NPP 产品是基于 MOD17 A2 GPP（总初级生产力）产品计算得到的。赵晶晶等利用河北省馆陶站精度较高的涡度相关数据对 MODIS GPP 产品数据进行了验证研究，结果表明 MODIS GPP 产品虽然在一定程度上高估了作物 GPP，但是 GPP 产品数据与涡度相关数据估算结果的复相关系数高达 0.922 7，二者具有较好的一致性，这也表明了 MODIS NPP 产品具有较高的精度，可以用于平原区农作物生产力的研究。

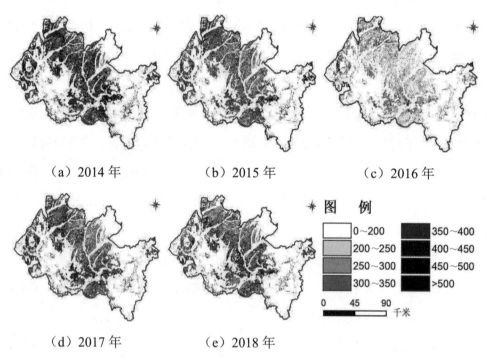

（a）2014 年　　　　　（b）2015 年　　　　　（c）2016 年

（d）2017 年　　　　　（e）2018 年

图 5-22　松嫩平原 2014—2018 年玉米全生育期 NPP 空间分布图

从图 5-22 可以看出，2014—2018 年，松嫩平原玉米 NPP 在时间和空间上都存在较大的差异，其中北部地区的变化相对较大。多数年份对应的 NPP 值在 300～400 g/（m^2·年），2014 年的 NPP 最高，2016 年的最低。

分县统计 NPP 均值，将其与对应县统计年鉴的玉米单产产量进行相关性分析，发现玉米 NPP 与产量的相关性显著（图 5-23），二者相关性 R 在 70%左右。

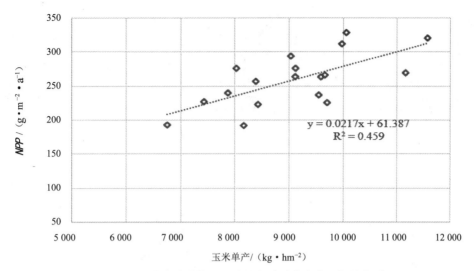

图 5-23 玉米全生育期 *NPP* 均值与统计单产产量相关关系

通过以上分析，认为玉米全生育期 *NPP* 可以体现玉米产量的时空分布差异，且精度能够满足作物灌溉效果评价的要求。

③遥感作物水分生产率指标计算。

作物水分生产率一般是指单位实际耗水量所形成的经济产量，可用于反映区域的水资源利用状况或灌区的用水管理水平。农业灌溉主要以追求单位实际耗水量所形成的经济产量最高为目标，即提高作物水分生产率是农业节水灌溉的最终目标。其计算公式为

$$WP = \frac{Y}{10ET} \tag{5-22}$$

式中：*WP*——作物水分生产率，kg/m³；

      Y——作物产量，kg/hm²；

      ET——作物全生育期实际蒸散量，mm。

由于作物目标产量影响因素较多，包括作物本身及外界的气候、土壤等条件，由于这些影响因素在空间上具有不确定性，致使同一种作物由于空间位置不同，其产量也会大相径庭。为能在空间上更准确地标定作物水分生产率的区别，本项目使用作物初级生产力指标来代替作物产量，计算得出单位作物净生产力的水分利用效率，用来评价作物的水分利用效益。因此基于生物量的作物水分生产率计算公式可以改写成

$$WP_n = \frac{NPP}{ET} \tag{5-23}$$

式中：*WP_n*——作物水分生产率，kg/m³；

      NPP——作物全生育期净初级生产力，g/m²；

      ET——作物全生育期实际蒸散量，mm。

从图 5-24 和图 5-25 可看出，2014—2018 年玉米的水分生产率除 2016 年下降到 1.2 kg/m³ 以下外，整体呈稳定趋势，水分生产率在 1.6～1.7 kg/m³，其中 2014 年水分生产率最高，且高值区主要集中在绥化市中部、哈尔滨市南部等地区。

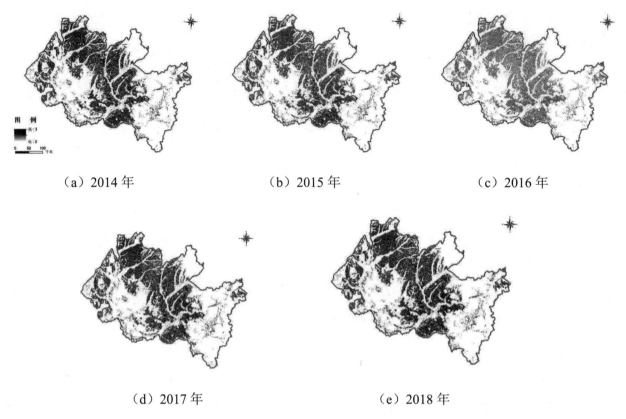

（a）2014 年　　　　　（b）2015 年　　　　　（c）2016 年

（d）2017 年　　　　　（e）2018 年

图 5-24　2014 年—2018 年玉米水分生产率空间分布图

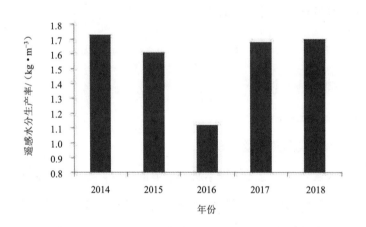

图 5-25　2014—2018 年玉米遥感水分生产率变化

④作物 ET 与 NPP 和 WP_n 关系分析。

许多研究表明，作物产量与不同生育期的耗水量紧密相关，耗水量（ET）对作物水分利用效率有一定的影响。利用获取的 2010—2013 年玉米全生育期 NPP 和 ET 散点图进行分析，如图 5-26 所示。

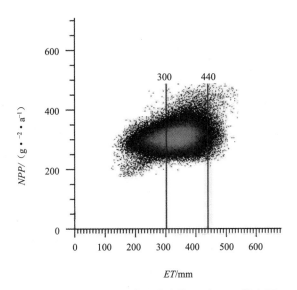

图 5-26 玉米全生育期 *ET* 与 *NPP* 散点图

从图 5-27 可以看出，相同 *ET* 下作物的 *NPP* 有高有低，*NPP* 高值区为作物水分生产率较高的区域，同样也是灌溉效率较高的区域；玉米全生育期 *NPP* 从小到大先随 *ET* 的增加而增加，之后维持在一个稳定的范围内，其后 *NPP* 再呈快速下降趋势，二者之间存在一个适宜耗水区间[ET_{min}，ET_{max}]。根据拟合方程可以看出，当作物耗水量在 300～440 mm，则玉米 *NPP* 维持在一个比较稳定的范围内，因此得到玉米全生育期的适宜耗水区间为[300，440]。

由前面分析可以看出，相同耗水量情况下，由于产量高低，作物水分生产率也不一样。如图 5-27 所示，作物耗水量与水分生产率呈曲线关系。

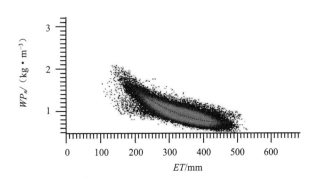

图 5-27 玉米全生育期耗水量与水分生产率关系

$$Y = ax^2 + bx + c \qquad (5-24)$$

式中：*x*——玉米全生育期耗水量，mm；

　　　Y——玉米水分生产率，kg/m³；

　　　a，*b*，*c*——回归系数，$a = 1 \times 10^{-5}$，$b = -0.0122$，$c = 3.3746$。

农业用水管理的目标是在有限的可用水量条件下取得尽可能高的产出，因此，认为相同耗水量情况下只有最高的作物水分生产率灌溉效果更好，即水分生产率位于该曲线以上的地区的灌溉效果是适宜的，否则认为灌溉效率低下。

⑤基于遥感的灌溉效果评价研究。

A.灌溉效果评价方法研究。

以往进行灌溉效果评价，多采用灌溉水利用系数，不仅受灌溉工程条件和灌溉管理水平的影响，与灌区的地理位置、灌区的形状、灌溉水源以及当地的社会经济状况也有关，这些因素在农业生产的过程中有些是可控的，有些是不可控的。而且受年降水量和作物种植结构的影响，在年际、地区间不具备可比性。作物水分生产率可用反映区域的水资源利用状况或灌区的用水管理水平，主要以追求单位实际耗水量所形成的经济产量最高为目标，可以为研究作物在缺水条件下的优化灌溉制度和经济用水提供依据。因此，以作物水分生产率作为评价指标之一，将遥感反演的作物耗水量和作物水分生产率为输入参数，可以实现区域尺度的水分生产率的空间分布，结合作物生育期的耗水规律进行研究分析，可以实现灌区灌溉效果的真实评价。

农业节水的目标是在提高农业产出的同时减少耗水量，就是高产出低耗水，也等同于高作物水分生产率。然而由本研究的分析可知，相同水分生产率下，因作物耗水量不同，可能有两种不同的单产产量，即是说，低耗水时产量低，高耗水时产量高，但其比值是一样的。所以单纯以作物水分生产率的高低对整个区域的灌溉效果进行评价，是不能反映真实用水情况的。由分析可以得到作物水分生产率最大时的作物生育期耗水量 ET_{min} 和作物生物量最大时的作物生育期耗水量值 ET_{max}，以这两个值作为阈值可将作物生育期耗水量划分为三个区域，在每个区域内作物水分生产率的高低是对作物生育期内灌溉制度合理性与科学性的真实反映。

综合以上分析，在评估时，首先依据作物生育期耗水量将研究区分为水量不足区、水量适宜区和过量供水区三个分区，每个区域内再以作物水分生产率为主要评价指标进行评价。

$ET \leqslant ET_{min}$。属于水量不足区。该区域内，由于水量不足，使得作物受旱并造成减产。适当增大作物耗水关键期的灌水量，将有助于提高作物最终产量和作物水分生产率。因此，应视当地的实际水资源情况，尽量满足作物耗水关键期的耗水需求。

$ET > ET_{min}$，且 $ET \leqslant ET_{max}$。这种情况，在水资源紧缺的情况下普遍存在，是节水灌溉研究的重点区间。相同作物耗水量下，作物水分生产率有高有低，而这种高低差异在很大程度上是受灌溉制度影响的结果。这里，引入前面建立的耗水量与水分生产率曲线关系式（5-23）来进行分析。该区域被耗水量与水分生产率关系曲线分为两个区域：曲线以上和曲线以下。位于该曲线以上区域的作物水分生产率较高，其相应的产量也高，属于水量适宜区；位于该曲线以下区域的作物水分生产率低，说明水量的利用不充分，存在水资源浪费现象，属于水量供需不合理区。

$ET > ET_{max}$。这种情况下作物的无效耗水量较大，需要分析作物无效耗水量的主要来源。首先，需要了解区域内的水分盈亏状况，计算水分盈亏量，其公式为

$$ID = \sum (ET_i - P_{ei}) \qquad (5-25)$$

式中：ID——作物生育期总的水分盈亏量，mm；

　　　　ET_i——生育期内(或某生育阶段)的实际耗水量，mm；

P_{ei}——生育期内(或某生育阶段)的有效降水量，mm。

有效降雨量是指实际降雨量减去地面径流损失后的水量，其公式为

$$P_{ei} = \sigma P_i \tag{5-26}$$

式中：P_i——生育期内(或某生育阶段)实际降雨量，mm；

　　　σ——降雨入渗系数，结合灌区的实际情况；当 $P_i \leqslant 5$ mm 时，$\sigma = 0$；当 5 mm$< P_i \leqslant 50$ mm 时，$\sigma = 1$；当 $P_i \geqslant 50$ mm 时，$\sigma = 0.7$。

若 ID 为负值，表明玉米生育期降雨量过剩，说明作物在此生长期内不缺水，作物的无效耗水主要是由于降雨引起的，认为不存在过量灌溉现象，属于水量适宜区；若 ID 为正值，表明降水量不足以弥补作物的蒸腾蒸发量，此时出现水分亏缺现象，而这部分亏缺主要是由灌溉补给的，因此属于过量供水区，存在水资源浪费现象。

基于以上分析，评价结果分为四类：水量不足区（class=1）、水量适宜区（class=2）、水量供需不合理区（class=3）和过量供水区（class=4），四项分类的含义如下：

水量不足区，是指在作物生育期水量不足的区域。

水量适宜区，是指作物生育期的水量分配合理，灌水量对产量的贡献已经充分发挥，节水潜力不大。

水量供需不合理区，是指由于作物生育期水量分配不合理使得作物在需水关键期缺水受旱，导致最终产量降低的区域。说明该区域的水量未被充分利用，水分利用效率比较低。因此，应根据实际情况，合理调整灌溉制度，提高作物水分生产率和灌溉水利用效率。

过量供水区，是指作物生育期的水量超过了作物自身耗水需求的区域，增多的灌水量对于作物生长已经没有积极意义，只能增加作物的无效耗水，从而造成农业水资源的浪费。应在实际生产过程中尽量避免，属于节水潜力最大的区域。需要视当地实际情况，调整灌溉制度，适时适量控制灌水量。

　B.评价流程。

基于以上的讨论分析，制定了灌溉效果评价流程，具体流程如下：

首先，利用 MOD6 A2 耗水量计算得到作物各生育期耗水量，再将各生育期的值累加得到全生育期耗水量分布图，利用生育期净初级生产率除以作物全生育期耗水量得到作物水分生产率空间分布图。

将气象站的日降水量数据按照生育期进行累加，再进行空间内插，得到各生育期降水量空间分布图，利用公式（5-25）计算得到各生育期有效降水量空间分布图。

利用作物种植分布图，通过掩膜技术挖出作物全生育期耗水量、作物水分生产率及有效降水量空间分布图。

以作物全生育期耗水量等于 ET_{min} 和 ET_{max} 作为划分依据，将作物种植区从空间上分为三类区域：①$ET \leqslant ET_{min}$ 的区域；②$ET_{max} \geqslant ET > ET_{min}$ 的区域；③$ET > ET_{max}$ 的区域。

对于作物全生育期耗水量 $ET \leqslant ET_{min}$ 的区域：属于水量不足区，class=1；

作物全生育期耗水量 $ET > ET_{max}$ 的区域：首先逐生育期计算水分盈亏状况，再相加得到作物全生育期的水分盈亏状况 ID，若 $ID \leqslant 0$，认为不存在过量供水，属于水量适宜区，class =2；若 $ID > 0$，存在过量供

水，属于过量供水区，class =4。

$ET>ET_{min}$ 且 $ET\leqslant ET_{max}$ 的区域：将作物水分生产率与作物水分生产率进行比较。其中，大于和等于该作物水分生产率的区域，属于水量适宜区，class=2；小于该作物水分生产率的区域，属于水量供需不合理区，class=3。

最终得到区域灌溉水量不足区、水量适宜区、水量供需不合理区、过量供水区等灌溉效果评价分类图。

C.效果评价实例分析。

图5-28为松嫩平原区玉米2014—2018年灌溉效果遥感评价结果。评价结果分为四类：水量不足区、水量适宜区、水量供需不合理区、过量供水区。其中，水量供需不合理区和过量供水区是重点节水研究区域。

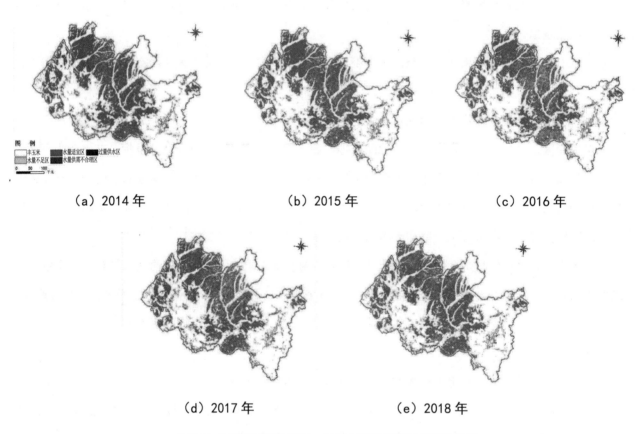

（a）2014年　　　　　　（b）2015年　　　　　　（c）2016年

（d）2017年　　　　　　（e）2018年

图5-28 松嫩平原玉米2014～2018年灌溉效果遥感评价结果

将评价结果分年度进行统计分析（表5-11），得到结论。

表5-11 灌溉效果遥感评估结果统计

分类年份	水量适宜区/%	水量不足区/%	水量供需不合理区/%	过量供水区/%	玉米平均单产量/(kg·hm⁻²)	粮食平均单产产量/(kg·hm⁻²)
2014年	85.6	10.8	0.4	3.1	8 447	7 288
2015年	73.6	21.0	0.0	0.0	8 173	7 258
2016年	56.7	29.2	14.0	0.1	7 595	6 540
2017年	79.5	20.4	0.1	0.1	7 354	6 023
2018年	80.2	19.8	0.0	0.0	7 144	5 959

注：玉米平均单产产量、粮食平均单产产量为黑龙江统计年鉴对应年份中哈尔滨、绥化、大庆、齐齐哈尔四市平均值。

2014—2018 年评价分类结果时空差异较大，水量适宜区所占总面积比例最大，为 56%～85%，水量不足区次之，为 10%～30%；过量供水区和水量供需不合理区所占比例最小。水量不足区和水量供需不合理区占总面积比例越大，对区域总产量的影响也越大，2014—2018 年二者合计面积占总面积的比例依次为：11.2%、21.0%、44.2%、20.5% 和 19.8%。与其他四年相比，2014 年的灌溉效果最好，2016 年最差。比较其间同区域的玉米平均单产产量及粮食作物平均单产产量，2014 年的数值最高，从黑龙江省西部地区玉米平均单产及粮食作物平均单产等方面也印证了评价结果的客观性、真实性。

（3）基于遥感的灌溉效果评价系统开发

本项目在灌溉效果遥感评价的基础上，开发了灌溉效果遥感评价系统。系统基于 ENVI4.8+IDL 进行二次开发。ENVI 平台提供了栅格影像的统计运算和可视化展示等功能，使得软件系统可以实现不同类型图层数据的空间自动匹配，最终实现灌溉效果评价功能。

系统的功能模块包如下：

①数据预处理：实现净初级生产力数据、耗水量数据和日降水数据的格式转换、投影转换、数据裁切、降水数据统计等预处理功能。

②水分生产率计算：净初级生产力、耗水量数据实现水分生产率指标水分生产率的计算；

③灌溉效果评价：基于耗水量、水分生态率和降水数据，实现灌溉效果分类评价，以及对评价结果的查询功能。系统界面如图 5-29 所示，水分生产率计算界面如图 5-30。

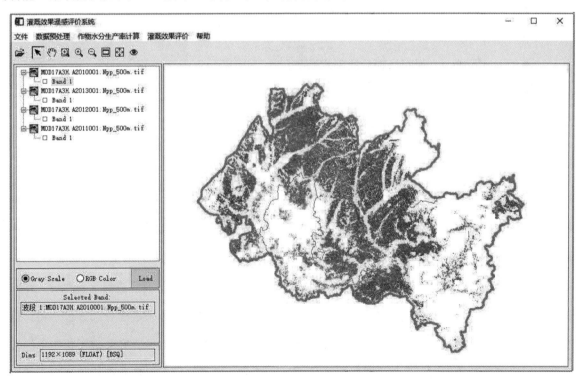

图 5-29 系统主界面

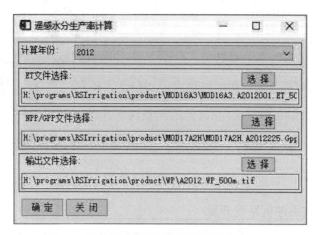

图 5-30 水分生产率计算界面

系统采用文件存储相关数据和成果。为提高系统运行效率，对系统的数据文件存储结构进行统一规范，目录结构如下：

- modis/MOD17A3H，分年度保存 hdf 格式 modis GPP 产品；

- modis/ MOD16A3，分年度保存 hdf 格式 modis ET 产品；

- product/ MOD17A3H，分年度保存 tiff 格式 modis GPP 产品；

- product / MOD16A3，分年度保存 tiff 格式 modis GPP 产品；

- product / WP，保存 hdf 格式 modis GPP 产品；

- product /IRER，保存最终结果；

- rain/original，保存站点降水数据，包括监测文件和站点位置文件；

- rain/surface，保存处理后的降水数据；

- other，保存裁切范围；

- resource，保存系统参数。

5.4.2.4 结论

利用遥感耗水量和净初级生产力等信息，结合作物生育期的有效降水，研究建立了一种基于遥感的灌溉效果评价方法，并给出了具体的评价流程，开发了灌溉效果评价软件；然后，利用该方法从空间上对松嫩平原区 2014—2018 年玉米生育期的耗水量进行了监测，客观评价了区域内的水量供给匹配效果。

在评价过程中，首先依据作物的适宜耗水区间临界点 ET_{min} 和 ET_{max} 对研究区进行区域划分，针对不同区域的特点，结合作物生育期的有效降雨，以作物水分生产率作为主要指标来进行分类评价，将评价结果分为水量不足区、水量适宜区、水量供需不合理区和过量供水区四类。本项目研究突破了传统单纯以单个或几个指标对局部实验小区进行区域灌溉效果评价方法，综合考虑了作物耗水量和净初级生产力的空间差异以及作物各生育阶段有效降水的时间差异等因素，以遥感耗水量和作物水分生产率作为主要评价指标，以玉米为研究对象，从时空尺度上实现了松嫩平原区作物宏观耗水量的监测，客观评价了区域内的灌溉效果，研究成果可为合理制定农业灌溉制度提供理论和实践支撑。

本研究揭示了作物生育期耗水量（ET）与净初级生产力（NPP）和耗水量（ET）与水分生产力（WP_n）的关系，提出了一套基于遥感的灌溉效果评价方法，从时空尺度实现了区域灌溉效果的宏观评价。

5.5　2BFDY-2 型一体化膜上播种机的研制

5.5.1　适用范围

东北干旱与半干旱地区膜下滴灌、覆膜后播种的大田作物，尤其是覆膜密植玉米播种的机械化一体作业。

5.5.2　基本原理

该技术针对壤土、黏壤土区膜下滴灌播种机排种器容易堵塞、出苗期放苗用工量大、保苗率低、地膜防风压土劳动强度大等问题，采用大垄双行施肥、打药、覆膜，铺滴灌带、膜上播种，膜上压土、镇压一体化作业技术，既能减少传统膜下滴灌技术放苗和地膜防风压土劳力的投入，又能保证较高的出苗率。开发研制的 2BFDY－2 型一体化膜上播种机通过更换不同附件可达到多功能的目的。该播种机包括连接机架、限深轮、开沟施肥及其传动部件、防风铺管覆膜装置、防堵塞型反鸭嘴式播种器、分土器、导土器、镇压部件、打药泵和喷头、储药罐等组成。

5.5.3　关键技术或设计特征

（1）整地条件

起平头大垄，垄距 130～140 cm，及时镇压。大垄垄台高 15～18 cm；大垄垄台宽≥90 cm，大垄垄沟宽 130 cm；大垄垄面平整，土碎无坷垃，无秸秆；大垄整齐，到头到边；大垄垄距均匀一致；大垄垄向直，百米误差≤5 cm。

（2）种植技术

4 月下旬至 5 月上旬采用一体化膜上播种机施肥、打药、铺带、覆膜、膜上播种、膜上压土、镇压，膜宽 130 cm，膜上玉米行距 40～60 cm，种植密度 3 800～4 500 株/亩，株距 22～26 cm。3～5 叶期进行除草，6～8 叶期喷施化控剂，预防倒伏。

（3）田间水肥管理技术

结合整地亩施磷酸二铵 25 kg，硫酸钾 20 kg，播种后在墒情较差时滴灌 1 次，苗期干旱时适时滴灌 1～2 次，玉米拔节期、抽雄期、乳熟期视降水情况滴灌 1 次，每次灌溉量 10 m³，拔节期每亩追施尿素 10 kg，抽雄期每亩追施尿素 15 kg。

（4）应用条件

①旋耕灭茬起垄后的土地。

②大垄双行垄上播种。

③垄上苗行距 40～60 cm。

④垄距 130～140 cm。

⑤土壤含水率不能偏高，以不影响播种为宜。

（5）技术创新点

①采用自主创新的防堵塞型膜上播种排种器（国家专利号 ZL201520834299.0）解决了机具在粉黏土上播种易堵塞、断条问题，使其能够适应各种土壤播种均匀，省工省时，保苗率高。

②采用自主创新的防风覆膜器（国家专利号 ZL201520833380.7）解决了作业时风大不易覆膜和覆膜后风损跑膜问题，覆膜质量高，覆膜后防止风大破损。

③全自动膜下滴灌一体化播种机采用整体结构，实现了一次性完成施肥、打药、覆膜，铺滴灌带、膜上播种、膜上压土、镇压作业，提高了作业质量和效率。

（6）技术特征与参数

其技术特征与参数如表 5-12 所示。

表 5-12 技术特征与参数

型　　号					2BFDY－2 型		
外形尺寸：长×宽×高/mm×mm×mm					作业状态 3 180×1 700×1 440		
					整机运输状态 1 880×1 700×2 510		
整机质量/kg					约 650		
作业行数/大垄数					2/1		
工作幅宽/mm					1400		
排种器	型式				勺轮式		
	鸭嘴数量	5		36:15		相应株距/mm	360
		6		17:34			300
		7	变速比	36:21			257
		8		20:30			225
	种子破碎率				≤2.5%		
施肥量					满足双行播种需要		
覆膜宽度					满足双行		
滴灌带					滴灌孔距 15～30 cm		
打药量					满足双行		
压土量/（dm³）					0～4		
作业速度/（km·h⁻¹）					3～5		
纯工作小时生产率/（hm²·h⁻¹）					0.42～0.70		
配套动力/kW					≥25.73		
适用范围					各种土壤		

第6章 黑龙江西部高效灌溉节水
技术集成模式

6.1 高效灌溉特色集成模式

6.1.1 寒地玉米膜下滴灌水肥一体化节水增效集成模式

为提高膜下滴灌技术水平和规模化推广应用，保证其运行操作规范，做到技术合理、运行可靠，制定寒地玉米膜下滴灌水肥一体化节水增效集成模式。玉米生长季增加积温 90℃，提高了农田蓄水保墒能力，实现水肥一体化操作，可减少劳动力投入。该模式在黑龙江省推广应用效果显著，使玉米单产增加 20%以上，灌溉水利用率得到显著提高，达到 0.90 以上，提高了农业节水能力。

6.1.1.1 适用范围

寒地半干旱地区采用膜下滴灌技术的玉米生产，同区域大田经济作物可参照应用。

6.1.1.2 基本原理

该技术针对干旱与半干旱地区降水年际变异大、自然降水利用率低、农田蓄水能力差、粮食产量低且不稳等问题，采用大垄双行覆膜膜下滴灌高效用水技术，既能减少土壤水分蒸发，又能增加耕层土壤温度，从而促进作物的高产稳产。

6.1.1.3 关键技术或设计特征

（1）选择高水效玉米品种

根据品种的耐密性、抗性、熟期、产量等性状，选用优质、高产、耐密型品种。种子质量要达到纯度 99.9%、净度 99.9%、芽率 99%、芽势 99%、均匀度整齐一致，保证播种精度，收获期籽实含水量小于 26%，推荐京科 968、郑单 958、天农 9、龙单 58、平安 14、铁单 20、龙育 2、久龙 10、先玉 335、京农科 728、稷秫 108 等品种。

（2）节水高效灌溉制度

枯水年（75%）灌溉定额 800 m^3/hm^2，灌水 4 次。

（3）水肥一体化技术

结合灌水，进行水肥一体化施用管理，用肥量氮肥 225 kg/hm^2、磷肥 90 kg/hm^2、钾肥 100 kg/hm^2，全部磷肥、钾肥及 50%氮肥一次性做底肥在播种期施入，拔节期随灌水追施氮肥量的 25%，抽穗期随灌水追施氮肥量的 25%。

（4）综合栽培模式

①大垄双行膜下滴灌模式。

大垄一垄一膜一带，垄距 130 cm，垄上行距 45 cm，垄间行距 85 cm，株距 22.5 cm，密度 67 500 株/hm²。

②一体化膜上播种技术。

同时完成施肥、镇压、打药、铺带、覆膜播种、压土作业。膜上播种放苗、防风压土环节免人工，作业效率 3～5 亩/h。

③残膜防控技术。

适宜覆膜时长为出苗后的 40 d，配套选用 40 d、60 d 可降解膜，日平均增温 1.5℃，增加积温 90℃以上。

（5）地下水双控管理技术

严格进行地下水控制性关键水位管理，如肇州县 4 个控制分区中，二井镇上红线水位为 3.2 m，下红线水位 14.2 m，下蓝线水位为 8.6 m。

（6）管理模式

①智慧灌溉控制管理。

根据墒情自动监测仪实时采集的墒情数据及未来天气情况，制定精确的灌溉决策方案，利用移动互联网技术进行数据传输、控制指令传达以及效果反馈，最终由智慧灌溉平台进行集成，对灌区进行大范围、全天候、高精度管控。

②经营运行管理。

采用"农村合作社+土地分散经营"或"大户（私人农场）"管理模式。

6.1.2 绞盘式喷灌秸秆覆盖免耕全程机械化集成模式

为提高喷灌工程技术应用管理水平，保证全生育期灌溉要求，提高秸秆利用率，减少劳动力投入，保证安全运行，充分发挥工程效益，特编制绞盘式喷灌秸秆覆盖免耕全程机械化集成模式。通过设置作业通道，进行全生育期灌溉管理；采用秸秆还田技术，提高了秸秆利用率，培肥地力，降低了秸秆燃烧造成的环境污染；通过全程机械化操作，劳动力投入显著降低，提高了粮食单产和水分利用效率。该模式在黑龙江省推广应用效果显著，玉米产量增加 10%以上，灌溉水利用效率得到显著提高，达到 0.90 以上，提高农业节水能力，灌溉净定额由 102 m³/亩降到 69 m³/亩。

6.1.2.1 适用范围

该模式适用于东北干旱与半干旱地区平原、丘陵及各种地形上的大田作物灌溉。喷头车垄向行走且行走方向地面坡度小于 11°，田间无高大障碍物遮挡。单喷头喷灌机不适用于灌溉作物幼苗和蔬菜等。

6.1.2.2 基本原理

该技术针对干旱与半干旱地区降水年际差异大，自然降水利用率低、粮食产量低而不稳等问题，采用绞盘式喷灌机组间作矮棵作物，作为一体式喷灌设备，以固定和移动方式将灌溉水通过喷灌系统进行喷洒作业，根据喷头来控制喷水量的大小，满足对喷灌水量的不同要求，具有节水、节能、增产、省工等效益，为干旱年份保证农业丰收发挥了重要作用，具有显著的经济效益。

6.1.2.3 关键技术或设计特征

（1）选用优势品种

根据品种的耐密性、抗性、熟期、产量等性状，选用优质、高产、耐密型品种。种子质量要达到纯度99.9%、净度99.9%、芽率99%、芽势99%、均匀度整齐一致，保证播种精度，收获期籽实含水量小于26%，推荐京科968、郑单958、天农9、龙单58、平安14、铁单20、龙育2、久龙10、先玉335、京农科728、稷秾108等品种。

（2）节水高效灌溉制度

枯水年（75%）灌溉定额1200 m^3/hm^2，灌水3次。

（3）水肥配施灌溉管理技术

采用侧方位深施肥，土层施肥深度20 cm以上，氮肥225～270 kg/hm^2，磷肥90 kg/hm^2，钾肥100 kg/hm^2。雨前施肥或施肥后补充灌溉。

（4）间作种植栽培技术

杂粮、玉米间作，均匀小垄垄距65 cm，垄高15～18 cm，玉米与矮棵杂粮间作，一般90～100条小垄玉米、间杂6～8垄矮棵杂粮，用作绞盘机灌溉作业通道。

（5）秸秆覆盖、免耕全程机械化技术

全程机械化：免耕精量播种（密度在4 500～4 600株/亩，行距65 cm，株距22.0～22.5 cm，播种量2.0～2.5 kg/亩，播种深度3～5 cm），机械化中耕侧深施肥（土层深度15 cm以上）。机械化灭草化控，机械化收获与秸秆还田，生产效率提高30%以上。

（6）地下水双控管理技术

严格进行地下水控制性关键水位管理，肇州县地下水分为4个控制分区，其中，二井镇上红线水位为3.2 m，下红线水位为14.2 m，下蓝线水位为8.6 m。

（7）运行管理模式

因地制宜选用"农村合作社+土地全流转""农村合作社（村集体）+土地分散经营"或"大户（私人农场）"管理模式。

6.1.3 黑龙江西部节水增粮高效灌溉、绿色发展技术体系

顺应黑龙江省农田灌溉工程规模发展和加大对建立高效灌溉的技术体系的投入需求,在保障节水增效农业发展的同时,保护赖以发展水资源的可持续性,以本研究成果及已有先进技术成果进行整合的开放性原则,以及农业节水生产关键技术流程组合的原则,集增温、保墒、蓄水、节水、节肥、减污、增产、增效等关键技术成果,建立了以"绿色、高效"为目标的黑龙江省西部节水增粮高效灌溉技术体系,破解寒冷地区农业生产的诸项不利约束,实现高效、环境友好、增产增收的最大限度的资源利用(图6-1、表6-1)。

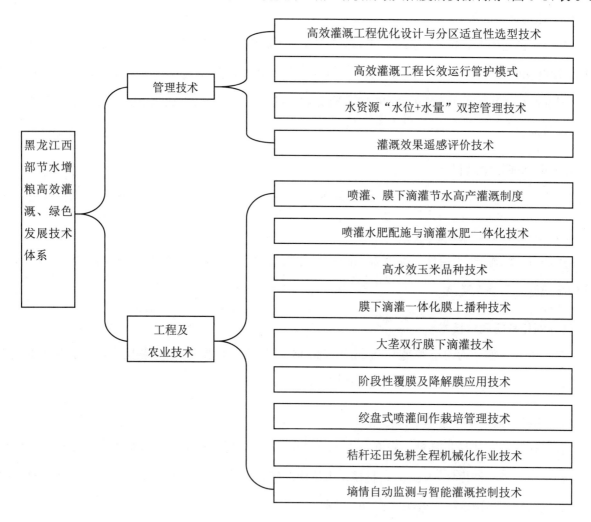

图6-1 黑龙江西部节水增粮高效灌溉、绿色发展技术体系

表6-1 黑龙江西部节水增粮高效灌溉、绿色发展技术体系特征

体系构成	关键技术及技术模式	技术特征	应用效果
管理技术	高效灌溉工程优化设计与分区适宜性选型技术	依据黑龙江省高效节水灌溉工程设计技术指南,以节水灌溉系统工程制度、管道灌溉工程系统流量、管网水利计算、管材选择等优化完成合理设计方案;给出黑龙江省西部258个乡镇单元三级区的适宜高效节水灌溉工程模式优先发展顺序	充分适应环境、经济等约束,指导高效灌溉工程科学规划与发展
	高效灌溉工程长效运行管护模式	因地制宜选用"农村合作社+土地全流转""大户"管理的集中管理模式,"农民用水者协会+土地分散经营"的半集中管理模式,以及设施租赁使用的参与式管理模式	规范设施管护主体与使用主体的责任、权利和收益方式,长效运行

续表

体系构成	关键技术及技术模式	技术特征	应用效果
管理技术	水资源"水位+水量"双控管理技术	控制性关键水位：肇州县 4 个控制分区，上红线水位埋深 3.2 m，中线水位为多年平均地下水位，下红线水位埋深为含水厚度的 1/2	保障地下水资源可持续利用，高效灌溉农业绿色和谐发展
	灌溉效果遥感评价技术	识别作物种植面积和分类，基于遥感 ET、NPP 的灌溉效果评价系统，以遥感 ET、NPP 和降水为主要输入数据，水分生产率为评价指标，评价年度灌溉效果，为高效灌溉合理应用和规模发展提供基本依据	实现不同类型图层数据的空间自动匹配，实现规模尺度监测评价，效率高，评价效果客观
工程及农业技术	喷灌、膜下滴灌节水高产灌溉制度	喷灌：特枯水年、枯水年和平水年的灌溉净定额分别为 150 mm、120 mm 和 40 mm，灌溉次数分别为 4、3 和 1 次。 膜下滴灌：特枯水年、枯水年和平水年的灌溉净定额分别为 140 mm、80 mm 和 40 mm，灌溉次数分别为 6 次、4 次和 2 次	提高水分利用效率，喷灌达到 3.22 kg/m³，滴灌 2.6~4.1 kg/m³
	喷灌水肥配施与滴灌水肥一体化技术	喷灌：增产效应中氮肥＞磷肥＞灌水量＞钾肥，氮肥效应远高于其他因素。施用量氮肥 225~270 kg/hm²，磷肥 90 kg/hm²，钾肥 100 kg/hm²，雨前施肥或施肥后灌溉。 滴灌：增产效应中氮肥＞灌水量＞磷肥＞钾肥，氮肥和灌水量效应远远大于磷肥和钾肥效应。施用量氮肥 225 kg/hm²，磷肥 90 kg/hm²，钾肥 100 kg/hm²，随灌溉水进行水肥一体化施用管理	肥料利用率提高 8%以上，减少过量施肥的面源污染，节水，增产
	高水效玉米品种技术	筛选出京科 968、郑单 958、天农 9、龙单 58、平安 14、铁单 20、龙育 2、久龙 10、先玉 335、京农科 728、稷秾 108 等品种	收获期籽实含水量小于 26%。
	膜下滴灌一体化膜上播种技术	采用专利设计的一体化膜上播种机，同时完成施肥、播种、镇压、打药、铺带、覆膜播种、压土作业。膜上播种，作业效率 3~5 亩/h	作业效率高，放苗、防风压土环节免人工，省工
	大垄双行膜下滴灌阶段性覆膜技术	大垄一垄一膜一带，垄距 130 cm，垄上行距 45 cm，垄间行距 85 cm，株距 23 cm，种植密度 67 500 株/hm²，覆膜天数为出苗后 40~60 d，及时除膜，或采用 T40~T60 生物降解膜	日均增温 1.5℃，生育期增加积温 90℃以上，节水 60%，保持土壤清洁健康
	绞盘式喷灌间作栽培管理技术	杂粮、玉米间作，均匀小垄垄距 65 cm，垄高 15~18 cm，玉米与矮棵杂粮间作，90~100 条小垄玉米、间杂 6~8 垄矮棵杂粮，作为绞盘机全生育期灌溉作业通道	保障全生育期灌溉，灌水效率高，节水，节省人工
	秸秆还田免耕全程机械化作业技术	全程机械化：免耕精量播种（密度在 4 500~4 600 株/亩，行距 65 cm，株距 22.5~22.0 cm，播种量 2.0~2.5 kg/亩，播深 3~5 cm），机械化中耕侧深施肥（深度 15 cm 以上。机械化灭草化控，机械化收获与秸秆还田，生产效率提高 30%以上	作业效率提高，平均增产 10%以上，耕层蓄水增碳，节本增效，改善耕层质量
	墒情自动监测与智能灌溉控制技术	移动端 App 管理，实时监测墒情，根据降水预报、作物生育期等智能决策灌水方案，远程操控实施灌水管理	实现现代化管理，节省人工，灌溉效率高

6.2 一般模式

根据现有高效灌溉技术在生产应用中，很多地区农户经济投入、掌握技术和操控使用能力有限，玉米增产增效的水平较低，缺乏掌握、应用特色集成模式的积极性，大多数农户常规上宜选择高效灌溉单项式应用来保证作物产量。为了规范和指导高效灌溉技术的单项式应用，在现有节水增粮工程的基础上，总结提炼简便、易用的一般模式，编制了模式图、一卡通、专题片、灌溉设备操作与管理手册等，供使用者学习、应用。

6.2.1 东北玉米大垄双行覆膜膜下滴灌高效用水技术

6.2.1.1 适用范围

大垄双行覆膜膜下滴灌高效用水技术适用于东北干旱与半干旱地区大田作物灌溉，尤其是采用膜下滴灌技术的玉米。

6.2.1.2 基本原理

该技术针对干旱与半干旱地区降水年际差异大，自然降水利用率低、春季地温偏低、农田蓄水能力差、粮食产量低而不稳等问题，采用大垄双行覆膜膜下滴灌高效用水技术，既能减少土壤水分蒸发，又能增加耕层土壤温度，保证土壤适宜墒情，从而促进作物的高产稳产。

6.2.1.3 关键技术或设计特征

（1）整地技术

起平头大垄，垄距 1.3～1.4 m，及时镇压。大垄垄台高 15～18 cm；大垄垄台宽 ≥90 cm；大垄垄面平整，土碎无坷垃，无秸秆；大垄整齐，到头到边；大垄垄距均匀一致；大垄垄向直，百米误差 ≤5 cm。

（2）种植技术

4 月下旬至 5 月初机械化播种、铺带，覆膜，膜宽 130 cm。膜上玉米行距 40 cm，种植密度 4 500 株/亩，株距 22.5 cm。3～5 叶期进行苗后除草，6～8 叶期喷施化控剂，预防倒伏。

（3）田间水肥管理技术

结合整地亩施磷酸二铵 12 kg，硫酸钾 12 kg；玉米拔节期、抽雄期、乳熟期视降水情况各滴灌 1 次，每次灌溉量 10～15 m³；拔节期每亩追施尿素 10 kg，抽雄期每亩追施尿素 10 kg。

6.2.2 东北玉米行间覆膜膜下滴灌高效用水技术

6.2.2.1 适用范围

行间覆膜膜下滴灌高效用水技术适用于东北干旱与半干旱地区大田作物灌溉，尤其是采用膜下滴灌技术的玉米。

6.2.2.2 基本原理

该技术针对干旱与半干旱地区降水年际差异大，自然降水利用率低、农田蓄水能力差、粮食产量低而不稳等问题，采用行间覆膜膜下滴灌高效用水技术，既能有效利用自然降水，又能减少土壤水分蒸发，同时还可增加耕层土壤温度，从而促进作物的高产稳产。

6.2.2.3 关键技术或设计特征

（1）整地技术

起平头大垄，垄距 1.3～1.4 m，及时镇压。大垄垄台高 15～18 cm；大垄垄台宽 ≥90 cm；大垄垄面平整，土碎无坷垃，无秸秆；大垄整齐，到头到边；大垄垄距均匀一致；大垄垄向直，百米误差 ≤5 cm。

（2）种植技术

4 月中旬机器铺带、覆膜，膜宽 60 cm。4 月下旬至 5 月在垄上膜两侧种植玉米，种植密度 4 500 株/亩，垄上间距 65 cm,株距 22.5 cm。3～5 叶期进行苗后除草,6～8 叶期喷施化控剂,预防倒伏。拔节期揭膜。

(3) 田间水肥管理技术

结合整地亩施磷酸二铵 12 kg,硫酸钾 12 kg;玉米拔节期、抽雄期、乳熟期视降水情况各滴灌 1 次,每次灌溉量 10～15 m³,拔节期每亩追施尿素 10 kg,抽雄期每亩追施尿素 10 kg。

6.2.3 玉米原茬平播密植高产栽培技术

6.2.3.1 适用范围

原茬平播密植高产栽培技术适用于东北低产旱地玉米。

6.2.3.2 基本原理

玉米原茬平播密植高产栽培技术是以玉米原茬平播栽培技术为核心,集成玉米密植栽培技术、玉米精量播种技术、机械深松技术、玉米机械化收获技术等。玉米原茬平播,在减少机械作业次数、减少投入的同时,更能减少表层土壤水分蒸发,最终达到节本增效、高产的目的。

6.2.3.3 关键技术或设计特征

(1) 品种筛选

根据品种的耐密性、抗性、熟期、产量等性状,选用优质、高产、耐密型品种。种子质量要达到纯度 99.9%、净度 99.9%、芽率 99%、芽势 99%,均匀度整齐一致,保证播种精度。

(2) 播种

采取机械化精量播种,在原茬垄的基础上播种,种植密度在 4 500～4 600 株/亩,行距 65 cm,株距 22.0～22.5 cm,播种量 2.0～2.5 kg/亩,播种深度 5 cm,选用防地下害虫和丝黑穗病作用的种衣剂包衣。

(3) 施肥

采用侧方位深施肥,施肥深度 20 cm 以上。施肥:结合整地亩施磷酸二铵（氮肥含量18%,磷肥含量 46%）12 kg、硫酸钾 12 kg、追施尿素（含氮肥 46%）20 kg。

(4) 封闭除草

播种 4～5 d 后,用乙草胺进行化学封闭除草。

(5) 深松

在 6 叶期进行第一次深松放寒,8～10 叶期配合追肥进行第二次深松,深松深度在 25 cm 以上。

(6) 玉米螟防治

采用赤眼蜂防治玉米螟。每亩放卡 3 块,放蜂量在 15 000～30 000 只。

（7）收获

在玉米完熟后进行机械化收获，秸秆粉碎还田。

6.2.4 东北玉米大型喷灌综合节水技术

6.2.4.1 适用范围

大型喷灌机适用于灌溉各种质地的土壤，以及各种大田作物、蔬菜、经济作物和牧草等，适用于坡度 8.5°以下、连片地块短边至少 400 m 以上，单井出水量在 30 m³/h 以上，地面上无电杆、排水沟等障碍物的耕地、草原等。对于干旱缺水的浅丘区与黄土高原区，深井和高扬程灌区以及土壤瘠薄、渗漏严重、劳动力缺乏的地区效果更好。

6.2.4.2 基本原理

大型喷灌机组是在一定的喷头组合下，通过改变机组的平均运行速度来实现的。可以调节灌水量，适应不同生长期和不同作物的灌溉需要。机械化和自动化程度高，不用人工操作而长期连续运行，生产效率高，并且喷洒支管上可以优化安装喷头，形成一定的重叠喷洒，提高了灌水均匀度。

6.2.5.3 关键技术或设计特征

（1）整地条件

起小垄，垄距 65 cm，及时镇压。垄高 15～18 cm；土碎无坷垃，无秸秆；垄整齐，到头到边；垄距均匀一致。

（2）种植技术

日平均气温稳定通过 10℃，或 5～10 cm 地温稳定在 10～12℃（连续 5 d）时播种。种植密度 3 500～4 000 株/亩。出苗前封闭灭草；拔节期前后，喷施叶面肥 1～2 次并及早掰除分蘖；抽雄前 7～10 d，用化控剂喷雾 1 次；10 月 5 日后开始收获，充分利用后期有效积温，增加粒重，提高成熟度。

（3）田间水肥管理技术

施肥：结合整地亩施磷酸二铵 25 kg、硫酸钾 20 kg，拔节期每亩追施尿素 20 kg。

灌水：播种期坐（滤）水播种，水量 2～6 m³/亩或旱直播后喷灌 1 次，灌水定额 10 m³/亩；苗期缺水时喷灌 1 次，灌水定额 10 m³/亩；拔节期缺水时喷灌 1～2 次，灌水定额 20 m³/亩；抽雄期缺水时喷灌 1 次，灌水定额 25 m³/亩；灌浆期缺水时喷灌 1 次，灌水定额 20 m³/亩。

6.2.5 东北玉米间作绞盘式喷灌综合节水技术

6.2.5.1 适用范围

间作绞盘式喷灌综合节水技术适用于东北干旱与半干旱地区平原、丘陵及各种地形上的大田作物灌溉。喷头车垄向行走，且行走方向地面坡度小于 11°，田间无高大障碍物遮挡。单喷头喷灌机不适用于灌溉作物幼苗和蔬菜等。

6.2.5.2 基本原理

该技术针对干旱与半干旱地区降水年际差异大、季节性干旱、自然降水利用率低、粮食产量低而不稳等问题，采用绞盘式喷灌机组间作矮棵作物，作为一体式喷灌设备，以固定和移动方式将灌溉水通过喷灌系统进行喷洒作业，根据喷头行走速度来控制喷水量的大小，满足对喷灌水量的不同要求，具有节水、节能、增产、省工等效益，为枯水年保证农业丰收发挥重要作用，具有显著的经济效益。

6.2.5.3 关键技术或设计特征

（1）整地条件

起小垄，垄距 65 cm，及时镇压。垄高 15～18 cm；土碎无坷垃，无秸秆；垄距均匀一致。

（2）种植技术

日平均气温稳定超过 10℃，或 5～10 cm 地温稳定在 10～12℃（连续 5 d）时播种，种植密度 3 500～4 000 株/亩。每隔 60～70 m 种植 6～10 条垄矮棵作物作为喷灌机组运行通道。出苗前封闭灭草；拔节期前后，喷施叶面肥 1～2 次并及早掰除分蘖；抽雄期前 7～10 d，用化控剂喷雾 1 次；10 月 5 日后开始收获，充分利用后期有效积温，增加粒重，提高成熟度。

（3）田间水肥管理技术

施肥：结合整地亩施磷酸二铵 25 kg、硫酸钾 20 kg，拔节期每亩追施尿素 20 kg。

灌水：播种期坐（滤）水播种，水量 2～6 m³/亩或旱直播后喷灌 1 次 10 m³/亩；苗期缺水时喷灌 1 次，水量 10 m³/亩；拔节期缺水时喷灌 1～2 次，单次水量 20 m³/亩；抽雄期缺水时喷灌 1 次，水量 25 m³/亩；灌浆期缺水时喷灌 1 次，水量 20 m³/亩。

6.2.6 东北玉米移动管道式喷灌综合节水技术

6.2.6.1 适用范围

移动管道式喷灌综合节水技术比较适用于水源较紧缺，取水点少的地区，几乎适用于除水稻外所有大田作物，以及蔬菜、果树等。它对地形、土壤等条件适应性强。但在多风、蒸发强烈地区容易受气候条件影响，会出现喷洒不均匀、蒸发损失增大的问题，有时难以发挥其优越性。适用于零星分散地、分散小水源和一家一户使用，常用于临时抗旱灌溉。

6.2.6.2 基本原理

管道式喷灌系统是指以各级管道为主体组成的喷灌系统，管道喷灌系统由水源工程、水泵及配套动力机、管道系统及配件、喷头、田间工程等部件组成；水泵、动力机、各级管道和喷头等都可拆卸，在多个田块之间轮流喷洒作业，系统的设备利用率高，适应性强，管理方便。

6.2.6.3 关键技术或设计特征

（1）整地条件

起小垄，垄距 65 cm，及时镇压。垄高 15～18 cm；土碎无坷垃，无秸秆；垄整齐，到头到边；垄距均匀一致。

（2）种植技术

日平均气温稳定超过 10℃，或 5～10 cm 地温稳定在 10～12℃（连续 5 d）时播种。种植密度 3 500～4 000 株/亩。出苗前封闭灭草；拔节期前后，喷施叶面肥 1～2 次并及早掰除分蘖；抽雄期前 7～10 d，用化控剂喷雾 1 次；10 月 5 日后开始收获。

（3）田间水肥管理技术

施肥：结合整地亩施磷酸二铵 25 kg、硫酸钾 20 kg，拔节期中耕每亩追施尿素 20 kg。

灌水：播种期坐（滤）水播种，灌水定额 2～6 m³/亩或旱直播后喷灌 1 次，灌水定额 10 m³/亩；苗期缺水时喷灌 1 次，灌水定额 10 m³/亩；拔节盛期缺水时喷灌 1～2 次，单次灌水定额 20 m³/亩；抽雄期缺水时喷灌 1 次，灌水定额 25 m³/亩。

参考文献

[1]李芳花，黄彦，郑文生，等. 黑龙江省高效节水技术研究应用发展十年历程回顾[J].水利科学与寒区工程，2018，1（6）：6.

[2]钱文婧，贺灿飞. 中国水资源利用效率区域差异及影响因素研究[J]. 中国人口.资源与环境，2011，21（2）：54-60.

[3]王栋. 黑龙江省半干旱区玉米喷灌水肥耦合效应试验研究[D].哈尔滨：东北农业大学，2016.

[4]洪德峰，任转滩，马毅，等. 利用灰色关联度评价玉米新组合产量与产量构成因子的关系[J]. 山东农业科学，2008（4）：20-22 .

[5]曹玉军，窦金刚，高玉山，等. 施氮对不同种植密度玉米产量和子粒灌浆特性的影响[J]. 玉米科学，2015，23（6）：136-141+148.

[6]许崇香，左淑珍，王红霞，等. 中早熟高淀粉玉米品种百粒重变化规律的研究[J]. 杂粮作物，2004，24（6）：317-319.

[7]赵萌，邱菀华，刘北上. 基于相对熵的多属性决策排序方法[J]. 控制与决策，2010，25（7）：1098-1100.

[8]张林英，徐颂军. 基于熵权的珠江三角洲自然保护区综合评价[J]. 生态学报，2011，31（18）：5341-5350.

[9]余健，房莉，仓定帮，等. 熵权模糊物元模型在土地生态安全评价中的应用[J]. 农业工程学报，2012，28（5）：260-266.

[10]邓雪，李家铭，曾浩健，等. 层次分析法权重计算方法分析及其应用研究[J]. 数学的实践与认识，2012，24（7）：93-100.

[11]李晓峰，刘宗鑫，彭清娥. TOPSIS 模型的改进算法及其在河流健康评价中的应用[J]. 四川大学学报：工程科学版，2011，43（2）：14-21.

[12]SIEGEL S. 非参数统计［M］. 王星，译. 北京：科学出版社，1986

[13]曾宪报. 关于组合评价法的事前事后检验[J]. 统计研究，1997，6：56-58 .

[14]郭元裕. 农田水利学［M］. 北京：中国水利水电出版社，2007

[15]董超，李莹. 克山县玉米喷灌灌溉制度的拟定研究[J]. 现代农业科技，2014（10）：196-197.

[16]李宗礼，赵文举，孙伟，等. 喷灌技术在北方缺水地区的应用前景[J]. 农业工程学报，2012，28（6）：1-6.

[17]郭大应，谢成春，熊清瑞，等.喷灌条件下土壤中的氮素分布研究[J].灌溉排水，2000，19（2）：76-77.

[18]魏新平.漫灌和喷灌条件下土壤养分运移特征的初步研究[J].农业工程学报，1999，15（4）：83-87.

[19]姚素梅，康跃虎，刘海军. 喷灌与地面灌溉冬小麦干物质积累、分配和运转的比较研究[J]. 干旱地区农业研究，2008，26（6）：51-56.

[20]杨晓光，陈阜，宫飞，等. 喷灌条件下冬小麦生理特征及生态环境特点的试验研究[J]. 农业工程学报，2000，16（3）：35-37.

[21]聂堂哲. 黑龙江西部玉米膜下滴灌水肥耦合模式试验研究[D].哈尔滨：东北农业大学，2016.

[22]史海滨，田军仓，刘庆华. 灌溉排水工程学[M].北京：中国水利水电出版社，2006.

[23]中华人民共和国水利电力部.喷灌工程技术规范：GB/T 5008—2007[S].北京：中国计划出版社，2007.

[24]赵靖丹，李瑞平，史海滨，等. 滴灌条件下土壤湿润比的田间试验研究[J]. 灌溉排水学报，2015，34（12）：89-92.

[25]郭金路，尹光华，谷健，等. 基于CROPWAT模型的阜新地区春玉米灌溉制度的确定[J]. 生态学杂志，2016，35（12）：3428-3434.

[26]徐冰，汤鹏程，李奇，等. 基于CROPWAT模型的拉萨地区燕麦优化灌溉制度研究[J]. 干旱地区农业研究，2015，33（6）：35-39.

[27]陈震，黄修桥，段福义，等. 基于CROPWAT模型对不同典型年冬小麦灌溉制度的研究[J]. 灌溉排水学报，2012，31（6）：32-34.

[28]李蔚新，王忠波，张忠学，等. 膜下滴灌条件下玉米灌溉制度试验研究[J]. 农机化研究，2016（1）：196-200.

[29]王建东，龚时宏，许迪，等. 东北节水增粮玉米膜下滴灌研究需重点关注的几个方面[J]. 灌溉排水学报，2015，34（1）：1-4.

[30]王柏，李芳花，黄彦，等. 寒地黑土区玉米高效调亏灌溉制度的试验研究[J]. 灌溉排水学报，2013，32（1）：113-115.

[31]于振文. 作物栽培学各论[M]. 北京：中国农业出版社，2007.

[32]邹兵兵，魏永霞，王存国，等. 寒地黑土区玉米调亏灌溉耗水规律的试验研究[J]. 中国农村水利水电，2014（5）：55-56.

[33]朱自玺，侯建新，牛现增，等. 夏玉米耗水量和耗水规律分析[J]. 华北农学报，1987，2（3）：52-60.

[34]张正. 制种玉米调亏灌溉效应研究[D]. 贵州：甘肃农业大学，2012.

[35]孟兆江. 调亏灌溉对作物产量形成和品质性状及水分利用效率的影响[D]. 南京：南京农业大学，2008.

[36]潘峰，梁川，王志良，等. 模糊物元模型在区域水资源可持续利用综合评价中的应用[J].水科学进展，2003，14（3）：272-275.

[37]罗君君，郑俊杰，孙玲. 公路软基处理方案优选的熵权模糊物元决策法[J]. 铁道科学与工程学报，2008，5（4）：20-24.

[38]胡婷婷. 黑土坡耕地玉米保护性耕作技术模式应用研究[D]. 哈尔滨：东北农业大学，2013.

[39]徐向峰. 基于模糊物元方法的温室采暖模式评价[J]. 农机化研究，2009，31（12）：34-36，92.

[40]张斌，雍歧东，肖芳淳. 模糊物元分析[M]. 北京：石油工业出版社，1997.

[41]张美玲，梁虹，祝安，等. 贵州水资源承载力基于熵权的模糊物元评价[J]. 人民长江，2007，38（2）：54-57.

[42]陈南祥，徐敏. 基于熵权可拓模型的水资源承载能力评价[J]. 西北农林科技大学学报（自然科学版），2010，38（6）：205-210，219.

[43]邹志红，孙靖南，任广平. 模糊评价因子的熵权法赋权及其在水质评价中的应用[J]. 环境科学学报，2005，25（4）：552-556.

[44]付强. 数据处理方法及其农业应用[M]. 北京：科学出版社，2006.

[45]杨磊，杜太生，李志军，等.调亏灌溉条件下紫花苜蓿生长、作物系数水分利用效率试验研究[J]. 灌溉排水学报，2008，27（6）：102-105.

[46]刘君鹏，蒙熠练，宋碧，等.调亏灌溉对玉米农艺性状及干物质积累的影响[J].广东农业科学，2015，33（1）：130-135.

[47]李婕，杨启良，徐曼，等.调亏灌溉和氮处理对小桐子生长及水分利用的影响[J].排灌机械工程学报,2016,34（11）：995-1002.

[48]郭相平，康绍忠.玉米调亏灌溉的后效性[J].农业工程学报，2000，16（4）：58-60.

[49]冯惠玲.调亏灌溉对玉米生长发育特性及水分利用效率的影响[J].中国农村水利水电，2016（3）：10-13.

[50]王育红，姚宇卿，吕军杰，等.调亏灌溉对冬小麦光合特性及水分利用效率的影响[J].干旱地区农业研究，2008，26（3）：59-62.

[51]周新国，李彩霞，强小嫚，等. 喷灌条件下液膜覆盖对玉米干物质积累及水分利用效率的影响[J].农业工程学报，2010，26（11）：43-48.

[52]刘安能，孟兆江. 玉米调亏灌溉效应及优化农艺措施[J]. 农业工程学报，1999，15（3）：107-112.

[53]康绍忠，史文娟，胡笑涛，等.调亏灌溉对于玉米生理指标及水分利用效率的影响[J].农业工程学报,1998,14（4）：82-87.

[54]郭相平，康绍忠，索丽生.苗期调亏处理对玉米根系生长影响的试验研究[J].灌溉排水，2001，20（1）：25-27.

[55]杨启良，张富仓，刘小刚，等.植物水分传输过程中的调控机制研究进展[J].生态学报，2011，31（15）：4427-4436.

[56]LOUSTOU D，BERBIGIER P，ROUMAGNAC P，et al.Transpiration of a 64-year-old maritime pine stand in Portugal. 1[J]. Seasonal course of water flux through maritime pine.Oecologia，1996，107（1）：33-42.

[57]李洪勋，吴伯志.不同耕作措施玉米高产光合指标的研究[J].玉米科学，2007，15（2）：94-97.

[58]齐健，宋凤斌，韩希英，等.干旱胁迫下玉米苗期根系和光合生理特性的研究[J].吉林农业大学学报，2007，29（3）：241-246.

[59]孙庆全，胡昌浩，董树亭，等.我国不同年代玉米品种生育全程根系特性演化的研究[J].作物学报，2003，29（5）：641-645.

[60]TURNER N C.Plant water relations and irrigation management[J].Agri Water Manage，1990，17（1/3）：59-75.

[61]XUE Q，MUSICK J T，DUSEK D A. Physiological mechanisms contributing to the increased water use efficiency in winter wheat under deficit irrigation[J].Journal of Plant Physiology，2006，163（2）：154-164.

[62]强敏敏，费良军，刘扬.调亏灌溉促进涌泉根灌枣树生长提高产量[J].农业工程学报，2015，31（19）：

91-96.

[63]韩丙芳,田军仓,李应海,等.宁夏灌区不同水肥处理对膜上灌玉米性状影响的模糊评判[J].灌溉排水学报,2005,24（4）：29-32.

[64]吕丽华,王慧军,贾秀领,等.黑龙港平原区冬小麦、夏玉米节水技术模式适应性模糊评价研究[J].节水灌溉,2012,（6）：5-8.

[65]吕丽华,王慧军.太行山前平原区节水技术模式适应性模糊评价[J].节水灌溉,2010（8）：4-7.

[66]汪顺生,刘东鑫,王康三,等.不同沟灌方式对夏玉米耗水特征及产量影响的模糊综合评判[J].农业工程学报,2015,31（24）：89-94

[67]李平衡.我国农业水资源利用存在的问题及对策分析[J].农村经济与科技,2016（1）：39-40.

[68]雷波,许迪,刘珏.农业水资源效用评价Ⅰ：理论初探[J].中国水利水电科学研究院学报,2013,（3）：3-8+17.

[69]张忠学,张世伟,郭丹丹,等.玉米不同水肥条件的耦合效应分析与水肥配施方案寻优[J].农业机械学报,2017,48（9）：206-214.

[70]张国鹏,朱燕.浅谈玉米病虫害的发生与防治新技术[J].种子科技,2017,35（2）：73-73.

[71]杨永辉,武继承,潘晓莹,等.不同N、P、K配比对小麦、玉米光合生理及周年水分利用的影响[J].干旱地区农业研究,2016,34（3）：54-59.

[72]周振江,牛晓丽,李瑞,等.番茄叶片光合作用对水肥耦合的响应[J].节水灌溉,2012（2）：28-32+37.

[73]李严坤,张忠学,仲爽,等.水肥处理对玉米叶片水分利用效率及其光合特性的影响[J].东北农业大学学报,2008,39（10）：15-19.

[74]李建明,潘铜华,王玲慧,等.水肥耦合对番茄光合、产量及水分利用效率的影响[J].农业工程学报,2014,30（10）：82-90.

[75]周罕觅,张富仓,ROGER K,等.水肥耦合对苹果幼树产量、品质和水肥利用的效应[J].农业机械学报,2015,46（12）：173-183.

[76]吴立峰,张富仓,范军亮,等.水肥耦合对棉花产量、收益及水分利用效率的效应[J].农业机械学报,2015,46（12）：164-172.

[77]银敏华,李援农,谷晓博,等.氮肥运筹对夏玉米氮素盈亏与利用的影响[J].农业机械学报,2015,46（10）：167-176.

[78]张忠学,聂堂哲,王栋.黑龙江省西部半干旱区玉米膜下滴灌水、氮、磷耦合效应分析[J].中国农村水利水电,2016（2）：1-4.

[79]邰书静.氮磷钾配施对饲用玉米产量和品质的影响[D].杨凌：西北农林科技大学,2006.

[80]唐碧芳,周晓舟,蒋益敏.氮磷钾对南方秋玉米产量及经济性状的影响[J].园艺与种苗,2012(5)：63-65,74.

[81]王栋,张忠学,梁乾平,等.黑龙江省半干旱区玉米喷灌水肥耦合效应试验研究[J].节水灌溉,2016(6)：14-18.

[82]张治，田富强，钟瑞森，等. 新疆膜下滴灌棉田生育期地温变化规律[J]. 农业工程学报，2011，27（1）：44-51.

[83]李仙岳，彭遵原，史海滨，等. 不同类型地膜覆盖对土壤水热与葵花生长的影响[J]. 农业机械学报，2015，46（2）：97-103.

[84]王罕博，龚道枝，梅旭荣，等. 覆膜和露地旱作春玉米生长与蒸散动态比较[J]. 农业工程学报，2012，28（22）：88-94.

[85]韩海涛，胡文超，陈学君，等. 三种气象干旱指标的应用比较研究[J]. 干旱地区农业研究，2009，27（1）：237-241.

[86]王劲松，郭江勇，周跃武，等. 干旱指标研究的进展与展望[J]. 干旱区地理(汉文版)，2007，30(1)：60-65.

[87]高晓容，王春乙，张继权，等. 近50年东北玉米生育阶段需水量及旱涝时空变化[J]. 农业工程学报，2012，28(12)：101-109.

[88]张淑杰，张玉书，纪瑞鹏，等. 东北地区玉米干旱时空特征分析[J]. 干旱地区农业研究，2011，29（1）：231-236.

[89]刘宗元，张建平，罗红霞，等. 基于农业干旱参考指数的西南地区玉米干旱时空变化分析[J]. 农业工程学报，2014，30（2）：105-115.

[90]赵海燕，高歌，张培群，等. 综合气象干旱指数修正及在西南地区的适用性[J]. 应用气象学报，2011，22（6）：698-705.

[91]范菲芸，江涛，曾志平，等. 广东省1956—2010年旱期降水特征[J]. 生态环境学报，2015，24（8）：1316-1321.

[92]卫捷，马柱国. Palmer干旱指数、地表湿润指数与降水距平的比较[J]. 地理学报，2003，58(S1)：117-124.

[93]王亚许，孙洪泉，吕娟，等. 典型气象干旱指标在东北地区的适用性分析[J]. 中国水利水电科学研究院学报，2016，14（6）：425-430.

[94]邹旭恺，任国玉，张强. 基于综合气象干旱指数的中国干旱变化趋势研究[J]. 气候与环境研究，2010，15（4）：371-378.

[95]刘媛媛，尤芳，于发强，等. 长春地区干旱情况分析[J]. 东北水利水电，2008，26（11）：37-39.

[96]冯佩芝. 中国主要气象灾害分析[M]. 北京：气象出版社，1985.

[97]王文楷，张震宇. 河南省旱涝灾害的地域分异规律和减灾对策研究[J]. 灾害学. 1991，6（2）：48-53.

[98]袁林. 陕西历史旱灾发生规律研究[J]. 灾害学，1993，8(4)：26-31.

[99]李祚泳，邓新民. 四川旱涝灾害时间分布序列的分形特征研究[J]. 灾害学，1994，9(3)：88-90.

[100]刘钰，汪林，倪广恒，等. 中国主要作物灌溉需水量空间分布特征[J]. 哈尔滨农业工程学报，2009，25(12)：6-12.

[101]孙红霞. 黑龙江省西部半干旱区干旱特性及预测模型研究[D]. 哈尔滨：东北农业大学，2010.

[102]张建平，王春乙，杨晓光，等. 近26年来东北三省玉米生育期内需水量时空分布特征[C]. 2009.

[103]孙彦坤，高松阳，曹义娜，等．基于降水量的黑龙江省玉米种植适宜性研究[J]．东北农业大学学报，2017，48(1)：33-41.

[104]戈翠．沙地马铃薯不同灌溉方式经济效益分析[D]．西安：西北农林科技大学，2008.

[105]周华．河套灌区农业综合开发节水灌溉工程评价[J]．中国农村水利水电，1999，8：12-13.

[106]罗金耀．节水灌溉多层次灰色关联综合评价模型研究[J]．灌溉排水学报，2003，22（5）：38-41.

[107]高峰，雷声隆 ，庞鸿宾．节水灌溉工程模糊神经网络综合评价模型研究[J]．农业工程学报，2003，19（4）：84-87.

[108]路振广，曹祥华．节水灌溉综合评价指标体系与定性指标量化方法[J]．灌溉排水，2001，20（1）：55-57.

[109]赵竞成，阳放，王晓玲，等．农业高效用水工程综合评价体系研究[J]．节水灌溉，2002（3）：3-7.